算法设计与分析基础

（C++版） 微课视频版

◎ 李春葆 陈良臣 喻丹丹 编著

清华大学出版社
北京

内 容 简 介

本书系统地介绍了 C++ STL 中各种数据结构容器的应用，讨论穷举法、归纳法、迭代法和递归法等基本算法设计方法，以及五大算法设计策略，即分治法、回溯法、分支限界法、贪心法和动态规划的原理及典型算法设计，同时以 LeetCode、POJ 和 HDU 网站相关题目为实战，深入剖析各种算法实现技术。

全书既注重原理又注重实践，配有大量图表、练习题、上机实验题和在线编程题，内容丰富，概念讲解清楚，表达严谨，逻辑性强，语言精练，可读性强。

本书既便于教师课堂讲授，又便于自学者阅读，可作为高等院校"算法设计与分析"课程的教材，也可供 ACM 和各类程序设计竞赛者参考。

图书在版编目(CIP)数据

算法设计与分析基础：C++版：微课视频版/李春葆，陈良臣，喻丹丹编著. —北京：清华大学出版社，2023.6(2023.7重印)
高等学校算法类课程系列教材
ISBN 978-7-302-60948-3

Ⅰ. ①算… Ⅱ. ①李… ②陈… ③喻… Ⅲ. ①算法设计－高等学校－教材 ②算法分析－高等学校－教材 ③C++语言－程序设计－高等学校－教材 Ⅳ. ①TP301.6 ②TP312.8

中国版本图书馆 CIP 数据核字(2022)第 088995 号

策划编辑：魏江江
责任编辑：王冰飞
封面设计：刘 键
责任校对：时翠兰
责任印制：杨 艳

出版发行：清华大学出版社
网　　址：http://www.tup.com.cn，http://www.wqbook.com
地　　址：北京清华大学学研大厦 A 座　　**邮　　编**：100084
社 总 机：010-83470000　　**邮　　购**：010-62786544
投稿与读者服务：010-62776969，c-service@tup.tsinghua.edu.cn
质量反馈：010-62772015，zhiliang@tup.tsinghua.edu.cn
课件下载：http://www.tup.com.cn，010-83470236
印 装 者：三河市君旺印务有限公司
经　　销：全国新华书店
开　　本：185mm×260mm　　**印　　张**：22.5　　**字　　数**：548 千字
版　　次：2023 年 6 月第 1 版　　**印　　次**：2023 年 7 月第 2 次印刷
印　　数：1501～3000
定　　价：59.80 元

产品编号：095770-01

前言

党的二十大报告指出，教育、科技、人才是全面建设社会主义现代化国家的基础性、战略性支撑。必须坚持科技是第一生产力、人才是第一资源、创新是第一动力，深入实施科教兴国战略、人才强国战略、创新驱动发展战略，开辟发展新领域新赛道，不断塑造发展新动能新优势。

用计算机求解问题是将特定问题的求解过程转换为计算机可以执行的程序。能够设计好的程序是计算机专业学生的基本功。在计算机教学体系中涉及编程的主要课程有"高级程序设计语言""数据结构""算法设计与分析"。这些课程相互承接，程序设计语言是求解问题的工具，数据结构是求解问题的基础，算法设计是求解问题的关键。

"算法设计与分析"课程是计算机科学与技术等专业的专业必修课，课程目的是通过学习、理解并掌握算法设计的主要策略和算法复杂性分析的方法，能熟练运用各种数据结构和常用算法策略设计高效算法，培养学生分析问题和解决复杂工程问题的能力，为学生进一步学习后续课程奠定良好的基础。

本书是编者长期从事"数据结构""算法设计与分析"课程本科生和研究生教学的经验总结，凝聚了编者的教学体会和理念。

1. 本书内容

全书由 9 章构成，各章内容如下。

第 1 章为概论，介绍算法的概念、算法描述方法、算法设计步骤和算法时空分析方法。

第 2 章为常用数据结构及其应用，结合 STL 介绍线性表、字符串、栈、队列、双端队列、树、二叉树、二叉排序树、平衡二叉树、优先队列、并查集、图和哈希表等数据结构的原理和应用，讨论如何针对求解问题设计好的数据结构。

第 3 章为基本算法设计方法，介绍穷举法、归纳法、迭代法和递归法等常用的算法设计方法，讨论递推式计算等基本算法分析方法。

第 4 章为分治法，介绍分治法的原理和框架，讨论利用分治法求解排序问题、查找问题、组合问题、求 x^n 和 $\boldsymbol{A}^n$ 问题，包括求最大连续子序列和、字符串匹配、楼梯问题、求幂集和求全排列等典型算法。

第 5 章为回溯法，介绍解空间概念和回溯法框架，根据解空间的类型分别讨论基于子集树框架的问题求解方法和基于排列树框架的问题求解方法，包括子集和问题、简单装载问题、0/1 背包问题、n 皇后问题、任务分配问题、出栈序列、图的 m 着色和货郎担问题等典型算法。

第 6 章为分支限界法，介绍分支限界法的要点和框架，讨论广度优先搜索、队列式分支限界法和优先队列式分支限界法，包括图的单源最短路径、0/1 背包问题、任务分配问题和货郎担问题等典型算法。

第 7 章为贪心法，介绍贪心法的策略和要点，讨论采用贪心法求解组合问题、图问题、调度问题和哈夫曼编码，包括活动安排问题Ⅰ、Prim、Kruskal、Dijkstra 和不带/带惩罚的调度问题等典型算法。

第 8 章为动态规划，介绍动态规划的原理和要点，讨论一维动态规划、二维动态规划、三维动态规划、字符串动态规划、背包动态规划、树形动态规划和区间动态规划算法设计方法，包括最大连续子序列和、最长递增子序列、活动安排问题Ⅱ、三角形最小路径和、Floyd 算法、双机调度、最长公共子序列、编辑距离、0/1 背包问题、完全背包问题和多重背包问题等典型算法。

第 9 章为 NP 完全问题，介绍 P 类、NP 类和 NP 完全问题。

书中带“*”号的部分作为选学内容。

2. 本书特色

本书具有如下鲜明特色：

(1) 由浅入深，循序渐进。每种算法策略从设计思想、算法框架入手，由易到难地讲解经典问题的求解过程，使读者既能学到求解问题的方法，又能通过对算法策略的反复应用掌握其核心原理，以收到融会贯通之效。

(2) 示例丰富，重视启发。书中列举大量的具有典型性的求解问题，深入剖析采用相关算法策略求解的思路，展示算法设计的清晰过程，并举一反三，激发学生学习算法设计的兴趣。

(3) 注重求解问题的多维性。同一个问题采用多种算法策略实现，例如任务分配问题采用基于子集树框架和排列树框架以及分支限界法求解，0/1 背包问题采用回溯法、分支限界法和动态规划求解等。通过不同算法策略的比较，使学生更容易体会到每种算法策略的设计特点和各自的优缺点，以提高算法设计的效率。

(4) 强调实践和动手能力的培养。书中以实战形式讨论了部分在线编程题的设计过程，包括求解问题的相关知识点、完整可通过的程序代码和提交结果，这些实战题来自力扣中国、北京大学 POJ 和杭州电子科技大学 HDU 网站，让学生体会到“学以致用”和解决实际问题的乐趣。

(5) 本书配套有《算法设计与分析基础(C++版)学习和实验指导》(李春葆等，清华大学出版社)，涵盖所有练习题、上机实验题和在线编程题的参考答案。

3. 教学资源

为了方便教师教学和学生学习，本书提供了全面而丰富的教学资源，内容如下。

(1) “算法设计与分析”课程教学大纲(含课程思政)和电子教案：包含教学目的、课程内容和学时分配(42 学时)，以及各章的课程思政要点和每个课时的教学内容安排。

(2) 教学 PPT：提供全部教学内容的精美 PPT 课件(947 页)，供任课教师在教学中使用。

(3) 源程序代码：所有源程序代码按章组织，例如 ch3 文件夹存放第 3 章的源程序代码，其中 perm.cpp 为求全排列的源程序代码，Example\exam3-3.cpp 为例 3-3 的源程序代码，

HDU1274.cpp 为实战题 HDU1274 的源程序代码。

(4)“算法设计与分析”实验课程教学大纲：包含课程介绍、教学目的、实验基本要求与方式、实验报告、实验内容与学时分配(15～21 学时)，以及每个实验可供选择的单机实验题和在线编程题。

(5) 本书配套有绝大部分知识点的教学视频，视频采用微课碎片化形式组织(含 96 个小视频，累计超过 20 小时)。

资源下载提示

课件等资源：扫描封底的“课件下载”二维码，在公众号“书圈”下载。

素材(源码)等资源：扫描目录上方的二维码下载。

在线作业：扫描封底的作业系统二维码，登录网站在线做题及查看答案。

视频等资源：扫描封底的文泉云盘防盗码，再扫描书中相应章节的二维码，可以在线学习。

本书第 1、3、4 章由中国劳动关系学院陈良臣编写，第 2 章和第 9 章由武汉大学喻丹丹编写，第 5～8 章由武汉大学李春葆编写，李春葆完成全书的规划和统稿工作。本书的出版得到清华大学出版社魏江江分社长的全力支持，王冰飞老师给予精心编辑，LeetCode、POJ 和 HDU 网站提供了无私的帮助，编者在此一并表示衷心感谢。

尽管编者不遗余力，但由于水平所限，本书仍可能存在不足之处，敬请教师和同学们批评指正。

编　者

2023 年 4 月

目录

扫一扫

源码下载

第1章 概论

用计算机解决问题的核心是算法，同一问题可能有多种求解算法，可以通过算法的时间复杂度和空间复杂度分析判定算法的好坏。本章的学习要点和学习目标如下：

（1）掌握算法的概念和算法的特性。

（2）掌握算法描述方法。

（3）掌握算法设计过程。

（4）掌握算法的时间复杂度和空间复杂度分析方法。

1.1 算法概述

1.1.1 什么是算法

算法(algorithm)是求解问题的一系列计算步骤，是一个由若干运算或指令组成的有限序列，用来将输入数据转换成输出结果，如图1.1所示。例如Sum问题是求$s=1+2+\cdots+n$，那么输入就是整数n，输出就是s，对应的算法就是由n转换产生s。因此算法也可以看作输入与输出的函数。

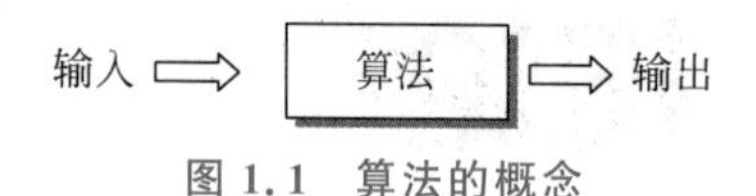

图1.1 算法的概念

算法具有以下5个重要特性。

① 有穷性：一个算法必须总是(对任何合法的输入值)在执行有限步之后结束，且每一步都可在有限时间内完成。

② 确定性：算法中每一条指令必须有确切的含义，不会产生二义性。

③ 可行性：算法中每一条运算必须是足够基本的，也就是说它们原则上都能精确地执行，甚至人们仅用笔和纸做有限次运算就能完成。

④ 输入：一个算法有0个或多个输入。大多数算法的输入参数是必要的，但对于较简单的算法，例如计算1+2的值，不需要任何输入参数，因此算法的输入可以是0个。

⑤ 输出：一个算法有一个或多个输出。算法用于某种数据处理，如果没有输出，这样的算法是没有意义的，这些输出是与输入有着某些特定关系的量。

说明：算法和程序是有区别的，程序是指使用某种计算机语言对一个算法的具体实现，即具体要怎么做。而算法侧重于对解决问题的方法描述，即要做什么。算法必须满足有限性，而程序不一定满足有限性。算法可以直接用计算机程序来描述，本书就是采用这种方式。

【例1-1】 有下列两段描述：

```
描述1:
void exam1()
{    int n;
     n=2;
     while (n%2==0)
     n=n+2;
     printf("%d\n",n);
}
```

```
描述2:
void exam2()
{    int x,y;
     y=0;
     x=5/y;
     printf("%d,%d\n",x,y);
}
```

这两段描述均不能满足算法的特性，试问它们违反了算法的哪些特性？

解 描述1是一个死循环，违反了算法的有穷性特性。描述2出现除0错误，违反了算法的可行性特性。

算法设计就是针对一个具体问题构建出解决它的算法，有些问题很难，有些问题很容易，即使同样的问题，输入数据的规模不一样，其难易程度也是有区别的，所以算法设计应该满足以下要求。

① 正确性：如果一个算法对指定的每个输入实例都能输出正确的结果并停止，则称它是正确的，一个正确的算法才能解决给定的求解问题，不正确的算法对于某些输入实例来说可能根本不会停止，或者停止时给出的不是预期的结果。保证算法正确是算法设计的最基本要求。

② 可使用性：要求算法能够很方便地使用，也称为用户友好性。

③ 可读性：算法应该易于人的理解，也就是可读性好。为了达到这个要求，算法的逻辑必须是清晰的、简单的和结构化的。

④ 健壮性：要求算法具有很好的容错性，能够对不合理的数据进行检查，避免出现异常中断或死机现象。

⑤ 高效率与低存储量：算法应该具有好的时空性能。

1.1.2 算法描述

描述算法的方式很多，有的采用类计算机语言，有的采用自然语言伪码。本书采用 C/C++语言来描述算法的实现过程，通常用 C/C++函数来描述算法。这里以设计求 Sum 问题的算法为例说明 C/C++语言描述算法的一般形式，该算法如图 1.2 所示。


```
bool Sum1(int n, int s)
{   if (n<=0) return false;  //参数错误时返回假
    s=0;
    for (int i=1;i<=n;i++)
        s+=i;
    return true;             //参数正确并计算出正确结果时返回真
}
```

图 1.2 算法描述的一般形式

通常用函数的返回值表示算法是否正确执行，用形参表示算法的输入和输出。由于在 C 语言中调用函数时只有从实参到形参的单向值传递，在执行函数时若改变了形参，对应的实参不会同步改变。例如，设计以下主函数调用上面的 Sum1 函数：

```
int main()
{   int a=10,b=0;
    if (Sum1(a,b))
        printf("%d\n",b);
    else
        printf("参数错误\n");
    return 0;
}
```

在执行时发现输出结果为 0，因为实参 b 对应的形参为 s，Sum1 函数执行后 $s=55$，但 s 并不会回传给实参 b。在 C 语言中可以用传指针方式来实现形参的回传，但增加了函数的复杂性。为此在 C++语言中增加了引用参数的概念，一个参数名前面加上 & 就变为引用参数，引用参数在执行后会将结果回传给对应的实参。采用引用参数将 Sum1 改为 Sum2，算法如图 1.3 所示。

调用 Sum2 函数就得到正确的输出结果 55。需要注意的是数组可以看成引用类型，当

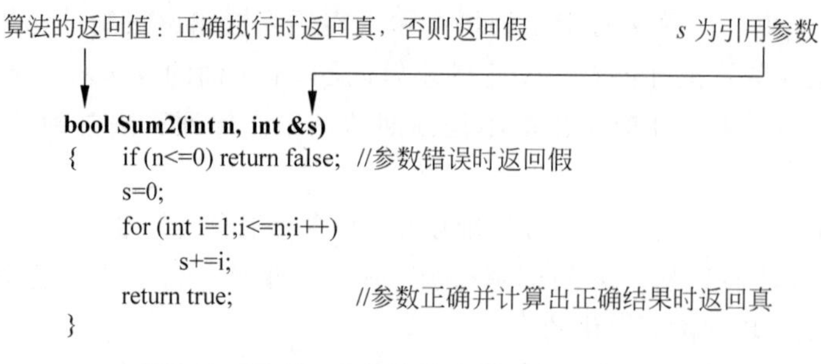

图 1.3　带引用参数的算法描述的一般形式

数组作为形参时数组名之前不需要加引用符 &。在算法中引用和非引用参数的差别如图 1.4 所示。一般而言，在设计算法中输入用非引用形参表示，输出用引用形参表示，如果某个形参既表示输入又表示输出，则应该设计为引用形参。

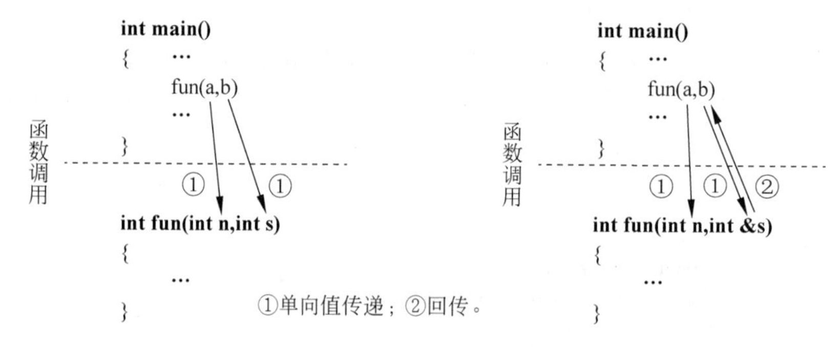

图 1.4　引用和非引用参数的差别

```
算法输出
    ↓
int Sum3(int n)
{   int s=0;
    for (int i=1;i<=n;i++)
        s+=i;
    return s;
}
```

图 1.5　直接用函数的返回值表示算法输出

对于一些简单的算法，假设只有一个输出并且通过约束输入总能够得到正确结果时，可以直接用函数返回值表示输出，这样会简化算法设计。例如对于前面的 Sum 问题，假设输入 n 是一个正整数，可以用函数返回值表示累加的结果，对应的 Sum3 函数如图 1.5 所示。

1.1.3　算法和数据结构

数据结构是算法设计的基础。算法的操作对象是数据结构，在设计算法时通常要构建适合这种算法的数据结构。数据结构设计主要是设计数据的存储结构，例如确定求解问题中的数据采用数组存储还是采用链表存储等。算法设计就是在选定的存储结构上设计一个满足要求的好算法。

另外，数据结构关注的是数据的逻辑结构、存储结构以及基本运算，而算法更多的是关注如何在数据结构的基础上解决实际问题。算法是编程思想，数据结构则是这些思想的逻辑基础。

1.1.4　算法设计的基本步骤

算法是求解问题的解决方案，这个解决方案本身并不是问题的答案，而是能获得答案的指令序列，即算法，通过算法的执行获得求解问题的答案。算法设计是一个灵活的充满智慧的过程，其基本步骤如图 1.6 所示，各步骤之间存在循环反复的过程。

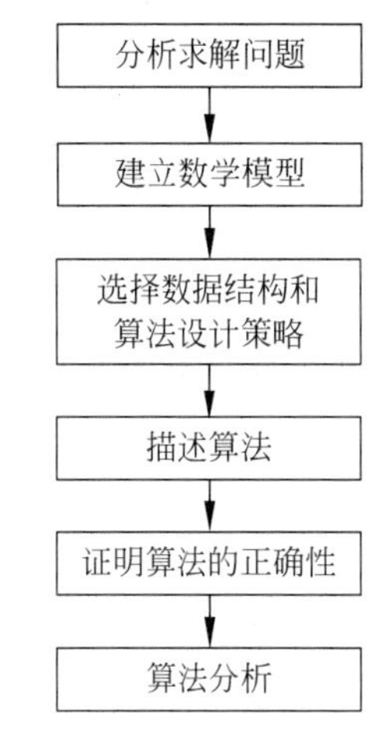

图 1.6　算法设计的基本步骤

① 分析求解问题。确定求解问题的目标(功能)、给定的条件(输入)和生成的结果(输出)。

② 建立数学模型。根据输入和输出之间的因果关系,利用求解问题的内在规律和适当的分析方法(例如归纳法),构造各个量之间的关系或其他数学结构。

③ 选择数据结构和算法设计策略。设计数据对象的存储结构,因为算法的效率取决于数据对象的存储表示。算法设计有一些通用策略,例如贪心法、分治法、动态规划法和回溯法等,需要针对求解问题选择合适的算法设计策略。

④ 描述算法。在构思和设计好一个算法后,必须清楚、准确地将所设计的求解步骤记录下来,即描述算法。

⑤ 证明算法的正确性。算法的正确性证明与数学证明有类似之处,因而可以采用数学证明方法。但用纯数学方法证明算法的正确不仅耗时,而且对大型软件开发也不适用。一般而言,为所有算法都给出完全的数学证明并不现实。因而可以选择那些已经被人们证明正确的算法,自然能大大减少出错的机会。本书介绍的大多数算法都是经典算法,其正确性已被证明,它们是实用和可靠的,书中主要介绍这些算法的设计思想和设计过程。

⑥ 算法分析。同一问题的求解算法可能有多种,通过算法分析找到好的算法。一般来说,一个好的算法应该比同类算法的时间和空间效率高。

1.2 算法分析

计算机资源主要包括计算时间和内存空间。算法分析是分析算法占用计算机资源的情况。所以算法分析的两个主要方面是分析算法的时间复杂度和空间复杂度,其目的不是分析算法是否正确或是否容易阅读,主要是考察算法的时间和空间效率,以求改进算法或对不同的算法进行比较。

那么如何评价算法的效率呢?通常有两种衡量算法效率的方法,即事后统计法和事前分析估算法。前者存在两个缺点,一是必须执行程序,二是存在其他因素掩盖算法本质。所以下面均采用事前分析估算法来分析算法效率。

1.2.1 算法的时间复杂度分析

1. 什么是算法的时间复杂度分析

一个算法用计算机语言实现后,在计算机上运行时所消耗的时间与很多因素有关,例如计算机的运行速度、编写程序采用的计算机语言、编译产生的机器语言代码的质量和问题的规模等。在这些因素中前3个都与具体的机器有关。撇开这些与计算机硬件、软件有关的因素,仅考虑算法本身的性能高低,可以认为一个特定算法的"运行工作量"的大小只依赖于问题规模(通常用整数 n 表示,例如数组的元素个数、矩阵的阶数等都可作为问题规模),或者说它是问题规模的函数。这便是事前分析估算法。

一个算法是由控制结构（顺序、分支和循环3种）和原操作（指固有数据类型的操作，其执行时间可以被认为是一个常量）构成的，算法的运行时间取决于两者的综合效果。例如，如图1.7所示是算法Solve，其中形参a是一个m行n列的数组，当是一个方阵（$m=n$）时求主对角线所有元素之和并返回true，否则返回false，从中看到该算法由4部分组成，包含两个顺序结构、一个分支结构和一个循环结构。

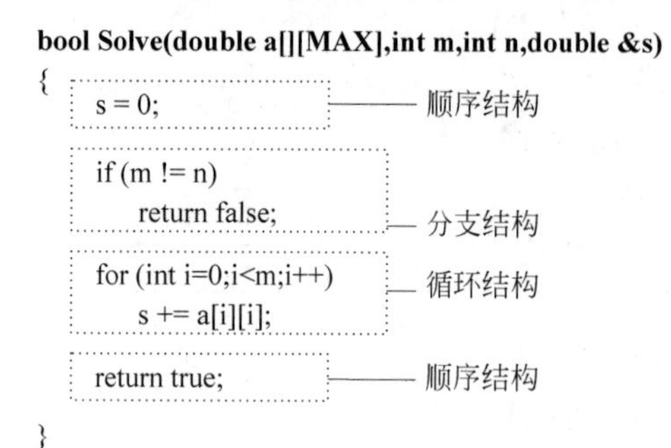

图1.7 一个算法的组成

算法执行时间是算法中所有语句的执行时间之和，显然与算法中所有语句的执行次数成正比，可以简单地用算法中基本操作的执行次数来度量，算法中的**基本操作**是指最深层循环内的原操作，它对算法执行时间的贡献最大，是算法中最重要的操作。如图1.7所示的算法中$s+=a[i][i]$就是该算法的基本操作。

当算法的问题规模为n时，求出所有基本操作的执行次数$f(n)$（理论上是一个正数），它是n的函数，对于如图1.7所示的算法，$s+=a[i][i]$基本操作执行n次，所以有$f(n)=n$。

算法时间复杂度分析通常是一种渐进分析，是指当问题规模n很大并趋于无穷大时对算法的时间性能分析，可表示为$\lim_{n\to\infty} f(n)$，同时忽略低阶项和最高阶系数。这种方法得出的不是时间量，而是一种增长趋势的度量，换而言之，只考虑当问题规模n充分大时，算法中基本操作的执行次数在渐近意义下的阶，通常用大写O、大写Ω和大写Θ 3种渐进符号表示。因此算法时间复杂度分析的一般步骤如图1.8所示。

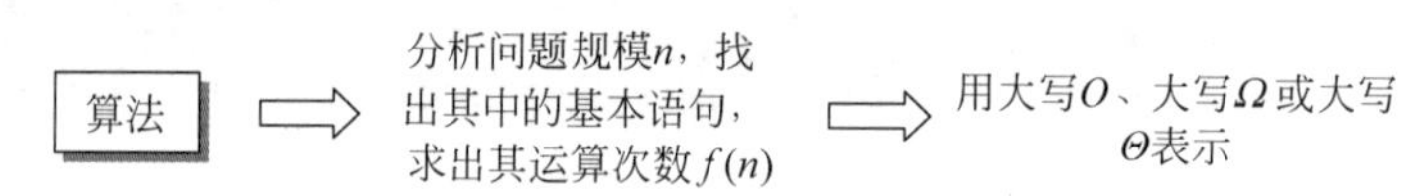

图1.8 分析算法时间复杂度的一般步骤

如何理解算法的渐进时间复杂度反映的是一种增长趋势呢？假设机器速度是每秒10^8次基本运算，有阶分别为n^3、n^2、$n\log_2 n$、n、2^n和$n!$的算法，在一秒之内能够解决的最大问题规模n如表1.1所示。从中看出，阶为$n!$和2^n的算法能解决的问题不仅规模非常小，而且n增长缓慢，或者说算法的执行时间随着n的增长而以极快的速度增长；执行速度最快的是阶为n和$n\log_2 n$的算法，不仅解决的问题的规模大而且n增长快，或者说算法的执行时间随着n的增长而以较慢的速度增长。一般地，把渐进时间复杂度为多项式的算法称为多项式级算法，而把$n!$或2^n这样的低效算法称为指数级算法。

表1.1 算法的阶及其一秒解决的最大问题规模

算法的阶	$n!$	2^n	n^3	n^2	$n\log_2 n$	n
一秒解决的最大问题规模n	11	26	464	10000	4.5×10^6	100000000
机器速度提高两倍后一秒解决的最大问题规模n	11	27	584	14142	8.6×10^6	200000000

2. 渐进符号（O、Ω和Θ）

定义1 $f(n)=O(g(n))$（读作“$f(n)$是$g(n)$的大写O”），$O(g(n))$是一个函数集合，

其含义是 $O(g(n))=\{f(n) \mid$ 存在正常量 c 和 n_0，使得当 $n \geqslant n_0$ 时有 $0 \leqslant f(n) \leqslant cg(n)\}$，例如 $O(n^2)=\{n^2, n, 1\}$。也就是说 $f(n)$ 的阶不高于 $g(n)$ 的阶，称 $g(n)$ 为 $f(n)$ 的上界。O 符号的图示如图 1.9(a)所示。

可以利用极限来证明，即如果 $\lim\limits_{n \to \infty} \dfrac{f(n)}{g(n)}=c$ 并且 $c \neq \infty$，则有 $f(n)=O(g(n))$。例如，$3n+2=O(n)$，因为 $\lim\limits_{n \to \infty} \dfrac{3n+2}{n}=3 \neq \infty$ 成立。$10n^2+4n+2=O(n^4)$，因为 $\lim\limits_{n \to \infty} \dfrac{10n^2+4n+2}{n^4}=0 \neq \infty$ 成立。一般地，如果 $f(n)=a_m n^m+a_{m-1} n^{m-1}+\cdots+a_1 n+a_0 (a_m>0)$，有 $f(n)=O(n^m)$。

定义 2 $\boldsymbol{f(n)=\Omega(g(n))}$（读作"$f(n)$ 是 $g(n)$ 的大写 Ω"），$\Omega(g(n))$ 是一个函数集合，其含义是 $\Omega(g(n))=\{f(n) \mid$ 存在正常量 c 和 n_0，使得当 $n \geqslant n_0$ 时 $f(n) \geqslant cg(n)\}$，例如 $O(n^2)=\{n^2, n^3, \cdots\}$。也就是说 $f(n)$ 的阶不低于 $g(n)$ 的阶，称 $g(n)$ 为 $f(n)$ 的下界。Ω 符号的图示如图 1.9(b)所示。

可以利用极限来证明，即如果 $\lim\limits_{n \to \infty} \dfrac{f(n)}{g(n)}=\mathrm{c}$ 并且 $\mathrm{c} \neq 0$，则有 $f(n)=\Omega(g(n))$。例如，$3n+2=\Omega(n)$，因为 $\lim\limits_{n \to \infty} \dfrac{3n+2}{n}=3 \neq 0$ 成立。$10n^2+4n+2=\Omega(n)$，因为 $\lim\limits_{n \to \infty} \dfrac{10n^2+4n+2}{n}=\infty \neq 0$ 成立。一般地，如果 $f(n)=a_m n^m+a_{m-1} n^{m-1}+\cdots+a_1 n+a_0 (a_m>0)$，有 $f(n)=\Omega(n^m)$。

定义 3 $\boldsymbol{f(n)=\Theta(g(n))}$（读作"$f(n)$ 是 $g(n)$ 的大写 Θ"），$\Theta(g(n))$ 是一个函数集合，其含义是 $\Theta(g(n))=\{f(n) \mid$ 存在正常量 c_1、c_2 和 n_0，使得当 $n \geqslant n_0$ 时有 $c_1 g(n) \leqslant f(n) \leqslant c_2 g(n)\}$，例如 $O(n^2)=\{n^2\}$。也就是说 $g(n)$ 与 $f(n)$ 的同阶，也称 $g(n)$ 为 $f(n)$ 的确界。Θ 符号的图示如图 1.9(c)所示。

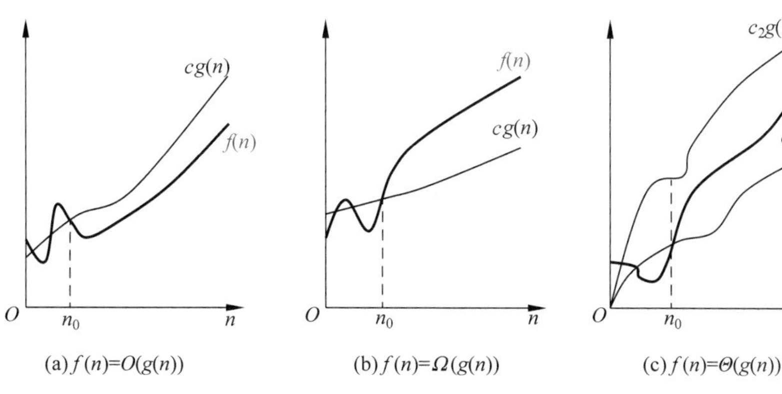

图 1.9 3 种渐进符号的图示

可以利用极限来证明，即如果 $\lim\limits_{n \to \infty} \dfrac{f(n)}{g(n)}=c$ 并且 $0<c<\infty$，则有 $f(n)=\Theta(g(n))$。例如，$3n+2=\Theta(n)$，$10n^2+4n+2=\Theta(n^2)$。一般地，如果 $f(n)=a_m n^m+a_{m-1} n^{m-1}+\cdots+a_1 n+a_0 (a_m>0)$，有 $f(n)=\Theta(n^m)$。

说明：大写 Θ 符号比大写 O 符号和大写 Ω 符号都要精确，$f(n)=\Theta(g(n))$ 隐含着 $f(n)=O(g(n))$ 和 $f(n)=\Omega(g(n))$。目前国内大部分教科书中习惯使用大写 O 符号，本

书也主要采用这种表示形式。

在算法分析中常用的一些公式如下：

$$x^{a+b}=x^a\times x^b$$

$$x^{a-b}=\frac{x^a}{x^b}$$

$$\log_c(ab)=\log_c a+\log_c b$$

$$b^{\log_b a}=a$$

$$\log_b a^n=n\log_b a$$

$$\log_b a=\frac{\log_c a}{\log_c b}$$

$$\log_b\left(\frac{1}{a}\right)=-\log_b a$$

$$\sum_{i=1}^{n}aq^{n-1}=\frac{a(q^n-1)}{q-1}$$

$$\sum_{i=1}^{n}a^i=\frac{a(a^n-1)}{a-1}$$

$$\sum_{i=1}^{n}i=\frac{n(n+1)}{2}=\Theta(n^2)$$

$$\sum_{i=1}^{n}i^2=\frac{n(n+1)(2n+1)}{6}=\Theta(n^3)$$

$$\sum_{i=1}^{n}2^{i-1}=2^n-1=\Theta(2^n)$$

$$\sum_{i=1}^{n}i^k=\frac{n^{k+1}}{k+1}+\frac{n^k}{2}+\text{低次项}=\Theta(n^{k+1})$$

$$\sum_{i=1}^{n}\frac{1}{2^i}=1-\frac{1}{2^n}$$

$$\sum_{i=1}^{n}\log_2 i\approx n\log_2 n$$

$$n!\approx\sqrt{2\pi n}\left(\frac{n}{\mathrm{e}}\right)^n,\quad \mathrm{e}=2.718\cdots\text{是自然对数的底}$$

【例 1-2】 分析以下算法的时间复杂度。

```
void fun(int n)
{   int s=0,i,j,k;
    for (i=0;i<n;i++)
        for (j=0;j<i;j++)
            for (k=0;k<j;k++)
                s++;
}
```

解 该算法的基本操作是 s++，所以有以下结果。

$$f(n)=\sum_{i=0}^{n-1}\sum_{j=0}^{i-1}\sum_{k=0}^{j-1}1=\sum_{i=0}^{n-1}\sum_{j=0}^{i-1}j=\sum_{i=0}^{n-1}\frac{i(i-1)}{2}=\frac{1}{2}\sum_{i=0}^{n-1}i^2-\frac{1}{2}\sum_{i=0}^{n-1}i=O(n^3)$$

该算法的时间复杂度为 $O(n^3)$。

【例 1-3】 分析以下算法的时间复杂度。

```
void func(int n)
{    int i=1,k=100;
     while (i<=n)
     {    k++;
          i+=2;
     }
}
```

解 该算法中基本操作是 while 循环内的语句。设 while 循环语句执行的次数为 m，i 从 1 开始递增，最后取值为 $1+2m$，所以 $i=1+2m\leqslant n$，即 $f(n)=m\leqslant(n-1)/2=O(n)$。该算法的时间复杂度为 $O(n)$。

3. 渐进符号的特性

1）传递性

$f(n)=O(g(n)),g(n)=O(h(n))\Rightarrow f(n)=O(h(n))$

$f(n)=\Omega(g(n)),g(n)=\Omega(h(n))\Rightarrow f(n)=\Omega(h(n))$

$f(n)=\Theta(g(n)),g(n)=\Theta(h(n))\Rightarrow f(n)=\Theta(h(n))$

2）自反性

$f(n)=O(f(n))$

$f(n)=\Omega(f(n))$

$f(n)=\Theta(f(n))$

3）对称性

$f(n)=\Theta(g(n))\Leftrightarrow g(n)=\Theta(f(n))$

4）算术运算

$O(f(n))+O(g(n))=O(\max\{f(n),g(n)\})$

$O(f(n))*O(g(n))=O(f(n)*g(n))$

$\Omega(f(n))+\Omega(g(n))=\Omega(\min\{f(n),g(n)\})$

$\Omega(f(n))*\Omega(g(n))=\Omega(f(n)*g(n))$

$\Theta(f(n))+\Theta(g(n))=\Theta(\max\{f(n),g(n)\})$

$\Theta(f(n))*\Theta(g(n))=\Theta(f(n)*g(n))$

4. 算法的最好、最坏和平均情况分析

定义 4 设一个算法的输入规模为 n，D_n 是所有输入的集合，任一输入 $I\in D_n$，$P(I)$ 是 I 出现的概率，有 $\sum P(I)=1$，$T(I)$是算法在输入 I 下所执行的基本操作次数，则该算法的平均执行时间为 $A(n)=\sum_{I\in D_n}P(I)*T(I)$，也就是说算法的平均情况是指各种特定输入下的基本操作执行次数的带权平均值。对应的时间复杂度称为平均时间复杂度，平均时

间复杂度反映算法的总体时间性能。

一般地，两个算法的比较通常是平均时间复杂度的比较。例如，前面的 Sum 问题也可以采用如下 Sum4 算法求解：

```
int Sum4(int n)
{
    return n(n+1)/2;
}
```

显然 Sum4 算法好于 Sum3 算法，因为它们的平均时间复杂度分别是 $O(1)$ 和 $O(n)$。

算法的最好情况为 $G(n)=\min_{I\in D_n} T(I)$，是指算法在所有输入 I 下所执行基本操作的最少执行次数。对应的时间复杂度称为最好时间复杂度，最好时间复杂度反映算法的最佳性能，即为算法的时间下界。

算法的最坏情况为 $W(n)=\max_{I\in D_n} T(I)$，是指算法在所有输入 I 下所执行基本操作的最大执行次数。对应的时间复杂度称为最坏时间复杂度，最坏时间复杂度为算法的时间上界。

扫一扫

视频讲解

【例 1-4】 设计一个尽可能高效的算法，在长度为 n 的一维整型数组 $a[0..n-1]$ 中查找值最大的元素 maxe 和值最小的元素 mine，并分析算法的最好、最坏和平均时间复杂度。

解 设计的高效算法如下。

```
void MaxMin(int a[], int n, int &maxe, int &mine)
{   maxe=mine=a[0];
    for (int i=1;i<n;i++)
    {   if (a[i]> maxe)
            maxe=a[i];
        else if (a[i]< mine)
            mine=a[i];
    }
}
```

该算法的基本语句是元素比较。最好的情况是 a 中元素递增排列，元素比较次数为 $n-1$，即 $G(n)=n-1=O(n)$。

最坏的情况是 a 中元素递减排列，元素比较次数为 $2(n-1)$，即 $W(n)=2(n-1)=O(n)$。

在平均情况下，a 中有一半的元素比 maxe 大，$a[i]>\text{maxe}$ 比较执行 $n-1$ 次，$a[i]<\text{mine}$ 比较执行 $(n-1)/2$ 次，因此平均元素比较次数为 $3(n-1)/2$，即 $A(n)=3(n-1)/2=O(n)$。

扫一扫

视频讲解

【例 1-5】 采用顺序查找方法，在长度为 n 的一维实数数组 $a[0..n-1]$ 中查找值为 x 的元素，即从数组的第一个元素开始，逐个与被查值 x 进行比较，找到后返回 true，否则返回 false。

对应的算法如下：

```
bool Find(double a[], int n, double x)
{   int i=0;
    while (i<n)
    {   if (a[i]==x) break;
        i++;
    }
    if (i<n) return true;
    else return false;
}
```

回答以下问题：

(1) 分析该算法在等概率情况下成功查找到值为 x 的元素的最好、最坏和平均时间复杂度。

(2) 假设被查值 x 在数组 a 中的概率是 p，不在数组 a 中的概率是 $1-p$，求算法的平均时间复杂度。

解 (1) 该算法的 while 循环中 if 语句是基本操作(用于元素比较)。a 数组中有 n 个元素，当第一个元素 $a[0]=x$ 时基本操作仅执行一次，此时呈现最好的情况，即 $G(n)=1=O(1)$。

当 a 中最后一个元素 $a[n-1]=x$ 时基本操作执行 n 次，此时呈现最坏的情况，即 $W(n)=n=O(n)$。

对于成功查找的平均情况，假设查找到每个元素的概率相同，则 $P(a[i])=1/n(0\leqslant i\leqslant n-1)$，而成功找到 $a[i]$元素时基本操作正好执行 $i+1$ 次，所以：

$$A(n)=\sum_{i=0}^{n-1}\frac{1}{n}(i+1)=\frac{1}{n}\sum_{i=0}^{n-1}(i+1)=\frac{n+1}{2}=O(n)$$

(2) 这里是既考虑成功查找又考虑不成功查找的情况。

对于成功查找，被查值 x 在数组 a 中的概率为 p 时，算法执行有 n 种成功情况，在等概率情况下元素 $a[i]$被查找到的概率 $P(a[i])=p/n$，成功找到 $a[i]$元素时基本操作执行 $i+1$ 次。

对于不成功查找，其概率为 $1-p$，所有不成功查找的基本操作都只执行 n 次，不妨看成一种情况。

所以：

$$A(n)=\sum_{I\in D_n}P(I)*T(I)=\sum_{i=0}^{n}P(I_i)*T(I_i)$$

$$=\sum_{i=0}^{n-1}\frac{p}{n}(i+1)+(1-p)n=\frac{(n+1)p}{2}+(1-p)n$$

如果已知查找的 x 有一半的机会在数组中，此时 $p=1/2$，则 $A(n)=[(n+1)/4]+n/2\approx 3n/4$。

5. 平摊分析

有些算法可能无法用 Θ 符号表达时间复杂度以得到一个执行时间的确界，此时可以采用上界 O 符号，但有时候上界过高了，那么即使在最坏情况下，算法也可能比这样的估计快得多。

考虑这样一种算法，在算法中有一种操作反复执行时有这样的特性，其运行时间始终变动，如果这一操作在大多数时候运行很快，只是偶尔要花费大量时间，对这样的算法可以采用平摊分析。平摊分析是一种算法分析手法，其主要思路是对算法中的若干条指令(通常 $O(n)$条)整体考虑时间复杂度(以获得更接近实际情况的时间复杂度)，而不是逐一考虑执行每条指令所需的时间复杂度后再进行累加。

在平摊分析中，执行一系列数据结构操作所需要的时间是通过对执行的所有操作求平均而得出的。平摊分析可用来证明在一系列操作中，即使单一的操作具有较大的代价，通过对所有操作求平均后，平均代价还是很小的。平摊分析与平均情况分析的不同之处在于它不涉及概率。这种分析保证了在最坏情况下每个操作具有平均性能。

【例 1-6】 假设有一个可以存放若干个整数的整数表，其类型为 List，data 域是存放整数元素的动态数组，capacity 域表示 data 的容量（data 数组中能够存放的最多元素个数，初始容量为常数 m），length 域表示长度（data 数组中存放的实际元素个数）。

```
#define m 2                                   //初始容量常数
struct List                                   //整数表的类型
{    int *data;                               //动态数组
     int length;                              //长度
     int capacity;                            //容量
};
```

整数表提供这些运算，Init(L)用于初始化表 L，即设置初始容量、分配初始空间和将长度置为 0；Expand(L)用于扩大容量，当 L 的长度达到容量时置新容量为两倍长度；Add(L,e)用于在 L 末尾插入元素 e。各个算法如下：

```
void Init(List& L)                            //初始化
{    L.capacity=m;
     L.data=new int[L.capacity];
     L.length=0;
}
void Expand(List& L)                          //按两倍长度扩大容量
{    int *p=L.data;
     L.capacity=2*L.length;                   //设置新容量
     L.data=new int[L.capacity];
     for(int i=0;i<L.length;i++)              //复制全部元素
          L.data[i]=p[i];
     delete p;
}
void Add(List& L,int e)                       //添加 e
{    if(L.length==L.capacity)
          Expand(L);
     L.data[L.length]=e;
     L.length++;
}
```

要求分析 Add(L,e)算法的时间复杂度。

解 在 Expand(L)算法中 for 循环执行 n 次（n 为复制的元素个数），所以其时间复杂度为 $O(n)$。在 Add(L,e)算法中可能会调用 Expand(L)（调用一次称为一次扩容），那么其时间复杂度是不是也为 $O(n)$呢？

实际上并不是每次调用 Add(L,e)都会扩容。假设初始容量为 m，插入前 m 个元素不会扩容，k 次扩容操作如表 1.2 所示，k 次扩容后表容量为 2^km（或者说插入 2^km 个元素需要执行 k 次扩容），k 次扩容需要复制的元素个数 $=m+2m+\cdots 2^{k-1}m=2^km-m\approx 2^km$，也就是说插入 2^km 个元素大约需要复制 2^km 个元素，或者说插入 n 个元素的时间复杂度为 $O(n)$，平摊起来，Add(L,e)算法的时间复杂度为 $O(1)$。

更简单地，假设插入 n 个元素调用一次 Expand(L)，调用 Expand(L)的时间为 $O(n)$，其他 $n-1$ 次插入的时间为 $O(1)$，平摊结果是 $\frac{(n-1)O(1)+O(n)}{n}=O(1)$。

表 1.2 k 次扩容操作

扩容次序	扩容后容量	扩容中复制的元素个数
1	$2m$	m
2	2^2m	$2m$
3	2^3m	2^2m
4	2^4m	2^3m
⋮	⋮	⋮
k	2^km	$2^{k-1}m$

1.2.2 算法的空间复杂度分析

一个算法的存储量包括形参所占空间和临时变量所占空间。在对算法进行存储空间分析时只考查临时变量所占空间，如图 1.10 所示，其中临时空间为变量 i、maxi 占用的空间。所以空间复杂度是对一个算法在运行过程中临时占用的存储空间大小的量度，一般也作为问题规模 n 的函数，以数量级形式给出，记作 $S(n)=O(g(n))$、$\Omega(g(n))$或 $\Theta(g(n))$，其中渐进符号的含义与时间复杂度中的含义相同。

```
int max(int a[], int n)
{    int maxi=0;
     for (int i=1;i<n;i++)
         if (a[i]>a[maxi])
             maxi=i;
     return a[maxi];
}
```

函数体内分配的变量空间为临时空间，不计形参占用的空间，这里仅计 i、maxi变量的空间，其空间复杂度为$O(1)$

图 1.10 一个算法的临时空间

若所需临时空间相对于输入数据量来说是常数，则称此算法为原地工作算法或就地工作算法。若所需临时空间依赖于特定的输入，则通常按最坏情况来考虑。

为什么算法占用的空间只考虑临时空间，而不必考虑形参的空间呢？这是因为形参的空间会在调用该算法的算法中考虑，例如，以下 maxfun 算法调用图 1.10 所示的 max 算法：

```
void maxfun()
{    int b[]={1,2,3,4,5},n=5;
     printf("Max=%d\n",max(b,n));
}
```

在 maxfun 算法中为 b 数组分配了相应的内存空间，其空间复杂度为 $O(n)$，如果在 max 算法中再考虑形参 a 的空间，这样重复计算了占用的空间。实际上，在 C/C++语言中，maxfun 调用 max 时，max 的形参 a 只是一个指向实参 b 数组的指针，形参 a 只分配一个地址大小的空间，并非另外分配 5 个整型单元的空间。

算法的空间复杂度的分析方法与前面介绍的时间复杂度的分析方法相似。

1.3 练习题

1.3.1 单项选择题

1. 下列关于算法的说法中正确的有________。

Ⅰ. 求解任何问题的算法是唯一的

Ⅱ. 算法必须在有限步操作之后停止

Ⅲ. 算法的每一步操作必须是明确的，不能有歧义或含义模糊

Ⅳ. 算法执行后一定产生确定的结果

A. 一个　　B. 两个　　C. 3 个　　D. 4 个

2. 算法分析的目的是________。

A. 找出数据结构的合理性　　B. 研究算法中输入和输出的关系

C. 分析算法的效率以求改进　　D. 分析算法的易读性和可行性

3. 以下关于算法的说法中正确的是________。

A. 算法最终必须用计算机程序实现　　B. 算法等同于程序

C. 算法的可行性是指指令不能有二义性　　D. 以上几个都是错误的

4. 在采用 C++语言描述算法时通常输出参数用________形参表示。

A. 指针　　B. 引用　　C. 传值　　D. 常值

5. 某算法的时间复杂度为 $O(n^2)$，表明该算法的________。

A. 问题规模是 n^2　　B. 执行时间等于 n^2

C. 执行时间与 n^2 成正比　　D. 问题规模与 n^2 成正比

6. 下述表达中不正确的是________。

A. $n^2/2+2^n$ 的渐进表达式上界函数是 $O(2^n)$

B. $n^2/2+2^n$ 的渐进表达式下界函数是 $\Omega(2^n)$

C. $\log_2 n^3$ 的渐进表达式上界函数是 $O(\log_2 n)$

D. $\log_2 n^3$ 的渐进表达式下界函数是 $\Omega(n^3)$

7. 当输入规模为 n 时，算法增长率最大的是________。

A. 5^n　　B. $20\log_2 n$　　C. $2n^2$　　D. $3n\log_3 n$

8. 设 n 是描述问题规模的非负整数，下面程序片段的时间复杂度为________。

```
int x=2;
while (x<n/2)
  x=2*x;
```

A. $O(\log_2 n)$　　B. $O(n)$　　C. $O(n\log_2 n)$　　D. $O(n^2)$

9. 下面的算法段针对不同的正整数 n 做不同的处理，其中函数 odd(n)是当 n 是奇数时返回 true，否则返回 false。

```
while (n>1)
{  if (odd(n))
```

```
        n=3*n+1;
    else
        n=n/2;
}
```

该算法所需计算时间的下界是________。

A. $\Omega(2^n)$　　B. $\Omega(n\log_2 n)$　　C. $\Omega(n!)$　　D. $\Omega(\log_2 n)$

10. 某算法的空间复杂度为 $O(1)$，则________。

A. 该算法执行不需要任何辅助空间

B. 该算法执行所需辅助空间大小与问题规模 n 无关

C. 该算法执行不需要任何空间

D. 该算法执行所需空间大小与问题规模 n 无关

1.3.2 问答题

1. 什么是算法？算法有哪些特性？

2. 判断一个大于 2 的正整数 n 是否为素数的方法有多种，给出两种算法，说明其中一种算法更好的理由。

3. 写出下列阶函数从低到高的顺序。

$2^n, 3^n, \log_2 n, n!, n\log_2 n, n^2, n^n, 10^3$

4. XYZ 公司宣称他们最新研制的微处理器的运行速度为其竞争对手 ABC 公司同类产品的 100 倍。对于时间复杂度分别为 n、n^2、n^3 和 $n!$ 的各算法，若用 ABC 公司的计算机在一小时内能解决输入规模为 n 的问题，那么用 XYZ 公司的计算机在一小时内分别能解决输入规模为多大的问题？

5. 试证明以下关系成立：

(1) $10n^2-2n=\Theta(n^2)$

(2) $2^{n+1}=\Theta(2^n)$

6. 试证明 $O(f(n))+O(g(n))=O(\max\{f(n),g(n)\})$。

7. 试证明 $\max(f(n),g(n))=\Theta(\mathrm{f}(n)+g(n))$。

8. 证明若 $f(n)=O(g(n))$，则 $g(n)=\Omega(f(n))$。

9. 试证明如果一个算法在平均情况下的时间复杂度为 $\Theta(g(n))$，则该算法在最坏情况下的时间复杂度为 $\Omega(g(n))$。

10. 化简下面 $f(n)$ 函数的渐进上界表达式。

(1) $f_1(n)=n^2/2+3^n$

(2) $f_2(n)=2^{n+3}$

(3) $f_3(n)=\log_2 n^3$

(4) $f_4(n)=2^{\log_2 n^2}$

(5) $f_5(n)=\log_2 3^n$

11. 对于下列各组函数 $f(n)$ 和 $g(n)$，确定 $f(n)=O(g(n))$ 或 $f(n)=\Omega(g(n))$ 或 $f(n)=\Theta(g(n))$，并简要说明理由。注意这里渐进符号按照各自严格的定义。

(1) $f(n)=2^n, g(n)=n!$

(2) $f(n)=\sqrt{n}, g(n)=\log_2 n$

(3) $f(n)=100, g(n)=\log_2 100$

(4) $f(n)=n^3, g(n)=3^n$

(5) $f(n)=3^n, g(n)=2^n$

12. $2^{n^2}=\Theta(2^{n^3})$成立吗？证明你的答案。

13. $n!=\Theta(n^n)$成立吗？证明你的答案。

14. 有一个算法 del(h,p)，其功能是删除单链表 h 中的指针 p 指向的结点。该算法是这样实现的：

(1) 若结点 p 不是尾结点，将结点 p 的后继结点数据复制到结点 p 中，再删除求后继结点。

(2) 若结点 p 是尾结点，pre 从 h 开始遍历找到结点 p 的前驱结点，再通过 pre 结点删除结点 p。

分析该算法的时间复杂度。

15. 以下算法用于求含 n 个整数的数组 a 中任意两个不同元素之差的绝对值的最小值，分析该算法的时间复杂度，并对其进行改进。

```
#define INF 0x3f3f3f3f                    //表示∞
int mindiff(int a[],int n)
{   int ans=INF;
    for(int i=0;i<n;i++)
        for(int j=0;j<n;j++)
            if(i!=j)
            {   int diff=abs(a[i]-a[j]);
                ans=min(ans,diff);
            }
    return ans;
}
```

1.3.3 算法设计题

1. 设计一个尽可能高效的算法求 $1+\frac{1}{2!}+\frac{1}{3!}+\cdots+\frac{1}{n!}$，其中 $n\geqslant 1$。

2. 有一个数组 a 包含 $n(n>1)$个整数元素，设计一个尽可能高效的算法将后面 $k(0\leqslant k\leqslant n)$个元素循环右移。例如，$a=(1,2,3,4,5)$，$k=3$，结果为 $a=(3,4,5,1,2)$。

第2章 常用数据结构及其应用

算法是程序的灵魂，程序通常包含数据的表示（数据结构）和操作的描述（算法）两方面，所以著名计算机科学家沃思提出了“数据结构＋算法＝程序”的概念，从中可以看出数据结构在编程中的重要性。本章讨论一些常用数据结构和C++标准模板库（STL）中常用容器的使用方法。本章的学习要点和学习目标如下：

（1）掌握各种数据结构的逻辑特性。

（2）掌握各种数据结构的存储结构及其特性。

（3）掌握STL中各种数据结构容器的应用。

（4）综合运用STL解决一些复杂的实际问题。

2.1 线性表

2.1.1 什么是线性表

线性表是性质相同的 $n(n\geqslant 0)$ 个元素的有限序列,每个元素都有唯一的序号或者位置,也称为下标或者索引,通常下标的取值为 $0\sim n-1$。线性表中的 n 个元素从头到尾分别称为第 0 个元素、第 1 个元素,以此类推。线性表主要有顺序表和链表两种存储结构。

1. 顺序表

顺序表是指线性表的顺序存储结构,所有元素存放在内存中一片相邻的存储空间中,逻辑上相邻的两个元素在内存中也是相邻的。顺序表通常采用数组实现,例如声明一个整数顺序表类型如下:

```
struct SqList                          //顺序表类型
{    int data[MaxSize];                //MaxSize 为 data 数组的容量
     int length;                       //顺序表长度即实际元素个数
     SqList():length(0) { }            //构造函数
};
```

其中用 data[0..length-1]存放对应线性表中的 length 个元素。

数组 data 的基本操作是存元素(如 data[i]=x)和取元素(如 x=data[i]),用户可以利用这些基本操作实现线性表的各种运算算法,例如查找、插入和删除等。

2. 链表

链表是指线性表的链式存储结构,链表的特点是每个结点单独分配存储空间,通过指针表示逻辑关系。链表又分为单链表、双链表和循环链表等。例如,声明一个整数单链表的结点类型如下:

```
struct ListNode                                                   //单链表结点类型
{    int val;                                                     //存放结点值
     ListNode * next;                                             //存放后继结点的地址
     ListNode(): val(0), next(NULL) {}                            //默认构造函数
     ListNode(int x):val(x), next(NULL) {}                        //重载构造函数 1
     ListNode(int x, ListNode * next):val(x), next(next) {}       //重载构造函数 2
};
```

为了方便进行算法设计,单链表通常带有头结点,如图 2.1 所示为一个带头结点的单链表 head。在单链表不带头结点时通常通过首结点地址来标识。单链表的基本操作主要有查找、插入和删除等。

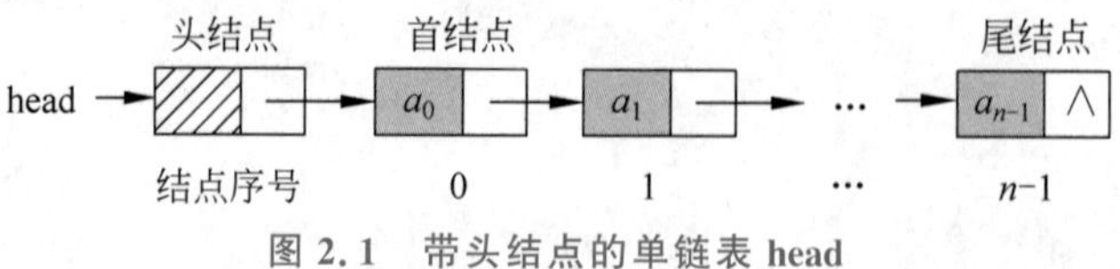

图 2.1 带头结点的单链表 head

1）查找序号为 i 的结点

在单链表 head 中查找序号为 i 的结点，若参数 i 正确，返回该结点的地址，否则返回 NULL。对应的算法如下：

```
ListNode * geti(ListNode * head, int i)              //查找序号为 i 的结点
{    if (i<0 || head->next==NULL)                    //i<0 或者为空表时返回 false
         return NULL;
     int j=0;
     ListNode * p=head->next;                        //查找序号为 i 的结点 p
     while(j<i && p!=NULL)
     {    p=p->next;
          j++;
     }
     return p;                                       //若 i≥n 时 p=NULL
}
```

2）插入序号为 i 的结点

在单链表 head 中序号为 i 的位置插入值为 e 的结点，若参数 i 错误返回 false，否则插入该结点并返回 true。对应的算法如下：

```
bool inserti(ListNode * &head, int i, int e)        //在序号为 i 的位置插入值为 e 的结点
{    ListNode * s, * p;
     if(i<0) return false;
     if(i==0)                                        //i=0 时
     {    s=new ListNode(e);                         //创建结点 s
          s->next=head->next;                        //插入结点 s 作为首结点
          head->next=s;
          return true;
     }
     p=geti(head,i-1);                               //查找序号为 i-1 的结点 p
     if(p==NULL)                                     //p 为空时
          return false;                              //返回 false
     else                                            //p 不为空时
     {    s=new ListNode(e);                         //创建结点 s
          s->next=p->next;                           //在结点 p 之后插入结点 s
          p->next=s;
          return true;
     }
}
```

3）删除序号为 i 的结点

在单链表 head 中删除序号为 i 的结点，若参数 i 错误返回 false，否则删除该结点并返回 true。对应的算法如下：

```
bool deletei(ListNode * &head, int i)               //删除序号为 i 的结点
{    ListNode * s, * p;
     if (i<0 || head->next==NULL)                    //i<0 或者为空表时返回 false
          return false;
     if(i==0)                                        //删除首结点
     {    s=head->next;
          head->next=s->next;
          delete s;
```

```
            return true;
        }
        p=geti(head,i-1);                                 //查找序号为 i-1 的结点 p
        if(p==NULL)
            return false;                                 //p 空时返回 false
        else
        {   s=p->next;                                    //找到序号为 i 的结点 s
            if(s==NULL) return false;                     //s 为空时返回 false
            p->next=s->next;                              //删除结点 s
            delete s;
            return true;
        }
    }
```

在上述单链表中求长度时需要遍历所有的结点，对应的时间复杂度为 $O(n)$，可以增加一个长度变量 length（初始为 0），在单链表的插入和删除操作中维护 length 的正确性（插入结点时执行 length++，删除结点时执行 length--），这样求长度时只需要返回 length 即可，对应时间复杂度为 $O(1)$。

2.1.2 vector 向量容器

C++ STL 提供了向量类模板 vector（称为向量容器，其声明包含在 vector 头文件中），可以看成顺序表的实现，vector 不仅提供了顺序表的常用功能，而且增加了更多的成员函数。

1. vector 的特点

vector 向量容器 v 的特点如下：

① v 容器相当于动态数组，用于存储具有相同数据类型的一组元素，如图 2.2 所示为 v 的一般存储方式，其容量为 c（容量表示最多存放的元素个数）、长度为 n（长度表示实际存放的元素个数）。

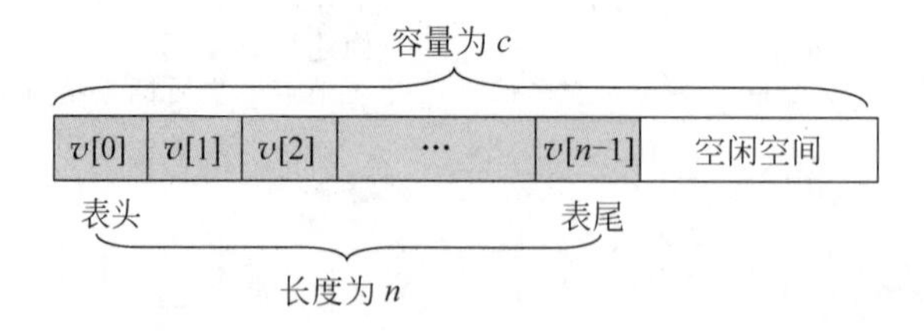

图 2.2　vector 向量容器 v 的存储方式

② v 容器具有随机存取特性，即查找序号为 $i(0\leqslant i\leqslant n-1)$的元素值的时间复杂度为 $O(1)$。

③ 可以从 v 容器的末尾快速插入和删除元素，对应的时间复杂度为 $O(1)$。

④ 在 v 容器的中间插入和删除元素的速度较慢，因为需要移动插入或删除处后面的所有元素，对应的时间复杂度为 $O(n)$。

⑤ v 容器具有自动扩容功能，当长度等于容量时自动将容量扩大两倍。在使用时不必考虑上溢出的情况。

2. 定义 vector 容器

定义 vector 向量容器的几种方式如下：

```
vector<int> v1;              //定义元素为 int 的向量 v1
vector<int> v2(2);           //定义向量 v2 的容量和长度为 2(两个元素均为 int 型,默认值为 0)
vector<double> v3(2,1.2);    //定义向量 v3 的容量和长度为 2(两个元素均为 double 型,值为 1.2)
vector<int> v4(a,a+5);       //用数组 a[0..4]共 5 个元素初始化向量 v4
```

3. vector 的成员函数

vector 提供了一系列的成员函数,其主要的成员函数如表 2.1 所示。

表 2.1　vector 主要的成员函数及其功能说明

类　型	成 员 函 数	功 能 说 明
容量	empty()	判断当前向量容器是否为空
	size()	返回当前向量容器的长度
	reserve(*c*)	为当前向量容器预分配 *c* 个元素的存储空间
	capacity()	返回当前向量容器的容量
	resize(*n*)	调整当前向量容器的长度,使其能容纳 *n* 个元素
访问元素	back()	返回当前向量容器的末尾元素
	front()	返回当前向量容器的首元素
	[idx]	返回指定下标 idx 的元素
	at[idx]	同[idx]
更新	push_back(*e*)	在当前向量容器的末尾添加一个元素 *e*
	emplace_back(*e*)	同 push_back(*e*),采用原地构造对象再添加,减少了一次复制或构造
	insert(pos,*e*)	在 pos 位置插入元素 *e*,即将元素 *e* 插入迭代器 pos 指定元素之前
	emplace(pos,*e*)	同 insert(pos,*e*),采用原地构造对象再插入,减少了一次复制或构造
	erase()	删除当前向量容器中某个迭代器或者迭代器区间指定的元素
	clear()	删除当前向量容器中的所有元素
迭代器	begin()	返回当前向量容器中首元素的迭代器
	end()	返回当前向量容器中末尾元素的后一个位置的迭代器
	rbegin()	返回当前向量容器中末尾元素的迭代器
	rend()	返回当前向量容器中首元素的前一个位置的迭代器

例如,以下程序及其输出说明了 vector 向量容器的 size()、capacity()和 resize()等成员函数的功能。

```
#include<iostream>
#include<vector>
using namespace std;
void disp(vector<int> &v)                 //输出 v 的所有元素
{   for(auto e:v)
        printf("%d ",e);
    printf("\n");
}
int main()
{   vector<int> v;
    printf("初始化 v\n");
    printf("长度=%d, 容量=%d\n",v.size(),v.capacity());    //输出:长度=0,容量=0
    v.push_back(1);                                        //添加 1
    printf("长度=%d, 容量=%d\n",v.size(),v.capacity());    //输出:长度=1,容量=1
    v.push_back(3);                                        //添加 3
```

```
    printf("长度=%d, 容量=%d\n",v.size(),v.capacity());      //输出:长度=2,容量=2
    v.push_back(2);                                             //添加 2
    printf("长度=%d, 容量=%d\n",v.size(),v.capacity());      //输出:长度=3,容量=4
    v.resize(6);                                                //调整长度为 6
    printf("长度=%d, 容量=%d\n",v.size(),v.capacity());      //输出:长度=6,容量=6
    v.push_back(5);                                             //添加 5
    printf("长度=%d, 容量=%d\n",v.size(),v.capacity());      //输出:长度=7,容量=12
    printf("v: "); disp(v);                                     //输出:1 3 2 0 0 0 5
    v.pop_back();                                               //删除末尾元素
    v.pop_back();                                               //删除末尾元素
    v.pop_back();                                               //删除末尾元素
    v.pop_back();                                               //删除末尾元素
    v.pop_back();                                               //删除末尾元素
    v.pop_back();                                               //删除末尾元素
    printf("长度=%d, 容量=%d\n",v.size(),v.capacity());      //输出:长度=1,容量=12
    printf("v: "); disp(v);                                     //输出:1
    return 0;
}
```

4. vector 的应用

在算法设计中序列数据通常指的是线性表，如果采用 vector 向量容器存放序列，可以十分方便地利用 vector 的成员函数实现算法的功能。

扫一扫

视频讲解

【例 2-1】 假设一个整数序列采用向量容器 v 存放，设计一个尽可能高效的算法删除 v 中所有的奇数元素，要求删除后 v 中元素的相对次序保持不变。

解 本算法的功能是删除 v 中所有的奇数元素，保留所有的偶数元素，并且结果 v 中所有偶数的相对次序保持不变。为了空间高效采用原地算法，下面讨论 3 种解法。

解法 1：整体建表法。先将结果 v 看成一个空表，用 k 表示结果 v 的元素个数(初始为 0)，用 i 遍历 v，当遇到偶数时重新插入 v 中，遇到奇数时跳过。最后置 v 的长度为 k。对应的算法如下：

```
void delodd1(vector<int> &v)          //解法 1 的算法
{   int k=0;                          //k 记录结果 v 中的元素个数
    int i=0;
    while(i<v.size())
    {   if(v[i]%2==0)                 //v[i]是偶数
        {   v[k]=v[i];                //将 v[i]重新插入结果 v 中
            k++;                      //结果 v 的长度增 1
        }
        i++;
    }
    v.resize(k);                      //设置 v 的长度为 k
}
```

解法 2：移动法。先将结果 v 看成整个表，用 k 表示要删除的元素个数(初始为 0)，用 i 遍历 v，当遇到偶数时将 $v[i]$前移 k 个位置，遇到奇数时将 k 增 1。最后置 v 的长度为 $n-k$。对应的算法如下：

```
void delodd2(vector<int> &v)          //解法 2 的算法
{   int k=0;                          //k 记录删除的元素个数
    int i=0;
```

```
    while(i<v.size())
    {    if(v[i]%2==0)                                   //v[i]是偶数
             v[i-k]=v[i];                                //将 v[i]前移 k 个位置
         else                                            //v[i]是奇数
             k++;                                        //将奇数元素个数增 1
         i++;
    }
    v.resize(v.size()-k);                                //设置 v 的长度为 n-k
}
```

解法 3：区间划分法。用 $v[0..k]$（共 $k+1$ 个元素）表示保留的元素区间（即偶数区间），初始时偶数区间为空，所以置 $k=-1$；用 $v[k+1..i-1]$（共 $i-k-1$ 个元素）表示删除的元素区间（即奇数区间），i 从 0 开始遍历 v，初始时奇数区间也为空，如图 2.3 所示。

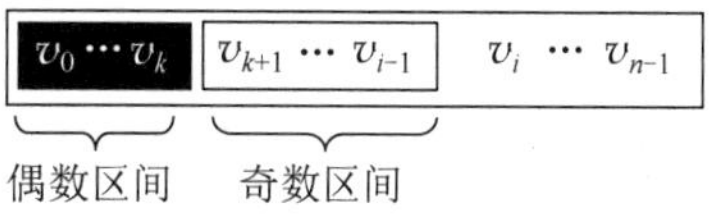

$v_0 \cdots v_k$ | $v_{k+1} \cdots v_{i-1}$ | $v_i \cdots v_{n-1}$

偶数区间　奇数区间

图 2.3　将 v 划分为两个区间

① 若遇到 $v[i]$为偶数，将其添加到偶数区间的末尾，对应的操作是将 k 增 1，接着将 $v[k]$与 $v[i]$交换，扩大了偶数区间，同时交换到后面 $v[i]$位置的元素一定是奇数，再执行 i++继续遍历。

② 若遇到 $v[i]$为奇数，只需要执行 i++扩大奇数区间，再继续遍历。

最后的结果 v 中仅保留所有偶数区间的 $k+1$ 个元素，即置 v 的长度为 $k+1$。对应的算法如下：

```
void delodd3(vector<int> &v)                 //解法 3 的算法
{    int k=-1;                               //v[0..k]表示偶数元素的区间
     int i=0;
     while(i<v.size())
     {    if(v[i]%2==0)                      //v[i]是偶数
          {    k++;                          //扩大偶数区间
               swap(v[k],v[i]);              //v[k]和 v[i]交换
          }
          i++;
     }
     v.resize(k+1);                          //设置 v 的长度为 k+1
}
```

上述 3 个算法的时间复杂度为 $O(n)$、空间复杂度为 $O(1)$，都属于高效的算法。如果每次遇到奇数 $v[i]$时调用的 erase()实施删除，对应的时间复杂度为 $O(n^2)$。

2.1.3　STL 通用算法

STL 提供了大量的通用函数，均采用泛型设计，大多数声明包含在 algorithm 头文件中，灵活使用这些函数不仅能够提高算法的设计效率，而且会提高算法的可靠性和执行性能。本节列出算法设计中一部分常用的通用函数，并以 sort()为例讨论这些函数的使用方法，通常范围表示为[beg,end)，其中 beg 和 end 是迭代器，它是一个前开后闭区间，即从 beg 所指元素开始到 end 的前一个元素结束。

1. 常用的通用函数

常用的通用函数如表 2.2 所示。

表 2.2 常用的通用函数及其功能说明

类　　型	函　　数	功 能 说 明
非更新的序列操作	find()	在指定的[beg,end)范围内查找指定值的元素
	find_if()	在指定的[beg,end)范围内查找满足指定条件的元素
	count()	在指定的[beg,end)范围内查找指定值出现的次数
	count_if()	在指定的[beg,end)范围内查找满足指定条件的次数
更新的序列操作	copy()	复制指定的[beg,end)范围内的元素
	swap()	交换
	replace()	将指定的[beg,end)范围内的所有值替换为新值
	replace_if()	将指定的[beg,end)范围内满足条件的所有值替换为新值
	remove()	删除指定的[beg,end)范围内的所有指定值
	remove_if()	删除指定的[beg,end)范围内的所有满足指定条件的值
	unique()	删除相邻的重复值(并非真正删除,仅将保留的值前移)
	reverse()	将指定的[beg,end)范围内的所有值翻转
排序	sort()	非稳定的排序
	stable_sort()	稳定的排序
	is_sorted()	检测有序性
有序序列的二分查找	lower_bound()	在指定的[beg,end)范围内查找第一个大于或等于指定值的元素
	upper_bound()	在指定的[beg,end)范围内查找第一个大于指定值的元素
	binary_search()	在指定的[beg,end)范围内查找指定值的元素
合并	merge()	合并两个有序序列
	set_union()	求两个有序序列的并集
	set_intersection()	求两个有序序列的交集
	set_difference()	求两个有序序列的差集
数学	min()	求两个值的最小值
	max()	求两个值的最大值
	min_element()	求一个序列中的最小值
	max_element()	求一个序列中的最大值
	accumulate()	求指定的[beg,end)的值之和
其他	next_permutation()	产生下一个排列
	prev_permutation()	产生前一个排列

2. sort()的使用方法

像 vector 或者数组等具有随机存取特性的容器，可以使用通用算法 sort()（它不是 vector 的成员函数）实现元素排序。正是由于 sort()是通用排序算法，在很多情况下需要定制排序方式。

1）内置数据类型的排序

如果 vector 中的元素是内置数据类型的数据，sort()默认是以 less < T >（小于关系仿函数）作为比较函数实现递增排序的，为了实现递减排序，需要改为 greater < T >（大于关系仿函数）。

扫一扫

视频讲解

【例 2-2】 假设一个含 n 个整数的序列采用向量容器 v 存放，设计一个算法求第 $k(1\leqslant k\leqslant n)$大的整数（不是第 k 个不同的整数）。

解法 1：将 v 中的整数元素递增排序，那么排序后的 $v[n-k]$ 就是原来 v 中第 k 大的整数。对应的算法如下：

```
int topk1(vector<int> &v, int k)                  //解法 1 的算法
{   sort(v.begin(), v.end());                     //将 v 中的所有元素递增排序
    return v[v.size()-k];
}
```

解法 2：将 v 中的整数元素递减排序，那么排序后的 $v[k-1]$ 就是原来 v 中第 k 大的整数。对应的算法如下：

```
int topk2(vector<int> &v, int k)                  //解法 2 的算法
{   sort(v.begin(), v.end(), greater<int>());     //将 v 中的所有元素递减排序
    return v[k-1];
}
```

2）自定义数据类型的排序

如果 vector 中的元素是自定义数据类型，例如结构体数据，同样默认是以 less<T>（即小于关系仿函数）作为比较函数，但需要重载该函数。另外用户还可以自己定义关系比较函数。在这些重载函数或者关系比较函数中指定数据的排序顺序（按哪些结构体成员排序，是递增还是递减）。

归纳起来，在实现排序时主要有以下几种方式：

① 在声明结构体类型中重载<运算符，以实现按指定成员的递增或者递减排序。例如 sort(v.begin(), v.end())调用默认<运算符对 v 容器的所有元素实现排序。

② 自己定义包含关系比较函数的结构体 Cmp，在关系比较函数中实现按指定成员的递增或者递减排序。例如 sort(v.begin(), v.end(), Cmp())调用 Cmp 的()运算符对 v 容器的所有元素实现排序。

③ 自己定义关系比较函数 myfun，在关系比较函数 myfun 中实现按指定成员的递增或者递减排序。例如 sort(v.begin(), v.end(), myfun)调用 myfun 函数对 v 容器的所有元素实现排序。

【例 2-3】 假设一个非空向量容器 v 中存放若干学生信息，每个学生包含学号、姓名、分数和名次，初始时名次为空，设计一个算法求出每个学生的名次（名次从 1 开始，相同分数的名次相同）。

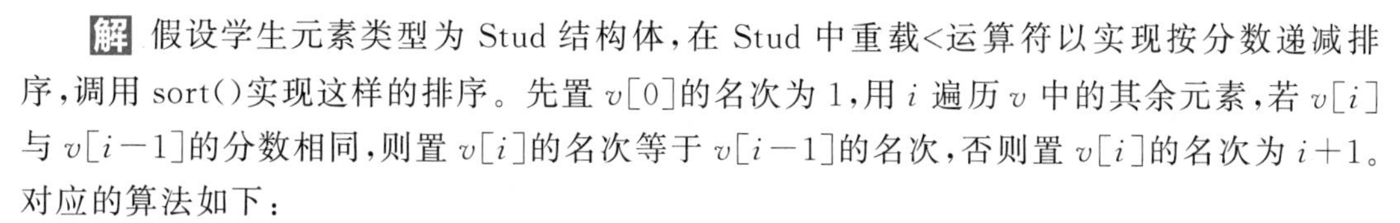

解 假设学生元素类型为 Stud 结构体，在 Stud 中重载<运算符以实现按分数递减排序，调用 sort()实现这样的排序。先置 $v[0]$ 的名次为 1，用 i 遍历 v 中的其余元素，若 $v[i]$ 与 $v[i-1]$ 的分数相同，则置 $v[i]$ 的名次等于 $v[i-1]$ 的名次，否则置 $v[i]$ 的名次为 $i+1$。对应的算法如下：

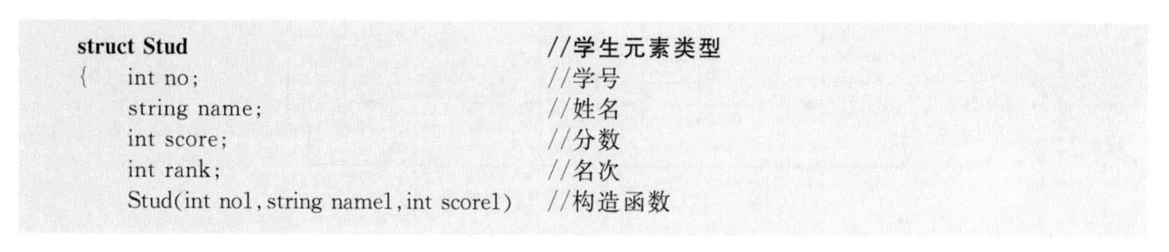

```
struct Stud                                       //学生元素类型
{   int no;                                       //学号
    string name;                                  //姓名
    int score;                                    //分数
    int rank;                                     //名次
    Stud(int no1, string name1, int score1)       //构造函数
```

```
    {   no=no1;
        name=name1;
        score=score1;
        rank=0;
    }
    bool operator <(const Stud &s) const      //方式①:重载<运算符
    {
        return score > s.score;               //用于按 score 递减排序,将>改为<则按 score 递增排序
    }
};
struct Cmp                                    //方式②:自己定义 Cmp 结构体 Cmp 以重载()运算符
{   bool operator()(Stud&s,Stud&t)
    {
        return s.score > t.score;             //用于按 score 递减排序,将>改为<,则按 score 递增排序
    }
};
bool myfun(Stud&s,Stud&t)                     //方式③:自己定义关系比较函数 myfun()
{
    return s.score > t.score;                 //用于按 score 递减排序,将>改为<,则按 score 递增排序
}
void getrank(vector < Stud > &v)              //求所有学生的名次
{   sort(v.begin(),v.end());                  //方式①:将 v 中所有元素按分数递减排序
    //sort(v.begin(),v.end(),Cmp());          //方式②:将 v 中所有元素按分数递减排序
    //sort(v.begin(),v.end(),myfun);          //方式③:将 v 中所有元素按分数递减排序
    v[0].rank=1;
    for(int i=1;i < v.size();i++)             //求名次
    {   if(v[i].score==v[i-1].score)
            v[i].rank=v[i-1].rank;
        else
            v[i].rank=i+1;
    }
}
```

2.1.4 list 链表容器

在 C++ STL 中提供了链表类模板 list(称为链表容器,其声明包含在 list 头文件中),list 不仅提供了链表的常用功能,而且增加了更多的成员函数。

1. List 链表容器的特点

list 链表容器 ls 的特点如下:

① ls 容器采用带头结点的循环双链表实现,用于存储具有相同数据类型的一组元素,如图 2.4 所示为 ls 的一般存储方式。

② ls 容器可以在任何地方快速插入与删除,对应的时间复杂度均为 $O(1)$。

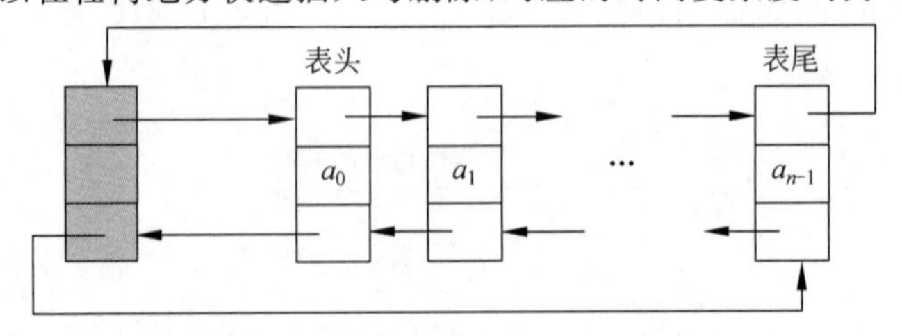

图 2.4 list 链表容器 ls 的存储方式

③ ls 容器中的每个结点单独分配空间，不存在空间不够的情况。

④ ls 容器不具有随机存取特性，查找序号为 $i(0 \leqslant i \leqslant n-1)$ 的元素值的时间复杂度为 $O(n)$。

2. 定义 list 链表容器

定义 list 链表容器的几种方式如下：

```
list<int> l1;                    //定义元素为 int 的链表 l1
list<int> l2 (10);               //指定链表 l2 的初始大小为 10 个 int 元素
list<double> l3 (10,1.23);       //指定 l3 的 10 个初始元素的初值为 1.23
list<int> l4(a,a+5);             //用数组 a[0..4]共 5 个元素初始化 l4
```

3. list 的成员函数

list 提供了一系列的成员函数，其主要的成员函数如表 2.3 所示。

表 2.3　list 主要的成员函数及其功能说明

类　型	成 员 函 数	功 能 说 明
容量	empty()	判断链表容器是否为空
	size()	返回链表容器的长度
访问元素	back()	返回链表容器的末尾元素
	front()	返回链表容器的首元素
更新	push_back(*e*)	在链表尾部插入元素 *e*
	emplace_back(*e*)	同 push_back(*e*)，采用原地构造对象再添加，减少了一次复制或构造
	push_front(*e*)	在链表首部插入元素 *e*
	emplace_front(*e*)	同 push_front(*e*)，采用原地构造对象再添加，减少了一次复制或构造
	insert(pos,*e*)	在 pos 位置插入元素 *e*，即将元素 *e* 插入迭代器 pos 指定元素之前
	insert(pos,*n*,*e*)	在 pos 位置插入 *n* 个元素 *e*
	insert(pos,pos1,pos2)	在迭代器 pos 处插入[pos1,pos2)的元素
	pop_back()	删除链表容器的末尾元素
	pop_front()	删除链表容器的首元素
	erase()	从链表容器中删除一个或几个元素
	clear()	删除链表容器中所有的元素
操作	remove()	删除链表容器中所有指定值的元素
	remove_if(cmp)	删除链表容器中满足条件的元素
	unique()	删除链表容器中相邻的重复元素
	merge()	合并两个有序链表容器中的元素
	reverse()	反转当前链表容器的所有元素
	sort()	对链表容器中的元素排序
迭代器	begin()	返回当前链表容器中首元素的迭代器
	end()	返回当前链表容器中末尾元素的后一个位置的迭代器
	rbegin()	返回当前链表容器中末尾元素的迭代器
	rend()	返回当前链表容器中首元素的前一个位置的迭代器

说明：STL 提供的 sort()排序算法仅支持具有随机存取特性的容器，而 list 容器不支持随机访问，为此 list 链表容器提供了 sort()成员函数用于元素排序，类似的还有 unique()、reverse()、merge()等成员函数。

例如，以下程序及其输出说明了 list 链表容器的基本使用方法。

```
#include<iostream>
#include<list>
using namespace std;
void disp(list<int> &l)                         //输出链表l中的所有元素
{   for(int e:l)
        printf("%d ",e);
    printf("\n");
}
int main()
{   list<int>::iterator it;
    list<int> l={2,3,4,5};
    l.push_back(1);
    l.push_front(6);
    it=l.begin();
    it++;
    l.insert(it,10);
    printf("l: "); disp(l);                           //输出:6 10 2 3 4 5 1
    it=l.begin();
    it++; it++;
    l.erase(it);
    printf("l: "); disp(l);                           //输出:6 10 3 4 5 1
    l.sort();
    printf("l: "); disp(l);                           //输出:1 3 4 5 6 10
    return 0;
}
```

2.2 字 符 串

2.2.1 什么是字符串

字符串简称为**串**，是字符的有限序列，可以看成元素类型是字符的线性表。一个串 s 中若干连续的字符构成的串 t 称为 s 的**子串**，空串是任何串的子串。**两个串相等**当且仅当它们的长度相同并且对应位置的字符均相同。字符串主要有顺序串和链串两种存储结构。

1. 顺序串

顺序串是指字符串的顺序存储结构。例如，声明一个顺序串类型如下：

```
struct SqString                        //顺序串类型
{   char data[MaxSize];                //MaxSize 为 data 数组的容量
    int length;                        //顺序串长度，即实际元素个数
    SqList():length(0) { }             //构造函数
};
```

顺序串与顺序表不仅在存储结构上类似，而且两者在算法设计方法上也基本相同。

2. 链串

链串是指字符串的链式存储结构，通常采用带头结点的单链表作为链串。例如，声明一个链串的结点类型如下：

```
struct SNode                                           //链串的结点类型
{   char val;                                          //存放结点值
    ListNode * next;                                   //存放后继结点的地址
    ListNode(): val(0), next(NULL) {}                  //默认构造函数
    ListNode(char x): val(x), next(NULL) {}            //重载构造函数 1
    ListNode(char x, SNode * next):val(x), next(next) {}   //重载构造函数 2
};
```

链串与单链表不仅在存储结构上类似，而且两者在算法设计方法上也基本相同。

2.2.2 string 字符串容器

C++ STL 中提供了字符串类模板 string(称为字符串容器，其声明包含在 string 头文件中)，可以看成顺序串的实现，类似于 vector<char>。string 除了提供字符串的一些常用操作(例如查找、插入、删除、修改、连接、输入和输出等)外，还包含所有的序列容器的操作，同时重载许多运算符，包括+、+=、<、=、[]、<<和>>等。正是有了这些功能，使得用 string 实现字符串的操作变得非常方便和简洁。

1. 定义 string 容器

定义 string 容器的几种方式如下。

① string()：建立一个空的字符串。

② string(const string& str)：用字符串 str 建立当前字符串。

③ string(const string& str, size_type idx)：用字符串 str 起始于 idx 的字符建立当前字符串。

④ string(const string& str, size_type idx, size_type num)：用字符串 str 起始于 idx 的 num 个字符建立当前字符串。

⑤ string(const char * cstr)：用 C-字符串 cstr 建立当前字符串。

⑥ string(const char * chars, size_type num)：用 C-字符串 cstr 开头的 num 个字符建立当前字符串。

⑦ string(size_type num, char c)：用 num 个字符 c 建立当前字符串。

其中，"C-字符串"是指采用字符数组存放的字符串。

2. string 的成员函数

string 提供了一系列的成员函数，string 主要的成员函数如表 2.4 所示(其中 size_type 在不同的计算机上长度是可以不同的，并非固定的长度，例如通常 size_type 为 unsigned int 类型)。

表 2.4 string 主要的成员函数及其功能说明

类 型	成 员 函 数	功 能 说 明
容量	empty()	判断当前字符串是否为空串
	size()	返回当前字符串的长度
	length()	与 size()相同
访问元素	back()	返回当前字符串容器的末尾元素
	front()	返回当前字符串容器的首元素
	[idx]	返回当前字符串位于 idx 位置的字符，idx 从 0 开始
	at(idx)	返回当前字符串位于 idx 位置的字符

续表

类　型	成 员 函 数	功 能 说 明
更新	append(str)	在当前字符串的末尾添加一个字符串 str
	push_back(*c*)	在当前字符串的末尾添加一个字符 *c*
	insert(size_type idx, const string&str)	在当前字符串的 idx 序号处插入一个字符串 str
	replace(size_type idx, size_type num, const string&str)	将当前字符串中起始于 idx 的 num 个字符用一个字符串 str 替换
更新	replace(iterator beg, iterator end, conststring&str)	将[beg,end)区间的所有字符用字符串 str 替换
	pop_back()	删除当前字符串的末尾字符
	erase()	删除当前字符串中的所有字符
	erase(size_type idx)	删除当前字符串中从 idx 开始的所有字符
	erase(size_type idx, size_type num)	删除当前字符串中从 idx 开始的 num 个字符
	clear()	删除当前字符串中的所有字符
字符串操作	find(string& *s*, size_type pos=0)	在当前字符串中从 pos 位置(默认为 0)开始向后查找字符串 *s* 的第一个位置，找到后返回其序号，没有找到则返回 npos
字符串操作	rfind(string&*s*, size_type pos=npos)	在当前字符串中从 pos 位置(默认为 npos)开始向前查找字符串 *s* 的第一个位置，找到后返回其序号，没有找到则返回 npos
	substr(size_type idx)	返回当前字符串起始于 idx 的子串
	substr(size_type idx, size_type num)	返回当前字符串起始于 idx 的长度为 num 的子串
	compare(const string&str)	返回当前字符串与字符串 str 的比较结果。在比较时，两者相等返回 0，前者小于后者返回 −1，否则返回 1
迭代器	begin()	返回当前字符串容器中首元素的迭代器
	end()	返回当前字符串容器中末尾元素的后一个位置的迭代器
	rbegin()	返回当前字符串容器中末尾元素的迭代器
	rend()	返回当前字符串容器中首元素的前一个位置的迭代器

例如，以下程序及其输出说明了 string 容器的定义和使用方法。

```
#include <iostream>
#include <string>                               //包含 string 的头文件
using namespace std;
int main()
{   char cstr[]="China! Great Wall";           //C—字符串
    string s1(cstr);
    cout << "s1: " << s1 << endl;               //输出 s1: China! Great Wall
    string s2(s1);
    cout << "s2: " << s2 << endl;               //输出 s2: China! Great Wall
    cout << "s1 的长度=" << s1.size() << endl;  //输出 s1 的长度=18
    string s3=s2.substr(7,6);
    cout << "s3: " << s3 << endl;               //输出 s3: Great
    cout << s1.compare(s2) << endl;             //输出 0
```

```
    s1.erase(5);
    cout << "s1: " << s1 << endl;                    //输出 s1: China
    s1=s1+" "+s3;
    cout << "s1: " << s1 << endl;                    //输出 s1: China Great
    return 0;
}
```

3. string 的应用

【例 2-4】 假设两个字符串 s 和 t 均采用 string 容器存储，设计一个算法利用 string 的成员函数求 t 在 s 中不重叠出现的次数。例如 s="aaaaa"，t="aa"，结果为 2。

解 利用 string 的成员函数 find()求解。对应的算法如下：

```
int Count(string&s,string&t)
{   int cnt=0;
    int pos=s.find(t,0);
    while(pos!=string::npos)                        //在 s 中找到 t
    {   cnt++;
        pos=s.find(t,pos+t.size());                 //继续在后续字符中查找
    }
    return cnt;
}
```

【例 2-5】 假设有 3 个字符串 str、s 和 t，均采用 string 容器存储，设计一个算法利用 string 的成员函数将 str 中的所有子串 s 用串 t 替换。例如 str="ababcd"，s="ab"，t="123"，替换后 str 变为"123123cd"。

解 利用 string 的成员函数 find()和 replace()求解。对应的算法如下：

```
void Replaceall(string&str,string&s,string&t)
{   int m=s.size();
    int pos=str.find(s,0);
    while(pos!=string::npos)                        //在 str 中找到 s
    {   str.replace(pos,m,t);                       //替换
        pos=str.find(s,pos+t.size());               //继续在后续字符中查找
    }
}
```

2.3 栈、队列和双端队列

2.3.1 什么是栈、队列和双端队列

栈是一种特殊的线性表，有前、后两个端点，规定只能在其中一端进行进栈和出栈操作，该端点称为栈顶，另外一个端点称为栈底。栈的主要运算有判断栈空、进栈、出栈和取栈顶元素等。栈具有后进先出的特点，n 个不同的元素进栈产生的出栈序列有 $\frac{1}{n+1}C_{2n}^{n}$ 种。

队列是一种特殊的线性表，有前、后两个端点，规定只能在一端进队元素，另外一端出队元素。队列的主要运算有判断队空、进队、出队和取队头元素等。队列具有先进先出的特

点，n 个元素进队产生的出队序列是唯一的。

双端队列是一种特殊的线性表，有前、后两个端点，每个端点都可以进队和出队元素，如图 2.5 所示。双端队列的主要运算有判断队空、前后端进队、前后端出队和取前后端点元素等。n 个元素进双端队列产生的出队序列可能有多个。

栈、队列和双端队列均可以采用顺序和链式存储结构存储。

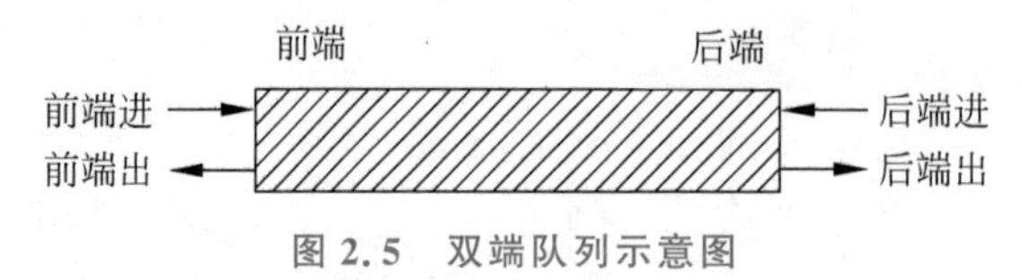

图 2.5　双端队列示意图

从上看出，双端队列兼有栈和队列的特点，如果限制双端队列中只在一端进队元素，另外一端出队元素，此时双端队列就变为队列；如果限制双端队列中在同一端进队元素和出队元素，此时双端队列就变为栈。下面改为按双端队列、队列和栈的顺序讨论相关 STL 容器。

2.3.2　deque 双端队列容器

C++ STL 中提供了双端队列类模板 deque（称为双端队列容器，其声明包含在 deque 头文件中），并且以它为基础实现了队列和栈容器。

1. deque 的特点

deque 双端队列容器 dq 的特点如下：

① dq 容器在实现上由若干个块构成，每个块中元素地址是连续的，块之间的地址是不连续的。如图 2.6 所示为 dq 容器的一般存储方式，系统有一个特定的机制将这些块构成一个整体并且维护相关操作。

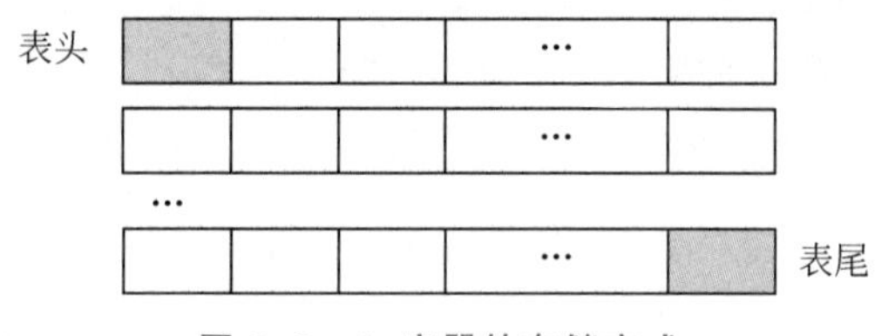

图 2.6　dq 容器的存储方式

② 由于 dq 容器采用分块存放容器中的元素，所以空间的重新分配要比 vector 快，因为重新分配空间后原有的元素不需要复制。

③ dq 容器提供了随机访问迭代器，但随机访问的时间不再是 $O(1)$，也远好于 $O(n)$。

④ dq 容器在前后端进队和出队元素的时间复杂度均为 $O(1)$，但在中间位置插入和删除元素的速度较慢。

⑤ dq 容器不同于队列，它提供了遍历元素的迭代器成员函数，可以正向或者反向遍历其中的全部元素。

2. 定义 deque 容器

定义 deque 双端队列容器的几种方式如下：

```
deque<int> dq1;                           //定义元素类型为 int 的空双端队列 dq1
deque<int> dq2(10);                       //指定 dq2 初始为 10 个 int 元素
deque<double> dq3(10,1.23);               //指定 dq3 的 10 个初始元素均为 1.23
deque<int> dq4(dq2.begin(),dq2.end());    //用 dq2 的全部元素初始化 dq4
```

3. deque 容器的成员函数

deque 提供了一系列的成员函数，其主要的成员函数如表 2.5 所示。

表 2.5 deque 主要的成员函数及其功能说明

类型	成员函数	功能说明
容量	empty()	判断双端队列容器是否为空队
	size()	返回双端队列容器的长度
访问元素	back()	返回当前双端队列容器的末尾元素
	front()	返回当前双端队列容器的首元素
	[idx]	返回指定下标 idx 的元素
	at[idx]	同[idx]
更新	push_front(*e*)	在队头插入元素 *e*
	push_back(*e*)	在队尾插入元素 *e*
	pop_front()	出队一个队头元素
	pop_back()	出队一个队尾元素
	insert()	在双端队列容器中插入一个或几个元素
	erase()	从双端队列容器中删除一个或几个元素
	clear()	出队双端队列容器中的所有元素
迭代器	begin()	返回当前双端队列容器中首元素的迭代器
	end()	返回当前双端队列容器中末尾元素的后一个位置的迭代器
	rbegin()	返回当前双端队列容器中末尾元素的迭代器
	rend()	返回当前双端队列容器中首元素的前一个位置的迭代器

说明：deque 容器在出队函数(pop_front()、pop_back())中并不检测队空，所以在调用这些函数时务必要保证容器是非空的，否则会导致程序停止正常工作。

例如，以下程序及其输出说明了 deque 容器的定义和使用方法。

```
#include <iostream>
#include <deque>                          //包含 deque 容器的头文件
using namespace std;
int main()
{   deque<int> dq;
    dq.push_front(1);                     //前端进队 1
    dq.push_back(2);                      //后端进队 2
    dq.push_front(3);                     //前端进队 3
    dq.push_back(4);                      //后端进队 4
    printf("前端出队序列: ");
    while(!dq.empty())
    {   printf("%d ",dq.front());         //输出: 3 1 2 4
        dq.pop_front();
    }
    printf("\n");
    return 0;
}
```

4. deque 容器的应用

【例 2-6】 给定一个含 n 个整数的序列 nums 和滑动窗口的大小 $k(1 \leqslant k \leqslant n)$，设计一个算法求出所有滑动窗口里的最大值。例如，nums=(4,3,5,4,3,3,6,7)，$k=3$，第一个窗口[4,3,5]的最大值为 5，第 2 个窗口[3,5,4]的最大值为 5，第 3 个窗口[5,4,3]的最大值为

5，第4个窗口[4,3,3]的最大值为4，第5个窗口[3,3,6]的最大值为6，第6个窗口[3,6,7]的最大值为7，所以最终返回结果是(5,5,5,4,6,7)。

解 定义一个双端队列dq，用队头元素表示当前滑动窗口内最大值的位置（下标），用vector<int>容器ans记录该滑动窗口内元素的最大值。对于数组元素nums[i]：

① 若队列dq为空，将i从队尾进队。

② 若队列dq不空，将nums[i]和队尾元素x进行比较，若nums[i]$>x$，将x从队尾出队，直到nums[i]小于或者等于队尾元素或队列为空，再将i从队尾进队。

对于当前滑动窗口，如果队列的队头元素位置“过期”，也就是小于该滑动窗口最左端的位置($i-k+1$)，将队头元素从队头出队，新的队头元素作为滑动窗口的最大值添加到ans中。

最后返回ans。对应的算法如下：

```
vector<int> maxSlidingWindow(vector<int> &nums, int k)
{   int n=nums.size();
    deque<int> dq;
    vector<int> ans;
    for(int i=0;i<k;i++)                          //处理 nums 的前 k 个元素
    {   if(dq.empty())                            //队空时将元素下标 i 进队尾
            dq.push_back(i);
        else                                      //队不空时
        {   while(!dq.empty() && nums[i]> nums[dq.back()])
                dq.pop_back();                    //将队尾小于 nums[i] 的元素从队尾出队
            dq.push_back(i);                      //将元素下标 i 进队尾
        }
    }
    ans.push_back(nums[dq.front()]);              //将队头元素添加到 ans 中
    for(int i=k;i<n;i++)                          //处理 nums 中剩余的元素
    {   if(dq.empty())                            //队空时将元素下标 i 进队尾
            dq.push_back(i);
        else                                      //队不空时
        {   while(!dq.empty() && nums[i]> nums[dq.back()])
                dq.pop_back();                    //将队尾小于 nums[i] 的元素从队尾出队
            dq.push_back(i);                      //将元素下标 i 进队尾
        }
        if(dq.front()<i-k+1)                      //将队头过期的元素从队头出队
            dq.pop_front();
        ans.push_back(nums[dq.front()]);          //新队头元素添加到 ans 中
    }
    return ans;
}
```

2.3.3 queue队列容器

C++ STL中提供了队列类模板queue（称为队列容器，其声明包含在queue头文件中）。queue容器是在deque容器的基础上实现的，利用deque的push_back()/pop_front()或者push_front()/pop_back()函数实现进队和出队操作，也就是说queue容器默认的底层容器是deque，这类容器称为适配器容器。queue容器的底层容器还可以指定为list，因为list容器也提供了push_back()/pop_front()或者push_front()/pop_back()函数，但不能指定为

vector,因为 vector 没有提供 push_front()或者 pop_front()函数。

1. queue 的特点

queue 队列容器 qu 的特点如下:

① qu 容器只能在队头出队(删除)、在队尾进队(插入)元素,不能在中间位置删除和插入元素,因此队中元素先进先出。

② qu 容器具有自动扩容功能,不必考虑队满的情况。

③ qu 容器中的元素不允许顺序遍历,不支持 begin()/end()和 rbegin()/rend()迭代器函数。

2. 定义 queue 容器

定义 queue 队列容器的几种方式如下:

```
queue<int> qu1;                          //定义 int 类型的空队列 qu1(底层容器是 deque)
list<int> ls(3,2);                       //定义含 3 个元素值均为 2 的 ls 容器
queue<int,list<int>> qu2(ls);            //由容器 ls 创建队列 qu2
```

3. queue 容器的成员函数

queue 提供了一系列的成员函数,其主要的成员函数如表 2.6 所示。

表 2.6 queue 主要的成员函数及其功能说明

成员函数	功能说明	成员函数	功能说明
empty()	判断队列容器是否为空	back()	返回队尾元素
size()	返回队列容器的长度	push(e)	进队元素 e
front()	返回队头元素	pop()	出队一个元素

说明:queue 容器在出队函数(pop())中并不检测队空,所以在调用该函数时务必要保证容器是非空的,否则会导致程序停止正常工作。

例如,以下程序及其输出说明了 queue 容器的定义和使用方法。

```
#include<queue>                                    //包含 queue 容器的头文件
using namespace std;
int main()
{   queue<int> qu;
    qu.push(1); qu.push(2); qu.push(3);
    printf("队头元素: %d\n",qu.front());           //输出 1
    printf("队尾元素: %d\n",qu.back());            //输出 3
    printf("出队顺序: ");
    while (!qu.empty())
    {   printf("%d ",qu.front());                  //输出 1 2 3
        qu.pop();
    }
    printf("\n");
    return 0;
}
```

4. queue 容器的应用

扫一扫

视频讲解

【例 2-7】 给定一个含 $n(n>1)$个整数的队列容器 qu,设计一个算法出队其中序号为 $k(1\leqslant k\leqslant n)$的元素(从队头开始数,队头元素的序号为 1),并返回该元素。

解 对于含 $n(n>1)$个整数的队列容器 qu，先将序号 1 到 $k-1$ 的每个元素出队并且进队到队尾，出队序号为 k 的元素 e，再将序号 $k+1$ 到 n 的每个元素出队并且进队到队尾，最后返回 e。对应的算法如下：

```
int popk(queue<int> &qu,int k)
{   int n=qu.size(),x;
    for(int i=1;i<k;i++)              //处理序号 1 到 k-1 的元素
    {   x=qu.front(); qu.pop();       //将元素 x 出队
        qu.push(x);                   //将 x 进队
    }
    int e=qu.front(); qu.pop();       //将序号为 k 的元素 e 出队
    for(int i=k+1;i<=n;i++)           //处理序号 k+1 到 n 的元素
    {   x=qu.front(); qu.pop();       //将元素 x 出队
        qu.push(x);                   //将 x 进队
    }
    return e;
}
```

2.3.4 stack 栈容器

C++ STL 中提供了栈类模板 stack(称为栈容器，其声明包含在 stack 头文件中)。stack 容器与 queue 容器一样也属于适配器容器，其底层容器默认是 deque，利用 deque 的 push_back()/pop_back()函数或者 push_front()/pop_front()函数实现进栈和出栈操作。另外也可以指定底层容器为 vector 或者 list(利用 vector 或者 list 容器的 push_back()/pop_back()函数实现进栈和出栈操作)。

1. stack 的特点

stack 栈容器 st 的特点如下：

① st 容器只能在栈顶出栈(删除)和进栈(插入)元素，不能在中间位置删除和插入元素，因此栈中元素后进先出。

② st 容器具有自动扩容功能，不必考虑栈满的情况。

③ st 容器中的元素不允许顺序遍历，不支持 begin()/end()和 rbegin()/rend()迭代器函数。

2. 定义 stack 容器

定义 stack 队列容器的几种方式如下：

```
stack<int> st1;                  //定义 int 类型的空栈 st1(底层容器是 deque)
vector<int> v(2,10);             //定义含两个元素值均为 10 的 v 容器
stack<int,vector<int>> st2(v);   //由 v 容器创建 st2
```

3. stack 容器的成员函数

stack 提供了一系列的成员函数，其主要的成员函数如表 2.7 所示。

表 2.7 stack 主要的成员函数及其功能说明

成员函数	功能说明	成员函数	功能说明
empty()	判断栈容器是否为空	top()	返回栈顶元素
size()	返回栈容器的长度	pop()	出栈一个元素
push(*e*)	进栈元素 *e*		

说明：stack 容器在出栈函数(pop())中并不检测栈空，所以在调用该函数时务必要保证容器是非空的，否则会导致程序停止正常工作。

例如，以下程序及其输出说明了 stack 容器的定义和使用方法。

```
#include <iostream>
#include <stack>                              //包含 stack 容器的头文件
using namespace std;
int main()
{   stack<int> st;
    st.push(1); st.push(2); st.push(3);
    printf("栈顶元素: %d\n",st.top());      //输出 3
    printf("出栈顺序: ");
    while (!st.empty())
    {   printf("%d ",st.top());             //输出 3 2 1
        st.pop() ;
    }
    printf("\n");
    return 0;
}
```

4. stack 容器的应用

【例 2-8】 给定一个含若干单词的字符串 s，单词之间用一个或者多个空格分隔。设计一个算法将 s 中的所有单词翻转并且返回翻转后的结果，结果字符串中两个单词之间只有一个空格，例如 $s=$"the sky is blue"翻转的结果 $t=$"blue is sky the"。

解 对应一个单词栈 st，遍历 s 提取出所有单词，将每个单词进栈 st，再出栈所有单词并且连接成结果字符串 ans，最后返回 ans。对应的算法如下：

```
string Reversewords(string& s)
{   stack<string> st;
    int i=0;
    while(i<s.length())                         //遍历字符串 s
    {   while(i<s.length() && s[i]==' ')
            i++;                                //跳过空字符
        string tmp="";
        while(i<s.length() && s[i]!=' ')        //提取单词 tmp
        {   tmp+=s[i];
            i++;
        }
        st.push(tmp);                           //将 tmp 进栈
    }
    string ans="";
    while(!st.empty())                          //出栈所有单词连接成字符串 ans
    {   if(ans.length()==0)
            ans+=st.top();
        else
            ans+=" "+st.top();
        st.pop();
    }
    return ans;
}
```

2.4 二叉树和优先队列

2.4.1 二叉树

1. 二叉树的定义

二叉树是有限的结点集合，这个集合或者是空，或者由一个根结点和两棵互不相交的称为左子树和右子树的二叉树组成。

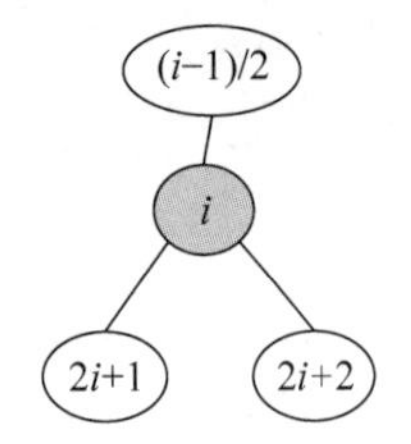

图 2.7 结点层序编号时的对应关系

在一棵二叉树中如果所有分支结点都有左、右孩子结点，并且叶子结点都集中在二叉树的最下一层，这样的二叉树称为**满二叉树**。用户可以对满二叉树的结点进行这样的层序编号：约定根结点编号为 0，一个结点的编号为 i，若它有左孩子则左孩子的编号为 $2i+1$，若它有右孩子则右孩子的编号为 $2i+2$，可以推出若编号为 i 的结点有双亲则双亲的编号为 $(i-1)/2$，如图 2.7 所示。

在一棵二叉树中如果只有最下面两层的结点的度数可以小于 2，并且最下面一层的叶子结点都依次排列在该层最左边的位置上，则这样的二叉树称为**完全二叉树**。同样可以对完全二叉树中的每个结点进行层序编号，编号的方法同满二叉树相同，编号之间的对应关系与图 2.7 相同，也就是说树中结点的层序编号可以唯一地反映出结点之间的逻辑关系。

2. 二叉树的存储结构

1）二叉树的顺序存储结构

对于一棵二叉树，增添一些并不存在的空结点（空结点值用一个特殊值（如 NIL 常量）表示），补齐为一棵完全二叉树的形式。按完全二叉树的方式进行层序编号，再用一个数组存储，即层序编号为 i 的结点值存放在数组下标为 i 的元素中。

例如，一棵二叉树如图 2.8(a)所示，其对应的顺序存储结构如图 2.8(b)所示，将其补齐为一棵完全二叉树，如图 2.8(c)所示。

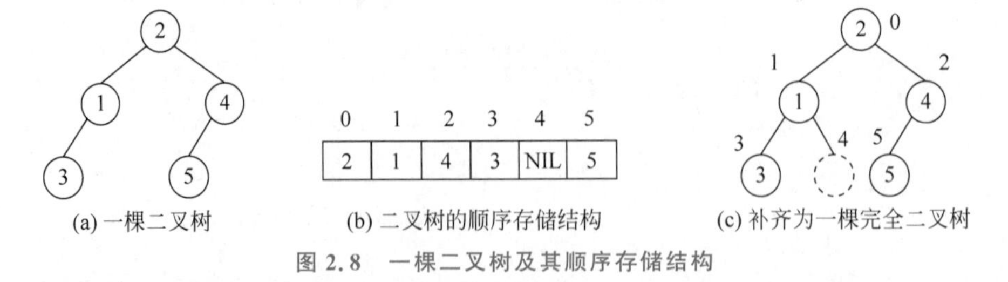

图 2.8 一棵二叉树及其顺序存储结构

2）二叉树的链式存储结构

二叉树的链式存储结构是指用一个链表来存储一棵二叉树，二叉树中的每个结点用链表中的一个链结点来存储。在二叉树中，标准存储方式的结点结构为(left，data，right)，其中，data 为值成员变量，用于存储对应的数据元素，left 和 right 分别为左、右指针变量，用于分别存储左孩子和右孩子结点（即左、右子树的根结点）的地址。这种链式存储结构通常简称为二叉链。

例如，整数二叉链结点类型 TreeNode 声明如下：

```
struct TreeNode                                         //二叉链结点类型
{   int val;                                            //结点值
    TreeNode * left;                                    //左孩子结点地址
    TreeNode * right;                                   //右孩子结点地址
    TreeNode(): val(0), left(nullptr), right(nullptr) {}
    TreeNode(int x): val(x), left(nullptr), right(nullptr) {}
    TreeNode(int x, TreeNode * left, TreeNode * right): val(x), left(left), right(right) {}
};
```

通常整棵二叉树通过根结点 root 来唯一标识。例如，图 2.8(a)所示的二叉树对应的二叉链存储结构如图 2.9 所示。

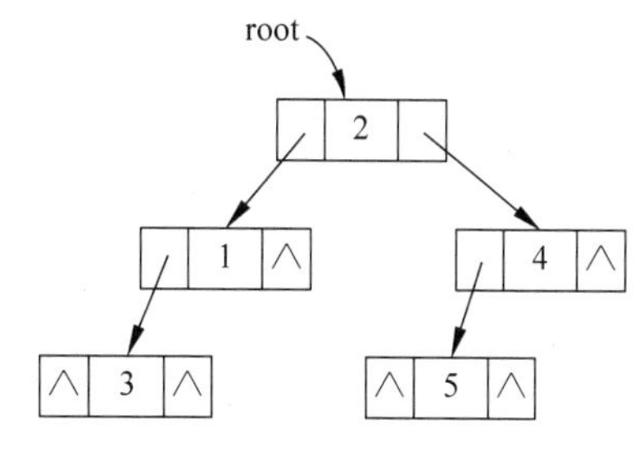

图 2.9　一棵二叉树的二叉链存储结构

3. 二叉树的遍历

二叉树遍历是指按照一定次序访问二叉树中的所有结点，并且每个结点仅被访问一次的过程。二叉树遍历有先序遍历、中序遍历、后序遍历和层次遍历几种类型。

1）先序遍历

先序遍历非空二叉树的过程如下：

① 访问根结点。

② 先序遍历左子树。

③ 先序遍历右子树。

2）中序遍历

中序遍历非空二叉树的过程如下：

① 中序遍历左子树。

② 访问根结点。

③ 中序遍历右子树。

3）后序遍历

后序遍历非空二叉树的过程如下：

① 后序遍历左子树。

② 后序遍历右子树。

③ 访问根结点。

4）层次遍历

层次遍历非空二叉树的过程如下：

① 访问根结点(第 1 层)。

② 从左到右访问第 2 层的所有结点。

③ 从左到右访问第 3 层的所有结点、……、第 h 层的所有结点。

2.4.2　优先队列

1. 优先队列的定义

普通队列是一种先进先出的数据结构，在队尾进队元素，在队头出队元素。在优先队列中，元素被赋予优先级，出队的元素总是当前具有最高优先级的元素，实际上普通队列可以看成进队时间越早优先级越高的优先队列。

2. 堆的定义

优先队列通常采用堆数据结构实现，元素值越小越优先出队的优先队列对应小根堆，元素值越大越优先出队的优先队列对应大根堆。

堆的定义是，将 n 个元素的序列（对应的关键字序列为 $k_0,k_1,\cdots,k_{n-1}$）看成一棵完全二叉树，当且仅当该序列满足如下性质（简称为堆性质）：

① $k_i \leqslant k_{2i+1}$ 且 $k_i \leqslant k_{2i+2}$ 或 ② $k_i \geqslant k_{2i+1}$ 且 $k_i \geqslant k_{2i+2}$ $(0 \leqslant i \leqslant \lfloor n/2 \rfloor - 1)$

满足①时称为小根堆，小根堆中每个结点的关键字均小于其孩子的关键字，这样根结点是关键字最小的结点。满足②时称为大根堆，小根堆中每个结点的关键字均小于其孩子的关键字，这样根结点是关键字最大的结点。

下面主要讨论大根堆，用 $R[0..n-1]$存放。堆的主要运算是筛选，分为自顶向下和自底向上两种。

1）自顶向下筛选算法

假设根结点 $R[0]$的左、右子树均为大根堆，但根结点不满足大根堆的性质，自顶向下筛选算法就是将其调整为一个大根堆。整个过程是从根结点开始向某个叶子结点方向的路径上调整，对于结点 $R[i]$，找到最大的孩子结点 $R[j]$，若 $R[j]$与双亲逆序（即该结点大于双亲结点），两者交换（类似于一趟直接插入过程），直到叶子结点为止。对应的算法如下：

```
void siftDown(vector<int> & R,int low,int high)         //R[low..high]的自顶向下筛选
{   int i=low;
    int j=2*i+1;                                        //R[j]是 R[i]的左孩子
    int tmp=R[i];                                       //tmp 临时保存根结点 R[low]
    while (j<=high)                                     //只对 R[low..high]的元素进行筛选
    {   if (j<high && R[j]<R[j+1])
            j++;                                        //若右孩子较大,把 j 指向右孩子
        if (tmp<R[j])                                   //如果孩子结点 R[j]较大
        {   R[i]=R[j];                                  //将孩子结点 R[j]上移
            i=j; j=2*i+1;                               //修改 i 和 j 值,以便继续向下筛选
        }
        else break;                                     //若孩子结点 R[j]较小,则退出循环
    }
    R[i]=tmp;                                           //原根结点放入最终位置
}
```

2）自底向上筛选算法

假设除了某个叶子结点 $R[j]$外其他部分均满足大根堆性质，自底向上筛选算法就是将其调整为一个大根堆。整个过程是从叶子结点 $R[j]$开始，向根结点方向的路径上调整，若与双亲逆序（即该结点大于双亲结点），两者交换，直到根结点为止。对应的算法如下：

```
void siftUp(vector<int> & R,int j)                //自底向上筛选：从叶子结点 j 向上筛选
{   int tmp=R[j];                                 //tmp 临时保存叶子结点 R[j]
    int i=(j-1)/2;                                //i 指向 R[j]的双亲结点
    while (j>0)                                   //循环处理,直到根结点
    {   if (R[i]<tmp)                             //如果双亲结点 R[i]较小
```

```
        {   R[j]=R[i];                        //将双亲结点R[i]下移
            j=i; i=(j-1)/2;                   //修改i和j的值,以便继续向上筛选
        }
        else break;                           //若双亲结点R[i]较大,则退出循环
    }
    R[j]=tmp;                                 //将原叶子结点放入最终位置
}
```

上述两个筛选算法的时间复杂度均为 $O(\log_2 n)$。

3. 优先队列的实现

优先队列的主要运算是进队、出队、取堆顶元素和判断优先队列是否为空。假设用 $R[0..n-1]$存放一个大根堆的优先队列,n 表示长度。

1) 进队算法

在大根堆 $R[0..n-1]$中进队元素 e 的过程是,先将元素 e 添加到末尾,再从该位置向上筛选使之成为大根堆。例如,图 2.10(a)所示是一个大根堆,插入元素 10 的过程如图 2.10(b)~图 2.10(d)所示,向上筛选恰好经过了根结点到插入结点的一条路径,所以时间复杂度为$O(\log_2 n)$。

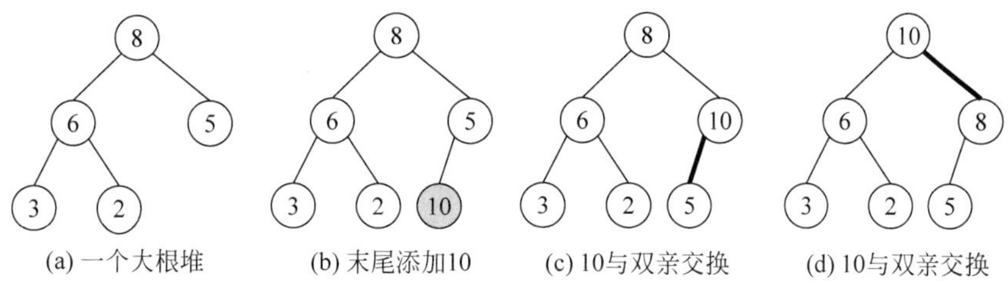

(a) 一个大根堆
(b) 末尾添加10
(c) 10与双亲交换
(d) 10与双亲交换

图 2.10 大根堆的一次进队过程

对应的算法如下:

```
void push(int e)                    //进队元素e
{   n++;                            //堆中元素个数增1
    if (R.size()>=n)                //R中有多余空间
        R[n-1]=e;
    else                            //R中没有多余空间
        R.push_back(e);             //将e添加到末尾
    if (n==1) return;               //将e作为根结点的情况
    int j=n-1;
    siftUp(j);                      //从叶子结点R[j]向上筛选
}
```

2) 出队算法

在大根堆中只能出队堆顶元素,即最大元素。出队的过程是,先用 e 存放堆顶元素,用堆中末尾元素覆盖堆顶元素,执行 n--减少元素个数,调用自顶向下筛选算法使之成为大根堆,最后返回 e。例如,图 2.11(a)所示是一个大根堆,删除一个元素的过程如图 2.11(b)和图 2.11(c)所示,主要运算是筛选,所以时间复杂度为 $O(\log_2 n)$。

对应的算法如下:

```
int pop()                   //出队元素e
{   if (n==1)
```

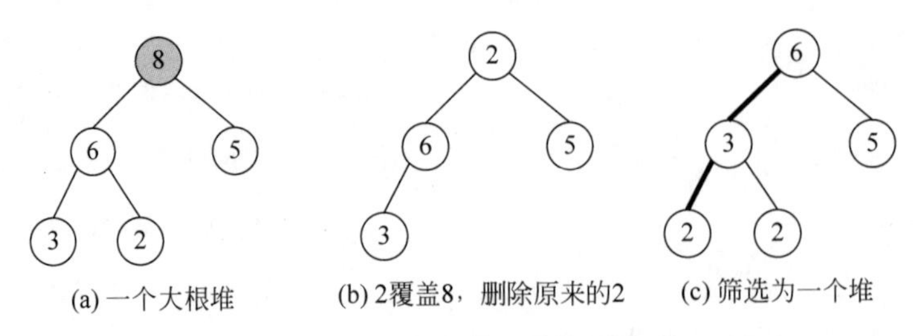

图 2.11　大根堆的一次出队过程

```
	{	n=0;
		return R[0];
	}
	int e=R[0];				//取出堆顶元素
	R[0]=R[n-1];				//用尾元素覆盖 R[0]
	n--;					//元素个数减少 1
	siftDown(0,n-1);			//筛选为一个堆
	return e;
}
```

3）取堆顶元素算法

直接返回 $R[0]$元素即可。对应的算法如下：

```
int gettop()				//取出堆顶元素
{
	return R[0];
}
```

4）判断堆是否为空算法

当堆中元素个数 n 为 0 时返回 true，否则返回 false。对应的算法如下：

```
bool empty()				//判断堆是否为空
{
	return n==0;
}
```

2.4.3　priority_queue 优先队列容器

C++ STL 中提供了优先队列类模板 priority_queue（称为优先队列容器，其声明包含在 queue 头文件中）。priority_queue 容器也属于适配器容器，其底层容器默认是 deque，也可以指定底层容器为 vector，但不能是 list 容器。

1. priority_queue 的特点

priority_queue 容器 pq 的特点如下：

① pq 容器是用数组实现的，但是数组容量可以动态增加，容量无限。

② 在定义 pq 容器时需要指定元素优先级的比较函数，默认为 less < T >。

③ pq 容器中的元素不允许顺序遍历，不支持 begin()/end()和 rbegin()/rend()迭代器函数。

2. 定义 priority_queue 容器

priority_queue 容器中元素的优先级是通过关系比较函数确定的，在很多情况下需要重载关系函数，其使用方法与 sort()通用排序算法类似。

1）元素为内置数据类型的堆

对于 C/C++内置数据类型，默认是以 less < *T* >(小于关系函数)作为关系函数，元素值越大优先级越高(即默认创建大根堆)，可以改为以 greater < *T* >作为关系函数，这样元素值越小优先级越高(即创建小根堆)。

2）元素为自定义类型的堆

对于自定义数据类型，如结构体数据，同样默认是以 less < *T* >(即小于关系函数)作为关系函数，但需要重载该函数。另外，用户还可以自己定义关系函数。在这些重载函数或者关系函数中指定数据的优先级(优先级取决于那些结构体，是越大越优先还是越小越优先)。

归纳起来，实现优先队列主要有以下几种方式：

① 在声明结构体类型 Stud 中重载<运算符，以指定优先级，如 priority_queue < Stud > pq1 调用默认的<运算符创建堆 pq1(是大根堆还是小根堆由<重载函数体确定)。

② 在声明结构体类型 Stud 中重载>运算符，以指定优先级，如 priority_queue < Stud, vector < Stud >, greater < Stud >> pq2 调用重载>运算符创建堆 pq2，此时需要指定优先队列的低层容器(这里为 vector，也可以是 deque)。

③ 用户自己定义包含关系比较函数的结构体 Cmp，在关系比较函数中指定优先级方式，如 priority_queue < Stud, vector < Stud >, Cmp > pq3 调用 Cmp 的()运算符创建堆 pq3，此时需要指定优先队列的低层容器(这里为 vector，也可以是 deque)。

3. priority_queue 容器的成员函数

priority_queue 提供了一系列的成员函数，其主要的成员函数如表 2.8 所示。

表 2.8 priority_queue 主要的成员函数及其功能说明

成员函数	功能说明	成员函数	功能说明
empty()	判断优先队列容器是否为空	top()	返回队头元素
size()	返回优先队列容器的长度	pop()	出队队头元素
push(*e*)	进队元素 *e*		

说明：priority_queue 容器在出队函数(pop())中并不检测队空，所以在调用该函数时务必要保证容器是非空的，否则会导致程序停止正常工作。

4. priority_queue 容器的应用

扫一扫
视频讲解

【例 2-9】 给定一个含 $n(n>1)$个整数的序列，设计一个算法求前 $k(1\leqslant k\leqslant n)$个最小的整数，结果按递增顺序排列。

解法 1：用 vector < int >容器 ans 存放结果，用存放整数序列的容器 v 建立一个小根堆优先队列 pq，出队 k 个整数并将出队的整数添加到 ans 中，最后返回 ans。对应的算法如下：

```
vector < int > topk1(vector < int > &v, int k)                    //解法 1 的算法
{    vector < int > ans;
     priority_queue < int, vector < int >, greater < int >> pq(v.begin(), v.end());
     for(int i=1;i<=k;i++)
     {    ans.push_back(pq.top());
          pq.pop();
     }
     return ans;
}
```

解法 2：用 vector<int>容器 ans 存放结果，建立一个大根堆优先队列 pq，先将 v 中的前 k 个整数进队，再用 i 遍历 v 中的剩余元素，若 $v[i]$小于堆顶元素，则出队一次并将 $v[i]$进队，否则跳过（pq 中始终保存 k 个最小整数）。将 pq 中的 k 个元素出队并将出队的元素插入 ans 的前面，最后返回 ans。对应的算法如下：

```
vector<int> topk2(vector<int> &v,int k)           //解法 2 的算法
{   vector<int> ans(k);                            //指定 ans 的长度为 k
    priority_queue<int> pq;                        //定义大根堆 pq
    for(int i=0;i<k;i++)                           //将前 k 个整数进队
        pq.push(v[i]);
    for(int i=k;i<v.size();i++)                    //处理 v 中剩余的元素
    {   if(v[i]<pq.top())
        {   pq.pop();
            pq.push(v[i]);
        }
    }
    int j=k-1;
    while(!pq.empty())                             //出队 pq 中的全部整数并插入 ans 的前面
    {   ans[j--]=pq.top();
        pq.pop();
    }
    return ans;
}
```

2.5 树和并查集

2.5.1 树

1. 树的定义

树是由 $n(n\geqslant 0)$个结点组成的有限集合（记为 T）。如果 $n=0$，则它是一棵空树，这是树的特例；如果 $n>0$，这 n 个结点中有且仅有一个结点作为树的根结点(root)，其余结点可分为 $m(m\geqslant 0)$个互不相交的有限集 T_1、T_2、……、T_m，其中每个子集本身又是一棵符合本定义的树，称为根结点的子树。树特别适合表示具有层次关系的数据。

由一棵或者多棵树构成森林，可以将森林看成树的集合。

2. 树的存储结构

树的存储要求既要存储结点的数据元素本身，又要存储结点之间的逻辑关系。树的常用存储结构有双亲存储结构、孩子链存储结构和长子兄弟链存储结构。

1）双亲存储结构

这种存储结构是一种顺序存储结构，采用元素形如“[结点值，双亲结点索引]”的 vector 容器表示，其元素类型如下：

```
struct PNode                    //双亲存储结构的元素类型
{   int data;                   //存放结点值，假设为 int 类型
```

```
        int parent;                          //存放双亲索引
        PNode(char d,int p)                  //构造函数
        {   data=d;
            parent=p;
        }
};
```

通常树的每个结点有唯一的索引(或者伪地址),根结点的索引为0,它没有双亲结点,其双亲结点索引为-1。例如,如图2.12(a)所示的一棵树的双亲存储结构如图2.12(b)所示。

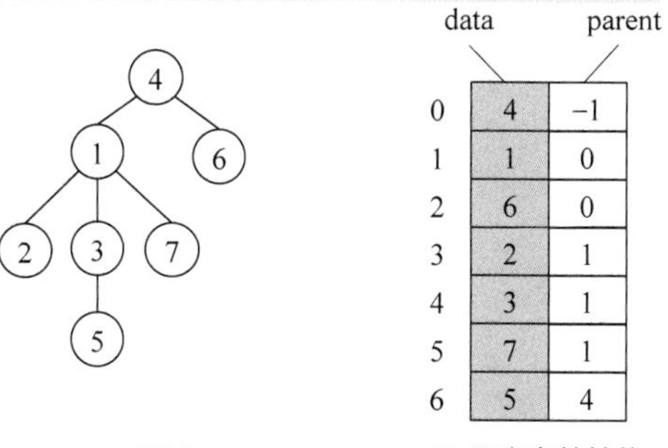

	data	parent
0	4	-1
1	1	0
2	6	0
3	2	1
4	3	1
5	7	1
6	5	4

图 2.12　一棵树及其双亲存储结构

2) 孩子链存储结构

在这种存储结构中,每个结点不仅包含数据值,还包含指向所有孩子结点的指针。孩子链存储结构的结点类型SonNode定义如下:

```
struct SonNode                              //孩子链存储结构的结点类型
{   int data;                               //存放结点值,假设为int类型
    vector<SonNode *> sons;                 //指向孩子结点的指针向量
    SonNode() {}                            //构造函数
    SonNode(char d):data(d) {}              //重载构造函数
};
```

其中,sons向量为空的结点是叶子结点。例如,如图2.12(a)所示的一棵树,对应的孩子链存储结构如图2.13(a)所示。

3) 长子兄弟链存储结构

长子兄弟链存储结构(也称为孩子兄弟链存储结构)是为每个结点固定设计3个成员:一个数据元素成员,一个指向该结点长子(第一个孩子结点)的指针,一个指向该结点的下一个兄弟结点的指针。长子兄弟链存储结构中的结点类型EBNode定义如下:

```
struct EBNode                                       //长子兄弟链存储结构中的结点类型
{   int data;                                       //结点的值
    EBNode * brother;                               //指向兄弟结点
    EBNode * eson;                                  //指向长子结点
    EBNode():brother(NULL),eson(NULL) {}            //构造函数
    EBNode(char d)                                  //重载构造函数
    {   data=d;
        brother=eson=NULL;
    }
};
```

例如,如图2.12(a)所示的树的长子兄弟链存储结构如图2.13(b)所示。

3. 树的遍历

与二叉树遍历类似,树遍历分为先根遍历、后根遍历和层次遍历。

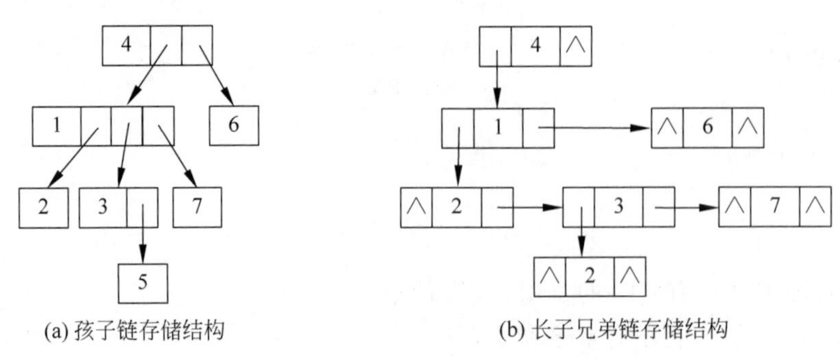

图 2.13　一棵树的孩子链和长子兄弟链存储结构

2.5.2　并查集

1. 并查集的定义

给定 n 个结点的集合 U，结点编号为 $1\sim n$，再给定一个等价关系 R（满足自反性、对称性和传递性的关系称为等价关系，像图中顶点之间的连通性、亲戚关系等都是等价关系），由等价关系产生所有结点的一个划分，每个结点属于一个等价类，所有等价类是不相交的。

例如，$U=\{1,2,3,4,5\}$，$R=\{<1,1>,<2,2>,<3,3>,<4,4>,<5,5>,<1,3>,<3,1>,<1,5>,<5,1>,<3,5>,<5,3>,<2,4>,<4,2>\}$，从 R 看出它是一种等价关系，这样得到划分 $U/R=\{\{1,3,5\},\{2,4\}\}$，可以表示为 $[1]_R=[3]_R=[5]_R=\{1,3,5\}$，$[2]_R=[4]_R=\{2,4\}$。如果省略 R 中的 $<a,a>$，用 (a,b) 表示对称关系，可以简化为 $R=\{(1,3),(1,5),(2,4)\}$。

针对上述 (U,R)，现在的问题是求一个结点所属的等价类，以及合并两个等价类。该问题对应的基本运算如下：

① Init()：初始化。

② Find(x)：查找 $x(x\in U)$ 结点所属的等价类。

③ Union(x,y)：将 x 和 $y(x\in U,y\in U)$ 所属的两个等价类合并。

上述数据结构就是并查集（因为主要的运算为查找和合并），所以并查集是支持一组互不相交的集合的数据结构。

2. 并查集的实现

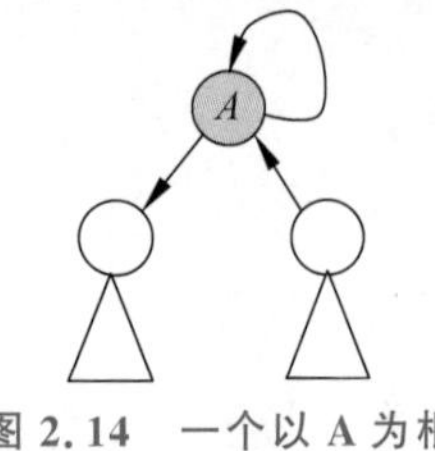

图 2.14　一个以 A 为根的子集

并查集的实现方式有多种，这里采用树结构来实现。将并查集看成一个森林，每个等价类用一棵树表示，包含该等价类的所有结点，即结点子集，每个子集通过一个代表来识别，该代表可以是该子集中的任一结点，通常选择根做这个代表，如图 2.14 所示的子集的根结点为 A 结点，该子集称为以 A 为根的子集树。

并查集的基本存储结构（实际上是森林的双亲存储结构）如下：

```
int parent[MAXN];            //并查集的存储结构
int rnk[MAXN];               //存储结点的秩(近似于高度)
```

其中，parent[i]$=j$ 时，表示结点 i 的双亲结点是 j，初始时每个结点可以看成一棵树，置 parent[i]$=i$（实际上置 parent[i]$=-1$ 也是可以的，只是人们习惯采用前一种方式），当结

点 i 是对应子树的根结点时，用 rnk[i]表示子树的高度，即秩，秩并不与高度完全相同，但它与高度成正比，初始化时置所有结点的秩为 0。

初始化算法如下（该算法的时间复杂度为 $O(n)$）：

```
void Init()                        //并查集的初始化
{   for (int i=1;i<=n;i++)
    {   parent[i]=i;
        rnk[i]=0;
    }
}
```

所谓查找就是查找 x 结点所属子集树的根结点（根结点 y 满足条件 parent[y]=y），这是通过 parent[x]向上找双亲实现的，显然树的高度越小查找性能越好。为此在查找过程中进行路径压缩（即在查找过程中把查找路径上的结点逐一指向根结点），如图 2.15 所示，查找 x 结点的根结点为 A，查找路径是 $x \to B \to A$，找到根结点 A 后将路径上所有结点的双亲置为 A 结点，这样以后再查找 x 和 B 结点的根结点时效率更高。

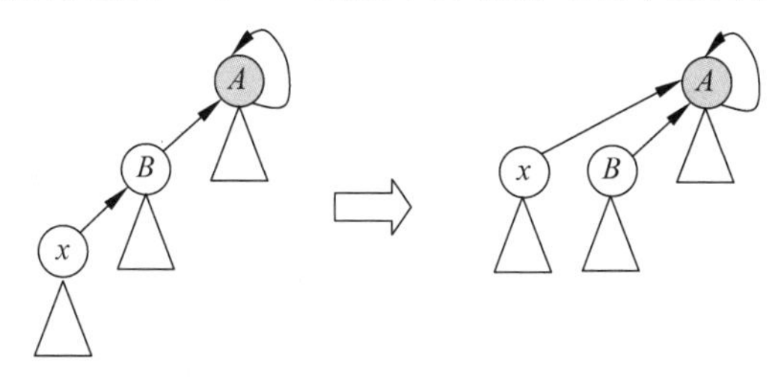

图 2.15　查找中的路径压缩

那么为什么不直接将一棵树中的所有子结点的双亲都置为根结点呢？这是因为还有合并运算，合并运算可能会破坏这种结构。

查找运算的递归算法如下：

```
int Find(int x)                              //递归算法：在并查集中查找 x 结点的根结点
{   if (x!=parent[x])
        parent[x]=Find(parent[x]);           //路径压缩
    return parent[x];
}
```

查找运算的非递归算法如下：

```
int Find(int x)                    //非递归算法：在并查集中查找 x 结点的根结点
{   int rx=x;
    while (parent[rx]!=rx)         //找到 x 的根 rx
        rx=parent[rx];
    int y=x;
    while (y!=rx)                  //路径压缩
    {   int tmp=parent[y];
        parent[y]=rx;
        y=tmp;
    }
    return rx;                     //返回根
}
```

对于查找运算可以证明，若使用了路径压缩的优化方法，其平均时间复杂度为Ackerman函数的反函数，而Ackerman函数的反函数为一个增长速度极为缓慢的函数，在实际应用中可以粗略地认为是一个常量，也就是说查找运算的时间复杂度可以看成$O(1)$。

所谓合并，就是给定一个等价关系(x,y)后需要将x和y所属的树合并为一棵树。首先查找x和y所属树的根结点rx和ry，若rx=ry，说明它们属于同一棵树，不需要合并；否则需要合并，注意合并是根结点rx和ry的合并，并且希望合并后的树的高度(rx或者ry树的高度通过秩rnk[rx]或者rnk[ry]反映出来)尽可能小，其过程是：

① 若rnk[rx]<rnk[ry]，将高度较小的rx结点作为ry的孩子结点，ry树的高度不变。

② 若rnk[rx]>rnk[ry]，将高度较小的ry结点作为rx的孩子结点，rx树的高度不变。

③ 若rnk[rx]=rnk[ry]，将rx结点作为ry的孩子结点或者将ry结点作为rx的孩子结点均可，但此时合并后树的高度增1。

对应的合并算法如下：

```
void Union(int x,int y)                    //并查集中x和y的两个集合的合并
{   int rx=Find(x);
    int ry=Find(y);
    if (rx==ry)                            //x和y属于同一棵树的情况
        return;
    if (rnk[rx]<rnk[ry])
        parent[rx]=ry;                     //rx结点作为ry的孩子
    else
    {   if (rnk[rx]==rnk[ry])              //秩相同,合并后rx的秩增1
            rnk[rx]++;
        parent[ry]=rx;                     //ry结点作为rx的孩子
    }
}
```

合并运算的主要时间花费在查找上，查找运算的时间复杂度为$O(1)$，则合并运算的时间复杂度也是$O(1)$。

3. 并查集的应用

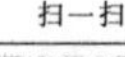
扫一扫

视频讲解

【例2-10】 假设有$n(n<100)$个微信用户，编号为$1\sim n$，现在建立若干朋友圈，一个朋友圈中的用户至少有两个，每个用户只能加入一个朋友圈。任意两个属于同一个朋友圈的用户称为朋友对，现在用vector<vector<int>>容器v给出所有的朋友对(v中每个元素表示一个朋友对(a,b))，设计一个算法求朋友圈的个数。

解 朋友对<a,b>表示a和b是朋友关系(所有具有朋友关系的用户在一个朋友圈中)，朋友关系是一种等价关系(满足自反性和对称性是显然的，若a和b在同一个朋友圈中并且b和c在同一个朋友圈中，则a和c也一定在同一个朋友圈中，所以满足传递性)。

采用并查集求解。首先初始化并查集，遍历v中的所有朋友对(a,b)，调用并查集的合并运算Union(a,b)将a和b所在的朋友圈合并。在并查集中找到所有树的根结点i(满足parent[i]==i)，累计其中满足rnk[i]>0(表示对应的朋友圈人数至少是2)的根结点个数ans，最后返回ans。对应的算法如下：

```
#define MAXN 100                                    //最大用户编号
int parent[MAXN];                                   //并查集存储结构
int rnk[MAXN];                                      //存储结点的秩(近似于高度)
void Init(int n)                                    //并查集的初始化
{   for (int i=1;i<=n;i++)
    {   parent[i]=i;
        rnk[i]=0;
    }
}
int Find(int x)                                     //递归算法:在并查集中查找x结点的根结点
{   if (x!=parent[x])
        parent[x]=Find(parent[x]);                  //路径压缩
    return parent[x];
}
void Union(int x,int y)                             //并查集中x和y的两个集合的合并
{   int rx=Find(x);
    int ry=Find(y);
    if (rx==ry)                                     //x和y属于同一棵树时返回
        return;
    if (rnk[rx]<rnk[ry])
        parent[rx]=ry;                              //将rx结点作为ry的孩子结点
    else
    {   if (rnk[rx]==rnk[ry])                       //秩相同,合并后rx的秩增1
            rnk[rx]++;
        parent[ry]=rx;                              //将ry结点作为rx的孩子结点
    }
}
int friends(vector<vector<int>> &v,int n)           //求解算法
{   Init(n);
    for(int i=0;i<v.size();i++)                     //读取所有朋友对
    {   int a=v[i][0];                              //朋友对为(a,b)
        int b=v[i][1];
        Union(a,b);
    }
    int ans=0;
    for(int i=1;i<=n;i++)
        if (parent[i]==i && rnk[i]>0)
            ans++;
    return ans;
}
```

2.6 图

2.6.1 图基础

1. 图的定义

无论多么复杂的图都是由顶点和边构成的。采用形式化的定义,图 G(Graph)由两个集合 V(Vertex)和 E(Edge)组成,记为 $G=(V,E)$,其中 V 是顶点的有限集合,记为 $V(G)$,E 是连接 V 中两个不同顶点(顶点对)的边的有限集合,记为 $E(G)$。

例如，如图 2.16 所示的 3 个图的定义如下：

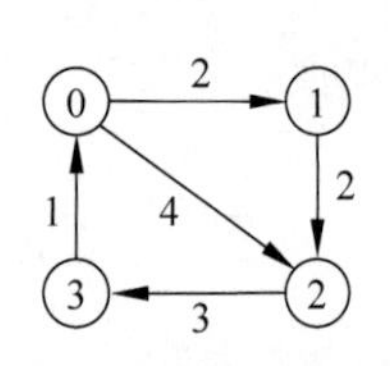

(a) 一个带权有向图G_1

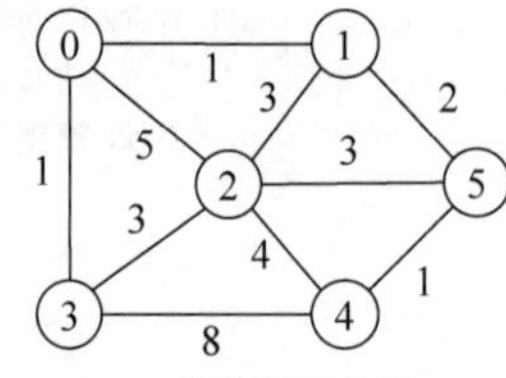

(b) 一个带权无向图G_2

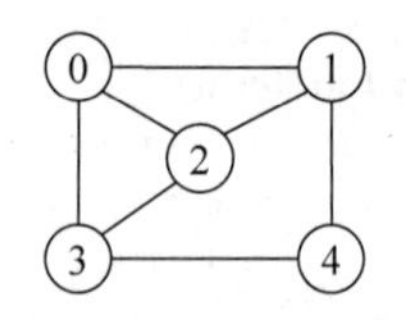

(c) 一个不带权无向图G_3

图 2.16　3 个图

G_1 是带权有向图，$G_1=(V_1,E_1)$，$V_1=\{0,1,2,3\}$，$E_1=\{<0,1,2>,<1,2,2>,<2,3,3>,<3,0,1>,<0,2,4>\}$。每条边由起始点、终止点和边权值构成，所有边均为有向边。

G_2 是带权连通图，$G_2=(V_2,E_2)$，$V_2=\{0,1,2,3,4,5\}$，$E_2=\{<0,1,1>,<0,2,5>,<0,3,1>,<1,2,5>,<1,5,2>,<2,3,3>,<2,4,4>,<2,5,3>,<3,4,8>,<4,5,1>\}$。每条边由起始点、终止点和边权值构成，所有边均为无向边。

G_3 是不带权连通图，$G_3=(V_3,E_3)$，$V_3=\{0,1,2,3,4\}$，$E_3=\{<0,1>,<0,2>,<0,3>,<1,2>,<1,4>,<2,3>,<3,4>\}$。每条边由起始点和终止点构成，所有边均为无向边。

2. 图的存储结构

图的常用存储结构有邻接矩阵和邻接表。通常假设图中有 n 个顶点，顶点编号是 $0\sim n-1$，每个顶点通过编号唯一标识。

1）邻接矩阵

邻接矩阵主要采用二维数组 A 表示顶点之间的边信息。例如，如图 2.16(a)所示的带权有向图对应的邻接矩阵 $\mathbf{A}$ 如下：

$$\mathbf{A}=\begin{bmatrix}0 & 2 & 4 & \infty\\ \infty & 0 & 2 & \infty\\ \infty & \infty & 0 & 3\\ 1 & \infty & \infty & 0\end{bmatrix}$$

2）边数组

用 vector<vector<int>>容器 edges 存储边信息，每个元素形如$[a,b,w]$，表示顶点 a 到 b 存在一条权值为 w 的有向边。例如，如图 2.16(a)所示的带权有向图对应的边数组如下：

edges={{0,1,2},{0,2,4},{1,2,2},{2,3,3},{3,0,1}};

edges 表示共有 5 条边，边$<0,1>$的权为 2，边$<0,2>$的权为 4，边$<1,2>$的权为 2，边$<2,3>$的权为 3，边$<3,0>$的权为 1。

3）邻接表Ⅰ

用一维数组 head 作为表头数组，一维数组 edg 作为边数组，每个元素存放一条边的信息，假设 edg[j]=[vno,wt,next]，head[i]=j，说明存在一条边$<i,\text{vno}>$，其权值为 wt，next 为顶点 i 的下一条边（next 为−1 时表示没有下一条边）。其定义如下：

```
int head[MAXN];                    //邻接表表头数组(最多顶点个数为 MAXN)
struct Edge                        //边数组元素类型
{   int vno;                       //相邻点编号
```

```
    double wt;                          //边的权
    int next;                           //下一个相邻点位置
};
Edge edg[MAXE];                         //边数组(最多边数为 MAXE)
int cnt=0;                              //边数组 edg 中的元素个数(初始为 0)
```

例如,如图 2.16(a)所示的带权有向图对应的邻接表如图 2.17 所示。在邻接表Ⅰ中采用头插法添加一条边< a,b,w >的算法如下:

```
void addedge(int a,int b,int w)         //添加一条有向边<a,b,w>
{   edg[cnt].vno=b;                     //在 edg 数组的末尾添加一条边
    edg[cnt].wt=w;
    edg[cnt].next=head[a];              //头插法
    head[a]=cnt++;
}
```

4) 邻接表Ⅱ

用 vector<vector<int>>容器 graph 存储边信息,其中向量 graph[i]表示顶点 i 的所有出边邻接点。例如,如图 2.16(c)所示的不带权无向图对应的邻接表Ⅱ如下:

```
vector<vector<int>> graph={{1,2,3},{0,2,4},{0,1,3},{0,2,4},{1,3}};
```

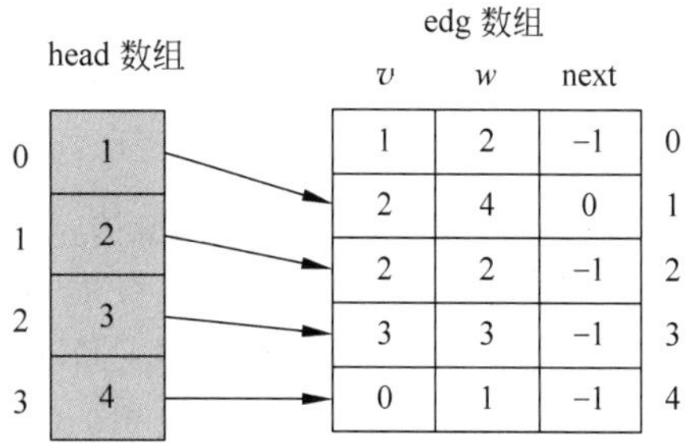

head 数组

	head
0	1
1	2
2	3
3	4

edg 数组

	v	w	next
0	1	2	−1
1	2	4	0
2	2	2	−1
3	3	3	−1
4	0	1	−1

图 2.17　一个邻接表

如果是带权图,可以定义出边类型如下:

```
struct Edge             //出边类型
{   int vno;            //相邻点编号
    double wt;          //边的权
};
```

例如,如图 2.16(a)所示的带权有向图对应的邻接表Ⅱ如下:

```
vector<vector<Edge>> graph;
graph={{[1,2],[2,4]},{[2,2]},{[3,3]},{[0,1]}};
```

其中[x,y]表示一个相邻点为 x、权值为 y 的 Edge 结点。

3. 图的遍历

所谓图的遍历就是从图中某个顶点(称为初始点)出发,按照某种既定的方式沿着图的边访遍图中其余各顶点,且使每个顶点恰好被访问一次。根据遍历方式的不同,图遍历方法有两种,即深度优先遍历(DFS)和广度优先遍历(BFS)。

1) 深度优先遍历

深度优先遍历的主要思想是,每次将图中一个没有访问过的顶点作为起始点,沿着当前顶点的一条出边走到一个没有访问过的顶点,如果没有未访问过的顶点,将沿着与进入这个顶点的边相反的方向退一步,回到上一个顶点。图的深度优先遍历过程产生的访问序列称为深度优先序列,例如图 2.16(b)从顶点 0 出发的一个深度优先序列是 0,1,2,3,4,5。

深度优先遍历过程可以看成一个顶点进栈和出栈的过程。每访问到一个未访问过的顶点，可以视作该顶点进栈，回到上一个顶点，可以视作该顶点出栈，出栈顶点的所有邻接点均已经访问过。

深度优先遍历隐含"回退"的过程，采用深度优先遍历求图中两个不同顶点的路径不一定是最短路径，但可以求出所有存在的路径。

2）广度优先遍历

广度优先遍历的主要思想是，从一个顶点开始（该顶点称为根），访问该顶点，接着访问其所有未被访问过的邻接点 v_1、v_2、……、v_t，然后再按照 v_1、v_2、……、v_t 的次序访问每个顶点的所有未被访问过的邻接点，以此类推，直到访问图中所有顶点。简单地说，先访问兄弟顶点，后访问孩子顶点。图的广度优先遍历过程产生的访问序列称为广度优先序列，例如图 2.16(b)从顶点 0 出发的一个广度优先序列是 0,1,2,3,5,4。

广度优先遍历过程是一个顶点进队和出队的过程，扩展一个顶点产生的所有孩子顶点都进入到具有先进先出特点的队列中。

对于不带权图或者所有权值相同的带权图，采用广度优先遍历求图中两个不同顶点的路径一定是最短路径。根据实际应用广度优先遍历又分为基本广度优先遍历、分层次广度优先遍历和多起点广度优先遍历，在第 6 章中详细讨论。

归纳起来，在图中搜索路径时，BFS 借助队列一步一步地"齐头并进"，相对 DFS，BFS 找到的路径一定是最短的，但代价是消耗的空间比 DFS 大一些。DFS 可能较快地找到目标点，但找到的路径不一定是最短的。

2.6.2 生成树和最小生成树

一个有 n 个顶点的连通图的**生成树**是一个极小连通子图，它含有图中全部顶点，但只包含构成一棵树的 $n-1$ 条边。如果在一棵生成树上添加一条边，必定构成一个环，因为这条边使得它依附的两个顶点之间有了第二条路径。

连通图可以产生一棵生成树，非连通分量可以产生生成森林。由深度优先遍历得到的生成树称为深度优先生成树；由广度优先遍历得到的生成树称为广度优先生成树。无论哪种生成树，都是由相应遍历中首次搜索的边构成的。

给定一个带权连通图，假设所有权均为正数，该图可能有多棵生成树，每棵生成树中所有边的权值相加称为权值和，权值和最小的生成树称为**最小生成树**。一个带权连通图可能有多棵最小生成树，若图中所有边的权值不相同，则其最小生成树是唯一的。

构造最小生成树的算法主要有普里姆（Prim）算法和克鲁斯卡尔（Kruskal）算法，这两个算法都是贪心算法，在第 7 章中讨论和证明。

2.6.3 最短路径

对于带权图，把一条路径上所经边的权值之和定义为该路径的路径长度或称带权路径长度。图中两个顶点之间的路径可能有多条，把带权路径长度最短的那条路径称为**最短路径**，其路径长度称为最短路径长度或者最短距离。

求图的最短路径方法主要有两种，一是求图中某一顶点到其余各顶点的最短路径（称为单源最短路径），主要有狄克斯特拉（Dijkstra）算法、贝尔曼-福特（Bellman-Ford）算法和

SPFA 算法；二是求图中每一对顶点之间的最短路径(称为多源最短路径)，主要有弗洛伊德(Floyd)算法。

2.6.4 拓扑排序

设 $G=(V,E)$ 是一个具有 n 个顶点的有向图，当且仅当顶点序列满足下列条件时：V 中顶点序列 $v_1,v_2,\cdots,v_n$ 称为一个拓扑序列，若 $<v_i,v_j>$ 是图中的有向边或者从顶点 v_i 到顶点 v_j 有一条路径，则在该序列中顶点 v_i 必须排在顶点 v_j 之前。

在一个有向图 G 中找一个拓扑序列的过程称为**拓扑排序**。如果一个有向图拓扑排序产生包含全部顶点的拓扑序列，则该图中不存在环，否则该图中一定存在环。

2.7 二叉排序树和平衡二叉树

2.7.1 二叉排序树

1. 二叉排序树的定义

二叉排序树(简称 BST)又称二叉搜索树，每个结点有唯一的关键字。二叉排序树或者是空树，或者是满足以下性质的二叉树：

① 若它的左子树非空，则左子树上所有结点的关键字均小于根结点关键字。

② 若它的右子树非空，则右子树上所有结点的关键字均大于根结点关键字。

③ 左、右子树本身又各是一棵二叉排序树。

上述性质简称二叉排序树性质(简称为 BST 性质)，故二叉排序树实际上是满足 BST 性质的二叉树。例如，如图 2.18 所示的二叉树是一棵二叉排序树。二叉排序树的中序序列是一个递增有序序列。

二叉排序树通常采用二叉链存储结构存储，结点类型见 2.4.1 节的 TreeNode 声明，用 val 数据成员表示关键字。

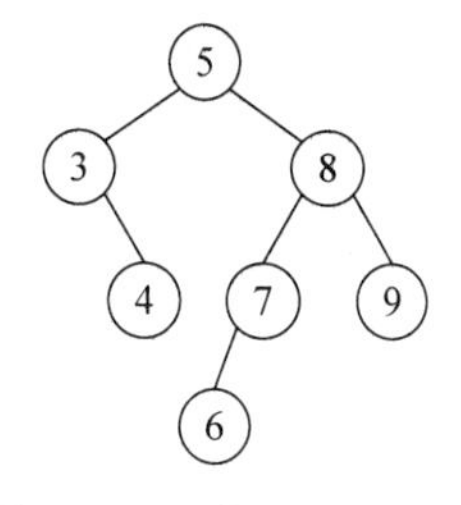

图 2.18　一棵二叉排序树

2. 二叉排序树的插入和生成

在二叉排序树中插入一个新结点，要保证插入后仍满足 BST 性质。在二叉排序树 root(表示根结点为 root 的二叉排序树)中插入关键字为 k 的结点的过程如下：

① 若 root 为空，创建一个存放 k 的结点 root，返回 root。

② 若 $k <$ root->val，将 k 插入 root 的左子树中。

③ 若 $k >$ root->val，将 k 插入 root 的右子树中。

④ 其他情况是 $k=$root->val，说明树中已有关键字 k，表示插入失败。

3. 二叉排序树的删除

在二叉排序树 root 中删除关键字 k 的结点时，首先查找到关键字为 k 的结点 p，然后删除结点 p，分为以下几种情况。

① 若结点 p 是叶子结点，直接通过其双亲结点删除结点 p。

② 若结点 p 只有左孩子没有右孩子，直接用中序前驱结点替代它，即直接用其左孩子替代它（结点替代）。

③ 若结点 p 只有右孩子没有左孩子，直接用中序后继结点替代它，即直接用其右孩子替代它（结点替代）。

④ 若结点 p 既有左孩子又有右孩子，可以从其左子树中找到关键字最大的结点（中序前驱）或从其右子树中找到关键字最小的结点（中序后继）q，先用结点 q 的值替代结点 p 的值，再将结点 q 从相应子树中删除。

4. 二叉排序树的查找

由于二叉排序树可以看作一个有序表，所以在二叉排序树中查找关键字为 k 的结点时和折半查找类似，也是从根结点开始逐步缩小查找范围的过程。在二叉排序树 root 中查找关键字为 k 的结点的过程如下：

① 若 root 为空，表示查找失败，返回 NULL。

② 若 k=root->val，表示查找成功，返回 root。

③ 若 k<root->val，到 root 的左子树中查找。

④ 其他情况是 k>root->val，到 root 的右子树中查找。

从中看出，查找算法的上界是二叉排序树的高度 h，而由 n 个关键字创建的二叉排序树的高度介于 $O(\log_2 n)$和 $O(n)$之间，所以含 n 个结点的二叉排序树的查找时间复杂度介于 $O(\log_2 n)$和 $O(n)$之间。

2.7.2 平衡二叉树

1. 平衡二叉树的定义

如果通过一些平衡规则和调整操作让一棵二叉排序树既保持 BST 性质又保证高度较小，即接近 $O(\log_2 n)$的高度，这样的二叉排序树称为**平衡二叉树**。平衡二叉树有多种，较为著名的有 AVL 树和红黑树等，不同的平衡二叉树采用的平衡规则不同。

AVL 树的平衡规则是树中每个结点的左、右子树的高度最多相差 1，也就是说，如果树 T 中结点 v 有孩子结点 x 和 y，则 $|h(x)-h(y)| \leqslant 1$，$h(x)$表示以结点 x 为根的子树的高度。或者定义每个结点的左、右子树的高度差为平衡因子，AVL 树中所有结点的平衡因子的绝对值小于或等于 1。可以证明 AVL 树的高度严格为 $O(\log_2 n)$，所以 AVL 树称为强平衡二叉树，相应地红黑树的高度接近 $O(\log_2 n)$，所以红黑树称为弱平衡二叉树。

2. AVL 树的存储结构

假设 AVL 树中每个结点仅含关键字 val，声明其结点类型如下：

```
struct AVLNode                          //AVL 树结点类型
{    int val;                           //假设关键字 val 为 int 类型
     int ht;                            //当前结点的子树的高度
     AVLNode * lchild, * rchild;        //左、右孩子指针
     AVLNode(int v)                     //构造函数，新建结点均为叶子，高度为 1
     {    val=v;
          ht=1;                         //当前结点的子树的高度
          lchild=rchild=NULL;
     }
};
```

另外设计 getht()函数求以结点 p 为根的子树的高度：

```
int getht(AVLNode * p)                  //返回结点 p 的子树的高度
{   if (p==NULL) return 0;
    return p -> ht;
}
```

3. AVL 旋转方法

维护 AVL 树的平衡性采用的是旋转方法，分为左、右旋转两种。

1）左旋转操作

假设结点 a 是失衡结点，其平衡因子为−2(左子树的高度较小)，此时通过左旋转操作使其平衡。左旋转操作的过程如图 2.19 所示。

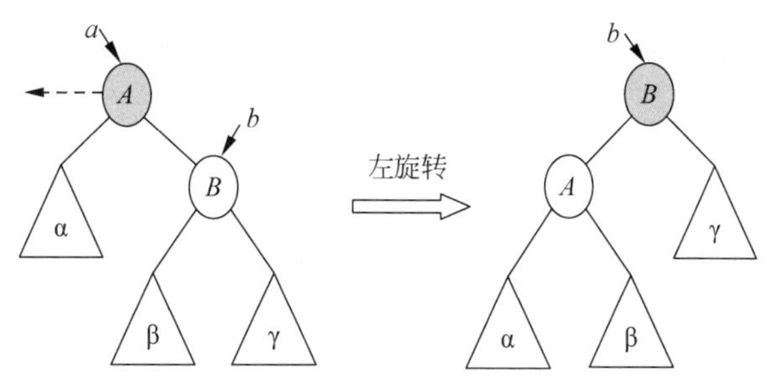

图 2.19　左旋转的过程

① 让 b 指向结点 a 的右孩子。

② 结点 b 的左子树 β 作为结点 a 的右子树。

③ 结点 a 作为结点 b 的左孩子。

④ 修改结点 a 和 b 的高度 ht。

⑤ 返回旋转后的根结点 b。

对应的左旋转算法如下：

```
AVLNode * left_rotate(AVLNode * a)                                    //以结点 a 为根做左旋转
{   AVLNode * b=a -> rchild;
    a -> rchild=b -> lchild;
    b -> lchild=a;
    a -> ht=max(getht(a -> rchild),getht(a -> lchild))+1;    //更新 a 结点的高度
    b -> ht=max(getht(b -> rchild),getht(b -> lchild))+1;    //更新 b 结点的高度
    return b;
}
```

2）右旋转操作

假设结点 a 是失衡结点，其平衡因子为 2(右子树的高度较小)，此时通过右旋转操作使其平衡。右旋转操作的过程如图 2.20 所示。

① 让 b 指向结点 a 的左孩子。

② 结点 b 的右子树 β 作为结点 a 的左子树。

③ 结点 a 作为结点 b 的右孩子。

④ 修改结点 a 和 b 的高度 ht。

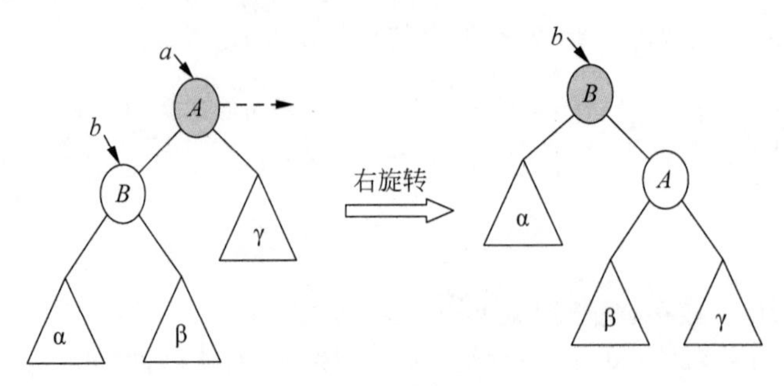

图 2.20　右旋转的过程

⑤ 让 a 指向新根结点 b。

对应的右旋转算法如下：

```
AVLNode * right_rotate(AVLNode * a)                          //以结点 a 为根做右旋转
{   AVLNode * b=a -> lchild;
    a -> lchild=b -> rchild;
    b -> rchild=a;
    a -> ht=max(getht(a -> rchild),getht(a -> lchild))+1;    //更新 a 结点的高度
    b -> ht=max(getht(b -> rchild),getht(b -> lchild))+1;    //更新 b 结点的高度
    return b;
}
```

4. AVL 树中插入结点的调整方法

先向 AVL 树中插入一个新结点(插入过程与二叉排序树的插入过程相同)，再从该新插入结点到根结点方向(向上方向查找)找第一个失衡结点 A，如果找不到这样的结点，说明插入后仍然是一棵 AVL 树，不需要调整。如果找到这样的结点 A，称结点 A 的子树为最小失衡子树，说明插入后破坏了平衡性，需要调整。调整方式以最小失衡子树的根结点 A 和两个相邻的刚查找过的结点构成两层左右关系来分类(LL、RR、LR 和 RL 之一)，当最小失衡子树调整为平衡子树后，其他所有结点无须调整就会得到一棵 AVL 树。

假设用 A 表示最小失衡子树的根结点(a 是该结点的指针)，4 种调整方式的调整过程如下。

1）LL 型调整

LL 型调整的一般情况如图 2.21 所示(采用右旋转实现)。在图中用矩形框表示子树，矩形框旁标有高度值 h 或 $h+1$，用带阴影的小矩形框表示新插入结点。LL 型调整的方法是单向右旋转结点 A 即可。

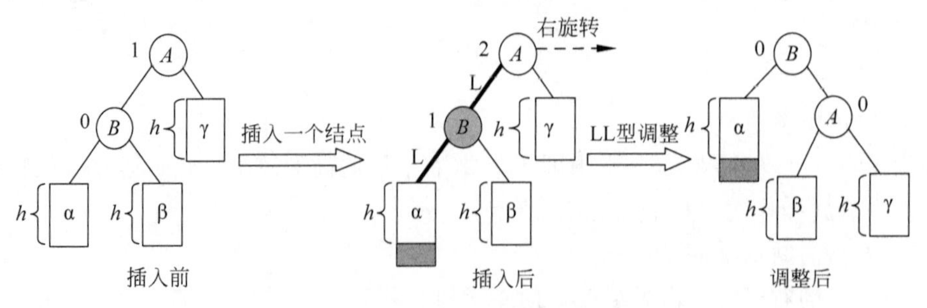

图 2.21　LL 型调整过程

对应的 LL 型调整算法如下：

```
AVLNode * LL(AVLNode * a)                          //LL 型调整
{
    return right_rotate(a);
}
```

这样调整后使所有结点平衡了，又由于调整前后对应的中序序列相同，即调整后仍保持了二叉排序树的性质不变，所以 LL 型调整后变为一棵 AVL 树，其他 3 种调整亦如此。

2）RR 型调整

RR 型调整与 LL 型调整是对称的，即采用左旋转实现。对应的 RR 型调整算法如下：

```
AVLNode * RR(AVLNode * a)                          //RR 型调整
{
    return left_rotate(a);
}
```

3）LR 型调整

LR 型调整的一般情况如图 2.22 所示，采用左右旋转实现，调整的方法是先对 B 结点做左旋转，再对 A 结点做右旋转。对应的 LR 型调整算法如下：

```
AVLNode * LR(AVLNode * a)                          //LR 型调整
{   AVLNode * b=a->lchild;
    a->lchild=left_rotate(b);                      //结点 b 左旋
    return right_rotate(a);                        //结点 a 右旋
}
```

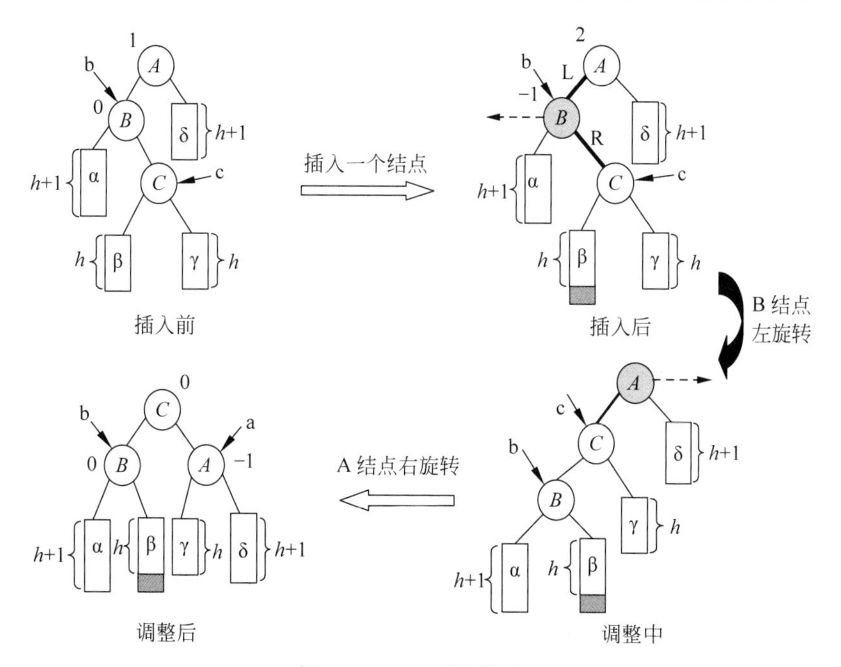

图 2.22 LR 型调整过程

4）RL 型调整

RL 型调整与 LR 型调整是对称的，采用右左旋转实现。对应的 RL 型调整算法如下：

```
AVLNode * RL(AVLNode * a)                      //RL 型调整
{   AVLNode * b=a->rchild;
    a->rchild=right_rotate(b);                 //结点 b 右旋
    return left_rotate(a);                     //结点 a 左旋
}
```

2.7.3 集合容器 set/multiset

C++ STL 提供了集合类模板 set/multiset(集合容器,其声明包含在 set 头文件中),每个元素对应一个关键字,set 中元素的关键字是唯一的,multiset 中元素的关键字可以不唯一。下面主要讨论 set 集合容器。

1. 集合容器的特点

set 容器 *s* 的特点如下:

① *s* 容器采用红黑树存储,所以是按关键字有序的,默认情况下所有元素按关键字递增排列。正是由于有序性,按关键字查找时性能较好,对应的时间复杂度为 $O(\log_2 n)$。

② *s* 容器通过关键字 key 来存储和读取元素,这些关键字与元素在容器中的位置无关,所以不提供顺序容器中的 push_front()、push_back()、pop_front()和 pop_back()操作。增加元素通过 insert()实现,删除元素通过 erase()实现。

③ 由于 *s* 容器中元素的关键字是唯一的,在向其中插入元素时,如果已经存在则不插入。

2. 定义 set 容器

定义 set 容器的几种方式如下:

```
set<int> s1;                      //创建一个 int 类型的空集合 s1(排列方式是递增)
set<int,greater<int>> s2;         //创建一个 int 类型的空集合 s2(排列方式是递减)
set<int> s3(s1);                  //创建一个与 s1 相同的集合 s3
```

3. set 容器的成员函数

set 提供了一系列的成员函数,其主要的成员函数如表 2.9 所示。

表 2.9　set 主要的成员函数及其功能说明

类　型	成员函数	功能说明
容量	empty()	判断容器是否为空
	size()	返回容器的长度
更新	insert(*e*)	插入元素 *e*
	erase()	从容器删除一个或几个元素
	clear()	删除所有元素
操作	count(*k*)	返回容器中关键字 *k* 出现的次数,结果为 0 或者 1
	find(*k*)	如果容器中存在关键字为 *k* 的元素,返回该元素的迭代器,否则返回 set::end()值
	lower_bound(*k*)	返回第一个关键字大于或等于 *k* 的元素的迭代器
	upper_bound(*k*)	返回第一个关键字大于 *k* 的元素的迭代器

续表

类　型	成员函数	功能说明
迭代器	begin()	返回当前容器中首元素的迭代器
	end()	返回当前容器中末尾元素的后一个位置的迭代器
	rbegin()	返回当前容器中末尾元素的迭代器
	rend()	返回当前容器中首元素的前一个位置的迭代器

4. set 容器的应用

【例 2-11】 给定一个无序的整数序列 v，设计一个算法求第 $k(1\leqslant k\leqslant v$ 中不同的元素个数)大的整数(是指第 k 个不同值的元素)。例如，$v=(1,1,2,2,3,3,4,4,5)$，$k=4$，结果为 2。

解 定义一个 int 类型的集合 s，排列方式是按关键字递减排列，将 v 中全部整数元素插入 s 中，定义迭代器 it 指向 s 的开头整数(最大整数)，再将 it 向后移动 $k-1$ 次，则 it 指向第 k 大的整数，返回该整数即可。对应的算法如下：

```
int topk(vector<int> &v,int k)
{     set<int,greater<int>> s;
      for(auto e:v)
           s.insert(e);
      auto it=s.begin();                    //定义 s 的迭代器
      for(int i=1;i<k;i++)                  //it 向后移动 k-1 次
           it++;
      return *it;
}
```

2.7.4 映射容器 map/multimap

C++ STL 提供了映射类模板 map/multimap(映射容器，其声明包含在 map 头文件中)，每个元素形如< key,value >(键值对)，可以通过关键字 key 来访问相应的值 value。实际上 map/multimap 中的 key 和 value 是一个 pair 类结构。pair 结构体的声明形如：

```
struct pair              //内置的 pair 结构体类型
{     T first;
      T second;
}
```

也就是说，pair 中有两个分量(二元组)，first 为第一个分量(对应 key)，second 为第二个分量(对应 value)。同时 pair 对==、!=、<、>、<=、>=运算符进行重载，提供了按照字典序对元素对进行大小比较的比较运算符模板函数。

map 中不允许关键字重复出现，支持[]运算符；multimap 中允许关键字重复出现，但不支持[]运算符。下面主要讨论 map 映射容器。

1. 映射容器的特点

map 容器 mp 的特点如下：

① mp 容器采用红黑树存储，所以是按关键字有序的，默认情况下所有元素按关键字递增排列，按关键字查找的时间复杂度为 $O(\log_2 n)$。

② mp 容器通过关键字 key 来存储和读取元素，这些关键字与元素在容器中的位置无关，所以不提供顺序容器中的 push_front()、push_back()、pop_front()和 pop_back()操作。增加元素通过 insert()实现，删除元素通过 erase()实现。

③ 由于 mp 容器中元素的关键字 key 是唯一的，在向其中插入元素时，如果已经存在则不插入。

2. 定义 map 容器

定义 map 容器的几种方式如下：

```
map < string, int > mp1;                    //创建一个空映射 mp1(排列方式是递增)
map < int, int, greater < int >> mp2;       //创建一个空映射 mp2(排列方式是递减)
map < int, int, greater < int >> mp3(mp2);  //创建一个与 mp2 相同的映射 mp3
```

3. map 容器的成员函数

map 提供了一系列的成员函数，其主要的成员函数如表 2.10 所示。

表 2.10　map 主要的成员函数及其功能说明

类　型	成员函数	功能说明
容量	empty()	判断容器是否为空
	size()	返回容器中实际的元素个数
访问元素	map[k]	返回关键字为 k 的元素的引用，如果不存在这样的关键字，则以 k 作为关键字插入一个元素(不适合 multimap)
	at[k]	同 map[k]
更新	insert(e)	插入一个元素 e 并返回该元素的位置
	erase(k)	从容器中删除元素 k
	erase(it)	从容器中删除迭代器 it 指向的元素
	erase(beg,end)	从容器中删除[beg,end)迭代器范围的元素
	clear()	删除所有元素
操作	find(k)	在容器中查找关键字为 k 的元素
	count(k)	返回容器中关键字为 k 的元素个数，结果为 0 或者 1
	lower_bound(k)	返回第一个关键字大于或等于 k 的元素的迭代器
	upper_bound(k)	返回第一个关键字大于 k 的元素的迭代器
迭代器	begin()	返回当前容器中首元素的迭代器
	end()	返回当前容器中末尾元素的后一个位置的迭代器
	rbegin()	返回当前容器中末尾元素的迭代器
	rend()	返回当前容器中首元素的前一个位置的迭代器

例如，以下程序及其输出说明了 map 容器的定义和使用方法。

```
#include < iostream >
#include < map >
using namespace std;
int main()
{   map < string, int > mp1;
    mp1["Mary"]=92;                                //插入<"Mary",92 >
    mp1.insert(pair < string, int >("John",81));   //插入<"John",81 >
    mp1.insert(make_pair("Smith",85));             //插入<"Smith",85 >
    printf("mp1: ");
```

```
    for(auto e:mp1)                          //输出为 ["John",81] ["Mary",92] ["Smith",85]
        cout << "[" << e.first << "," << e.second << "] ";
    printf("\n");
    map<int,int,greater<int>> mp2;
    mp2[1]=100;                              //输入<1,100>
    mp2[3]=300;                              //输入<3,300>
    mp2[2]=200;                              //输入<2,200>
    printf("mp2: ");
    for(auto e:mp2)                          //输出为 [3,300] [2,200] [1,100]
        cout << "[" << e.first << "," << e.second << "] ";
    printf("\n");
    map<int,int,greater<int>> mp3(mp2);
    printf("mp3: ");
    for(auto e:mp3)                          //输出为 [3,300] [2,200] [1,100]
        cout << "[" << e.first << "," << e.second << "] ";
    printf("\n");
    return 0;
}
```

4. map 容器的应用

【例 2-12】 给定一个无序的整数序列 v，设计一个算法求其中最大的 k($1 \leqslant k \leqslant v$ 中不同的元素个数)个整数(是指最大的 k 个不同值的整数)出现的次数。例如，$v=(1,1,2,3,3)$，$k=3$，结果为(3,2,2,1,1,2)，表示 3 出现两次，2 出现一次，1 出现两次。

解 定义一个<int,int>类型的映射 mp，排列方式是按关键字递减排列，遍历 v 求出每个不同整数出现的次数，再求出前 k 个最大整数及其出现的次数，将结果存放在 ans 向量中，最后返回 ans 即可。对应的算法如下：

```
vector<int> topck(vector<int> &v,int k)
{   vector<int> ans;                    //存放结果
    map<int,int,greater<int>> mp;
    for(auto e:v)
        mp[e]++;
    auto it=mp.begin();                 //定义 mp 的迭代器
    for(int i=1;i<=k;i++)               //求前 k 个最大整数及其出现的次数
    {   ans.push_back(it->first);
        ans.push_back(it->second);
        it++;
    }
    return ans;
}
```

2.8 哈 希 表

2.8.1 什么是哈希表

1. 哈希表的定义

哈希表是一种使用哈希函数将关键字映射到存储地址的数据结构。假设要存储 n 个元素，每个元素有唯一的关键字 $k_i(0 \leqslant i \leqslant n-1)$，哈希表长度为 $m(m \geqslant n)$，其地址为 $0 \sim m-1$，哈希函数为 $h(k)$，将关键字为 k_i 的元素存放在 $h(k_i)$ 地址。理想情况下，所有的 $h(k_i)$ 位于 $0 \sim m-1$ 并且互不相同。实际中可能存在这样的问题，两个不同的关键字 k_i 和 $k_j(i \neq j)$ 出现 $h(k_i)=h(k_j)$，这种现象称为**哈希冲突**，将具有不同关键字而具有相同哈希地址的元素称为“同义词”，这种冲突也称为**同义词冲突**。

一般来说哈希表中哈希冲突是很难避免的，哈希冲突的概率与装填因子有关，装填因子 α 是指哈希表中元素个数 n 与哈希表长度 m 的比值，即 $\alpha=n/m$，显然 α 越小，哈希表中空闲单元的比例就越大，冲突的可能性就越小，反之 α 越大（最大为 1），哈希表中空闲单元的比例就越小，冲突的可能性就越大。

2. 构造哈希函数的方法

构造哈希函数的目标是使得到 n 个元素的哈希地址尽可能均匀地分布在 m 个连续的内存单元地址上，同时使计算过程尽可能简单以达到尽可能高的时间效率。根据关键字的结构和分布的不同，可构造出不同的哈希函数。假设关键字为整数，常用的构造哈希函数的方法如下。

1）直接定址法

直接定址法是以关键字 k 本身或关键字加上某个常量 c 作为哈希地址的方法。直接定址法的哈希函数 $h(k)$ 为：

$$h(k)=k+c$$

这种哈希函数计算简单，并且不可能有冲突发生。当关键字的分布基本连续时，可用直接定址法的哈希函数；否则，若关键字分布不连续将造成内存单元的大量浪费。

2）除留余数法

除留余数法是用关键字 k 除以某个不大于哈希表长度 m 的整数 p 所得的余数作为哈希地址的方法。除留余数法的哈希函数 $h(k)$ 为：

$$h(k)=k \bmod p \quad \text{mod 为求余运算}, p \leqslant m$$

除留余数法的哈希函数计算比较简单，适用范围广，是最经常使用的一种哈希函数。这种方法的关键是选好 p，使得元素集合中的每一个关键字通过该函数映射到哈希表范围内的任意地址上的概率相等，从而尽可能减少发生冲突的可能性。例如，p 取奇数就比 p 取偶数好。理论研究表明，p 在取不大于 m 的素数时效果最好。

3. 哈希冲突解决方法

解决哈希冲突的方法有许多，可分为开放定址法和拉链法两大类。

1）开放定址法

开放定址法是在插入一个关键字为 k 的元素时，若发生哈希冲突，通过某种哈希冲突解决函数（也称为再哈希）得到一个新空闲地址再插入该元素的方法。常用的方法有线性探测法和平方探测法。

线性探测法是从发生冲突的地址（设为 d_0）开始，依次探测 d_0 的下一个地址（当到达下标为 $m-1$ 的哈希表表尾时，下一个探测的地址是表首地址 0），直到找到一个空闲单元为止（当 $m \geqslant n$ 时一定能找到一个空闲单元）。对应的迭代公式为：

$$d_0 = h(k)$$

$$d_i = (d_{i-1} + 1) \bmod m \quad 1 \leqslant i \leqslant m-1$$

线性探测法的优点是解决冲突简单,但一个重大的缺点是容易产生堆积问题。平方探测法的探测序列为 $d_0+1^2, d_0-1^2, d_0+2^2, d_0-2^2, \cdots$。对应的迭代公式为:

$$d_0 = h(k)$$

$$d_i = (d_0 \pm i^2) \bmod m \quad 1 \leqslant i \leqslant m-1$$

平方探测法是一种较好的处理冲突的方法,可以避免出现堆积问题。其缺点是不一定能探测到哈希表上的所有单元,但至少能探测到一半单元。

2) 拉链法

拉链法是把所有的同义词用单链表链接起来的方法(每个这样的单链表称为一个桶)。设计哈希函数为 $h(k)=k \% m$,所有哈希函数值为 i 的元素对应的结点构成一个单链表(称为单链表 i,该单链表中所有结点对应的元素都是同义词),哈希表地址空间为 $0 \sim m-1$(桶地址),地址为 i 的单元是一个指向对应单链表的首结点。

在插入一个关键字为 k 的元素时,创建一个单链表结点 p 存放该元素,计算出 $i=h(k)$,将结点 p 插入单链表 i 中。在删除关键字为 k 的元素时,计算出 $j=h(k)$,在单链表 j 中找到对应的结点再进行删除。

拉链法处理冲突简单且无堆积现象,但增加指针域需要额外的空间。STL 中的哈希表一般是采用拉链法实现的。

2.8.2 哈希集合容器 unordered_set

C++ STL 提供了哈希集合类模板 unordered_set(哈希集合容器,其声明包含在 unordered_set 头文件中),每个元素对应一个关键字。

1. unordered_set 容器的特点

unordered_set 容器 s 的特点如下:

① s 容器采用哈希表实现,利用拉链法解决冲突,所有元素是无序排列的,按关键字查找的时间复杂度接近 $O(1)$。

② s 容器是一个关联容器,其中的元素只能根据关键字来访问,不能按索引访问。

③ s 容器中所有元素的关键字是唯一的。

说明:unordered_set 容器与 set 容器相比,set 容器是有序的,查找时间是 $O(\log_2 n)$,而 unordered_set 容器是无序的,查找时间是 $O(1)$。

2. 定义 unordered_set 容器

定义 unordered_set 容器的几种方式如下:

```
unordered_set<int> s1;                    //创建一个 int 类型的空哈希集合 s1
unordered_set<int> s2(s1);                //创建一个与 s1 相同的哈希集合 s2
```

3. unordered_set 容器的成员函数

unordered_set 提供了一系列的成员函数,其主要的成员函数如表 2.11 所示。

表 2.11　unordered_set 主要的成员函数及其功能说明

类　型	成员函数	功能说明
容量	empty()	判断容器是否为空
	size()	返回容器的长度
更新	insert(*e*)	插入元素 *e*
	erase()	从容器中删除一个或几个元素
	clear()	删除所有元素
元素查找	count(*k*)	返回容器中关键字 *k* 出现的次数，结果为 0 或者 1
	find(*k*)	如果容器中存在关键字为 *k* 的元素，返回该元素的迭代器，否则返回 set::end()值
迭代器	begin()	返回当前容器中首元素的迭代器
	end()	返回当前容器中末尾元素的后一个位置的迭代器

4. unordered_set 容器的应用

扫一扫

视频讲解

【例 2-13】 给定一个无序的整数序列 *v*，设计一个算法求其中不相同的元素的个数。

解 定义一个 unordered_set < int >容器 *s*，将 *v* 中所有元素插入 *s* 中，返回 *s* 的长度即可。对应的算法如下：

```
int Count(vector < int > &v)
{   unordered_set < int > s;
    for(auto e:v)
        s.insert(e);
    return s.size();
}
```

2.8.3　哈希映射容器 unordered_map

C++ STL 提供了哈希映射类模板 unordered_map（哈希映射容器，其声明包含在 unordered_map 头文件中），每个元素形如< key，value >（键值对），类型为 pair 结构体，可以通过关键字 key 来访问相应的值 value。

1. unordered_map 容器的特点

unordered_map 容器 map 的特点如下：

① mp 容器采用哈希表实现，利用拉链法解决冲突，所有元素是无序排列的，按关键字查找的时间复杂度接近 $O(1)$。

② mp 容器是一个关联容器，其中的元素只能根据关键字来访问，不能按索引访问。

③ mp 容器中所有元素的关键字是唯一的。

说明：unordered_map 容器与 map 容器相比，map 容器是有序的，查找时间是 $O(\log_2 n)$，而 unordered_map 容器是无序的，查找时间是 $O(1)$。

2. 定义 unordered_map 容器

定义 unordered_map 容器的几种方式如下：

```
unordered_map < string, int > mp1;                        //创建< string, int >类型的空哈希映射 mp1
unordered_map < string, int > mp2(mp1);                   //创建一个与 mp1 相同的哈希映射 mp2
unordered_map < Stud, int, MyHash, MyEqualTo > mp3;       //创建 mp3，指定哈希函数和等号类型
```

3. unordered_map 容器的成员函数

unordered_map 提供了一系列的成员函数，其主要的成员函数如表 2.12 所示。

表 2.12 unordered_map 主要的成员函数及其功能说明

类　型	成员函数	功能说明
容量	empty()	判断容器是否为空
	size()	返回容器中实际元素的个数
元素访问	map[*k*]	返回关键字为 *k* 的元素的引用，如果不存在这样的关键字，则以 *k* 为关键字插入一个元素(不适合 multimap)
	at[*k*]	同 map[*k*]
更新	insert(*e*)	插入一个元素 *e* 并返回该元素的位置
	erase(*k*)	从容器中删除元素 *k*
	erase(*k*),erase(it)	从容器中删除关键字为 *k* 的元素或者迭代器 it 指向的元素
	erase(beg,end)	从容器中删除[beg,end)迭代器范围的元素
	clear()	删除所有元素
元素查找	find(*k*)	在容器中查找关键字为 *k* 的元素
	count(*k*)	返回容器中关键字为 *k* 的元素的个数，结果只有 1 或者 0
迭代器	begin()	返回当前容器中首元素的迭代器
	end()	返回当前容器中末尾元素的后一个位置的迭代器

例如，以下程序中 Stud 结构体包含学生的两个分数 x 和 y，vector<int>容器 $c1$ 和 $c2$ 为两门课程的方式，利用 unordered_map 容器求相同总分的人数。

```
#include<iostream>
#include<vector>
#include<unordered_map>
using namespace std;
struct Stud                                         //学生分数结构体类型
{   int x;                                          //分数 1
    int y;                                          //分数 2
    Stud (int x1,int y1):x(x1),y(y1) {}
};
struct MyEqualTo                                    //自定义等号类型
{   bool operator()(const Stud& a, const Stud& b) const
    {
        return a.x+a.y==b.x+b.y;
    }
};
struct MyHash                                       //自定义哈希函数类型
{   size_t operator()(const Stud& a) const
    {   hash<int> sh;                               //使用 STL 中的 hash<int>
        return sh(a.x+a.y);                         //以总分为关键字
    }
};
int main()
{   vector<int> c1={80,70,92,60};
    vector<int> c2={70,80,60,92};
    unordered_map<Stud,int,MyHash,MyEqualTo> mp;
    for(int i=0;i<c1.size();i++)
        mp[Stud(c1[i],c2[i])]++;
    for(auto it=mp.begin();it!=mp.end();it++)       //输出结果
```

```
        printf("%d : %d\n",it -> first.x+it -> first.y,it -> second);
    return 0;
}
```

上述程序的输出如下，表示共有 4 个学生，总分 152 和 150 均有两个学生：

```
152:2
150:2
```

4. unordered_map 容器的应用

扫一扫

视频讲解

【例 2-14】 设计一个算法判断字符串 str 中的每个字符是否唯一。例如"abc"的每个字符是唯一的，算法返回 true，而"accb"中的字符'c'不是唯一的，算法返回 false。

解 定义 unordered_map <char,int>容器 mp，第一个分量 key 的类型为 char，第二个分量 value 的类型为 int，表示对应关键字的出现次数。将字符串 str 中的每个字符作为关键字插入 mp 容器中，插入后对应出现次数增 1。如果某个字符的出现次数大于 1，表示不唯一，返回 false；如果所有字符唯一，则返回 true。对应的算法如下：

```
bool isUnique(string &str)
{   unordered_map<char,int> mp;
    for (int i=0;i<str.length();i++)
    {   mp[str[i]]++;
        if (mp[str[i]]>1)
            return false;
    }
    return true;
}
```

2.9 设计好的数据结构

在算法设计中选择好的数据结构会提高算法的性能。下面通过几个示例说明如何设计好的数据结构。

扫一扫

视频讲解

【例 2-15】 某个系统的操作如下：

1 x：输入整数 x，输入的所有整数不会重复。

2：删除前面输入序列中的最大整数并输出。

3：删除前面输入序列中的最小整数并输出。

4：按递增顺序输出当前的整数序列。

选择适合的数据结构并尽可能高效地设计上述算法。操作序列用 vector <int>容器 v 表示，假设操作序列是正确的并且执行操作 2 和 3 时当前的输入序列至少有一个整数。例如，v=(1,2,1,5,2,1,6,3,4)，表示输入整数 2 和 5，执行一次操作 2，输入 6，再执行一次操作 3，最后执行一次操作 4。

解 从操作 2～4 看出输入的无序整数序列应该有序存储，又由于输入的整数不会重复，所以采用 set 容器存放（默认递增排列），set 容器是一种平衡二叉树，这样操作 1～3 对应的时间复杂度均为 $O(\log_2 n)$。对应的算法如下：

```
set<int> s;                                 //定义集合容器 s
void solve(vector<int> & v)                 //求解算法
{   int i=0,x;
    while(i<v.size())
    {   if(v[i]==1)                         //操作 1
        {   i++;
            x=v[i];
            s.insert(x);
            printf("     输入整数：%d\n",x);
        }
        else if(v[i]==2)                    //操作 2
        {   auto it=s.end();
            it--;
            printf("删除最大整数：%d\n",*it);
            s.erase(it);
        }
        else if(v[i]==3)                    //操作 3
        {   auto it=s.begin();
            printf("删除最小整数：%d\n",*it);
            s.erase(it);
        }
        else                                //操作 4
        {   printf("     整数序列：");
            for(auto it=s.begin();it!=s.end();it++)
                printf("%d ",*it);
            printf("\n");
        }
        i++;
    }
}
```

【例 2-16】 某个系统的操作如下：

1x：输入整数 x，输入的整数可能重复。

2：求前面输入序列的中位数并输出，中位数是有序序列中间的数，如果序列长度是偶数，中位数则是中间两个数的平均值。

选择适合的数据结构并尽可能高效地设计上述算法。操作序列用 vector<int>容器 v 表示，假设操作序列是正确的并且执行操作 2 时当前的输入序列至少有一个整数。例如，v=(1,2,1,6,1,3,1,2,2,1,5,2)，表示输入整数 2、6、3、2，求一次中位数(结果是 2.5)，输入 5，再求一次中位数(结果是 3)。

解 用两个堆(即小根堆 minpq 和大根堆 maxpq)实现。当输入偶数个整数时，保证两个堆中的整数个数相同，当输入奇数个整数时，保证小根堆中多一个整数(堆顶整数就是中位数)。简单地说，用 minpq 存放最大的一半整数，用 maxpq 存放最小的一半整数。操作 1 对应的 addx(x)算法的操作过程如下：

① 若小根堆 minpq 为空，将 x 插入 minpq 中，然后返回。

② 若 x 大于 minpq 堆顶元素，将 x 插入 minpq 中，否则将 x 插入 maxpq 中。

③ 调整两个堆中的整数个数，若 minpq 中的元素个数较少，取出 maxpq 的堆顶元素插入 minpq 中；若 minpq 比 maxpq 至少多两个元素，取出 minpq 的堆顶元素插入 maxpq 中

（保证 minpq 比 maxpq 最多多一个整数）。

操作 2 对应的 getmiddle()算法的操作过程如下：

① 若 minpq 和 maxpq 中的元素个数不相同，说明总元素个数为奇数，返回 minpq 堆顶元素即可。

② 否则说明总元素个数为偶数，返回两个堆顶元素的平均值即可。

对应的算法如下：

```
priority_queue<int, vector<int>, greater<int>> minpq;   //定义一个小根堆
priority_queue<int> maxpq;                              //定义一个大根堆
void addx(int x)                                        //操作 1：插入 x
{   if(minpq.empty())                                   //若小根堆为空
    {   minpq.push(x);
        return;
    }
    if(x > minpq.top())                                 //若 x 大于小根堆的堆顶元素
        minpq.push(x);                                  //将 x 插入小根堆中
    else
        maxpq.push(x);                                  //否则将 x 插入大根堆中
    while(minpq.size()< maxpq.size())                   //若小根堆的元素个数较少
    {   minpq.push(maxpq.top());
        maxpq.pop();                                    //取出大根堆的堆顶元素插入小根堆中
    }
    while(minpq.size()> maxpq.size()+1)                 //若小根堆比大根堆至少多两个元素
    {   maxpq.push(minpq.top());
        minpq.pop();                                    //取出小根堆的堆顶元素插入大根堆中
    }
}
double getmiddle()                                      //操作 2：求中位数
{   if (minpq.size()!=maxpq.size())                     //输入的总元素个数为奇数
        return minpq.top();
    else                                                //输入的总元素个数为偶数
        return (minpq.top()+maxpq.top())/2.0;
}
void solve(vector<int> &v)                              //求解算法
{   int i=0,x;
    while(i<v.size())
    {   if(v[i]==1)                                     //操作 1
        {   i++;
            x=v[i];
            addx(x);
            printf("    输入整数：%d\n",x);
        }
        else if(v[i]==2)                                //操作 2
        {   double mid=getmiddle();
            printf("中位数：%g\n",mid);
        }
        i++;
    }
}
```

扫一扫

视频讲解

【例 2-17】 假设所有单词都是由字母构成的，如果两个单词 s 和 t 中包含的不同字母个数相同并且每种字母的个数也相同，称 s 和 t 是同位词。给定一系列单词，设计一个算法按行输出所有单词，每一行的所有单词均为同位词。

解 每个单词用一个 string 对象存储，单词 s 和 t 是同位词当且仅当两者递增排序后的结果是相同的，为此设计 unordered_map<string,vector<string>>类型的哈希映射 mp，关键字为单词递增排序后的结果 s，值是一个 vector<string>容器，存放 s 的所有同位词。例如，由 5 个单词("abcd","xyz","dabc","cdab","yzx")生成的 mp 如图 2.23 所示。

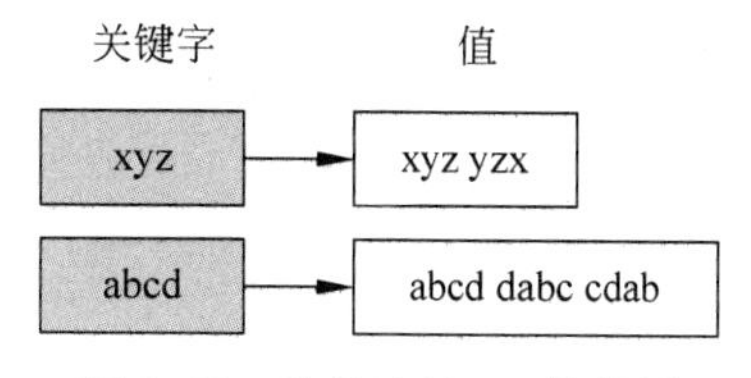

图 2.23 哈希映射 mp 的结果

对应的算法如下：

```
void Apposition(vector<string> &words)                    //求解算法
{   string s;
    unordered_map<string,vector<string>> mp;
    for(int i=0;i<words.size();i++)
    {   s=words[i];                                        //取访问的单词
        sort(s.begin(),s.end());                           //按字母递增排序
        mp[s].push_back(words[i]);                         //添加到对应的同位词向量中
    }
    for(auto it=mp.begin();it!=mp.end();it++)              //输出结果
    {   for(int j=0;j<it->second.size();j++)
            cout << it->second[j] << " ";
        cout << endl;
    }
}
```

2.10 练 习 题

2.10.1 单项选择题

1. 在以下 C++ STL 容器中，________是有序的。

   A. vector　　B. stack　　C. map　　D. unordered_map

2. 查找第一个大于或等于关键字 key 的元素，以下 STL 容器中最快的是________。

   A. vector　　B. list　　C. deque　　D. set

3. 判断容器中是否存在关键字为 key 的元素，以下 STL 容器中最快的是________。

   A. map　　B. unordered_map　　C. deque　　D. set

4. 以下 STL 容器中不能顺序遍历的是________。

   A. queue　　B. deque　　C. vector　　D. list

5. 以下 STL 容器中没有提供[idx](idx 为下标)成员函数的是________。

   A. vector　　B. deque　　C. list　　D. string

6. 迭代器函数 end()的返回值是________。

   A. 容器的首元素地址　　B. 容器的首元素的前一个地址

   C. 容器的尾元素地址　　D. 容器的尾元素的后一个地址

7. 假设有 vector<int> v={2,4,1,5,3}，则执行 sort(v.begin(),v.begin()+3)语句

后 v 的结果是________。

A. 1,2,4,5,3　　　　B. 1,2,4,5,3

C. 4,2,1,5,3　　　　D. 5,4,2,1,3

8. 假设有 vector<int> v={2,4,1,5,3}，则执行 sort(v.begin()+1,v.end(),greater<int>()) 语句后 v 的结果是________。

A. 5,4,3,2,1　　　　B. 2,5,4,3,1

C. 2,1,3,4,5　　　　D. 2,1,3,4,5

9. 以下代码段的输出结果是________。

```
vector<int> v={2,4,1,5,3};
priority_queue<int> pq(v.begin(),v.end());
while(!pq.empty())
{     printf("%d ",pq.top());
      pq.pop();
}
```

A. 1 2 3 4 5　　　　B. 1 2 4 5 3

C. 5 4 3 2 1　　　　D. 5 4 2 1 3

10. 以下代码段的输出结果是________。

```
vector<int> v={2,4,1,5,3};
priority_queue<int,vector<int>,greater<int>> pq(v.begin(),v.end());
while(!pq.empty())
{     printf("%d ",pq.top());
      pq.pop();
}
```

A. 1 2 3 4 5　　　　B. 1 2 4 5 3

C. 5 4 3 2 1　　　　D. 5 4 2 1 3

2.10.2 问答题

1. 在按序号 $i(0\leqslant i\leqslant n)$ 插入删除元素时 vector 容器和 list 容器有什么区别？

2. 在什么情况下用 vector 容器？在什么情况下用 list 容器？

3. list 容器是链表容器，为什么采用循环双链表实现？

4. 在很多情况下字符串既可以用 string 容器表示，也可以用 vector<char>容器表示，两者有什么不同？

5. 简述 deque 与 vector 的区别。

6. STL 中适配器容器是以底层容器为基础实现的，包括 stack、queue 和 priority_queue 容器，说明它们各自可以选择哪些容器作为底层容器？

7. STL 中包括多种容器，哪些容器不能顺序遍历？

8. 简述为什么 map 和 set 不能像 vector 一样提供 reserve()函数来预分配数据空间？

9. 简述 map 和 unordered_map 容器的相同点和不同点。

10. 在 n 个整数中找出最大整数的时间复杂度为 $O(n)$，那么找出其中前 $n/2$ 个最大整数的时间复杂度一定是 $O(n^2)$ 吗？请说明理由。

11. 假如输入若干学生数据，每个学生包含姓名和分数（所有姓名唯一），要求频繁地按姓名查找学生的分数，请说明最好采用什么数据结构存储学生数据。

2.10.3 算法设计题

1. 给定一个整数序列采用 vector 容器 v 存放，设计一个算法删除相邻重复的元素，两个或者多个相邻重复的元素仅保留一个。

2. 给定一个整数序列，采用 vector 容器 v 存放，设计一个划分算法，以首元素为基准将所有小于基准的元素移动到前面，将所有大于或等于基准的元素移动到后面。例如，$v=\{3,1,4,6,3,2\}$，划分后结果 $v=\{2,1,3,6,3,4\}$。

3. 有很多长方形，每一个长方形有一个编号以及长和宽（均为整数），采用 vector< vector< int >>容器 v 存储，v 中每个元素形如$\{a,b,c\}$，a、b、c 分别是编号、长和宽。设计一个算法按长方形面积从大到小输出它们的编号。

4. 给定一个整数序列，采用单链表 h 存放，设计一个划分算法，以首结点值为基准将所有小于基准的结点移动到前面，将所有大于或等于基准的结点移动到后面。例如，$h=\{3,1,4,6,3,2\}$，划分后结果 $h=\{2,1,3,4,6,3\}$。

5. 一个字母字符串采用 string 容器 s 存储，设计一个算法判断该字符串是否为回文，这里字母比较是大小写不敏感的。例如 $s=$"Aa"是回文。

6. 有一个表达式用 string 容器 s 存放，可能包含小括号、中括号和大括号，设计一个算法判断其中各种括号是否匹配。

7. 有 n 个人，编号为 $1\sim n$，每轮从头开始按 1,2,1,2,…报数，报数为 1 的出列，再做下一轮，设计一个算法求出列顺序。

8. 给定一个含多个整数的序列，设计一个算法求所有元素之和，规定每步只能做两个最小整数的加法运算，给出操作的步骤。

9. 给定一个整数序列和一个整数 k，设计算法求与 k 最接近的整数，如果有多个最接近的整数，求最小者。

10. 给定一个字符串采用 string 容器 s 存放，设计一个算法按词典顺序列出每个字符出现的次数。

11. 有一个整数序列采用 vector< int >容器 v 存放，设计一个算法求众数，所谓众数就是这个序列中出现次数最多的整数，假设给定的整数序列中众数是唯一的。例如，$v=\{1,3,2,1,4,1\}$，其中的众数是整数 1。

12. 给定一个采用 vector 容器 v 存放的整数序列和一个整数 k，判断其中是否存在两个不同的索引 i 和 j，使得 $v[i]=v[j]$，并且 i 和 j 的差的绝对值最大为 k。例如，$v=[1,2,3,1]$，$k=3$；结果为 true；$v=[1,2,3,1,2,3]$，$k=2$，结果为 false。

2.11 上机实验题

2.11.1 高效地插入、删除和查找

编写一个实验程序 exp2-1，设计一种好的数据结构，尽可能高效地实现如下操作。

1s：插入字符串 s(每个字符串均由字母构成，不含空格，长度不超过 10，输入的所有字符串不相同)。

2s：删除字符串 s。

3s：输出 s 的序号(s 的序号是指当前数据结构中 s 从前往后排列的位置或者索引，规定从 0 开始)。

4x：输出序号为 x 的字符串。

5：输出当前的所有字符串。

输入格式：输入文件为 data2-1.txt，其中包含一个测试用例，每一行为一个上述操作。假设所有的操作都是合适的，例如执行操作 2 秒时当前数据结构中一定存在 s。

输出格式：按样例格式输出。

输入样例：data2-1.txt 文件如下。

```
1 Mary
1 Smitch
1 John
1Anany
5
3 John
2 John
5
4 2
1 Xiao
5
```

输出样例：输出结果如图 2.24 所示。

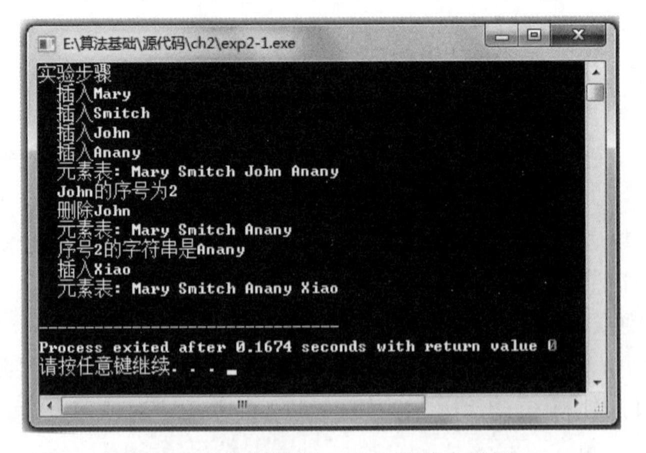

图 2.24　实验程序 exp2-1 的输出样例

2.11.2　一种特殊的队列

编写一个实验程序 exp2-2，设计一种特殊队列，尽可能高效地实现如下操作。

1s f：输入学生 s 和 f，其中 s 为表示学生姓名的字符串(不含空格，长度不超过 10，输入的所有字符串不相同)，f 为表示分数的 0～100 的整数。

2：按当前最高分数出队一个学生，多个相同分数者按先输入的先出队。

3：按操作 2 的方式出队所有学生。

输入格式：输入文件为 data2-2.txt，其中包含一个测试用例，每一行为一个上述操作。假设所有的操作都是合适的，在执行操作 2 和 3 时当前数据结构非空。

输出格式：按样例格式输出。

输入样例：data2-2.txt 文件如下。

```
1 Mary 80
1 John 90
1 Smitch 85
1Anany 90
2
2
1 Rosa 80
1 Judy 85
2
2
1 Linda 70
2
2
1 Jane 85
1 Kelly 90
3
```

输出样例：输出结果如图 2.25 所示。

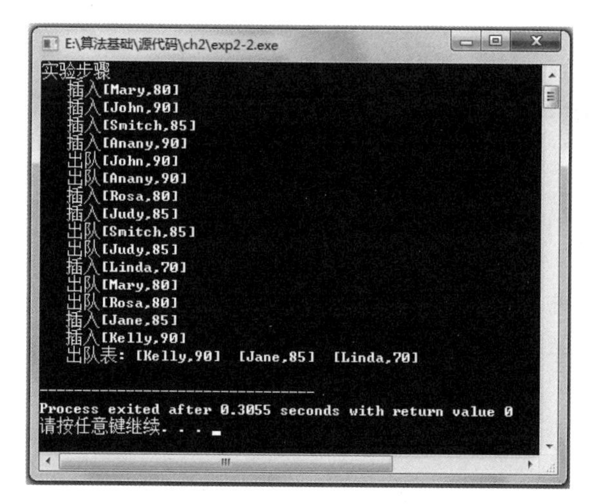

图 2.25 实验程序 exp2-2 的输出样例

2.11.3 方块操作

编写一个实验程序 exp2-3.cpp，有 n 个方块，编号为 $1\sim n$，共有 p 个操作，全部操作分为两种类型。

mx y：将包含方块 x 的方块堆整体放在包含方块 y 的方块堆上面。

cx：询问在方块 x 的下面有多少个方块。

输入格式：输入文件为 data2-3.txt，其中包含一个测试用例，每一行为整数 p，接下来的 p 行每行一个上述操作。假设所有的操作都是合适的，$n\leqslant 100$，$p\leqslant 200$。

输出格式：对于每个询问操作输出对应的答案。

输入样例：data2-3. txt 文件如下。

```
6
m 1 6
c 1
m 2 4
m 2 6
c 3
c 4
```

输出样例：输出结果如图 2.26 所示。

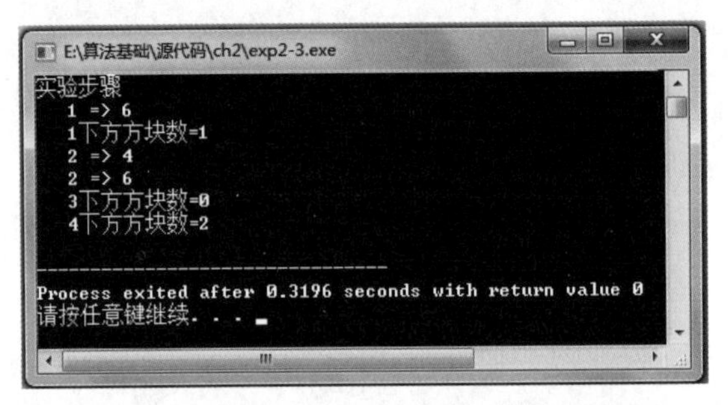

图 2.26　实验程序 exp2-3 的输出样例

2.12　在线编程题

1. LeetCode328——奇偶链表
2. LeetCode394——字符串解码
3. LeetCode215——数组中的第 k 个最大元素
4. HDU1280——前 m 大的数
5. POJ2236——无线网络

第3章 基本算法设计方法

为了设计出解决问题的好算法，除了要掌握常用的数据结构工具外，还需要掌握算法设计方法。算法设计与分析课程主要讨论分治法、回溯法、分支限界法、贪心法和动态规划，称为五大算法策略，在学习这些算法策略之前必须具有一定的算法设计基础，本章讨论穷举法、归纳法、递归法和迭代法几种基本算法的设计方法及其递推式的计算。本章的学习要点和学习目标如下：

（1）掌握穷举法的原理和算法框架。

（2）掌握归纳法的原理和从求解问题找出递推关系的方法。

（3）掌握迭代法的原理和实现迭代算法的方法。

（4）掌握递归法的原理和实现递归算法的方法。

（5）掌握各种经典算法的设计过程。

（6）掌握递推式的各种计算方法。

（7）综合运用穷举法、归纳法、递归法和迭代法解决一些复杂的实际问题。

3.1 穷举法

3.1.1 穷举法概述

1. 什么是穷举法

穷举法又称枚举法或者列举法，是一种简单而直接地解决问题的方法。其基本思想是先确定有哪些穷举对象和穷举对象的顺序，按穷举对象的顺序逐一列举每个穷举对象的所有情况，再根据问题的约束条件检验哪些是问题的解，哪些应予排除。

在用穷举法解题时，针对穷举对象的数据类型而言，常用的列举方法如下。

① 顺序列举：是指答案范围内的各种情况很容易与自然数对应甚至就是自然数，可以按自然数的变化顺序去列举。

② 组合列举：当答案的数据形式为一些元素的组合时，往往需要用组合列举。组合是无序的。

③ 排列列举：有时答案的数据形式是一组数的排列，列举出所有答案所在范围内的排列，为排列列举。

穷举法的作用如下：

① 理论上讲穷举法可以解决可计算领域中的各种问题，尤其是处在计算机计算速度非常快的今天，穷举法的应用领域是非常广阔的。

② 在实际应用中通常要解决的问题规模不大，用穷举法设计的算法其运算速度是可以接受的，此时不值得设计一个更高效率的算法。

③ 穷举法算法一般逻辑清晰，编写的程序简洁明了。

④ 穷举法算法一般不需要特别证明算法的正确性。

⑤ 穷举法可作为某类问题时间性能的上界，用来衡量同样问题的更高效率的算法。

穷举法的主要缺点是设计的大多数算法的效率都不高，主要适合问题规模比较小的问题的求解。为此在采用穷举法求解时应根据问题的具体情况分析归纳，寻找简化规律，精简穷举循环，优化穷举策略。

2. 穷举法算法框架

穷举法算法一般使用循环语句和选择语句实现，其中循环语句用于枚举穷举对象所有可能的情况，而选择语句用于判定当前的条件是否为所求的解。其基本流程如下：

① 根据问题的具体情况确定穷举变量（简单变量或数组）。

② 根据确定的范围设置穷举循环。

③ 根据问题的具体要求确定解满足的约束条件。

④ 设计穷举法程序，并执行和调试，对执行结果进行分析与讨论。

假设某个问题的穷举变量是 x 和 y，穷举顺序是先 x 后 y，均为顺序列举，它们的取值范围分别是 $x\in(x_1,x_2,\cdots,x_n)$，$y\in(y_1,y_2,\cdots,y_m)$，约束条件为 $p(x_i,y_j)$，对应穷举法算法的基本框架如下：

```
void Exhaustive(x,n,y,m)
{    for (int i=1;i<=n;i++)                    //枚举 x 的所有可能的值
         for (int j=1;j<=m;j++)                //枚举 y 的所有可能的值
         {    ...
              if (p(x[i],y[j]))
                   输出一个解;
              ...
         }
}
```

从中看出，x 和 y 所有可能的搜索范围是笛卡儿积，即($[x_1,y_1]$,$[x_1,y_2]$,…,$[x_1,y_m]$,…,$[x_n,y_1]$,$[x_n,y_2]$,…,$[x_n,y_m]$)，这样的搜索范围可以用一棵树表示，称为解空间树，它包含求解问题的所有解，求解过程就是在整个解空间树中搜索满足约束条件 $p(x_i,y_j)$的解。

【例 3-1】 鸡兔同笼问题。现有一笼子，里面有鸡和兔子若干只，数一数，共有 a 个头、b 条腿，设计一个算法求鸡和兔子各有多少只？

解 由于有鸡和兔两种动物，每只鸡有两条腿，每只兔有 4 条腿，设置两个变量，x 表示鸡的只数、y 表示兔的只数，那么穷举变量就是 x 和 y，假设穷举变量的顺序是先 x 后 y(在本问题中也可以先 y 后 x)。

显然，x 和 y 的取值范围都是 0～a，约束条件 $p(x,y)=(x+y==b)$ && $(2x+4y=b)$。以 $a=3,b=8$ 为例，对应的解空间树如图 3.1 所示，根结点的分支对应 x 的各种取值，第二层结点的分支为 y 的各种取值，其中"×"结点是不满足约束条件的结点，带阴影的结点是满足约束条件的结点，所以结果是 $x=2/y=1$。对应的算法如下：

```
void solve1(int a,int b)
{    for(int x=0;x<=a;x++)
         for(int y=0;y<=a;y++)
         {    if(x+y==a && 2*x+4*y==b)
                   printf("x=%d,y=%d\n",x,y);
         }
}
```

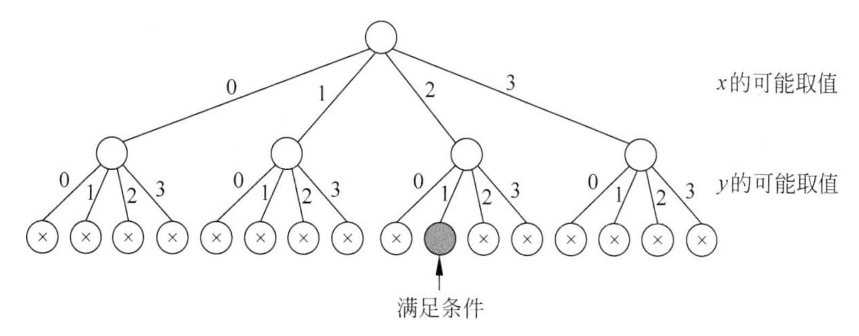

图 3.1 $a=3,b=8$ 的解空间树

从图 3.1 中看到，在解空间树中共 21 个结点，显然结点个数越多时间性能越差，可以稍做优化，鸡的只数最多为 $\min(a,b/2)$，兔的只数最多为 $\min(a,b/4)$。仍以 $a=3,b=8$ 为例，x 的取值范围是 0～3，y 的取值范围是 0～2，对应解空间树如图 3.2 所示，共 17 个结点。

对应的优化算法如下：

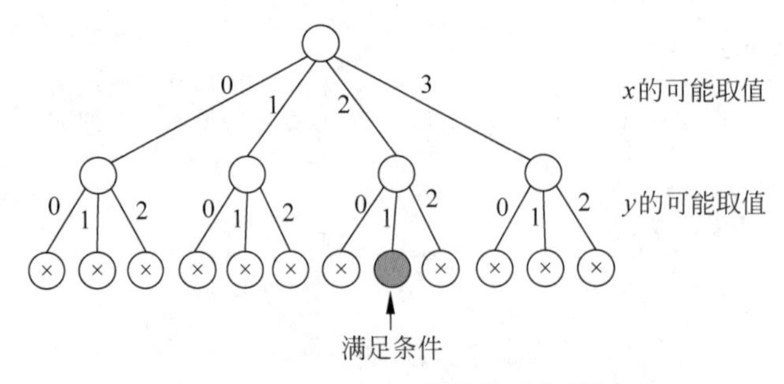

图 3.2 $a=3,b=8$ 的优化解空间树

```
void solve2(int a,int b)
{   for(int x=0;x<=min(a,b/2);x++)
        for(int y=0;y<=min(a,b/4);y++)
        {   if(x+y==a && 2*x+4*y==b)
                printf("x=%d,y=%d\n",x,y);
        }
}
```

尽管穷举法算法通常性能较差，但可以以它为基础进行优化继而得到高性能的算法，优化的关键是能够找出求解问题的优化点，不同的问题优化点是不相同的，这就需要大家通过大量实训掌握一些基本算法设计技巧。后面通过两个应用讨论穷举法算法设计方法以及穷举法算法的优化过程。

3.1.2 最大连续子序列和

扫一扫

视频讲解

1. 问题描述

给定一个含 $n(n\geqslant 1)$ 个整数的序列，要求求出其中最大连续子序列的和。例如序列(−2,11,−4,13,−5,−2)的最大子序列和为 20，序列(−6,2,4,−7,5,3,2,−1,6,−9,10,−2)的最大子序列和为 16。规定一个序列的最大连续子序列和至少是 0，如果小于 0，其结果为 0。

2. 解法 1

设含 n 个整数的序列为 $a[0..n-1]$，其中连续子序列为 $a[i..j]$($i\leqslant j,0\leqslant i\leqslant n-1,i\leqslant j\leqslant n-1$)，求出它的所有元素之和 cursum，并通过比较将最大值存放在 maxsum 中，最后返回 maxsum。这种解法通过穷举所有连续子序列（一个连续子序列由起始下标 i 和终止下标 j 确定）来得到，是典型的穷举法思想。

例如，对于 $a[0..5]=\{-2,11,-4,13,-5,-2\}$，求出的 $a[i..j]$($0\leqslant i\leqslant j\leqslant 5$)的所有元素和如图 3.3 所示（行号为 i，列号为 j），其过程如下：

(1) $i=0$，依次求出 $j=0,1,2,3,4,5$ 的子序列和分别为 −2,9,5,18,13,11。

(2) $i=1$，依次求出 $j=1,2,3,4,5$ 的子序列和分别为 11,7,20,15,13。

(3) $i=2$，依次求出 $j=2,3,4,5$ 的子序列和分别为 −4,9,4,2。

(4) $i=3$，依次求出 $j=3,4,5$ 的子序列和分别为 13,8,6。

(5) $i=4$，依次求出 $j=4,5$ 的子序列和分别为 −5,−7。

(6) $i=5$，求出 $j=5$ 的子序列和为 −2。

其中 20 是最大值，即最大连续子序列和为 20。

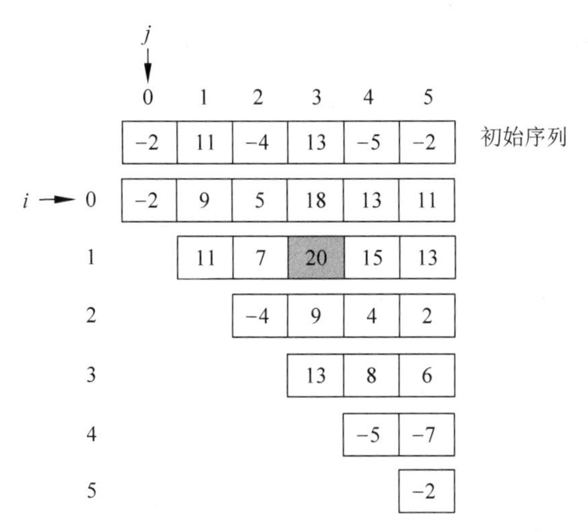

图 3.3 所有 $a[i..j]$子序列($0\leqslant i\leqslant j\leqslant 5$)的元素和

对应的算法如下：

```
int maxSubSum1(vector<int> &a)                          //解法 1
{   int n=a.size();
    int maxsum=0,cursum;
    for (int i=0;i<n;i++)                               //两重循环穷举所有的连续子序列
    {   for (int j=i;j<n;j++)
        {   cursum=0;
            for (int k=i;k<=j;k++)                      //求 a[i..j]子序列元素和 cursum
                cursum+=a[k];
            maxsum=max(maxsum,cursum);                  //通过比较求最大连续子序列之和
        }
    }
    return maxsum;
}
```

【算法分析】 在 maxSubSum1(a,n)算法中用了三重循环，所以有：

$$T(n)=\sum_{i=0}^{n-1}\sum_{j=i}^{n-1}\sum_{k=i}^{j}1=\sum_{i=0}^{n-1}\sum_{j=i}^{n-1}(j-i+1)=\frac{1}{2}\sum_{i=0}^{n-1}(n-i)(n-i+1)=O(n^3)$$

3. 解法 2

对前面的解法 1 进行优化。当 i 取某个起始下标时，依次求 $j=i,i+1,\cdots,n-1$ 对应的子序列和，实际上这些子序列是相关的。用 Sum($a[i..j]$)表示子序列 $a[i..j]$元素和，初始时置 Sum($a[i..j]$)=0，显然有如下递推关系：

$$\text{Sum}(a[i..j])=\text{Sum}(a[i..j-1])+a[j] \quad 当 j\geqslant i 时$$

这样在连续求 $a[i..j]$子序列和($j=i,i+1,\cdots,n-1$)时没有必要使用循环变量为 k 的第 3 重循环，优化后的算法如下：

```
int maxSubSum2(vector<int> & a)                  //解法 2
{   int n=a.size();
    int maxsum=0,cursum;
    for (int i=0;i<n;i++)
    {   cursum=0;
```

```
        for (int j=i;j<n;j++)                    //连续求 a[i..j]子序列元素和 cursum
        {    cursum+=a[j];
             maxsum=max(maxsum,cursum);           //通过比较求最大 maxsum
        }
    }
    return maxsum;
}
```

【算法分析】 在 maxSubSum2(a,n)算法中只有两重循环，所以有：

$$T(n)=\sum_{i=0}^{n-1}\sum_{j=i}^{n-1}1=\sum_{i=0}^{n-1}(n-i)=\frac{n(n+1)}{2}=O(n^2)$$

4. 解法 3

对前面的解法 2 继续优化。maxsum 和 cursum 初始化为 0，用 i 遍历 a，置 cursum+=$a[i]$，也就是说 cursum 累积到 $a[i]$时的元素和，分为两种情况：

① 若 cursum≥maxsum，说明 cursum 是一个更大的连续子序列和，将其存放在 maxsum 中，即置 maxsum=cursum。

② 若 cursum<0，说明 cursum 不可能是一个更大的连续子序列和，从下一个 i 开始继续遍历，所以置 cursum=0。

在上述过程中先置 cursum+=$a[i]$，后判断 cursum 的两种情况。a 遍历完毕返回 maxsum 即可。对应的算法如下：

```
int maxSubSum3(vector<int> & a)                //解法 3
{   int n=a.size();
    int maxsum=0,cursum=0;
    for (int i=0;i<n;i++)
    {   cursum+=a[i];
        maxsum=max(maxsum,cursum);              //通过比较求最大的 maxsum
        if(cursum<0)                            //若 cursum<0,最大连续子序列从下一个位置开始
            cursum=0;
    }
    return maxsum;
}
```

【算法分析】 在 maxSubSum3(a,n)算法中只有一重循环，所以设计复杂度为 $O(n)$。

从中看出，尽管仍采用穷举法思路，但可以通过各种优化手段降低算法的时间复杂度。解法 2 的优化点是找出 $a[i..j-1]$和 $a[i..j]$子序列的相关性，解法 3 的优化点是进一步判断 cursum 的两种情况。

思考题：对于给定的整数序列 a，不仅要求出其中最大连续子序列的和，还需要求出这个具有最大连续子序列和的子序列（给出其起始和终止下标），如果有多个具有最大连续子序列和的子序列，求其中任意一个子序列。

扫一扫

视频讲解

【例 3-2】 素数个数问题。给定两个均含 n 个正整数的数组 a 和 b，其中整数元素的范围是 2～20000，求出每对 $a[i]$和 $b[i]$($0\leqslant i<n$)之间的素数个数（含 $a[i]$和 $b[i]$）。

解法 1：采用穷举法。设计 isPrime(x)算法判断 x 是否为素数，Count1(a,b)求整数 a～b 中的素数个数。在此基础上设计求解算法 solve(a,b,n)求每对 $a[i]$和 $b[i]$($0\leqslant i<n$)之

间的素数个数。对应的算法如下：

```
bool isPrime(int x)                                    //判断 x 是否为素数
{   for (int i=2;i<=(int)sqrt(x);i++)
        if (x%i==0)                                    //x 能够被 i 整除
            return false;
    return true;
}
int Count1(int a,int b)                                //求 a 到 b 的素数个数
{   if (a>b) return 0;
    int cnt=0;
    for(int x=a;x<=b;x++)
        if(isPrime(x))
            cnt++;
    return cnt;
}
void solve1(int a[],int b[],int n)                     //求解算法
{   for(int i=0;i<n;i++)
        printf("    %d-%d 之间的素数个数=%d\n",a[i],b[i],Count1(a[i],b[i]));
}
```

【算法分析】 设最大整数元素为 $m=20000$，isPrime 算法的最坏时间复杂度为 $O(\sqrt{m})$，Count1 算法的最坏时间复杂度为 $O(m\sqrt{m})$，则 solve1 算法的最坏时间复杂度为 $O(mn\sqrt{m})$。

解法 2：对上述穷举法算法进行优化。由于最大整数元素为 $m=20000$，设计一个整数数组 prime，其中 prime[i]表示整数 i 是否为素数(prime[i]=1 表示 i 是素数，prime[i]=0 表示 i 不是素数)，初始时置 prime 的所有元素为 1，采用素数筛选法(若 i 是素数，则 i 的倍数一定不是素数)求出所有的非素数。

再将 prime 转换为前缀和，即将 prime[i]由原来表示整数 i 是否为素数转换为表示小于或等于 i 的素数个数，转换公式如下：

$$\text{prime}[i] += \text{prime}[i-1]$$

这样 $a\sim b$ 中的素数个数为 prime[b]−prime[$a-1$]。对应的算法如下：

```
int prime[MAXD];                                //prime[i]=1 表示 i 是素数
void init()                                     //求出 prime 数组
{   for(int i=0;i<=MAXD;i++)
        prime[i]=1;
    prime[0]=prime[1]=0;
    for(int i=2;i<=MAXD;i++)
    {   if(prime[i])                            //若 i 是素数
        {   for(int j=2*i;j<=MAXD;j+=i)         //则 i 的倍数都不是素数
                prime[j]=0;
        }
    }
}
void solve2(int a[],int b[],int n)              //求解算法
{   Init();
    for(int i=2;i<=MAXD;i++)                    //prime[i]累计小于或等于 i 的素数个数
        prime[i]+=prime[i-1];
    for(int i=0;i<n;i++)
        printf(" %d-%d 之间的素数个数=%d\n",a[i],b[i],prime[b[i]]-prime[a[i]-1]);
}
```

【算法分析】 同样设最大整数元素为 $m=20000$，Init 算法的时间复杂度为 $O(mk)$，实际上 k 是一个较小数，可以看成 $O(m)$，这样 solve2 算法的时间复杂度为 $O(m+n)$。其中的优化点是利用了前缀和数组，前缀和数组有很多用途，善于利用前缀和数组可以大幅度提高算法的时间性能。

3.1.3 字符串匹配

1. 问题描述

对于两个字符串 s 和 t，若 t 是 s 的子串，返回 t 在 s 中的位置（t 的首字符在 s 中对应的下标），否则返回 -1。

2. BF 算法

BF 算法称为暴力算法，采用穷举法的思路。假设 $s=$"$s_0s_1\cdots s_i\cdots s_{n-1}$"，$t=$"$t_0t_1\cdots t_j\cdots t_{m-1}$"，BF 算法的匹配过程如下。

① 第 0 趟：$i=0/j=0$ 从 s_i/t_j 开始比较，若 $s_i=t_j$，执行 i++/j++继续比较，若 j 超界，即 $j\geqslant m$，表示匹配成功，返回 $i-m(0)$；若 $s_i\neq t_j$，本趟匹配失败（称为 s_i/t_j 为失配处），置 $i=i-j+1/j=0$。

② 第 1 趟：$i=1/j=0$ 从 s_i/t_j 开始比较，若 $s_i=t_j$，执行 i++/j++继续比较，若 j 超界，即 $j\geqslant m$，表示匹配成功，返回 $i-m(1)$；若 $s_i\neq t_j$，本趟匹配失败，置 $i=i-j+1/j=0$。

③ 第 k 趟：$i=k/j=0$ 从 s_i/t_j 开始比较，若 $s_i=t_j$，执行 i++/j++继续比较，若 j 超界，即 $j\geqslant m$，表示匹配成功，返回 $i-m(k)$；若 $s_i\neq t_j$，本趟匹配失败，置 $i=i-j+1/j=0$。

以此类推，若 $k\geqslant n-1$，说明 t 不是 s 的子串，返回 -1。

例如，$s=$"aaaabc"，$t=$"aab"，$n=6$，$m=3$，两个字符串的匹配过程如图 3.4 所示，在成功时有 $i=5/j=3$，返回 $i-m=2$。图中两个字符之间连接线（含比较不相同的连接线）的条数就是字符比较的次数，共比较 9 次，显然比较次数越多算法的性能越差。

对应的 BF 算法如下：

```
int BF(string s,string t)                       //字符串匹配
{   int n=s.size(),m=t.size();
    int i=0,j=0;
    while (i<n && j<m)
    {   if (s[i]==t[j])                         //比较的两个字符相同时
        {   i++;
            j++;
        }
        else                                    //比较的两个字符不相同时
        {   i=i-j+1;                            //i 回退到原 i 的下一个位置
            j=0;                                //j 从 0 开始
        }
    }
    if (j>=m) return i-m;                       //t 的字符比较完毕表示 t 是 s 的子串
    else return -1;                             //否则表示 t 不是 s 的子串
}
```

【算法分析】 BF 算法的主要时间花费在字符比较上。若 s 和 t 中的字符个数分别为 n 和 m，并且 t 是 s 的子串，最好的情况是从 $s[0]$ 的比较（第 0 趟）成功，此时 $T(n,m)=$

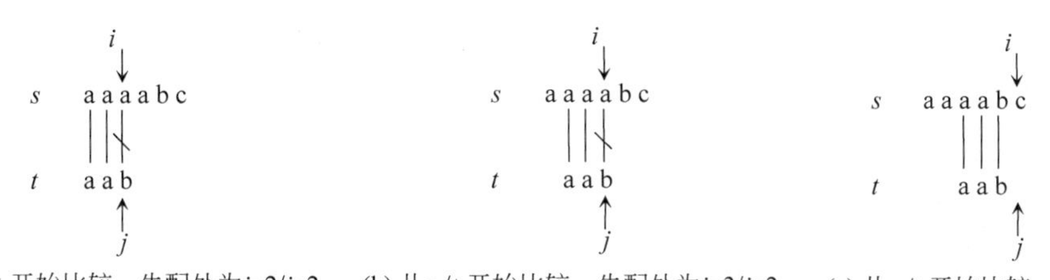

(a) 从s_0/t_0开始比较，失配处为$i=2/j=2$　(b) 从s_1/t_0开始比较，失配处为$i=3/j=2$　(c) 从s_2/t_0开始比较，成功

图 3.4　采用 BF 算法实现字符串匹配的过程

$O(m)$；最坏的情况是 s 末尾的 m 个字符为 t，前面 $n-m$ 趟比较均失败，并且每次需要比较 m 次，此时 $T(n,m)=O(nm)$。容易求出平均时间复杂度也是 $O(nm)$。

3. 从 BF 算法到 KMP 算法

前面讨论的 BF 算法性能低下，原因是遍历 s 的 i 在当前趟失败时会回退。KMP 算法是 BF 算法的优化，那么优化点在哪里呢？优化点就是保证 i 不回退（i 要么后移，要么停下来不动），那么是如何做到这一点的呢？

仍以 $s=$"aaaabc"，$t=$"aab"为例，BF 算法的第 0 趟的匹配如图 3.4(a)所示，失配处为 $i=2/j=2$，说明"s_0s_1"="t_0t_1"一定成立，显然"s_1"="t_1"，再观察 t 中失配处的 t_2，发现它的前面有一个子串"t_1"（这个子串最多从 t_1 开始且必须以 t_{j-1} 结尾）与 t 开头的子串相同（这个子串必须从 t_0 开始最多以 t_{j-2} 结尾），即"t_1"="t_0"，这样可以推出"s_1"="t_0"。也就是说，尽管第 0 趟匹配失败了，但同时得到了"s_1"="t_0"的信息。

现在再看 BF 算法，第 0 趟匹配失败后下一趟（即第 1 趟）从 s_1/t_0 开始重复匹配，实际上前面已经推出"s_1"="t_0"，所以下一趟没有必要做 s_1/t_0 的比较，直接从 s_2/t_1 开始比较，如图 3.5 所示，这样可能减少匹配的趟数，即使没有减少匹配的趟数，也会减少字符比较的次数，从而通过字符串匹配的性能。

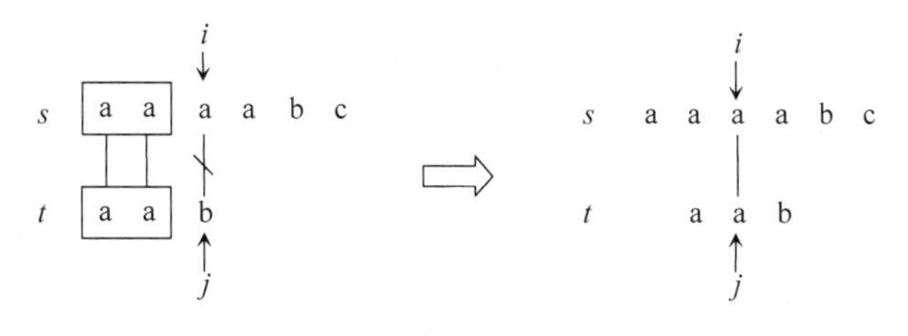

图 3.5　下一趟从 s_2/t_1 开始比较

从中看出，在字符串匹配之前提取出 t 中形如"s_1"="t_0"的信息是优化的关键，由于每个位置 j 都有这样的信息，即位置 j 的前面最多有多少个字符与 t 开头的字符相同，为此用 next 存放这样的信息，next[j]=k 表示 t_j 前面最多有 k 个字符与 t 开头的字符相同。求模式串 t 的 next 数组的公式如下：

$$\text{next}[j]=\begin{cases}-1 & \text{当 } j=0 \text{ 时}\\ \max\{k \mid 0<k<j \text{ 且"}t_0t_1\cdots t_{k-1}\text{"="}t_{j-k}t_{j-k+1}\cdots t_{j-1}\text{"}\} & \text{当此集合非空时}\\ 0 & \text{其他情况}\end{cases}$$

next 数组的求解过程如下：

(1) next[0]=−1（$j=0$，属于特殊情况或者说 j 到头了）。

（2） next[1]=0（$j=1$，t 在 1～$j-1$ 的位置上没有字符）。

（3） 如果 next[j]=k，表示有"$t_0t_1\cdots t_{k-1}$"="$t_{j-k}t_{j-k+1}\cdots t_{j-1}$"（$j-k\geqslant 1$，或者说 $j>k$）：

① 若 $t_k=t_j$，即有"$t_0t_1\cdots t_{k-1}t_k$"="$t_{j-k}t_{j-k+1}\cdots t_{j-1}t_j$"，显然有 next[$j+1$]=$k+1$。

② 若 $t_k\neq t_j$，说明 t_j 之前不存在长度为 next[j]+1 的子串和 t_0 开头的子串相同，那么是否存在一个长度较短的子串和开头字符起的子串相同呢？设 k'=next[k]（回退），则下一步应该将 t_j 与 $t_{k'}$ 比较：若 $t_j=t_{k'}$，则说明 t_j 之前存在长度为 next[k']+1 的子串和 t_0 开头的子串相同；否则以此类推找更短的子串，直到不存在可匹配的子串，此时置 next[$j+1$]=0。所以当 $t_k\neq t_j$ 时置 k=next[k]。

对应的求模式串 t 的 next 数组的算法如下：

```
void getnext(string& t,vector<int>& next)
{   int j,k;
    j=0;k=-1;                          //j遍历t,k记录t[j]之前与t开头相同的字符个数
    next[0]=k;                         //设置next[0]值
    while (j<t.size()-1)               //求t所有位置的next值
    {   if (k==-1 || t[j]==t[k])      //k为-1或比较的字符相等时
        {   j++;k++;                   //j、k依次移到下一个字符
            next[j]=k;                 //设置next[j]为k
        }
        else k=next[k];                //k就近回退
    }
}
```

例如，t="aab"，$m=3$，求 t 的 next 数组的结果如表 3.1 所示。

表 3.1　求 t="aab"的 next 数组

j	0	1	2
$t[j]$	a	a	b
next[j]	−1	0	1

在求出模式串 t 的 next 数组后，实现两个字符串 s 和 t 匹配的 KMP 算法的过程是，用 i 和 j（均从 0 开始）分别遍历目标串 s 和模式串 t。

① 若 $j=-1$，这是一种特殊情况，由于只有 next[0]=−1，说明此前执行了 j=next[0]，也就是说失配处是 s_i/t_0，下一趟只能从 s_{i+1}/t_0 比较开始，即 i 和 j 分别增 1 进入下一趟。

② 若 $s_i=t_j$，两个字符相同，则 i 和 j 分别增 1 继续比较。

③ 否则失配处为 s_i/t_j，i 不变，j 退回到 j=next[j]的位置（即模式串右滑），再比较 s_i 和 t_j，若相等，i、j 各增 1，否则 j 再次退回到下一个 j=next[j]的位置（即模式串 t 右滑 $j-k$ 个位置，这里 k=next[j]），以此类推，直到出现下列两种情况之一：一种情况是 j 退回到某个 j=next[j]位置时有 $s_i=t_j$，则采用②的处理方式，另外一种情况是 $j=-1$，则采用①的处理方式。

例如，s="aaaabc"，t="aab"，采用 KMP 算法的匹配过程如图 3.6 所示，共比较 7 次。

对应的 KMP 算法如下：

```
int KMP(string s,string t)             //KMP算法
{   int n=s.size();
    int m=t.size();
    vector<int> next(m,-1);
```

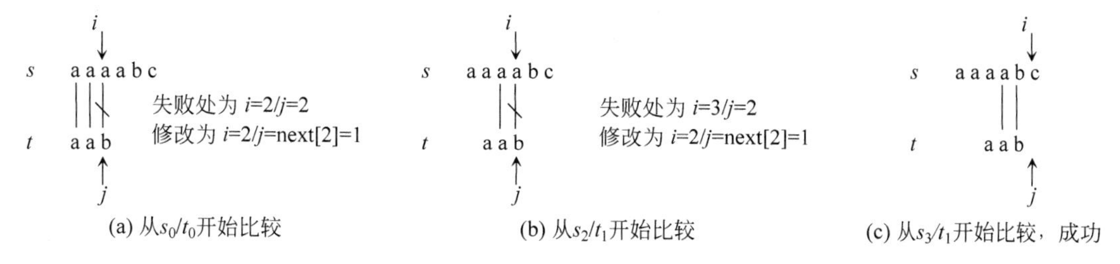

图 3.6 采用 KMP 算法实现字符串匹配的过程

```
    getnext(t,next);
    int i=0,j=0;
    while(i<n && j<m)
    {   if (j==-1 || s[i]==t[j])          //j为-1或者比较的字符相同,i和j同时向后移动
        {   i++;
            j++;
        }
        else j=next[j];                   //比较的字符不相同,j寻找之前匹配的位置
    }
    if (j>=m) return i-m;                 //j超界说明t是s的子串
    else return -1;                       //否则说明t不是s的子串
}
```

【算法分析】 设主串 s 的长度为 n，子串 t 的长度为 m，在 KMP 算法中求 next 数组的时间复杂度为 $O(m)$，在后面的匹配中因目标串 s 的下标 i 不减（即不回溯），比较次数可记为 n，所以 KMP 算法的平均时间复杂度为 $O(n+m)$。

【例 3-3】 有两个字符串 s 和 t，设计一个算法求 t 在 s 中出现的次数。例如，$s=$"abababa"，$t=$"aba"，则 t 在 s 中出现两次（不考虑子串重叠的情况）。

解法 1：采用 BF 算法的思路。用 cnt 记录 t 在 s 中出现的次数（初始时为 0）。当在 s 中找到 t 的一次出现时置 cnt++，此时 $j=t$ 的长度，i 指向 s 中本次出现 t 子串的下一个字符，所以为了继续查找 t 子串的下一次出现，只需要置 $j=0$ 即可。对应的算法如下：

```
int Count1(string s,string t)           //解法1
{   int cnt=0;                          //累计出现次数
    int n=s.size(),m=t.size();
    int i=0,j=0;
    while (i<n && j<m)
    {   if (s[i]==t[j])                 //比较的两个字符相同时
        {   i++;
            j++;
        }
        else                            //比较的两个字符不相同时
        {   i=i-j+1;                    //i回退
            j=0;                        //j从0开始
        }
        if(j>=m)
        {   cnt++;                      //出现次数增1
            j=0;                        //j从0开始继续比较
        }
    }
    return cnt;
}
```

解法 2：采用 KMP 算法的思路。先求出 t 的 next 数组(同前面的 getnext 算法)，在 s 中找到 t 的一次出现时置 cnt++，同样 i 不变只需要置 $j=0$ 即可。对应的算法如下：

```
int Count2(string s,string t)                    //解法 2
{   int cnt=0;                                   //累计出现次数
    int n=s.size(),m=t.size();
    vector<int> next(m,-1);
    getnext(t,next);
    int i=0,j=0;
    while(i<n)
    {   if (j==-1 || s[i]==t[j])                 //j=-1 或者两个字符相同,i 和 j 同时向后移动
        {   i++;
            j++;
        }
        else j=next[j];                          //两个字符不相同,j 寻找之前匹配的位置
        if (j>=m)                                //成功匹配一次
        {   cnt++;
            j=0;                                 //匹配成功后 t 从头开始比较
        }
    }
    return cnt;
}
```

扫一扫

视频讲解

思考题：两个字符串 s 和 t，设计一个算法求 t 在 s 中重叠出现的次数。例如，$s=$"aaaaa"，$t=$"aa"，则 t 在 s 中出现 4 次(考虑子串重叠的情况)。

3.1.4 实战——查找单词(POJ1501)

1. 问题描述

给定一个字母矩阵，在其中查找单词的位置。

输入格式：输入的第一行为正方形的字母矩阵的长度 n(以字符为单位，$1\leqslant n\leqslant 100$)，接下来的 n 行输入字母矩阵，每行仅包含 n 个大写字母。随后是一个单词列表，每个单词占一行，最多 100 个单词，每个单词不超过 100 个字符，并且只包含大写字母。输入的最后一行包含一个 0 字符。

输出格式：在字母矩阵中查找单词列表中的每个单词，如果一个单词中的所有字母都可以在字母矩阵中的单个(单向)水平、垂直或对角线中找到，则该单词查找成功。单词不会出现环绕，但在水平或者对角线上可以从右到左。若一个单词查找成功(测试数据保证每个单词最多只能查找成功一次)，在一行中输出其在字母矩阵中第一个和最后一个字母的坐标，坐标是以逗号分隔的整数对，其中第一个整数指定行号，第二个整数指定列号(行、列号均从 1 开始)，两组坐标之间以一个空格分隔。如果一个单词没有找到，则输出"Not found"字符串。

输入样例：

```
5
EDEEE
DISKE
ESEEE
```

```
ECEEE
EEEEE
DISC
DISK
DISP
0
```

输出样例：

```
1,2 4,2
2,1 2,4
Not found
```

2. 问题求解

依题意，用二维字符数组 map 存放字母矩阵，在其中查找单词 str(长度为 len)时只能依次按 8 个方位(用 dir 数组表示 8 个方位的偏移量)搜索，没有回退，所以采用穷举法，i 和 j 枚举行、列坐标，d 枚举 8 个方位，k 遍历 str，其中 str[k]字符的坐标是(i+dir[d][0] * k，j+dir[d][1] * k)，若 str 的全部字符均查找到，即 k=len−1 成立，则说明查找成功。所有情况下都没有找到 str 说明查找失败。最后输出结果。对应的程序如下：

```
#include <iostream>
#include <cstring>
#define MAXN 105
using namespace std;
int dir[8][2]={{0,1},{0,-1},{1,0},{-1,0},{-1,-1},{-1,1},{1,-1},{1,1}};
char map[MAXN][MAXN];
char str[MAXN];
int main()
{   int n,i,j,x,y;
    scanf("%d",&n);
    for(i=0;i<n;i++)                                  //输入字母矩阵
        scanf("%s",map[i]);
    while(scanf("%s",str))                            //输入若干个单词
    {   if(str[0]=='0') break;                        //输入"0"结束
        int len=strlen(str);
        bool flag=false;
        for(i=0;i<n;i++)                              //穷举每个行
        {   for(j=0;j<n;j++)                          //穷举每个列
            {   for(int d=0;d<8;d++)                  //穷举每个方位
                {   for(int k=0;k<len;k++)            //遍历 str 单词
                    {   x=i+dir[d][0] * k;            //求出 str[k]字母的坐标(x,y)
                        y=j+dir[d][1] * k;
                        if(x<0 || x>=n || y<0 || y>=n || map[x][y]!=str[k])
                            break;                    //坐标超界或者不相同退出 k 的循环
                        if(k==len-1) flag=true;       //查找成功，置 flag 为 true
                    }
                    if(flag) break;
                }
                if(flag) break;
            }
            if(flag) break;
        }
```

```
        if(flag)                                //输出查找结果
            printf("%d,%d %d,%d\n",i+1,j+1,x+1,y+1);
        else
            printf("Not found\n");
    }
    return 0;
}
```

上述程序提交时通过，执行时间为16ms，内存消耗为156KB。

3.2 归 纳 法

3.2.1 归纳法概述

1. 什么是数学归纳法

谈到归纳法很容易想到数学归纳法，数学归纳法是一种数学证明方法，典型地用于确定一个表达式在所有自然数范围内是成立的，分为两种。

第一数学归纳法的原理：若$\{P(1),P(2),P(3),P(4),\cdots\}$是命题序列且满足以下两个性质，则所有命题均为真。

① $P(1)$为真。

② 任何命题均可以从它的前一个命题推导得出。

例如，采用第一数学归纳法证明 $1+2+\cdots+n=n(n+1)/2$ 成立的过程如下：

当$n=1$时，左式$=1$，右式$=(1\times 2)/2=1$，左、右两式相等，等式成立。

假设当$n=k-1$时等式成立，有 $1+2+\cdots+(k-1)=k(k-1)/2$。

当$n=k$时，左式$=1+2+\cdots+(k-1)+k=k(k-1)/2+k=k(k+1)/2$，等式成立。即证。

第二数学归纳法的原理：若$\{P(1),P(2),P(3),P(4),\cdots\}$是满足以下两个性质的命题序列，则对于其他自然数，该命题序列均为真。

① $P(1)$为真。

② 任何命题均可以从它的前面所有命题推导得出。

用数学归纳法进行证明主要是两个步骤：

① 证明当取第一个值时命题成立。

② 假设当前命题成立，证明后续命题也成立。

数学归纳法的独到之处便是运用有限个步骤就能证明无限多个对象，而实现这一目的的工具就是递推思想。第①步是证明归纳基础成立，归纳基础成为后面递推的出发点，没有它递推成了无源之水；第②步是证明归纳递推成立，借助该递推关系，命题成立的范围就能从开始向后面一个数一个数地无限传递到以后的每一个正整数，从而完成证明，因此递推是实现从有限到无限飞跃的关键。

【例 3-4】 给定一棵非空二叉树，采用数学归纳法证明如果其中有n个叶子结点，则双分支结点的个数恰好为$n-1$，即$P(n)=n-1$。

证明：当$n=1$时，这样的二叉树恰好只有一个结点，该结点既是根结点又是叶子结点，没有分支结点，则 $P(1)=0$ 成立。

假设叶子结点的个数为 $k-1$ 时成立，即 $P(k-1)=(k-1)-1=k-2$。由二叉树的结构可知，想要在当前的二叉树中增加一个叶子结点，对其中某种类型的结点的操作如下。

① 双分支结点：无法增加孩子结点，不能达到目的。

② 单分支结点：可以增加一个孩子结点（为叶子结点），此时该单分支结点变为双分支结点，也就是说叶子结点和双分支结点均增加一个，这样 $P(k)=P(k-1)+1=k-2+1=k-1$，结论成立。

③ 叶子结点：增加一个孩子结点，总的叶子结点个数没有增加，不能达到目的。

④ 叶子结点：增加两个孩子结点（均为叶子结点），此时该叶子结点变为双分支结点，也就是说叶子结点和双分支结点均增加一个，这样 $P(k)=P(k-1)+1=k-2+1=k-1$，结论成立。

凡是能够达到目的的操作都会使结论成立，根据第一数学归纳法的原理，问题即证。

2. 什么是归纳法

从广义上讲，归纳法是人们在认识事物的过程中所使用的一种思维方法，通过列举少量的特殊情况，经过分析和归纳推理寻找出基本规律。归纳法要比枚举法更能反映问题的本质，但是从一个实际问题中总结归纳出基本规律并不是一件容易的事情，而且归纳过程通常也没有固定的规则可供遵循。归纳法包含不完全归纳法和完全归纳法，不完全归纳法是根据事物的部分特殊事例得出的一般结论的推理方法，即从特殊出发，通过实验、观察、分析、综合和抽象概括出一般性结论的一种重要方法。完全归纳法是根据事物的所有特殊事例得出的一般结论的推理方法。

在算法设计中归纳法常用于建立数学模型，通过归纳推理得到求解问题的递推关系，也就是采用递推关系表达寻找出的基本规律，从而将复杂的运算化解为若干重复的简单运算，以充分发挥计算机擅长重复处理的特点。

在应用归纳法时一般用 n 表示问题规模（n 为自然数），并且具有这样的递推性质：能从已求得的问题规模为 $1 \sim n-1$ 或者 $n/2$ 等的一系列解构造出问题规模为 n 的解。前者均称为"小问题"，后者称为"大问题"，大、小问题的解法相似，只是问题规模不同。

利用归纳法产生递推关系的基本流程如下：

① 按推导问题方向研究最初、最原始的若干问题。

② 按推导问题方向寻求问题间的转换规律，即递推关系，使问题逐次转化成较低层级或简单的且能解决的或已解决的问题。

根据推导问题的方向分为顺推法和逆推法两种。所谓顺推法是从已知条件出发逐步推算出要解决问题的结果，如图 3.7(a)所示。所谓逆推法是从已知问题的结果出发逐步推算出问题的开始条件，如图 3.7(b)所示。

前面讨论的数学归纳法和归纳法有什么关系呢？实质上数学归纳法与归纳法没有逻辑联系，按著名数学家波利亚的说法是数学归纳法这个名字是随便起的。数学归纳法虽不是归纳法，但它与归纳法有着一定程度的关联，在结论的发现过程中，往往先通过对大量个别事实的观察，通过不完全归纳法归纳形成一般性的结论，最终利用数学归纳法对结论的正确性予以证明。后面通过几个示例讨论归纳法在算法设计中的应用。

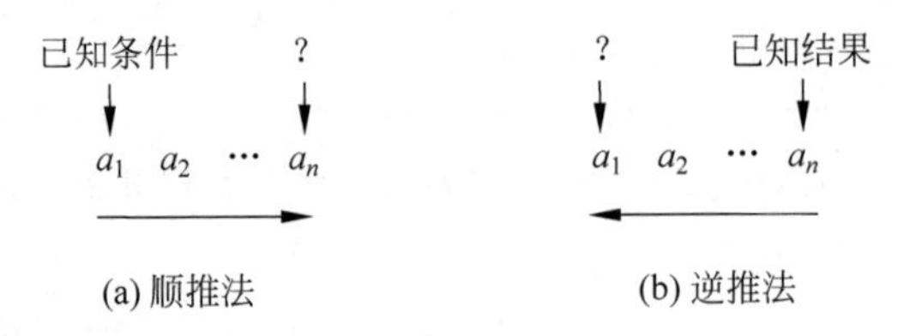

图 3.7 顺推法和逆推法

3.2.2 直接插入排序

1. 问题描述

有一个整数序列 $R[0..n-1]$，采用直接插入排序实现 R 的递增有序排序。直接插入排序的过程是 i 从 1 到 $n-1$ 循环，将 $R[i]$有序插入 $R[0..i-1]$中。

2. 问题求解

采用不完全归纳法产生直接插入排序的递推关系。例如 $R=(2,5,4,1,3)$，这里 $n=5$，用[ ]表示有序区，各趟的排序结果如下：

```
初始:  ([2],5,4,1,3)
i=1:   ([2,5],4,1,3)
i=2:   ([2,4,5],1,3)
i=3:   ([1,2,4,5],3)
i=4:   ([1,2,3,4,5])
```

设 $f(R,i)$用于实现 $R[0..i]$（共 $i+1$ 个元素）的递增排序，它是大问题，则 $f(R,i-1)$实现 $R[0..i-1]$（共 i 个元素）的排序，它是小问题。对应的递推关系如下：

```
f(R,i)≡不做任何事情                              当 i=0 时
f(R,i)≡f(R,i-1); 将 R[i]有序插入 R[0..i-1]中;    其他
```

显然 $f(R,n-1)$用于实现 $R[0..n-1]$的递增排序。这样采用不完全归纳法得到的结论（直接插入排序的递推关系）是否正确呢？对于排序元素个数 n 采用数学归纳法证明如下：

① 证明归纳基础成立。当 $n=1$ 时直接返回，由于此时 R 中只有一个元素，它是递增有序的，所以结论成立。

② 证明归纳递推成立。假设 $n=k$ 时成立，也就是说 $f(R,k-1)$用于实现 $R[0..k-1]$的递增排序。当 $n=k+1$ 时对应 $f(R,k)$，先调用 $f(R,k-1)$将 $R[0..k-1]$排序，再将 $R[k]$有序插入 $R[0..k-1]$中，这样 $R[0..k]$就变成递增有序序列了，所以 $f(R,k)$实现 $R[0..k]$的递增排序，结论成立。

根据第一数学归纳法的原理，问题即证。按照上述直接插入排序的递推关系得到对应的算法如下：

```
void Insert(vector<int> &R, int i)              //插入操作:将 R[i]有序插入 R[0..i-1]中
{   int tmp=R[i];
    int j=i-1;
    do                                           //找 R[i]的插入位置
    {   R[j+1]=R[j];                             //将关键字大于 R[i]的元素后移
```

```
            j--;
        } while(j>=0 && R[j]> tmp);                        //直到 R[j]<=tmp 为止
        R[j+1]=tmp;                                         //在 j+1 处插入 R[i]
}
void InsertSort1(vector<int> &R)                            //直接插入排序
{   int n=R.size();
    for (int i=1;i<n;i++)
    {   if (R[i]<R[i-1])                                    //反序时
            Insert(R,i);
    }
}
```

在实际中有一些采用不完全归纳法得到的结论明显是正确的，或者已经被人们证明是正确的，可以在算法设计中直接使用这些结论。

3.2.3 楼梯问题

1. 问题描述

一个楼梯共有 n 个台阶，规定每一步只能跨一个或两个台阶。设计一个算法求登上第 n 级台阶有多少种不同走法。

2. 问题求解

采用归纳法中的顺推法。设 $f(n)$表示登上第 n 级台阶的不同的走法数。

① 当 $n=1$ 时，只有跨一个台阶的一种走法，即 $f(1)=1$。

② 当 $n=2$ 时，可以走两步每步跨一个台阶，也可以走一步跨两个台阶，这样共有两种走法，即 $f(2)=2$。

③ 当 $n=3$ 时，考虑第一步，第一步跨两个台阶，剩下一个台阶(剩下一个台阶的不同走法数为 $f(1)$)，对应的不同走法数为 $f(1)$；第一步跨一个台阶，剩下两个台阶(剩下两个台阶的不同走法数为 $f(2)$)，对应的不同走法数为 $f(2)$。采用加法原理有 $f(3)=f(1)+f(2)$。

④ 当 $n=4$ 时，考虑第一步，第一步跨两个台阶，剩下两个台阶，对应的不同走法数为 $f(2)$；第一步跨一个台阶，剩下 3 个台阶，对应的不同走法数为 $f(3)$；采用加法原理有 $f(4)=f(2)+f(3)$。

以此类推，得到如下递推关系：

$$f(1)=1$$
$$f(2)=2$$
$$f(n)=f(n-2)+f(n-1) \qquad \text{当 } n>2 \text{ 时}$$

其中 $f(n)$是大问题，$f(n-1)$和 $f(n-2)$是两个小问题。实际上该模型是斐波那契数列的变形。对应的算法如下：

```
int Count(int n)                            //求登上第 n 级台阶的不同的走法数
{   int a=1,b=2,c;                          //a、b、c 分别对应 f(n-2)、f(n-1)、f(n)
    if(n==1)
        return a;
    else if(n==2)
        return b;
    else
```

```
    {    for(int i=3;i<=n;i++)
         {    c=a+b;
              a=b;
              b=c;
         }
         return c;
    }
}
```

3.2.4 猴子摘桃子问题

1. 问题描述

猴子第1天摘下若干个桃子,当即吃了一半又一个。第2天又把剩下的桃子吃了一半又一个,以后每天都吃前一天剩下的桃子的一半又一个,到第10天猴子想吃的时候只剩下一个桃子。给出求猴子第1天一共摘了多少桃子的递归模型。

2. 问题求解

采用归纳法中的逆推法。设 $f(i)$ 表示第 i 天的桃子数,假设第 n(题目中 $n=10$)天只剩下一个桃子,即 $f(n)=1$。另外题目中隐含有前一天的桃子数等于后一天桃子数加1的两倍:

$$f(10)=1$$
$$f(9)=2(f(10)+1)$$
$$f(8)=2(f(9)+1)$$
$$\cdots$$

即 $f(i)=2(f(i+1)+1)$。这样得到递推关系如下:

$$f(i)=1 \qquad 当\ i=n\ 时$$
$$f(i)=2(f(i+1)+1) \qquad 其他$$

其中 $f(i)$ 是大问题,$f(i+1)$ 是小问题。最终结果是求 $f(1)$。对应的算法如下:

```
int peaches(int n)                //第 n 天桃子数为 1,求第 1 天桃子数
{    int ans=1;
     for(int i=n-1;i>=1;i--)
          ans=2 * (ans+1);
     return ans;
}
```

扫一扫

视频讲解

3.2.5 实战——骨牌铺方格(HDU2046)

1. 问题描述

在一个 $2\times n$ 的长方形方格中,用一个 1×2 的骨牌铺满。输入 n,输出铺放方案的总数。例如 $n=3$ 时为 2×3 方格,骨牌的铺放方案有如图3.8所示的3种。

输入格式:输入数据由多行组成,每行包含一个整数 n,表示该测试实例的长方形方格的规格是 $2\times n(0<n\leqslant 50)$。

输出格式:对于每个测试实例,请输出铺放方案的总数,每个实例的输出占一行。

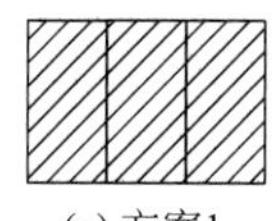

(a) 方案1

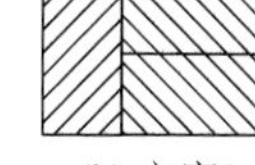

(b) 方案2

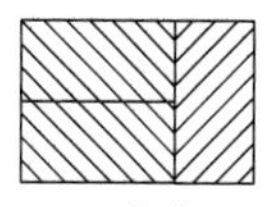

(c) 方案3

图 3.8 $n=3$ 时的 3 种铺放方案

输入样例：

```
1
3
2
```

输出样例：

```
1
3
2
```

2. 问题求解

设 $f(n)$ 表示用 1×2 的骨牌铺满 $2\times n$ 的长方形方格的铺放方案总数。

当 $n=1$ 时，用一块 1×2 的骨牌铺满，即 $f(1)=1$。

当 $n=2$ 时，用两块 1×2 的骨牌横向或者纵向铺满，即 $f(2)=2$。

当 $n>2$ 时，$2\times n$ 的长方形方格可以看成由高度为 2 的 n 个方格组成，编号依次是 $1\sim n$，铺放分为如下情况：

(1) 先铺好方格 1，剩下 $2\sim n$ 共 $n-1$ 个方格有 $f(n-1)$ 种铺放方案，如图 3.9(a)所示，采用乘法原理，情况 1 的铺放方案总数 $=1*f(n-1)=f(n-1)$。

(2) 先铺好方格 1 和方格 2，剩下 $3\sim n$ 共 $n-2$ 个方格有 $f(n-2)$ 种铺放方案。前面两个方格对应两种铺放方案：

① 一种如图 3.9(b)所示，对应铺放方案总数 $=1*f(n-2)=f(n-2)$，但该铺放方案包含在情况 1 中。

② 另外一种如图 3.9(c)所示，对应铺放方案总数 $=1*f(n-2)=f(n-2)$，该铺放方案没有包含在情况 1 中。

采用加法原理，铺放方案总数 $f(n)=f(n-1)+f(n-2)$。

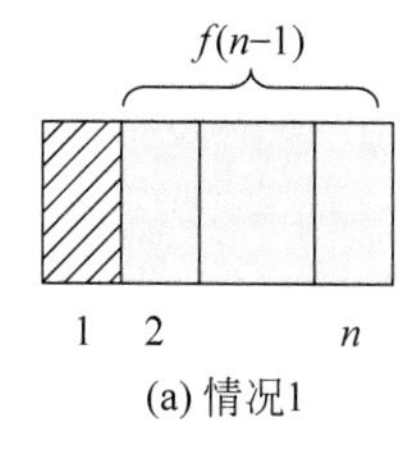

(a) 情况1

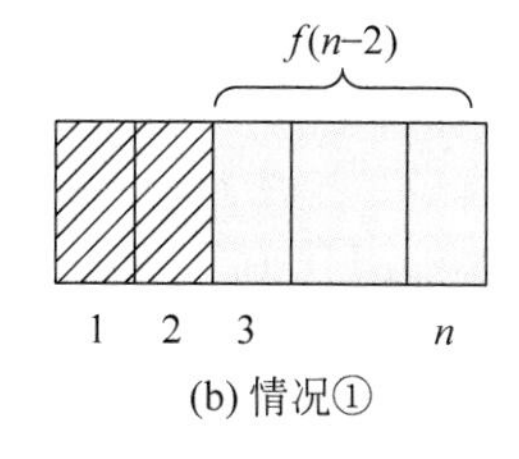

(b) 情况①

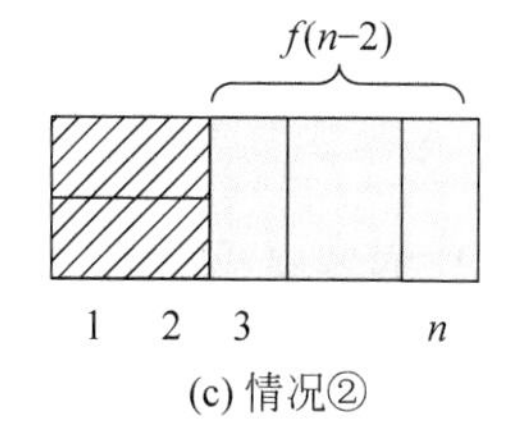

(c) 情况②

图 3.9 各种铺放情况

合并起来得到如下递推关系：

```
f(1)=1
f(2)=2
f(n)=f(n-1)+f(n-2)                    当 n>2 时
```

从中看出，上述递推关系与3.2.3节的楼梯问题完全相同，可以采用如下求解算法（由于 n 的最大值可以是50，$f(n)$必须采用long long数据类型）：

```
#include <iostream>
using namespace std;
long long Count(int n)                  //求铺放方案的总数
{   long long a=1,b=2,c;               //a、b、c分别对应f(n-2)、f(n-1)、f(n)
    if(n==1)
        return a;
    else if(n==2)
        return b;
    else
    {   for(int i=3;i<=n;i++)
        {   c=a+b;
            a=b;
            b=c;
        }
        return c;
    }
}
int main()
{   int n;
    while (~scanf("%d", &n))
        printf ("%lld\n",Count(n));
    return 0;
}
```

上述程序提交通过，执行时间为31ms，内存消耗为1732KB。可以进一步提高速度，定义一个数组 a（大小为55），$a[i]$存放 $f(i)$，先求出 a 中的所有元素，再对于每个测试实例 n 直接输出 $a[n]$即可，对应的程序如下：

```
#include <iostream>
using namespace std;
int main()
{   int n;
    long long a[55]={0,1,2};
    for (int i=3;i<=51;i++)
        a[i]=a[i-1]+a[i-2];
    while (~scanf("%d", &n))
        printf ("%lld\n",a[n]);
    return 0;
}
```

上述程序提交通过，执行时间为0ms，内存消耗为1744KB。

3.3 迭代法

3.3.1 迭代法概述

迭代法也称辗转法，是一种不断用变量的旧值推出新值的过程。通过让计算机对一组指令(或一定步骤)进行重复执行,在每次执行这组指令(或这些步骤)时都从变量的原值推出它的一个新值。

如果说归纳法是一种建立求解问题数学模型的方法,则迭代法是一种算法实现技术。一般先采用归纳法产生递推关系,在此基础上确定迭代变量,再对迭代过程进行控制,基本的迭代法算法框架如下:

```
void Iterative()
{   迭代变量赋初值;
    while (迭代条件成立)
    {   根据递推关系式由旧值计算出新值;
        新值取代旧值,为下一次迭代做准备;
    }
}
```

实际上3.2节中所有的算法均采用迭代法实现。

如果一个算法已经采用迭代法实现,那么如何证明算法的正确性呢?由于迭代法算法包含循环,对循环的证明引入循环不变量的概念。所谓**循环不变量**是指在每轮迭代开始前后要操作的数据必须保持的某种特性(比如在直接插入排序中,排序表前面部分必须是有序的)。循环不变量是进行循环的必备条件,因为它保证了循环进行的有效性,有助于用户理解算法的正确性。如图3.10所示,对于循环不变量必须证明它的3个性质。

初始化:在循环的第一轮迭代开始之前应该是正确的。

保持:如果在循环的第一轮迭代开始之前正确,那么在下一次迭代开始之前它也应该保持正确。

终止:当循环结束时,循环不变量给了用户一个有用的性质,它有助于表明算法是正确的。

这里的推理与数学归纳法相似,在数学归纳法中要证明某一性质是成立的,必须首先证明归纳基础成立,这里就是证明循环不变量在第一轮迭代开始之前是成立的。证明循环不变量在各次迭代之间保持成立,就类似于在数学归纳法中证明归纳递推成立。循环不变量的第三项性质必须成立,与数学归纳法不同,在归纳法中归纳步骤是无穷地使用,在循环结束时才终止"归纳"。

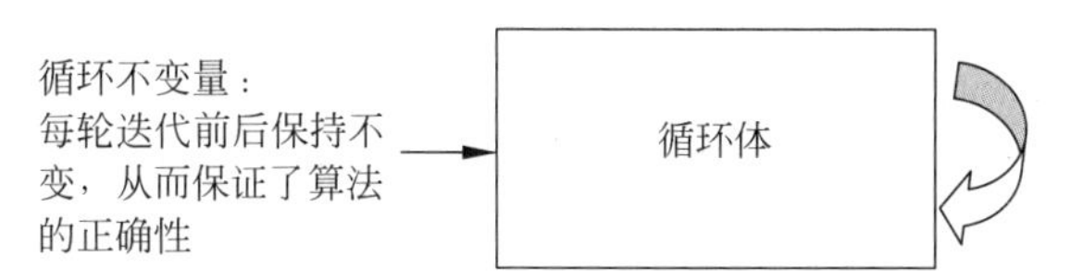

图3.10 利用循环不变量证明算法的正确性

【例3-5】 采用循环不变量方法证明3.2.2节中直接插入排序算法的正确性。

证明:在直接插入排序算法中循环不变量为$R[0..i-1]$是递增有序的。

初始化:循环时i从1开始,循环之前$R[0..0]$只有一个元素,显然是有序的,所以循环不变量在循环开始之前是成立的。

保持:需要证明每一轮循环都能使循环不变量保持成立。对于$R[i]$排序的这一趟,之前$R[0..i-1]$是递增有序的。

① 如果 $R[i] \geq R[i-1]$，即正序，则该趟结束，结束后循环不变量 $R[0..i]$ 显然是递增有序的。

② 如果 $R[i] < R[i-1]$，即反序，则在 $R[0..i-1]$ 中从后向前找到第一个 $R[j] \leq R[i]$，将 $R[j+1..i-1]$ 均后移一个位置，并且将原 $R[i]$ 放在 $R[j+1]$ 位置，这样结束后循环不变量 $R[0..i]$ 显然也是递增有序的。

终止：循环结束时 $i=n$，在循环不变量中用 i 替换 n，就有 $R[0..n-1]$ 包含原来的全部元素，但现在已经排好序了，也就是说循环不变量也是成立的。

这样就证明了上述直接插入排序算法的正确性。

后面的重点放在了迭代法算法设计上而不是算法的正确性证明上，通过几个经典应用进行讨论。

3.3.2 简单选择排序

1. 问题描述

有一个整数序列 $R[0..n-1]$，采用简单选择排序实现 R 的递增有序排序。简单选择排序的过程是 i 从 0 到 $n-2$ 循环，$R[0..i-1]$ 是有序区，$R[i..n-1]$ 是无序区，并且前者的所有元素均小于或等于后者的任意元素，在 $R[i..n-1]$ 无序区中通过简单比较找到最小元素 $R[\mathrm{minj}]$，通过交换将其放在 $R[i]$ 位置。

2. 问题求解

采用不完全归纳法产生简单选择排序的递推关系。例如 $R=(2,5,4,1,3)$，这里 $n=5$，用[ ]表示有序区，各趟的排序结果如下：

```
初始：  ([]2,5,4,1,3)
i=0:   ([1],5,4,2,3)
i=1:   ([1,2],4,5,3)
i=2:   ([1,2,3],5,4)
i=3:   ([1,2,3,4],5)
```

设 $f(R,i)$ 用于实现 $R[i..n-1]$（共 $n-i$ 个元素）的递增排序，它是大问题，则 $f(R,i+1)$ 实现 $R[i+1..n-1]$（共 $n-i-1$ 个元素）的排序，它是小问题。对应的递推关系如下：

```
f(R,i) ≡ 不做任何事情                                当 i=n-1 时
f(R,i) ≡ 在 R[i..n-1]中选择最小元素交换到 R[i]位置；  否则
         f(R,i+1);
```

显然 $f(R,0)$ 用于实现 $R[0..n-1]$ 的递增排序。对应的算法如下：

```
void Select(vector<int> & R,int i)          //选择操作：在 R[i..n-1]中选择最小元素交换到 R[i]
{   int minj=i;                              //minj 表示 R[i..n-1]中最小元素的下标
    for (int j=i+1;j<R.size();j++)           //在 R[i..n-1]中找最小元素
        if (R[j]<R[minj])
            minj=j;
    if (minj!=i)                             //若最小元素不是 R[i]
        swap(R[minj],R[i]);                  //交换
}
```

```
void SelectSort1(vector<int> & R)//迭代法：简单选择排序
{   int n=R.size();
    for (int i=0;i<n-1;i++)//进行 n-1 趟排序
        Select(R,i);
}
```

3.3.3 求多数元素

1. 问题描述

给定一个含 $n(n\geqslant 1)$ 个正整数的序列 R，求其中的一个多数元素。所谓多数元素是指出现次数大于 $n/2$ 次的元素，如果 R 中存在多数元素则返回该元素，否则返回 -1。例如 $R=\{1,2,1\}$，返回 1；若 $R=\{1,2,1,2\}$，返回 -1。

2. 问题求解

先考虑 R 中存在多数元素的情况。可以遍历 R 求出每个不同整数的出现次数(采用哈希表存放)，找到出现次数大于 $n/2$ 的元素即可，对应的时间复杂度和空间复杂度均为 $O(n)$，下面讨论一种时间复杂度为 $O(n)$、空间复杂度为 $O(1)$ 的方法。

通过观察可以归纳出这样的结论：删除序列 R 中任意两个不同的元素，若存在多数元素，则删除后多数元素依然存在且不变。这个结论是很容易证明的，假设 R 中存在多数元素 x，即 x 出现的次数 c 大于 $n/2$，现在删除 R 中任意两个不同的元素得到 R_1(含 $n-2$ 个元素)：

① 若其中两个元素均不是 x，则 x 在 R_1 中出现的次数仍然为 c，由于 $c>n/2>(n-2)/2$，所以 x 是 R_1 中的多数元素。

② 若两个元素中有一个是 x，则 x 在 R_1 中出现的次数仍然为 $c-1$，由于 $(c-1)/(n-2)>(n/2-1)/(n-2)=1/2$，也就是说 x 在 R_1 中出现的次数超过一半，所以 x 是 R_1 中的多数元素。

既然上述结论成立，就可以从头开始，设候选多数元素为 $c=R[0]$，计数器 cnt 表示 c 出现的次数(初始为 1)，i 从 1 开始遍历 R，若两个元素($R[i]$，c)相同，cnt 增 1，否则 cnt 减 1，相当于删除这两个元素($R[i]$删除一次，c 也只删除一次)，如果 cnt 为 0，说明前面没有找到多数元素，从 $R[i+1]$开始重复查找，即重置 $c=R[i+1]$，cnt=1。

找到候选多数元素 c 后，当 R 中存在多数元素时，c 就是所求结果，若 R 中不存在多数元素，c 不是正确的结果，所以还需要遍历 R 求出 c 出现的次数 cnt，若 cnt$>n/2$，则 c 是多数元素，返回 c，否则返回 -1。对应的迭代算法如下：

```
int candidate(vector<int> &R)             //求候选多数元素
{   int c=R[0],cnt=1;
    int i=1;
    while(i<R.size())
    {   if(R[i]==c)                       //选择两个元素(R[i],c)
            cnt++;                        //相同时累加
        else
            cnt--;                        //不相同时递减 cnt,相当于删除这两个元素
        if(cnt==0)                        //cnt 为 0 时对剩余元素从头开始查找
        {   i++;
            c=R[i];
```

```
                cnt++;
            }
            i++;
        }
        return c;
}
int majority(vector<int> & R)//迭代法：求多数元素
{       if(R.size()==0 || R.size()==1)
            return -1;
        int c=candidate(R);
        int cnt=0;
        for(int i=0; i<R.size(); i++)
            if(R[i]==c) cnt++;
        if(cnt>R.size()/2)
            return c;
        else
            return -1;
}
```

扫一扫

视频讲解

3.3.4 求幂集

1. 问题描述

给定正整数 $n(n\geqslant 1)$，给出求 $\{1\sim n\}$ 的幂集的递推关系和迭代算法。例如，$n=3$ 时 $\{1,2,3\}$ 的幂集合为 $\{\{\},\{1\},\{2\},\{1,2\},\{3\},\{1,3\},\{2,3\},\{1,2,3\}\}$（子集的顺序任意）。

2. 问题求解

以 $n=3$ 为例，求 $\{1,2,3\}$ 的幂集的过程如图 3.11 所示，步骤如下：

① $\{1\}$ 的幂集 $M_1=\{\{\},\{1\}\}$。

② 在 M_1 的每个集合元素的末尾添加 2 得到 $A_2=\{\{2\},\{1,2\}\}$，将 M_1 和 A_2 的全部元素合并起来得到 $M_2=\{\{\},\{1\},\{2\},\{1,2\}\}$。

③ 在 M_2 的每个集合元素的末尾添加 3 得到 $A_3=\{\{3\},\{1,3\},\{2,3\},\{1,2,3\}\}$，将 M_2 和 A_3 的全部元素合并起来得到 $M_3=\{\{\},\{1\},\{2\},\{1,2\},\{3\},\{1,3\},\{2,3\},\{1,2,3\}\}$。

{1}的幂集M_1：{{},{1}}

↓ M_1中的每个集合元素添加2得到A_2

A_2：{{2},{1,2}}

⇓ $M_2=M_1\cup A_2$

{1～2}的幂集M_2：{{},{1},{2},{1,2}}

↓ M_2中的每个集合元素添加3得到A_3

A_3：{{3},{1,3},{2,3},{1,2,3}}

⇓ $M_3=M_2\cup A_3$

{1～3}的幂集M_3：{{},{1},{2},{1,2},{3},{1,3},{2,3},{1,2,3}}

图 3.11 求{1,2,3}的幂集的过程

归纳起来，设 M_i 表示 $\{1\sim i\}$（$i\geqslant 1$，共 i 个元素）的幂集（是一个两层集合），为大问题，则 M_{i-1} 为 $\{1\sim i-1\}$（共 $i-1$ 个元素）的幂集，为小问题。显然有 $M_1=\{\{\},\{1\}\}$。

考虑 $i>1$ 的情况，假设 M_{i-1} 已经求出，定义运算 appendi(M_{i-1},i)返回在 M_{i-1} 中每个集合元素的末尾插入整数 i 的结果，即：

$$\text{appendi}(M_{i-1},i)=\bigcup_{s\in M_{i-1}}\text{push\_back}(s,i)$$

则：

$$M_i=M_{i-1}\cup A_i,\quad 其中\ A_i=\text{appendi}(M_{i-1},i)$$

这样求{1～n}的幂集的递推关系如下：

$M_1=\{\{\},\{1\}\}$
$M_i=M_{i-1}\cup A_i$　　　　当 $i>1$ 时

幂集是一个两层集合，采用 vector<vector<int>>容器存放，其中每个 vector<int>类型的元素表示幂集中的一个子集。大问题即求{1～i}的幂集用 M_i 变量表示，小问题即求{1～$i-1$}的幂集用 M_i_1 变量表示，首先置 M_i_1={{},{1}}表示 M_1，迭代变量 i 从 2 到 n 循环，每次迭代将完成的问题规模由 i 增加为 $i+1$。对应的迭代法算法如下：

```
vector<vector<int>> appendi(vector<vector<int>> Mi_1,int i)
//向 Mi_1 中的每个集合元素的末尾添加 i
{   vector<vector<int>> Ai=Mi_1;
    for(int j=0;j<Ai.size();j++)
        Ai[j].push_back(i);
    return Ai;
}
vector<vector<int>> subsets1(int n)           //迭代法:求{1~n}的幂集
{   vector<vector<int>> Mi;                   //存放{1~n}的幂集
    vector<vector<int>> Mi_1={{},{1}};        //初始时存放 M1
    if(n==1) return Mi_1;                     //处理特殊情况
    for(int i=2;i<=n;i++)                     //迭代循环
    {   vector<vector<int>> Ai=appendi(Mi_1,i);
        Mi=Mi_1;
        for(int j=0;j<Ai.size();j++)          //将 Ai 的所有集合元素添加到 Mi 中
            Mi.push_back(Ai[j]);
        Mi_1=Mi;                              //新值取代旧值
    }
    return Mi;
}
```

3.3.5 实战——子集(LeetCode78)

1. 问题描述

给定一个整数数组 nums，长度范围是 1～10，其中所有元素互不相同。求该数组所有可能的子集（幂集），结果中不能包含重复的子集，可以按任意顺序返回幂集。例如，nums=[1,2,3]，结果为[[],[1],[2],[1,2],[3],[1,3],[2,3],[1,2,3]]。要求设计如下成员函数：

```
class Solution {
public:
    vector<vector<int>> subsets(vector<int>& nums) {  }
};
```

2. 问题求解

将数组 nums 看成一个集合(所有元素互不相同),求 nums 的所有可能的子集就是求 nums 的幂集,与 3.3.4 节的思路完全相同,仅需要将求 $1 \sim n$ 的幂集改为求 nums[0..$n-1$]的幂集。定义运算 appendi(M_{i-1},nums[i])返回在 M_{i-1} 中每个集合元素的末尾插入元素的 nums[i]的结果,即:

$$\text{appendi}(M_{i-1},\text{nums}[i]) = \bigcup_{s \in M_{i-1}} \text{push\_back}(s,\text{nums}[i])$$

则:

$$M_i = M_{i-1} \cup A_i,\quad 其中\ A_i = \text{appendi}(M_{i-1},\text{nums}[i])$$

这样求 nums 的幂集的递推关系如下:

$M_0 = \{\{\},\{\text{nums}[0]\}\}$
$M_i = M_{i-1} \cup A_i$　　　　当 $i>0$ 时

对应的迭代法算法如下:

```
class Solution {
public:
    vector<vector<int>> subsets(vector<int>& nums)        //迭代法:求 nums 的幂集
    {   vector<vector<int>> Mi;                             //存放幂集
        vector<vector<int>> Mi_1={{},{nums[0]}};            //存放 M1
        if(nums.size()==1) return Mi_1;                     //处理特殊情况
        for(int i=1;i<nums.size();i++)
        {   vector<vector<int>> Ai=appendi(Mi_1,nums[i]);
            Mi=Mi_1;
            for(int j=0;j<Ai.size();j++)          //将 Ai 的所有集合元素添加到 Mi 中
                Mi.push_back(Ai[j]);
            Mi_1=Mi;
        }
        return Mi;
    }
    vector<vector<int>> appendi(vector<vector<int>> Mi_1,int e)
    //向 Mi_1 中的每个集合元素的末尾添加 e
    {   vector<vector<int>> Ai=Mi_1;
        for(int j=0;j<Ai.size();j++)
            Ai[j].push_back(e);
        return Ai;
    }
};
```

上述程序提交时通过,执行用时为 0ms,内存消耗为 7.1MB。

3.4 递归法

3.4.1 递归法概述

1. 什么是递归

递归算法是指在算法定义中又调用自身的算法。若在 p 算法定义中调用 p 算法,称之为直接递归算法；若在 p 算法定义中调用 q 算法，而在 q 算法定义中又调用 p 算法，称之为间接递归算法。任何间接递归算法都可以等价地转换为直接递归算法，所以本节主要讨论直接递归算法。

递归算法通常是把一个大的复杂问题层层转换为一个或多个与原问题相似的规模较小的问题来求解，具有思路清晰和代码少的优点。目前主流的计算机语言如 C/C++、Java 等都支持递归，在内部通过系统栈实现递归调用。一般来说，能够用递归解决的问题应该满足以下 3 个条件：

① 需要解决的问题可以转换为一个或多个子问题来求解，而这些子问题的求解方法与原问题完全相同，只是在数量规模上不同。

② 递归调用的次数必须是有限的。

③ 必须有结束递归的条件来终止递归。

与迭代法类似，递归法也是一种算法实现技术，在设计递归算法时首先采用归纳法建立递推关系，这里称为递归模型，然后在此基础上直接转换为递归算法。

2. 递归模型的一般格式

递归模型总是由递归出口和递归体两部分组成。递归出口表示递归到何时结束（对应最初、最原始的问题），递归体表示求解时的递推关系。一个简化的递归模型如下：

$$f(s_1)=m$$
$$f(s_n)=g(f(s_{n-1}),c)$$

其中 g 是一个非递归函数，m 和 c 为常量。例如，为了求 $n!$，设 $f(n)$ 表示 $n!$，对应的递归模型如下：

$$f(1)=1$$
$$f(n)=n*f(n-1) \qquad \text{当 } n>1 \text{ 时}$$

3. 提取求解问题的递归模型

结合算法设计的特点，提取求解问题的递归模型的一般步骤如下：

① 对大问题 $f(s)$ 进行分析，假设出合理的“小问题”$f(s')$。

② 假设小问题 $f(s')$ 是可解的，在此基础上确定大问题 $f(s)$ 的解，即给出 $f(s)$ 与 $f(s')$ 之间的递推关系，也就是提取递归体（与数学归纳法中假设 $i=n-1$ 时等式成立，再求证 $i=n$ 时等式成立的过程相似）。

③ 确定一个特定情况（如 $f(1)$ 或 $f(0)$）的解，由此作为递归出口（与数学归纳法中求证 $i=1$ 或 $i=0$ 时等式成立相似）。

4. 递归算法框架

在递归模型中递归体是核心，用于将求得的小问题解通过合并操作构成大问题的解，由求小问题解和合并操作的次序分为两种基本递归框架。

(1) 先求小问题解后做合并操作，即先递后合，也就是在归来的过程中解决问题，其框架如下。

```
void recursion1(n)                          //先递后合的递归框架
{    if (满足出口条件)
         直接解决;
     else
     {    recursion1(m);                    //递去,递到最深处
          merge();                          //归来时执行合并操作
     }
}
```

(2) 先做合并操作再求小问题解，即先合后递，也就是在递去的过程中解决问题，其框架如下。

```
void recursion2(n)                          //先合后递的递归框架
{    if (满足出口条件)
         直接解决;
     else
     {    merge();                          //合并,递去
          recursion2(m);                    //递到最深处后,再不断地归来
     }
}
```

对于复杂的递归问题，例如在递去和归来过程中都包含合并操作，一个大问题分解为多个子问题等，其求解框架一般是上述基本框架的叠加。

扫一扫

视频讲解

【例 3-6】 假设二叉树采用二叉链存储，设计一个算法判断两棵二叉树 $t1$ 和 $t2$ 是否相同，所谓相同是指它们的形态相同并且对应的结点值相同。

解 像树和二叉树等递归数据结构特别适合采用递归算法求解。对于本例，设 $f(t1,t2)$ 表示二叉树 $t1$ 和 $t2$ 是否相同，它们的左、右子树的判断是两个小问题，如图 3.12 所示。依题意，对应的递归模型如下：

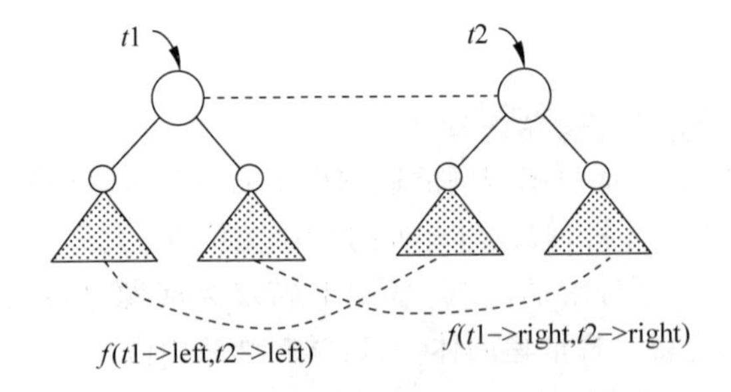

图 3.12　二叉树的两个小问题

$f(t1,t2)=\text{true}$	当 $t1$ 和 $t2$ 均为空时
$f(t1,t2)=\text{false}$	当 $t1$、$t2$ 中的一个为空另外一个非空时
$f(t1,t2)=\text{false}$	当 $t1$ 和 $t2$ 均不空但是结点值不相同时
$f(t1,t2)=f(t1\to\text{left},t2\to\text{left})\ \&\&\ f(t1\to\text{right},t2\to\text{right})$	其他

对应的递归算法如下：

```
bool same(TreeNode * t1, TreeNode * t2)        //递归算法:判断 t1 和 t2 是否相同
{    if(t1==NULL && t2==NULL)
         return true;
```

```
    else if(t1==NULL || t2==NULL)
        return false;
    if(t1 -> val!=t2 -> val)
        return false;
    bool left=same(t1 -> left, t2 -> left);          //递归调用 1
    bool right=same(t1 -> right, t2 -> right);       //递归调用 2
    return left && right;
}
```

【例 3-7】 有 $n+2$ 个实数 $a_0, a_1, \cdots, a_n$ 和 x，设计一个算法求多项式 $P_n(x)=a_n x^n + a_{n-1}x^{n-1}+\cdots+a_1 x+a_0$ 的值。

解 多项式 $P_n(x)$ 是由 n 项构成的，可以直接对每一项分别求值，通过累加得到最后的结果。对应的算法如下：

```
double solve1(double a[],int n,double x)            //解法 1: 求多项式的值
{   double p=0.0, p1;
    for (int i=n;i>=0;i--)
    {   p1=1.0;
        for (int j=1;j<=i;j++)
            p1 *=x;
        p+=p1 * a[i];
    }
    return p;
}
```

solve1 算法十分低效，因为它需要做 $n+(n-1)+\cdots+1=n(n+1)/2$ 次乘法和 n 次加法，时间复杂度为 $O(n^2)$。通过归纳法可以导出一种快得多的方法：

$$
\begin{aligned}
P_n(x) &= a_n x^n + a_{n-1}x^{n-1} + \cdots + a_1 x + a_0 \\
&= ((\cdots(((a_n x + a_{n-1})x + a_{n-2})x + a_{n-3})\cdots)x + a_1)x + a_0
\end{aligned}
$$

设

$$P_0(x) = a_n$$

则：

$$
\begin{aligned}
P_1(x) &= P_0(x)x + a_{n-1} \\
P_2(x) &= P_1(x)x + a_{n-2} \\
&\vdots \\
P_i(x) &= P_{i-1}(x)x + a_{n-i} \\
&\vdots \\
P_n(x) &= P_{n-1}(x)x + a_0
\end{aligned}
$$

这种求值的安排称为 Horner 规则。用 $f(a,n,x,i)$ 表示求 $P_i(x)$ 的值，为大问题，用 $f(a,n,x,i-1)$ 表示求 $P_{i-1}(x)$ 的值，为小问题。对应的递归模型如下：

```
f(a,n,x,i)=a[n]                              当 i=0 时
f(a,n,x,i)=x * f(a,n,x,i-1)+a[n-i]          其他
```

对应的递归算法如下：

```
double Horner(double a[],int n,double x,int i)          //递归算法
{   if (i==0)
        return a[n];
    else
        return x * Horner(a,n,x,i-1)+a[n-i];
}
double solve2(double a[],int n,double x)                //解法 2：求多项式的值
{
    return Horner(a,n,x,n);
}
```

在 solve2 算法中执行 n 次乘法和 n 次加法，时间复杂度为 $O(n)$，从而显著地改进算法的性能。下面再通过几个应用进一步讨论递归法算法设计的过程。

3.4.2 冒泡排序

1. 问题描述

有一个整数序列 $R[0..n-1]$，采用冒泡排序实现 R 的递增有序排序。冒泡排序的过程是，i 从 0 到 $n-2$ 循环，$R[0..i-1]$是有序区，$R[i..n-1]$是无序区，并且前者的所有元素均小于或等于后者的任意元素，在 $R[i..n-1]$无序区中通过冒泡方式将最大元素放在 $R[i]$位置。

2. 问题求解

采用不完全归纳法产生冒泡排序的递推关系。例如 $R=(2,5,4,1,3)$，这里 $n=5$，用[]表示有序区，各趟的排序结果如下：

```
初始：  ([]2,5,4,1,3)
i=0：   ([1],2,5,4,3)
i=1：   ([1,2],3,5,4)
i=2：   ([1,2,3],4,5)
i=3：   ([1,2,3,4],5)
```

3. 先递后合的递归算法

设 $f(R,i)$用于实现 $R[0..i]$(共 $i+1$ 个元素)的递增排序，它是大问题，而 $f(R,i-1)$实现 $R[0..i-1]$(共 i 个元素)的排序，它是小问题。当 $i=-1$ 时，$R[0..i]$为空，看成是有序的。对应的递推关系如下：

```
f(R,i) ≡ 不做任何事情                              当 i=-1 时
f(R,i) ≡ f(R,i-1);                                 否则
         在 R[i..n-1]中冒出最小元素到 R[i]位置；
```

显然 $f(R,n-1)$用于实现 $R[0..n-1]$递增排序，由于这样排序后最后一个元素 $R[n-1]$一定是最大元素，所以调用 $f(R,n-2)$就可以实现 $R[0..n-1]$的递增排序。对应的递归算法如下：

```
void Bubble1(vector<int> & R,int i)     //冒泡操作:在 R[i..n-1]中冒泡最小元素到 R[i]位置
{   int n=R.size();
    for (int j=n-1;j>i;j--)             //无序区元素比较，找出最小元素
```

```
        if (R[j-1]> R[j])                     //当相邻元素反序时
            swap(R[j],R[j-1]);                 //R[j]与 R[j-1]进行交换
}
void BubbleSort21(vector<int> & R,int i)       //被 BubbleSort2 调用
{   if (i==-1) return;                         //满足递归出口条件
    BubbleSort21(R,i-1);                       //递归调用
    Bubble1(R,i);                              //合并操作
}
void BubbleSort2(vector<int> & R)              //递归算法:冒泡排序
{   int n=R.size();
    BubbleSort21(R,n-2);
}
```

4. 先合后递的递归算法

设 $f(R,i)$用于实现 $R[i..n-1]$(共 $n-i$ 个元素)的递增排序,它是大问题,则 $f(R,i+1)$实现 $R[i+1..n-1]$(共 $n-i-1$ 个元素)的排序,它是小问题。当 $i=n-1$ 时,$R[n-1..n-1]$仅包含最后一个元素,它一定是最大元素,排序结束。对应的递推关系如下:

```
f(R,i) ≡ 不做任何事情                              当 i=n-1 时
f(R,i) ≡ 在 R[i..n-1]中冒出最小元素到 R[i]位置;      否则
         f(R,i+1);
```

显然 $f(R,0)$用于实现 $R[0..n-1]$的递增排序。对应的递归算法如下:

```
void BubbleSort31(vector<int> & R,int i)       //被 BubbleSort3 调用
{   int n=R.size();
    if (i==n-1) return;                        //满足递归出口条件
    Bubble1(R,i);                              //合并操作
    BubbleSort31(R,i+1);                       //递归调用
}
void BubbleSort3(vector<int> & R)              //递归算法:冒泡排序
{
   BubbleSort31(R,0);
}
```

扫一扫

视频讲解

3.4.3 求全排列

1. 问题描述

给定正整数 $n(n\geqslant 1)$,给出求 $1\sim n$ 的全排序的递归模型和递归算法。例如,$n=3$ 时全排列是{{1,2,3},{1,3,2},{3,1,2},{2,1,3},{2,3,1},{3,2,1}}。

2. 问题求解

以 $n=3$ 为例,求 1~3 的全排列的过程如图 3.13 所示,步骤如下:

① 1 的全排列是{{1}}。

② {{1}}中只有一个元素{1},在{1}前后位置分别插入 2 得到{1,2},{2,1},合并起来得到 1~2 的全排列{{1,2},{2,1}}。

③ {{1,2},{2,1}}中有两个元素，在{1,2}中的3个位置插入3得到{1,2,3},{1,3,2},{3,1,2}，在{2,1}中的3个位置插入3得到{2,1,3},{2,3,1},{3,2,1}，合并起来得到1～3的全排列{{1,2,3},{1,3,2},{3,1,2},{2,1,3},{2,3,1},{3,2,1}}。

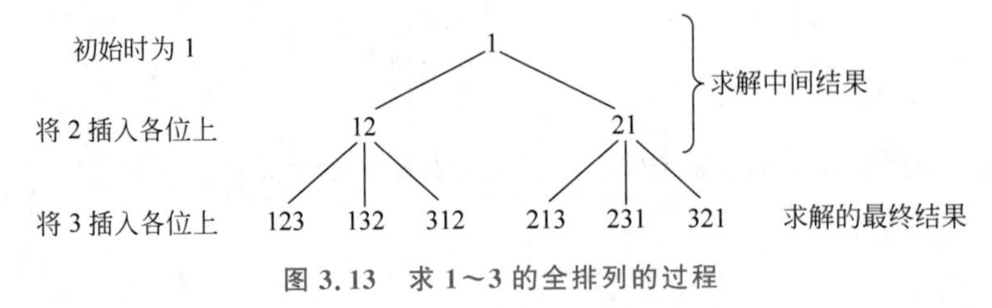

图 3.13　求 1～3 的全排列的过程

归纳起来，设 P_i 表示 $1\sim i(i\geqslant 1$，共 i 个元素)的全排列(是一个两层集合，其中每个集合元素表示 $1\sim i$ 的某个排列)，为大问题，则 P_{i-1} 为 $1\sim i-1$(共 $i-1$ 个元素)的全排列，为小问题。显然有 $P_1=\{\{1\}\}$。

考虑 $i>1$ 的情况，假设 P_{i-1} 已经求出，对于 P_{i-1} 中的任意一个集合元素 s，s 表示为 $s_0s_1\cdots s_{i-2}$(长度为 $i-1$，下标从 0 开始)，其中有 i 个插入位置(即位置 $i-1$、位置 $i-2$、……、位置 0)，定义运算 Insert(s,i,j)返回 s 的序号为 $j(0\leqslant j\leqslant i-1)$ 的位置上插入元素 i 后的集合元素，定义 CreatePi(s,i)返回 s 中每个位置插入 i 的结果，即

$$\text{CreateP}_i(s,i)=\bigcup\nolimits_{0\leqslant j\leqslant s.\text{size}()}\text{Insert}(s,i,j)$$

则

$$\text{P}_i=\bigcup\nolimits_{s\in P_{i-1}}\text{CreateP}_i(s,i)$$

求 $1\sim n$ 的全排序的递归模型如下：

$P_1=\{\{1\}\}$
$P_i=\bigcup_{s\in P_{i-1}}\text{CreatePi}(s,i)$　　　　当 $i>1$ 时

用 vector<vector<int>>容器存放 $1\sim n$ 的全排列。对应的递归算法如下：

```
vector<int> Insert(vector<int> s,int i,int j)              //在s的位置j插入i
{   vector<int>::iterator it=s.begin()+j;                  //求出插入位置
    s.insert(it,i);                                        //插入整数i
    return s;
}
vector<vector<int>> CreatePi(vector<int> s,int i)          //在s集合中的i-1到0位置插入i
{   vector<vector<int>> tmp;
    for (int j=s.size();j>=0;j--)                          //在s(含i-1个整数)的每个位置插入i
    {   vector<int> s1=Insert(s,i,j);
        tmp.push_back(s1);                                 //添加到tmp中
    }
    return tmp;
}
vector<vector<int>> perm21(int n,int i)                    //被Perm2调用
{   if(i==1)                                               //递归出口
        return {{1}};
    else
    {   vector<vector<int>> Pi;
        vector<vector<int>> Pi_1=perm21(n,i-1);            //求出Pi_1
```

```
        for (auto it=Pi_1.begin();it!=Pi_1.end();it++)    //在 Pi 的每个集合元素的各个位置插入 i
        {   vector<vector<int>> tmp=CreatePi(*it,i);
            for(int k=0;k<tmp.size();k++)
                Pi.push_back(tmp[k]);                     //将 tmp 的全部元素添加到 Pi 中
        }
        return Pi;
    }
}
vector<vector<int>> Perm2(int n)                          //用递归法求 1~n 的全排列
{
    return perm21(n,n);
}
```

3.4.4 实战——展开字符串(HDU1274)

1. 问题描述

在纺织CAD系统的开发过程中经常会遇到纱线排列的问题。该问题的描述是这样的：常用纱线的品种一般不会超过25种，可以用小写字母表示不同的纱线，例如abc表示3根纱线的排列。重复可以用数字和括号表示，例如2(abc)表示abcabc，1(a)=1a表示a，2ab表示aab。如果括号的前面没有表示重复的数字出现，则可认为是1被省略了，例如cd(abc)=cd1(abc)=cdabc。这种表示方法非常简单紧凑，也易于理解，但是计算机却不能理解。为了使计算机接受，必须将简单紧凑的表达式展开。某ACM队接受了此项任务。如果你就是该ACM队的一员，请把这个程序编写完成。已知条件是输入的简单紧凑表达式的长度不超过250个字符，括号前表示重复的数不超过1000，不会出现除了数字、括号、小写字母以外的任何其他字符；不会出现括号不配对等错误的情况(错误处理已由ACM队的其他队员完成了)。

输入格式：本题有多个测试用例，第一行输入测试用例个数 t，接着是 t 行表达式，表达式是按照前面介绍的意义书写的。

输出格式：输出时含有 t 行，每行对应一个输入的表达式。

输入样例：

```
2
1(1a2b1(ab)1c)
3(ab2(4ab))
```

输出样例：

```
abbabc
abaaaabaaaababaaaabaaaababaaaabaaaab
```

2. 问题求解

采用string容器 s 存放紧凑表达式，ans存放 s 展开的字符串。用整型变量 i 遍历 s，一边遍历一边展开，如果 s 中不包括括号，称 s 为简单紧凑表达式，其展开过程十分容易，例如"2ab"看成"2a0b"，"2a"展开为"aa"，"0b"展开为"b"，合起来结果是"aab"。也就是说，每个字符 c 都看成"nc"，其中 n 是数字串，c 是单个字母，展开后合并即可。现在 s 中包含括号（所有括号一定是正确匹配的），可以将 s 看成形如"$n_1(s_1)\cdots n_2(s_2)\cdots$"，其中 s_1 和 s_2 称为子紧凑表达式，从中看出这是递归定义的，所以特别适合采用递归法求解。

设计递归算法 unfold(s)，递归出口是 s 为简单紧凑表达式的情况；将每个(si)的展开（即 unfold(si)）作为小问题，非括号部分直接展开，再依次合并起来得到大问题 unfold(s)的结果。例如样例 s="3(ab2(4ab))"，求展开过程如图 3.14 所示，先调用 unfold(s)，将 s 看成"3($s1$)"，递归调用 unfold($s1$)，将 $s1$ 看成"ab2($s2$)"，执行中递归调用 unfold($s2$)，$s2$="4ab"是一个简单紧凑表达式，求出展开结果为"aaaab"，再返回到 unfold($s1$)，求出展开结果为"abaaaabaaaab"，最后返回到 unfold(s)，求出整个 s 的展开结果为"abaaaabaaaab abaaaabaaaab abaaaabaaaab"。

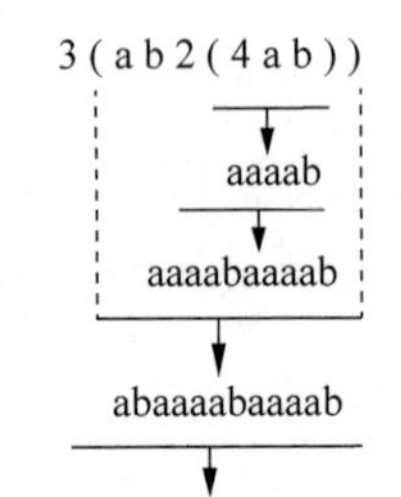

图 3.14 "3(ab2(4ab))"的展开过程

准确地说，unfold(s)的功能是求从 s 的起始下标 i（i 设置为全局变量，初始为 0）开始的紧凑表达式（s 结束为止）或者子紧凑表达式（遇到一个')'为止）的展开结果字符串。对应的递归法程序如下：

```
#include <iostream>
#include <string>
using namespace std;
int i;                                          //用于遍历 s,全局变量
string unfold(string s)                         //递归算法
{   string ans="";
    int n=0;
    for(;s[i];i++)
    {   if(isdigit(s[i]))                       //遇到数字字符
            n=n*10+s[i]-'0';                    //将若干连续的数字转换为整数 n
        else if(isalpha(s[i]))                  //遇到字母,形如"2a"中的'a'
        {   if(n>0)                             //前面有数字的情况
            {   while(n--)                      //展开 s[k]字符 n 次
                    ans+=s[i];
            }
            else ans+=s[i];                     //前面没有数字的情况,相当于展开 s[i]字符一次
            n=0;                                //重置 n
        }
        else if(s[i]=='(')                      //遇到'('
        {   i++;                                //跳过'('
            string tmp=unfold(s);               //递归调用展开括号中的子串得到 tmp
            if(n>0)                             //前面有数字的情况
            {   while(n--)                      //展开 tmp 字符串 n 次
                    ans+=tmp;
            }
            else ans+=tmp;                      //前面没有数字的情况,相当于展开 tmp 字符串一次
            n=0;                                //重置 n
        }
        else                                    //遇到')'
            return ans;                         //结束并返回子紧凑表达式的 ans
```

```
    }
    return ans;                              //s处理完毕返回ans
}
int main()
{   int t;
    cin >> t;
    while(t--)
    {   string s;
        cin >> s;
        i=0; //从头开始遍历s
        cout << unfold(s) << endl;
    }
    return 0;
}
```

上述程序提交时通过,执行用时为15ms,内存消耗为1808KB。

3.5 递推式计算

递归算法的执行时间可以用递推式(也称为递归方程)表示,这样求解递推式对算法分析来说极为重要。本节介绍几种求解简单递推式的方法,对于更复杂的递推式可以采用数学上的生成函数和特征方程求解。

3.5.1 直接展开法

求解递推式最自然的方法是将其反复展开,即直接从递归式出发,一层一层地往前递推,直到最前面的初始条件为止,就得到了问题的解。

【例3-8】 求解汉诺塔问题的递归算法如下,分析移动n盘片的时间复杂度。

```
void Hanoi(int n, char x, char y, char z)
{   if (n==1)
        printf("将盘片%d从%c搬到%c\n", n, x, z);
    else
    {   Hanoi(n-1, x, z, y);
        printf("将盘片%d从%c搬到%c\n", n, x, z);
        Hanoi(n-1, y, x, z);
    }
}
```

解 设调用Hanoi(n,x,y,z)的执行时间为$T(n)$,由其执行过程得到以下求执行时间的递归关系(递推关系式)。

$T(n)=1$　　　　　　当$n=1$时
$T(n)=2T(n-1)+1$　　当$n>1$时

则:

$$
\begin{aligned}
T(n) &= 2[2T(n-2)+1]+1 \\
&= 2^2 T(n-2)+1+2^1
\end{aligned}
$$

$$=2^3T(n-3)+1+2^1+2^2$$
$$=\cdots$$
$$=2^{n-1}T(1)+1+2^1+2^2+\cdots+2^{n-2}$$
$$=2^{n-}1=O(2^n)$$

所以移动 n 盘片的时间复杂度为 $O(2^n)$。

【例 3-9】 分析以下递推式的时间复杂度。

```
T(0)=0
T(n)=nT(n-1)+n!          当 n≥1 时
```

解 $T(n)=nT(n-1)+n!=n[(n-1)T(n-2)+(n-1)!]+n!$
$=n(n-1)T(n-2)+2n!=n!(T(n-2)/(n-2)!+2)$

构造一个辅助函数 $g(n)$，令 $T(n)=n!g(n)(T(0)=g(0)=0)$，代入后有 $n!g(n)=n(n-1)!g(n-1)+n!$，简化为 $g(n)=g(n-1)+1$。

展开后有

$$g(n)=g(0)+\sum_{i=1}^{n}1=0+n=n$$

因此 $T(n)=n!g(n)=nn!=O(nn!)$。

3.5.2 递归树方法

用递归树求解递推式的基本过程是，展开递推式，构造对应的递归树，然后把每一层的时间进行求和，从而得到算法执行时间的估计，再用时间复杂度形式表示。

【例 3-10】 分析以下递推式的时间复杂度：

```
T(n)=1                当 n=1 时
T(n)=2T(n/2)+n^2      当 n>1 时
```

解 对于 $T(n)$ 画出一个结点如图 3.15(a)所示，将 $T(n)$ 展开一次的结果如图 3.15(b)所示，再展开 $T(n/2)$ 的结果如图 3.15(c)所示，以此类推，构造的递归树如图 3.16 所示，从中可看出在展开过程中子问题的规模逐步缩小，当到达递归出口时，即当子问题的规模为 1 时，递归树不再展开。

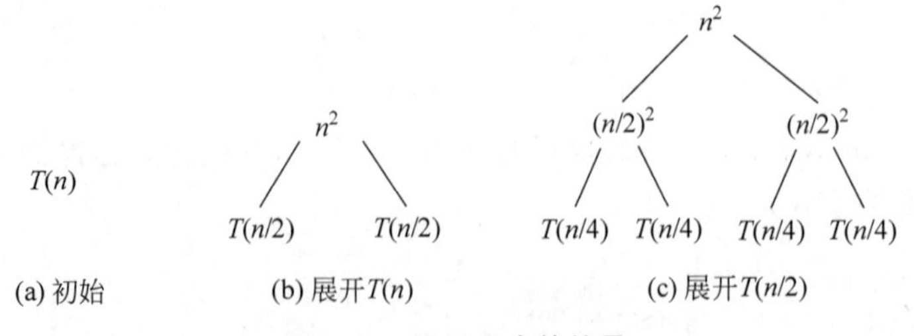

图 3.15 展开两次的结果

显然在递归树中，第 1 层的问题规模为 n，第 2 层的问题规模为 $n/2$，以此类推，当展开到第 $k+1$ 层时，其规模为 $n/2^k=1$，所以递归树的高度为 $\log_2 n+1$。

第 1 层有一个结点，其时间为 n^2，第 2 层有两个结点，其时间为 $2(n/2)^2=n^2/2$，以此类

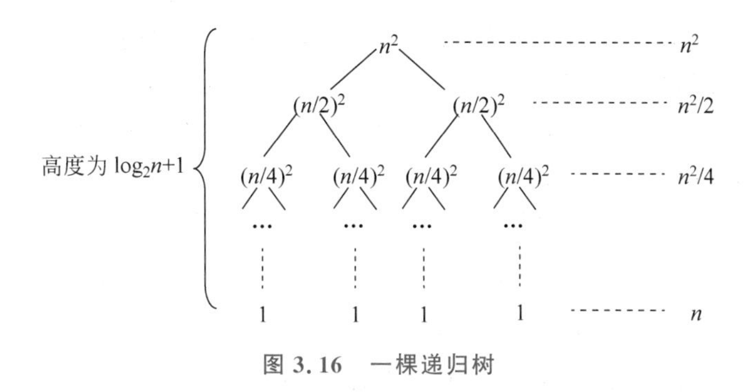

图 3.16　一棵递归树

推，第 k 层有 2^{k-1} 个结点，每个子问题的规模是 $(n/2^{k-1})^2$，其时间为 $2^{k-1}(n/2^{k-1})^2 = n^2/2^{k-1}$。叶子结点的个数为 n，其时间为 n。将递归树每一层的时间加起来，可得：

$$T(n) = n^2 + n^2/2 + \cdots + n^2/2^{k-1} + \cdots + n = O(n^2)$$

【例 3-11】 分析以下递推式的时间复杂度：

```
T(n)=1                          当 n=1 时
T(n)=T(n/3)+T(2n/3)+n           当 n>1 时
```

解 构造的递归树如图 3.17 所示，不同于图 3.16 所示的递归树中所有叶子结点在同一层，这棵递归树的叶子结点的层次可能不同，从根结点出发到达叶子结点有很多路径，最左边的路径是最短路径，每走一步问题规模就减少为原来的 1/3，最右边的路径是最长路径，每走一步问题规模就减少为原来的 2/3。

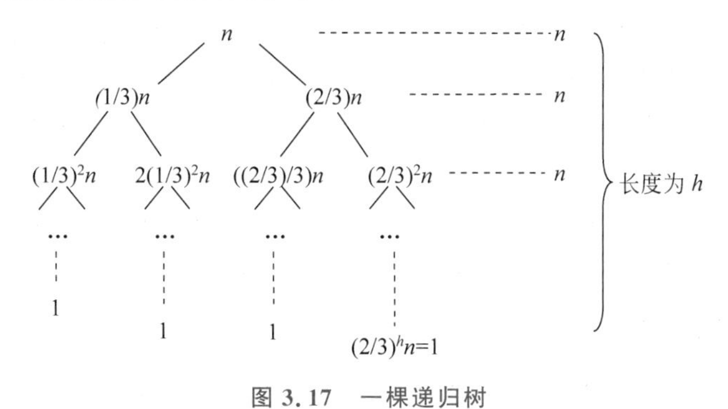

图 3.17　一棵递归树

最坏的情况是考虑右边最长的路径。设右边最长路径的长度为 h（指路径上经过的分支线数目），则有 $n(2/3)^h = 1$，求出 $h = \log_{3/2} n$。

因此这棵递归树有 $\log_{3/2} n + 1$ 层，每层结点的数值和为 n，所以 $T(n) \leqslant n(\log_{3/2} n + 1) = O(n\log_{3/2} n) = O(n\log_2 n)$。

该递推式的时间复杂度是 $O(n\log_2 n)$。

3.5.3　主方法

主方法提供了求解如下形式递推式的一般方法：

```
T(1)=c
T(n)=aT(n/b)+f(n)               当 n>1 时
```

其中 $a \geqslant 1, b > 1$ 为常数，n 为非负整数，$T(n)$ 表示算法的执行时间，该算法将规模为 n 的原问题分解成 a 个子问题，每个子问题的大小为 n/b，$f(n)$ 表示分解原问题和合并子问题解得到答案的时间。例如，对于递推式 $T(n)=3T(n/4)+n^2$，有 $a=3, b=4, f(n)=n^2$。

主方法的求解对应如下主定理。

主定理：设 $T(n)$ 是满足上述定义的递推式，$T(n)$ 的计算如下。

① 若对于某个常数 $\varepsilon>0$，有 $f(n)=O(n^{\log_b a-\varepsilon})$，称为 $f(n)$ 多项式小于 $n^{\log_b a}$（即 $f(n)$ 与 $n^{\log_b a}$ 的比值小于或等于 $n^{-\varepsilon}$），则 $T(n)=\Theta(n^{\log_b a})$。

② 若 $f(n)=\Theta(n^{\log_b a})$，即 $f(n)$ 多项式的阶等于 $n^{\log_b a}$，则 $T(n)=\Theta(n^{\log_b a}\log_2 n)$。

③ 若对于某个常数 $\varepsilon>0$，有 $f(n)=O(n^{\log_b a+\varepsilon})$，称为 $f(n)$ 多项式大于 $n^{\log_b a}$（即 $f(n)$ 与 $n^{\log_b a}$ 的比值大于或等于 n^{ε}），并且满足 $af(n/b)\leqslant cf(n)$，其中 $c<1$，则 $T(n)=\Theta(f(n))$。

主定理涉及的 3 种情况中都是以 $f(n)$ 与 $n^{\log_b a}$ 作比较，递推式解的渐近阶由这两个函数中的较大者决定。情况①是函数 $n^{\log_b a}$ 阶较大，则 $T(n)=\Theta(n^{\log_b a})$；情况③是函数 $f(n)$ 阶较大，则 $T(n)=\Theta(f(n))$；情况②是两个函数阶一样大，则 $T(n)=\Theta(n^{\log_b a}\log_2 n)$，即以 n 的对数作为因子乘上 $f(n)$ 与 $T(n)$ 的同阶。

此外有一些细节不能忽视，情况①中 $f(n)$ 不仅必须比 $n^{\log_b a}$ 阶小，而且必须是多项式比 $n^{\log_b a}$ 小，即 $f(n)$ 必须渐近地小于 $n^{\log_b a}$ 与 $n^{-\varepsilon}$ 的积；情况③中 $f(n)$ 不仅必须比 $n^{\log_b a}$ 阶大，而且必须是多项式比 $n^{\log_b a}$ 大，即 $f(n)$ 必须渐近地大于 $n^{\log_b a}$ 与 n^{ε} 的积，同时还要满足附加的“正规性”条件，即 $af(n/b)\leqslant cf(n)$，该条件的直观含义是 a 个子问题再分解和再合并所需要的时间最多与原问题分解和合并所需要的时间同阶，这样 $T(n)$ 就由 $f(n)$ 确定。也就是说，如果不满足正规性条件，采用这种递归分解和合并求解的方法是不合适的，即时间性能差。

还有一点很重要，即上述 3 类情况并没有覆盖所有可能的 $f(n)$。在情况①和②之间有一个间隙，即 $f(n)$ 小于但不是多项式小于 $n^{\log_b a}$。类似地，在情况②和③之间也有一个间隙，即 $f(n)$ 大于但不是多项式大于 $n^{\log_b a}$。如果函数 $f(n)$ 落在这两个间隙之一中，或者虽有 $f(n)=O(n^{\log_b a+\varepsilon})$，但正规性条件不满足，那么主方法则无能为力。

【例 3-12】 采用主定理求以下递推式的时间复杂度。

$$
\begin{aligned}
&T(n)=1 && \text{当 } n=1 \text{ 时}\\
&T(n)=4T(n/2)+n && \text{当 } n>1 \text{ 时}
\end{aligned}
$$

解 这里 $a=4, b=2, n^{\log_b a}=n^2, f(n)=n=O(n^{\log_b a-\varepsilon})$，由于 $\varepsilon=1$，即 $f(n)$ 多项式地小于 $n^{\log_b a}$，满足情况①，所以 $T(n)=\Theta(n^{\log_b a})=\Theta(n^2)$。

【例 3-13】 采用主方法求以下递推式的时间复杂度。

$$
\begin{aligned}
&T(n)=1 && \text{当 } n=1 \text{ 时}\\
&T(n)=3T(n/4)+n\log_2 n && \text{当 } n>1 \text{ 时}
\end{aligned}
$$

解 这里 $a=3, b=4, f(n)=n\log_2 n$。$n^{\log_b a}=n^{\log_4 3}=O(n^{0.793})$，显然 $f(n)$ 的阶大于

$n^{0.793}$（因为 $f(n)=n\log_2 n > n^1 > n^{0.793}$），如果能够证明主定理中情况③成立，则按该情况求解。对于足够大的 n，$af(n/b)=3(n/4)\log_2(n/4)=(3/4)n\log_2 n-3n/2 \leqslant (3/4)n\log_2 n = cf(n)$，这里 $c=3/4$，满足正规性条件，则有 $T(n)=\Theta(f(n))=\Theta(n\log_2 n)$。

【例 3-14】 采用主定理和直接展开法求以下递推式的时间复杂度。

$T(n)=1$ 当 $n=1$ 时
$T(n)=2T(n/2)+(n/2)^2$ 当 $n>1$ 时

解 采用主定理，这里 $a=2, b=2, n^{\log_b a}=n^{\log_2 2}=n$，$f(n)=n^2/4$，$f(n)$ 多项式地大于 $n^{\log_b a}$。对于足够大的 n，$af(n/b)=2f(n/2)=2(n/2/2)^2=n^2/8 \leqslant cn^2/4=cf(n)$，$c \leqslant 1/2$ 即可。也就是说，满足正规性条件，按照主方法的情况③，有 $T(n)=\Theta(f(n))=\Theta(n^2)$。

采用直接展开法求解，不妨设 $n=2^{k+1}$，即 $\frac{n}{2^k}=2$。

$$
\begin{aligned}
T(n) &= 2T\left(\frac{n}{2}\right)+\left(\frac{n}{2}\right)^2 = 2\left(2T\left(\frac{n}{2^2}\right)+\frac{n^2}{2^4}\right)+\left(\frac{n}{2}\right)^2 = 2^2T\left(\frac{n}{2^2}\right)+\frac{n^2}{2^3}+\frac{n^2}{2^2} \\
&= 2^2\left(2T\left(\frac{n}{2^3}\right)+\frac{n^2}{2^6}\right)+\frac{n^2}{2^3}+\frac{n^2}{2^2} = 2^3T\left(\frac{n}{2^3}\right)+\frac{n^2}{2^4}+\frac{n^2}{2^3}+\frac{n^2}{2^2} \\
&= \cdots = 2^kT\left(\frac{n}{2^k}\right)+\frac{n^2}{2^{k+1}}+\frac{n^2}{2^k}+\cdots+\frac{n^2}{2^2} \\
&= \frac{n}{2}\times 2+n^2\left(\frac{1}{2^{k+1}}+\frac{1}{2^k}+\cdots+\frac{1}{2^2}\right) = n+n^2\left(\frac{1}{2}-\frac{1}{n}\right) = \frac{n^2}{2} = \Theta(n^2)
\end{aligned}
$$

两种方法得到的结果是相同的。以上介绍的递推式求解方法在第 4 章有关分治算法的分析中大量用到。

可以这样简化主定理，如果递推式如下：

$T(1)=c$
$T(n)=aT(n/b)+cn^k$ 当 $n>1$ 时

其中 a、b、c、k 都是常量，有：

① 若 $a>b^k$，则 $T(n)=O(n^{\log_b a})$。

② 若 $a=b^k$，则 $T(n)=O(n^k\log_b n)$。

③ 若 $a<b^k$，则 $T(n)=O(n^k)$。

3.6 练 习 题

3.6.1 单项选择题

1. 穷举法的适用范围是________。
   A. 一切问题 B. 解的个数极多的问题
   C. 解的个数有限且可一一列举 D. 不适合设计算法

2. 如果一个 4 位数恰好等于它的各位数字的 4 次方和，则这个 4 位数称为玫瑰花数。例如 $1634=1^4+6^4+3^4+4^4$，则 1634 是一个玫瑰花数。若想求出 4 位数中所有的玫瑰花数，可以采用的问题解决方法是________。

A. 递归法　　B. 穷举法　　C. 归纳法　　D. 都不适合

3. 有一个数列，递推关系是 $a_1=\frac{1}{2}$，$a_{n+1}=\frac{a_n}{a_n+1}$，则求出的通项公式是________。

A. $a_n=\frac{1}{n+1}$　　B. $a_n=\frac{1}{n}$　　C. $a_n=\frac{1}{2n}$　　D. $a_n=\frac{n}{2}$

4. 猜想 $1=1$，$1-4=-(1+2)$，$1-4+9=1+2+3$，…的第 5 个式子是________。

A. $1^2+2^2-3^2-4^2+5^2=1+2+3+4+5$

B. $1^2+2^2-3^2+4^2-5^2=-(1+2+3+4+5)$

C. $1^2-2^2+3^2-4^2+5^2=-(1+2+3+4+5)$

D. $1^2-2^2+3^2-4^2+5^2=1+2+3+4+5$

5. 对于迭代法，下面的说法不正确的是________。

A. 需要确定迭代模型

B. 需要建立迭代关系式

C. 需要对迭代过程进行控制，要考虑什么时候结束迭代过程

D. 不需要对迭代过程进行控制

6. 设计递归算法的关键是________。

A. 划分子问题　　B. 提取递归模型　　C. 合并子问题　　D. 求解递归出口

7. 若一个问题的求解既可以用递归算法，也可以用迭代算法，则往往用__①__算法，因为__②__。

① A. 先递归后迭代　　B. 先迭代后递归

C. 递归　　D. 迭代

② A. 迭代的效率比递归高　　B. 递归宜于问题分解

C. 递归的效率比迭代高　　D. 迭代宜于问题分解

8. 递归函数 $f(n)=f(n-1)+n(n>1)$ 的递归出口是________。

A. $f(-1)=0$　　B. $f(1)=1$　　C. $f(0)=1$　　D. $f(n)=n$

9. 递归函数 $f(n)=f(n-1)+n(n>1)$ 的递归体是________。

A. $f(-1)=0$　　B. $f(1)=1$

C. $f(n)=n$　　D. $f(n)=f(n-1)+n$

10. 有以下递归算法，$f(123)$ 的输出结果是________。

```
void f(int n)
{  if(n>0)
   {  printf("%d",n%10);
      f(n/10);
   }
}
```

A. 321　　B. 123　　C. 6　　D. 以上都不对

11. 有以下递归算法，$f(123)$ 的输出结果是________。

```
void f(int n)
{   if(n>0)
    {   f(n/10);
        printf("%d",n%10);
    }
}
```

A. 321　　B. 123　　C. 6　　D. 以上都不对

12. 整数单链表 h 是不带头结点的，结点类型 ListNode 为(val,next)，则以下递归算法中隐含的递归出口是________。

```
void f(ListNode * h)
{   if(h!=NULL)
    {   printf("%d ",h->val);
        f(h->next);
    }
}
```

A. if(h!=NULL) return;　　B. if(h==NULL) return 0;
C. if(h==NULL) return;　　D. 没有递归出口

13. $T(n)$表示输入规模为 n 时的算法效率，以下算法中性能最优的是________。
A. $T(n)=T(n-1)+1, T(1)=1$　　B. $T(n)=2n^2$
C. $T(n)=T(n/2)+1, T(1)=1$　　D. $T(n)=3n\log_2 n$

3.6.2 问答题

1. 采用穷举法解题时的常用列举方法有顺序列举、排列列举和组合列举，问求解以下问题应该采用哪一种列举方法？

(1) 求 $m\sim n$ 的所有素数。

(2) 在数组 a 中选择出若干元素，它们的和恰好等于 k。

(3) 有 n 个人合起来做一个任务，他们不同的排列顺序完成该任务的时间不同，求最优完成时间。

2. 许多系统用户登录时需要输入密码，为什么还需要输入已知的验证码？
3. 什么是递归算法？递归模型由哪两个部分组成？
4. 比较迭代算法与递归算法的异同。
5. 有一个含 $n(n>1)$个整数的数组 a，写出求其中最小元素的递归定义。
6. 有一个含 $n(n>1)$个整数的数组 a，写出求所有元素和的递归定义。
7. 利用整数的后继函数 succ 写出 $x+y$(x 和 y 都是正整数)的递归定义。
8. 有以下递归算法，则 $f(f(7))$的结果是多少？

```
int f(int n)
{   if(n<=3)
        return 1;
    else
        return f(n-2)+f(n-4)+1;
}
```

9. 有以下递归算法，则 $f(3,5)$的结果是多少？

```
int f(int x,int y)
{   if(x<=0 || y<=0)
        return 1;
    else
        return 3*f(x-1,y/2);
}
```

10. 采用直接展开法求以下递推式：

```
T(1)=1
T(n)=T(n-1)+n            当n>1时
```

11. 采用递归树方法求解以下递推式：

```
T(1)=1
T(n)=4T(n/2)+n           当n>1时
```

12. 采用主方法求解以下递推式：

(1) $T(n)=4T(n/2)+n$

(2) $T(n)=4T(n/2)+n^2$

(3) $T(n)=4T(n/2)+n^3$

13. 有以下算法，分析其时间复杂度。

```
void f(int n)
{   for(int i=1;i<=n;i++)
        for(int j=1;j<=i;j++)
            printf("%d %d %d\n",i,j,n);
    if(n>0)
    {   for(int i=1;i<=4;i++)
            f(n/2);
    }
}
```

14. 分析3.4.3节中求1～n的全排列的递归算法perm21(n,n)的时间复杂度。

15*. 有以下多项式：

$$f(x,n)=x-\frac{x^3}{3!}+\frac{x^5}{5!}-\frac{x^7}{7!}+\cdots+(-1)^n\frac{x^{2n+1}}{(2n+1)!}$$

给出求$f(x,n)$值的递推式，分析其求解的时间复杂度。

3.6.3 算法设计题

1. 有3种硬币若干个，面值分别是1分、2分、5分，如果要凑够1毛5，设计一个算法求有哪些组合方式，共多少种组合方式。

2. 有一个整数序列是0,5,6,12,19,32,52,…，其中第1项为0，第2项为5，第3项为6，以此类推，采用迭代算法和递归算法求该数列的第$n(n\geqslant1)$项。

3. 给定一个正整数$n(1\leqslant n\leqslant100)$，采用迭代算法和递归算法求$s=1+(1+2)+(1+2+3)+\cdots+(1+2+\cdots+n)$。

4. 一个数列的首项$a_1=0$，后续奇数项和偶数项的计算公式分别为$a_{2n}=a_{2n-1}+2$，$a_{2n+1}=a_{2n-1}+a_{2n}-1$，设计一个递归算法求数列的第$n$项。

5. 设计一个递归算法用于翻转一个非空字符串 s。

6. 对于不带头结点的非空整数单链表 h,设计一个递归算法求其中值为 x 的结点的个数。

7. 对于不带头结点的非空单链表 h,设计一个递归算法删除其中第一个值为 x 的结点。

8. 对于不带头结点的非空单链表 h,设计一个递归算法删除其中所有值为 x 的结点。

9. 假设二叉树采用二叉链存储结构存放,结点值为整数,设计一个递归算法求二叉树 b 中所有叶子结点值的和。

10. 假设二叉树采用二叉链存储结构存放,结点值为整数,设计一个递归算法求二叉树 b 中第 k($1\leqslant k\leqslant$二叉树 b 的高度)层所有结点值的和(根结点层次为 1)。

11. 设计将十进制正整数 n 转换为二进制数的迭代算法和递归算法。

12. 在 3.2.2 节中采用迭代算法实现直接插入排序,请设计等效的递归算法。

13. 在 3.3.2 节中采用迭代算法实现简单选择排序,请设计等效的递归算法。

14. 在 3.4.2 节中采用递归算法实现冒泡排序,请设计等效的迭代算法。

15. 在 3.3.4 节中采用迭代算法求 $1\sim n$ 的幂集,请设计等效的递归算法。

16. 在 3.4.3 节中采用递归算法求 $1\sim n$ 的全排列,请设计等效的迭代算法。

17. 在 3.4.3 节中求 $1\sim n$ 的全排列的递归算法采用的是先递后合,请设计等效的先合后递的递归算法。

18. 给定一个整数数组 a,打印一个和三角形,其中第一层包含数组元素,以后每一层的元素数比上一层少一个,该层的元素是上一层中连续两个元素的和,设计一个算法求最高层的整数。例如,$a=\{1,2,3,4,5\}$,对应的和三角形如下:

```
            48
        20      28
     8      12      16
  3     5       7       9
1    2      3       4      5
```

求出的最高层的整数为 48。

19. 给定一个含 n 个元素的整数序列 a,设计一个算法求其中两个不同元素相加的绝对值的最小值。

3.7 上机实验题

1. 求最长重复子串

编写一个实验程序 exp3-1,采用穷举法求字符串 s 中最长的可重叠重复的子串。例如,$s=$"aaa",结果是"aa"。

2. 求子矩阵元素和

编写一个实验程序 exp3-2,给定一个 m 行 n 列的二维矩阵 $\boldsymbol{a}$($2\leqslant m,n\leqslant 100$),其中所有元素为整数。其大量的运算是求左上角为 $a[i,j]$、右下角为 $a[s,t]$($i<s,j<t$)的子矩阵的所有元素之和。请设计高效的算法求给定子矩阵的所有元素之和,并用相关数据进行测试。

3. 求 n 阶螺旋矩阵

编写一个实验程序 exp3-3，采用非递归和递归算法创建一个 $n(1 \leqslant n \leqslant 10)$ 阶螺旋矩阵并输出。例如，$n=4$ 时的螺旋矩阵如下：

```
1   2   3   4
12  13  14  5
11  16  15  6
10  9   8   7
```

4. 验证汉诺塔问题

本书的例 3-8 中给出了求解汉诺塔问题的递归算法，请针对该算法推导出移动 n 盘片时搬动盘片的总次数的公式，再用递归算法求出搬动盘片的总次数，前者称为公式求解结果，后者称为递归算法求解结果，判断两者是否相同。编写一个实验程序 exp3-4 完成上述功能，并用相关数据进行测试。

3.8 在线编程题

1. LeetCode344——反转字符串
2. LeetCode206——反转链表
3. LeetCode24——两两交换链表中的结点
4. LeetCode62——不同路径
5. HDU1003——最大子序列和
6. HDU1143——三平铺问题
7. POJ2231——奶牛的总音量
8. POJ1050——最大子矩形

第4章 分治法

分治法是五大算法策略之一，也是使用十分广泛的通用算法设计方法，很多非常有效的算法实际上是这个通用算法的特殊实现。本章介绍使用分治法求解问题的一般原理，并给出一些用分治法求解的经典示例。本章的学习要点和学习目标如下：

（1）掌握分治法的原理和算法框架。

（2）掌握各种经典分治法算法的设计过程。

（3）掌握分治法算法的分析方法。

（4）综合运用分治法解决一些复杂的实际问题。

4.1 分治法概述

4.1.1 什么是分治法

分治从字面上解释就是“分而治之”，把一个复杂的问题分成 $k(1<k\leqslant n)$ 个相同或相似的子问题，再把子问题分成更小的子问题，以此类推，直到可以直接求解为止，原问题的解可以通过子问题的解合并得到。分治法所能解决的问题一般具有以下几个特征：

① 问题的规模缩小到一定程度就可以容易地解决。大多数问题都满足该特征，因为计算复杂性一般是问题规模的函数。

② 问题可以分解为若干个规模较小的相似问题。该特征是应用分治法的基本前提。

③ 利用子问题的解可以合并为问题的解。该特征是能否利用分治法求解的关键。

④ 问题所分解出的各个子问题是相互独立的，即子问题之间不包含公共的子问题。该特征涉及分治法的效率，如果各子问题不是独立的，则需要重复地求解公共子问题，会降低时间性能。

采用分治法设计的算法称为分治算法，分治算法的求解过程如图 4.1 所示。

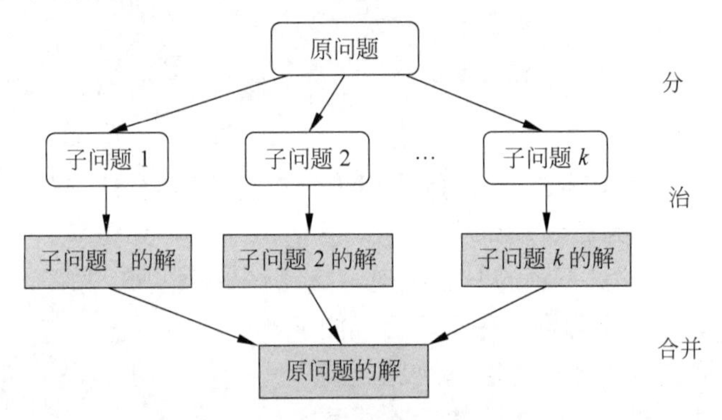

图 4.1　分治算法的求解过程

① 分（分解）：将问题分解为若干个规模较小、相互独立并且与原问题形式相同的子问题。

② 治（求解子问题）：若子问题的规模足够小则直接求解，否则采用相同方式求解各个子问题。

③ 合并：合并子问题的解得到问题的解。

4.1.2 分治法框架

分治法解决问题的过程与递归法的思路十分吻合，所以分治算法通常采用递归实现。采用递归实现的分治算法的框架如下：

```
T divide-and-conquer(P)                          //分治算法的框架
{    if |P|≤n0 return adhoc(P);
     将 P 分解为较小的子问题 P1、P2、…、Pk;
```

```
    for(i=1;i<=k;i++)                       //循环处理k次
        yi=divide-and-conquer(Pi);          //递归解决Pi
    return merge(y1,y2,…,yk);               //合并子问题
}
```

其中,|P|表示问题P的规模,n_0为一个阈值,表示当问题P的规模小于或等于n_0时不必再继续分解,可以通过adhoc(P)直接求解。merge(y_1,y_2,…,y_k)为合并子算法,用于将P的子问题P_1、P_2、……、P_k的解y_1、y_2、……、y_k合并为P的解,合并子算法是分治算法的难点,有些问题的合并比较简单,有些问题的合并比较复杂,甚至有多种合并方式,需要视具体问题而定。

一个问题分解为多少个子问题?各子问题的规模多大?这些问题很难予以肯定地回答。但从大量实践中发现,在设计分治算法时最好让子问题的规模大致相同,换句话说,将一个问题分成大小相等的k个子问题是行之有效的。当$k=1$时称为减治法,当$k=2$时称为二分法,如图4.2所示。

【例4-1】 给定一棵采用二叉链存储的二叉树b,设计一个算法求其中叶子结点的个数。

解 设$f(b)$用于求二叉树b中叶子结点的个数,显然当b为空树时$f(b)=0$,当b为只有一个叶子结点的二叉树时$f(b)=1$,其他情况如图4.3所示。根据二叉树的特性,求左、右子树中叶子结点的个数的两个子问题$f(b\text{->}left)$和$f(b\text{->}right)$与原问题$f(b)$形式相同,仅是问题规模不同,并且有$f(b)=f(b\text{->}left)+f(b\text{->}right)$。其分治策略如下。

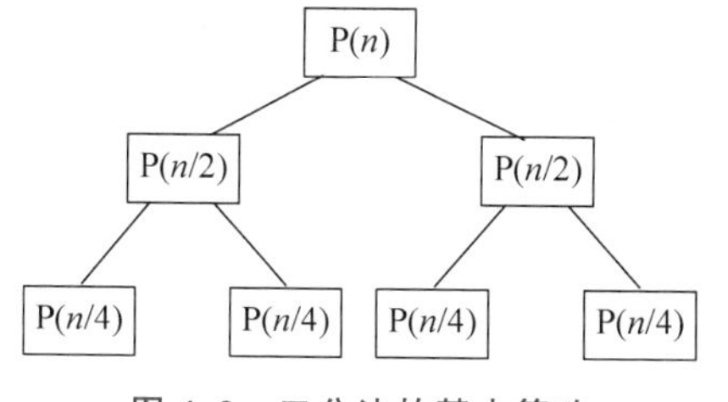

图4.2 二分法的基本策略

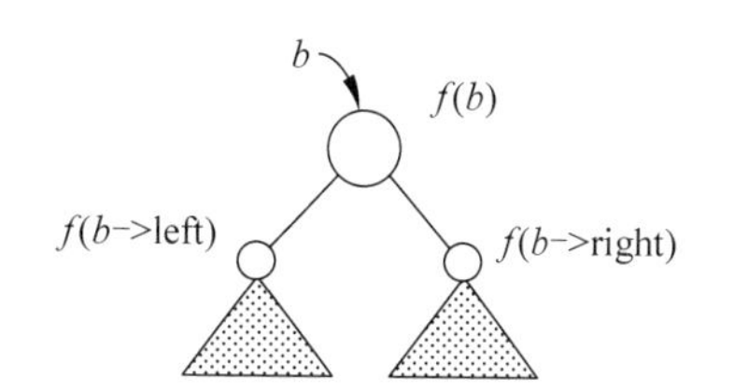

图4.3 求二叉树b中叶子结点的个数

① **分**:将二叉树b的求解问题$f(b)$分解为两个子问题$f(b\text{->}left)$和$f(b\text{->}right)$。

② **治**:若b为空树返回0,若b为只有一个叶子结点的二叉时返回1,否则递归地求解$f(b\text{->}left)$和$f(b\text{->}right)$。

③ **合并**:当求出$f(b\text{->}left)$和$f(b\text{->}right)$时,合并步骤仅返回它们的和。

采用递归实现,对应的递归算法如下:

```
int leafnodes(TreeNode * b)
{   if(b==NULL)                                         //空树
        return 0;
    if(b->left==NULL && b->right==NULL)                 //只有一个叶子结点的情况
        return 1;
    else                                                //其他情况
        return leafnodes(b->left)+leafnodes(b->right);
}
```

尽管许多分治算法采用递归实现,但要注意两点:一是理解分治法和递归的区别,分治法是一种求解问题的策略,而递归是一种实现算法的技术;二是分治算法并非只能采用递

归实现，有些分治算法采用迭代实现更方便。

分治算法分析主要采用3.5节的递推式计算方法，例如可以直接利用主方法计算分治算法的时间复杂度。从主方法对递推式 $T(n)=aT(n/b)+f(n)$ 的计算可以看出，通过尽量减少子问题个数 a 和 $f(n)$ 的阶可以有效地提高分治算法的时间性能。

4.2 求解排序问题

这里的排序是指对于给定的含有 n 个元素的序列按其元素值递增排序。快速排序和归并排序是典型的采用分治法进行排序的方法。

4.2.1 快速排序

1. 快速排序的基本思路

快速排序的基本思路是在待排序的 n 个元素（无序区）中任取一个元素（通常取首元素）作为基准，把该元素放入最终位置后，整个数据序列被基准分割成两个子序列，前面子序列（无序区1）中所有元素不大于基准，后面的子序列（无序区2）中所有元素不小于基准，并把基准排在这两个子序列的中间，这个过程称作划分，如图4.4所示。然后对两个子序列分别重复上述过程，直到每个子序列内只有一个元素或空为止。

图4.4 快速排序的一次划分过程

这是一种二分法思想，每次将整个无序区一分为二，归位一个元素，对两个子序列采用同样的方式进行排序，直到子序列的长度为1或0为止。

例如，对于 $a=[2,5,1,7,10,6,9,4,3,8]$ 序列，其快速排序过程如图4.5所示，图中虚线表示一次划分，虚线旁的数字表示执行次序，圆圈表示归位的基准。

快速排序的分治策略如下。

① 分解：将原序列 $R[s..t]$ 分解成两个子序列 $R[s..i-1]$ 和 $R[i+1..t]$，其中 i 为划分的基准位置，即将整个问题分解为两个子问题。

② 求解子问题：若子序列的长度为0或为1，则它是有序的，直接返回；否则递归地求解各个子问题。

③ 合并：由于每个子问题的排序结果直接存放在数组 a 中，合并步骤不需要执行任何操作。

扫一扫

视频讲解

2. 划分算法设计

这里划分算法的功能用于区间 $R[s..t]$ 的划分，假设取首元素 $R[s]$ 为基准 base，将 base 放置在 $R[i]$ 位置，前面的所有元素不大于 base，后面的所有元素不小于 base。

1）移动法

先置 $i=s$，$j=t$，将基准 $R[s]$ 放置到 base 中，循环直到 $i=j$ 为止，每轮循环让 j 从后

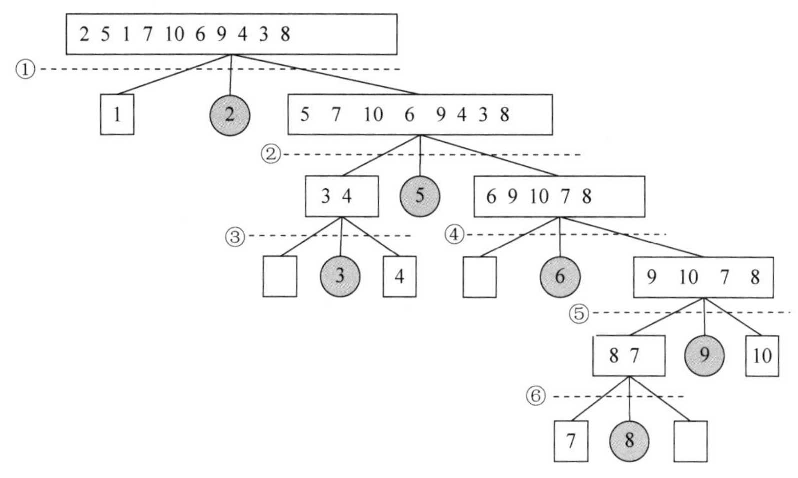

图 4.5 序列 a 的快速排序过程

向前找到一个小于 base 的元素 $R[j]$，当 $j>i$ 时将其前移到 $R[i]$中，并且执行 i++（避免前移的元素重复比较），让 i 从前向后找到一个大于 base 的元素 $R[i]$，当 $i<j$ 时将其后移到 $R[j]$中，并且执行 j--（避免后移的元素重复比较）。循环结束后将 base 放置在 $R[i]$或者 $R[j]$中。对应的划分算法如下：

```
int Partition1(vector<int> &R,int s,int t)          //划分算法 1
{   int i=s,j=t;
    int base=R[s];                                   //以表首元素为基准
    while (i<j)                                      //从两端交替向中间遍历,直到 i=j 为止
    {   while (j>i && R[j]>=base)
            j--;                                     //从后向前遍历,找一个小于基准的 R[j]
        if (j>i)
        {   R[i]=R[j];                               //R[j]前移覆盖 R[i]
            i++;
        }
        while (i<j && R[i]<=base)
            i++;                                     //从前向后遍历,找一个大于基准的 R[i]
        if (i<j)
        {   R[j]=R[i];                               //R[i]后移覆盖 R[j]
            j--;
        }
    }
    R[i]=base;                                       //基准归位
    return i;                                        //返回基准归位的位置
}
```

2）区间划分法

先用 base 存放基准 $R[s]$，将 R 划分为两个区间，前一个区间 $R[s..i]$为"≤base 元素区间"，初始时该区间仅含 $R[s]$，即置 $i=s$。用 j 从 $s+1$ 开始遍历所有元素（满足 $j \leqslant t$），后一个区间 $R[i+1..j-1]$为"＞base 元素区间"，初始时 $j=s+1$ 表示该区间也为空。对 $R[j]$的操作分为以下两种情况：

① 若 $R[j] \leqslant$ base，应该将 $R[j]$移到"≤base 元素区间"末尾，采用交换方法，先执行 i++扩大"≤base 元素区间"，再将 $R[j]$交换到 $R[i]$，如图 4.6 所示，最后执行 j++继续遍历

其余元素。

② 否则,$R[j]$就是要放到后一个区间的元素,不做交换,执行 j++继续遍历其余元素。

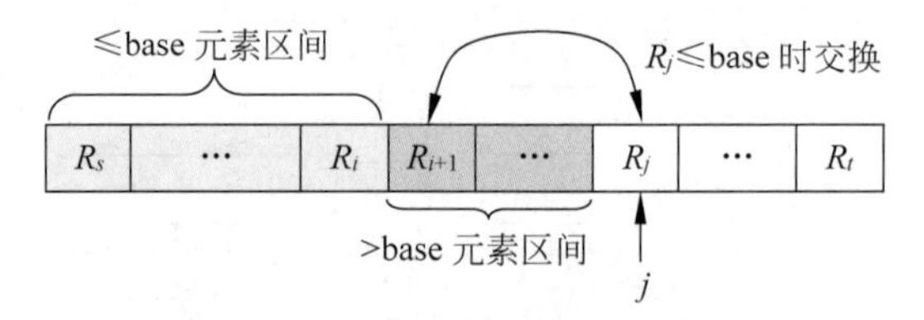

图 4.6 $R[s..t]$的元素划分为两个区间

当 j 遍历完所有元素,$R[s..i]$包含原来 R 中所有≤base 的元素,再将基准 $R[s]$与 $R[i]$交换,这样基准 $R[i]$就归位了(即 $R[s..i-1] \leq R[i]$,而 $R[i+1..t] > R[i]$)。对应的算法如下:

```
int Partition2(vector<int> &R,int s,int t)          //划分算法 2
{   int i=s,j=s+1;
    int base=R[s];                                  //以首元素为基准
    while (j<=t)                                    //j 从 s+1 开始遍历其他元素
    {   if (R[j]<=base)                             //找到小于或等于基准的元素 R[j]
        {   i++;                                    //扩大≤base 的元素区间
            if (i!=j)
                swap(R[i],R[j]);                    //将 R[i]与 R[j]交换
        }
        j++;                                        //继续扫描
    }
    swap(R[s],R[i]);                                //将基准 R[s]和 R[i]进行交换
    return i;
}
```

上述两个划分算法都是高效算法,其中基本操作是元素之间的比较,对含 n 个元素的区间划分一次恰好做 $n-1$ 次元素的比较,算法的时间复杂度均为 $O(n)$。

3. 快速排序算法设计

对无序区 $R[s..t]$快速排序的递归模型如下:

```
f(R,s,t) ≡ 不做任何事情                        当 R[s..t]为空或者仅有一个元素时
f(R,s,t) ≡ i=Partition1(R,s,t);               其他情况(也可以调用 Partition2)
           f(R,s,i-1); f(R,i+1,t);
```

对应的递归算法如下:

```
void QuickSort11(vector<int> &R,int s,int t)       //被 QuickSort11 调用
{   if (s<t)                                        //至少存在两个元素的情况
    {   int i=Partition1(R,s,t);                    //可以使用前面两种划分算法中的任意一种
        QuickSort11(R,s,i-1);                       //对无序列 1 递归排序
        QuickSort11(R,i+1,t);                       //对子序列 2 递归排序
    }
}
void QuickSort1(vector<int> &R)                     //递归算法:R[0..n-1]快速排序
{   int n=R.size();
    QuickSort11(R,0,n-1);
}
```

【算法分析】 对 n 个元素进行快速排序的过程构成一棵递归树，在这样的递归树中，每一层最多对 n 个元素进行划分，所花时间为 $O(n)$。当初始排序数据正序或反序时，递归树的高度为 n，快速排序呈现最坏情况，即最坏情况下的时间复杂度为 $O(n^2)$；当初始排序数据随机分布，使每次分成的两个子区间中的元素个数大致相等时，递归树的高度为 $O(\log_2 n)$，快速排序呈现最好情况，即最好情况下的时间复杂度为 $O(n\log_2 n)$。快速排序算法的平均时间复杂度也是 $O(n\log_2 n)$。所以快速排序是一种高效的算法，STL 中的 sort()算法就是采用快速排序方法实现的。

扫一扫

视频讲解

4.2.2 查找一个序列中第 k 小的元素

1. 问题描述

给定含 $n(n>1)$个整数的无序序列，求这个序列中第 $k(1\leqslant k\leqslant n)$小的元素(不是第 k 个不同的元素，而是递增排序后序号为 $k-1$ 的元素)。

2. 问题求解

假设整数无序序列用 $R[0..n-1]$表示，若将 R 递增排序，则第 k 小的元素就是 $R[k-1]$，实际上没有必要对整个序列排序，如果能够找到这样的元素 $R[i]$，它是归位的元素(前面的元素均小于或等于 $R[i]$，后面的元素均大于或等于 $R[i]$)，并且它的序号恰好是 $k-1$，即 $k-1=i$，那么 $R[i]$即为所求。找 $R[i]$可以采用快速排序的划分思想，在无序序列 $R[s..t]$中查找第 k 小的元素的过程如下：

(1) 若 $s\geqslant t$，即序列中只有一个元素，如果 $s=t$ 且 $s=k-1$ 成立，则 $R[k-1]$就是要求的结果，返回 $R[k-1]$。

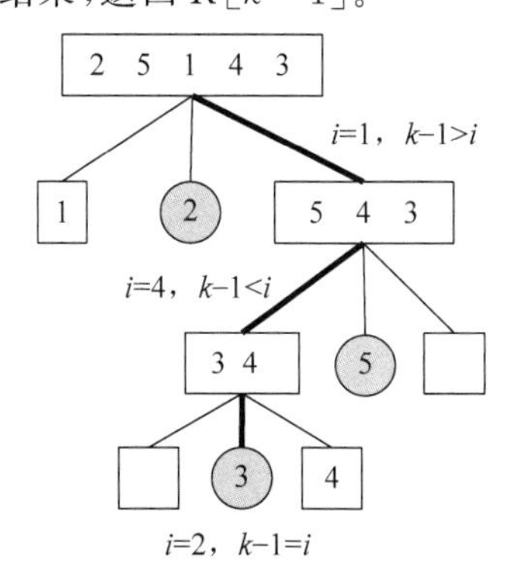

图 4.7 在 R 中查找第 3 小的元素的过程

(2) 若 $s<t$，表示序列中有两个或两个以上的元素，以基准为中心将其划分为 $R[s..i-1]$和 $R[i+1..t]$两个子序列，基准 $R[i]$已归位，$R[s..i-1]$中的所有元素均小于或等于 $R[i]$，$R[i+1..t]$中的所有元素均大于或等于 $R[i]$，分为以下 3 种情况。

① 若 $k-1=i$，$R[i]$即为所求，返回 $R[i]$。

② 若 $k-1<i$，说明第 k 小的元素应在 $R[s..i-1]$子序列中，递归在该子序列中求解并返回结果。

③ 若 $k-1>i$，说明第 k 小的元素应在 $R[i+1..t]$子序列中，递归在该子序列中求解并返回结果。

例如，$R=\{2,5,1,4,3\}$，$k=3$，求解过程如图 4.7 所示，第 1 次划分基准 2 的归位位置 $i=1(k-1>i)$，第 2 次划分基准 5 的归位位置 $i=4(k-1<i)$，第 3 次划分基准 3 的归位位置 $i=2(k-1=i)$，所以第 3 小的元素是 3。

对应的分治算法如下：

```
int QuickSelect11(vector<int> &R,int s,int t,int k)    //被 QuickSelect 调用
{   if (s<t)                                           //至少存在两个元素的情况
    {   int i=Partition1(R,s,t);                       //可以使用前面两种划分算法中的任意一种
        if (k-1==i)
            return R[i];
```

```
            else if(k-1<i)
                return QuickSelect11(R,s,i-1,k);        //在左子序列中递归查找
            else
                return QuickSelect11(R,i+1,t,k);        //在右子序列中递归查找
        }
        else if (s==t && s==k-1)                        //只有一个元素且 s=k-1
            return R[k-1];
}
int QuickSelect1(vector<int> &R,int k)                  //递归算法：在 R 中找第 k 小的元素
{   int n=R.size();
    return QuickSelect11(R,0,n-1,k);
}
```

【算法分析】 设序列 R 中含有 n 个元素，对于查找第 $k(1\leqslant k\leqslant n)$ 小的元素的算法 QuickSelect(R,0,$n-1$,k)而言，基本操作是元素之间的比较，对应的执行时间的递推式如下：

$$T(1)=1$$
$$T(n)=T(n/2)+O(n) \qquad 当 n>1 时$$

可以推导出 $T(n)=O(n)$，这是最好的情况，即每次划分的基准恰好是中位数，将一个序列划分为长度大致相等的两个子序列。在最坏情况下，每次划分的基准恰好是序列中的最大或最小元素，则划分的两个子序列中一个为空，另外一个只少一个元素，此时比较次数为 $O(n^2)$。在平均情况下该算法的时间复杂度为 $O(n)$。

4.2.3 归并排序

归并排序的基本思想是先将 $R[0..n-1]$看成 n 个长度为 1 的有序表，将相邻的 $k(k\geqslant 2)$ 个有序子表成对归并，得到 n/k 个长度为 k 的有序子表；然后将这些有序子表继续归并，得到 n/k^2 个长度为 k^2 的有序子表，如此反复进行下去，最后得到一个长度为 n 的有序表。由于整个排序结果放在一个数组中，所以不需要特别地进行合并操作。

若 $k=2$，即归并是在相邻的两个有序子表中进行的，称为二路归并排序。若 $k>2$，即归并操作是在相邻的多个有序子表中进行的，则叫多路归并排序。这里仅讨论二路归并排序算法，二路归并排序算法主要有两种，下面一一讨论。

1. 自底向上的二路归并排序

自底向上的二路归并排序算法采用归并排序的基本原理，第 1 趟归并排序时，将待排序的表 $R[0..n-1]$看作 n 个长度为 1 的有序子表，将这些有序子表两两归并，得到若干长度为 2 的有序子表，再两两归并，以此类推，直到归并成一个有序表为止。

例如，对于 $a=[2,5,1,7,10,6,9,4,3,8]$序列，其排序过程如图 4.8 所示，图中方括号内是一个有序子序列。

假设 $R[\text{low}..\text{mid}]$和 $R[\text{mid}+1..\text{high}]$是两个相邻的有序子序列（有序段），将其所有元素归并为有序子序列 $R[\text{low}..\text{high}]$的算法如下：

```
void Merge(vector<int> &R,int low,int mid,int high)     //归并两个相邻有序子序列
{   vector<int> R1;                                     //用作临时表
```

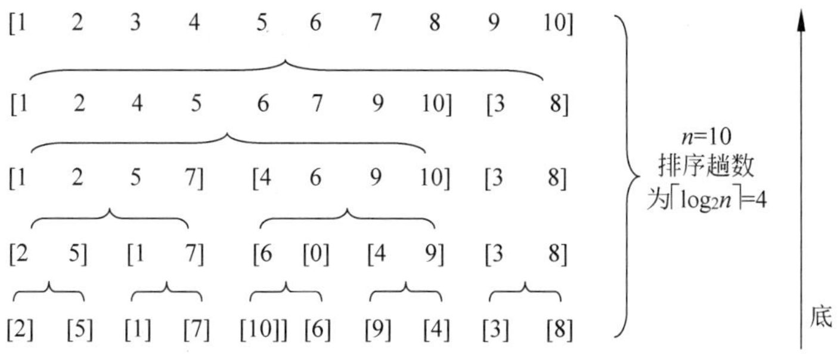

[1 2 3 4 5 6 7 8 9 10]

[1 2 4 5 6 7 9 10] [3 8]

[1 2 5 7] [4 6 9 10] [3 8]

[2 5] [1 7] [6 10] [4 9] [3 8]

[2] [5] [1] [7] [10] [6] [9] [4] [3] [8]

n=10 排序趟数为$\lceil \log_2 n \rceil$=4

底

图 4.8 序列 a 的自底向上的二路归并排序过程

```
    int i=low,j=mid+1;                            //i,j分别为两个子表的下标
    while (i<=mid && j<=high)                     //在子表1和子表2均未遍历完时循环
    {   if (R[i]<=R[j])                           //将子表1中的元素归并到R1
        {   R1.push_back(R[i]);
            i++;
        }
        else                                      //将子表2中的元素归并到R1
        {   R1.push_back(R[j]);
            j++;
        }
    }
    while (i<=mid)                                //将子表1余下的元素改变到R1
    {   R1.push_back(R[i]);
        i++;
    }
    while (j<=high)                               //将子表2余下的元素改变到R1
    {   R1.push_back(R[j]);
        j++;;
    }
    for (int k=0,i=low;i<=high;k++,i++)           //将R1复制回R中
        R[i]=R1[k];
}
```

上述算法的时间复杂度和空间复杂度均为 $O(m)$，其中 $m=\text{high}-\text{low}+1$ 即两个有序子序列中元素的总个数。

假设某一趟排序中有序子序列的长度为 length，即将 n 个元素依次分为长度为 length 的子序列，二路归并过程如下：

① 置 $i=0$，将 $R[i..i+\text{length}-1]$ 和 $R[i+\text{length}..i+2\text{length}-1]$ 两个长度均为 length 的有序子序列归并为一个长度为 2length 的有序子序列。

② 置 $i=i+2\text{length}$，将 $R[i..i+\text{length}-1]$ 和 $R[i+\text{length}..i+2\text{length}-1]$ 两个长度均为 length 的有序子序列归并为一个长度为 2length 的有序子序列，以此类推。

首先依次归并两个相邻的有序子序列，如果归并完所有元素时恰好结束，若最后只剩下一个有序子序列，则不能对其进行归并操作。只剩下一个有序子序列的条件是 $i+\text{length}>=n$，或者说当 $i+\text{length}<n$ 成立时一定存在两个可以归并的相邻有序子序列。需要注意的是，最后一个有序子序列的元素个数可能少于 length，但最后元素的下标一定是 $n-1$。这样得到如下一趟二路归并排序算法：

```
void MergePass(vector<int> &R,int length)            //一趟二路归并排序
{   int i,n=R.size();
    for (i=0;i+2*length-1<n;i=i+2*length)           //依次归并两个相邻的长度为 length 的子序列
        Merge(R,i,i+length-1,i+2*length-1);
    if (i+length<n)                                  //余下最后两个子表,后者的长度小于 length
        Merge(R,i,i+length-1,n-1);                   //归并这两个子表
}
```

最后设计排序算法 MergeSort1()，该算法通过调用$\lceil \log_2 n \rceil$次 MergePass()算法实现二路归并排序：

```
void MergeSort1(vector<int> &R)               //自底向上的二路归并排序算法
{   for (int length=1;length<R.size();length=2*length)
        MergePass(R,length);
}
```

从以上看出二路归并排序的分治策略如下。

① 分解：将原序列分解成 length 长度的若干子序列。

② 求解子问题：将相邻的两个子序列调用 Merge()算法合并成一个有序子序列。

③ 合并：由于每个子问题的排序结果直接存放在 R 中，合并步骤不需要执行任何操作。

上述二路归并排序算法共做$\lceil \log_2 n \rceil$趟归并(归并树的高度为$\lceil \log_2 n \rceil+1$)，每一趟的时间复杂度为 $O(n)$，因此二路归并排序的时间复杂度为 $O(n\log_2 n)$。在有序段长度为 length 的一趟归并中，每次调用 Merge()所需的临时空间为 $O(\text{length})$，但每次调用后临时空间被释放，所以一趟归并需要的空间仍然为 $O(\text{length})$，而最后一趟所有的 n 个元素参与归并，所以整个二路归并排序的空间复杂度为 $O(n)$。

2. 自顶向下的二路归并排序

自顶向下的二路归并排序算法采用递归实现，更为简洁，属于典型的二分法算法。设归并排序的当前区间是 R[low..high]，其分治策略如下。

① 分解：将当前序列 R[low..high]一分为二，即求 mid=(low+high)/2，分解为两个子序列 R[low..mid]和 R[mid+1..high](前者的元素个数≥后者的元素个数)。

② 子问题求解：递归地对两个相邻子序列 R[low..mid]和 R[mid+1..high]二路归并排序，其终止条件是子序列长度为 1 或者为 0(只有一个元素的子序列或者空表可以看成有序表)。

③ 合并：与分解过程相反，将已排序的两个子序列 R[low..mid](有序段 1)和 R[mid+1..high](有序段 2)归并为一个有序序列 R[low..high]。

例如，对于 a=[2,5,1,7,10,6,9,4,3,8]序列，其归并排序过程如图 4.9 所示，图中带阴影的矩形框表示合并的结果。

对应的自顶向下二路归并排序算法如下：

```
void MergeSort21(vector<int> &R,int low,int high)      //被 MergeSort2 调用
{   if (low<high)                                       //子序列有两个或两个以上元素
    {   int mid=(low+high)/2;                           //取中间位置
        MergeSort21(R,low,mid);                         //对 R[low..mid]子序列排序
```

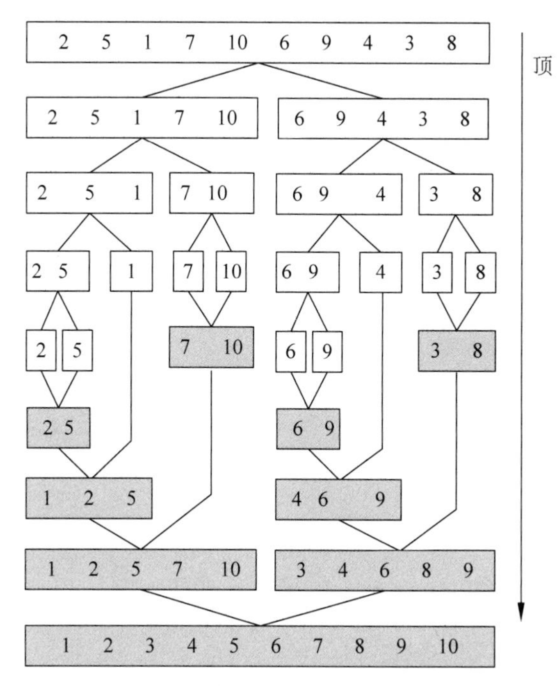

图 4.9 序列 a 的自顶向下的二路归并排序过程

```
        MergeSort21(R,mid+1,high);              //对 R[mid+1..high]子序列排序
        Merge(R,low,mid,high);                  //将两个有序子序列合并,见前面的算法
    }
}
void MergeSort2(vector<int> &R)                 //自顶向下的二路归并排序算法
{   int n=R.size();
    MergeSort21(R,0,n-1);
}
```

【算法分析】 设 MergeSort21(R,0,$n-1$)算法的执行时间为 $T(n)$,求出 mid=$n/2$,两个子问题(即 MergeSort21(R,0,$n/2$)和 MergeSort21(R,$n/2+1$,$n-1$))的执行时间均为 $T(n/2)$,显然 Merge(R,0,$n/2$,$n-1$)合并操作的执行时间为 $O(n)$,所以得到以下递推式:

$$T(n)=1 \quad \text{当 } n=1 \text{ 时}$$
$$T(n)=2T(n/2)+O(n) \quad \text{当 } n>1 \text{ 时}$$

采用主方法容易求出 $T(n)=O(n\log_2 n)$。对应的空间用 $S(n)$表示,两个子问题的总空间是它们中的最大值,所以得到以下递推式:

$$S(n)=1 \quad \text{当 } n=1 \text{ 时}$$
$$S(n)=S(n/2)+O(n) \quad \text{当 } n>1 \text{ 时}$$

采用主方法容易求出 $S(n)=O(n)$。两种二路归并算法的时空复杂度相同。

4.2.4 实战——求逆序数(POJ2299)

扫一扫

视频讲解

1. 问题描述

给定一组无序的整数序列,每次只能交换相邻的两个元素,求最少交换几次才能使序列

递增有序。

输入格式：输入包含几个测试用例。每个测试用例均以包含单个整数 $n<500000$(输入序列的长度)的一行开头，接下来是 n 个以单个空格分隔的整数($0\leqslant$ 整数值 $\leqslant 999999999$)。输入以 $n=0$ 结束，不必处理此序列。

输出格式：对于每个测试用例，输出一行包含整数 op，op 是对给定输入序列进行排序所需的最小交换操作数。

输入样例：

```
5
9 1 0 5 4
3
1 2 3
0
```

输出样例：

```
6
0
```

2. 问题求解

a 序列的逆序数是这样定义的：若 $i<j$ 并且 $a[i]>a[j]$，则($a[i]$,$a[j]$)为一个逆序对，a 中逆序对的个数称为 a 的逆序数。例如 $a=(1,3,2,1)$，求 a 的逆序数的过程如下：

① $a[0]=1$，后面的所有元素均大于或等于 1，不产生逆序对。

② $a[1]=3$，后面的元素 2 和 1 均小于 3，产生两个逆序对。

③ $a[2]=2$，后面的元素 1 小于 2，产生一个逆序对。

④ $a[3]=1$，不产生逆序对。

这里共 3 个逆序对，所以 a 的逆序数为 3。

从上看出采用相邻的两个元素交换使 a 序列递增有序的最少交换次数就是 a 的逆序数。这里利用递归二路归并排序方法求逆序数，在对 a[low..high]二路归并排序时先产生两个有序段 a[low..mid]和 a[mid+1..high]，再进行合并，在合并过程中(设 low$\leqslant i\leqslant$mid，mid+1$\leqslant j\leqslant$high)如果两个有序段均没有改变完成，求逆序数如下：

① 若 $a[i]>a[j]$(归并 $a[j]$)，看出前半部分中 $a[i..\text{mid}]$ 都比 $a[j]$ 大，对应的逆序对个数为 mid$-i+1$，如图 4.10 所示。

② 若 $a[i]\leqslant a[j]$(归并 $a[i]$)，不产生逆序对。

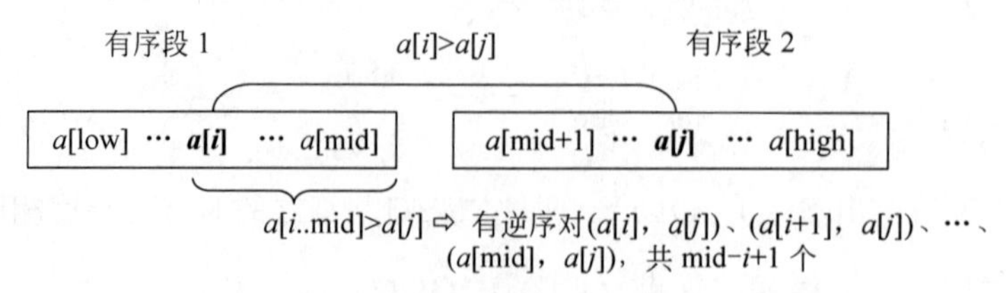

图 4.10 在两个有序段归并中求逆序数

上述循环结束，无论哪个有序段非空，需要归并非空的有序段，不会再产生逆序对。用 ans 存放整数序列 a 的逆序数(初始为 0)，对 a 进行递归二路归并排序，在合并中采用上述方法累计逆序数，最后输出 ans 即可。对应的完整程序如下：

```
#include<iostream>
#include<vector>
using namespace std;
long long ans;                                      //存放逆序数
void Merge(vector<int> &R,int low,int mid,int high)
//将 R[low..mid]和 R[mid+1..high]两个有序段二路归并为一个有序段 R[low..high]
{   vector<int> R1;
    R1.resize(high-low+1);                          //设置 R1 的长度为 high-low+1
    int i=low,j=mid+1,k=0;                          //k 是 R1 的下标,i、j 分别为第 1、2 段的下标
    while (i<=mid && j<=high)                       //在第 1 段和第 2 段均未扫描完时循环
    {   if (R[i]>R[j])                              //将第 2 段中的元素放入 R1 中
        {   R1[k]=R[j];
            ans+=mid-i+1;                               //累计逆序数
            j++; k++;
        }
        else                                            //将第 1 段中的元素放入 R1 中
        {   R1[k]=R[i];
            i++; k++;
        }
    }
    while (i<=mid)                                      //将第 1 段余下的部分复制到 R1
    {   R1[k]=R[i];
        i++; k++;
    }
    while (j<=high)                                     //将第 2 段余下的部分复制到 R1
    {   R1[k]=R[j];
        j++; k++;
    }
    for (k=0,i=low;i<=high;k++,i++)                     //将 R1 复制回 R 中
        R[i]=R1[k];
}
void MergeSort21(vector<int> &R,int s,int t)            //被 MergeSort2 调用
{   if (s>=t) return;                                   //R[s..t]的长度为 0 或者为 1 时返回
    int m=(s+t)/2;                                      //取中间位置 m
    MergeSort21(R,s,m);                                 //对前子表排序
    MergeSort21(R,m+1,t);                               //对后子表排序
    Merge(R,s,m,t);                                     //将两个有序子表合并成一个有序表
}
void MergeSort2(vector<int> &R,int n)                   //自顶向下的二路归并排序
{
    MergeSort21(R,0,n-1);
}
int main()
{   int n,x;
    while(scanf("%d",&n)!=EOF)
    {   if (n==0) break;
        vector<int> R;
        for (int i=0;i<n;i++)
        {   scanf("%d",&x);
            R.push_back(x);
        }
        ans=0;
        MergeSort2(R,n);
```

```
        printf("%lld\n",ans);
    }
    return 0;
}
```

上述程序是AC代码，运行时间为1438ms，内存消耗为3724KB，编译语言为C++。

4.3 求解查找问题

所谓查找，是指在一个或多个无序或者有序的序列中查找满足特定条件的元素。

4.3.1 查找最大和次大元素

1. 问题描述

对于给定的含有 n 个整数的无序序列，求这个序列中最大和次大的两个不同的元素。

2. 问题求解

对于无序整数序列 a[low. high]（含 high－low＋1 个元素），采用分治法求最大元素 max1 和次大元素 max2 的过程如下：

① 若 a[low. high]中只有一个元素，则 max1＝a[low]，max2＝－INF(－∞)。

② 若 a[low. high]中只有两个元素，则 max1＝max(a[low]，a[high])，max2＝min(a[low]，a[high])。

③ 若 a[low. high]中有两个以上元素，按中间位置 mid＝(low＋high)/2 划分为 a[low..mid]和 a[mid+1..high]左、右两个区间(注意左区间包含 a[mid]元素)。递归求出左区间的最大元素 lmax1 和次大元素 lmax2；递归求出右区间的最大元素 rmax1 和次大元素 rmax2。

④ 合并操作是，若 lmax1 > rmax1，则 max1＝lmax1，max2＝max(lmax2，rmax1)，否则 max1＝rmax1，max2＝max(lmax1，rmax2)。

例如，对于 a[0..4]＝{5，2，1，4，3}，mid＝(0＋4)/2＝2，划分为左区间 a[0..2]＝{5，2，1}，右区间 a[3..4]＝{4，3}。递归在左区间中求出 lmax1＝5，lmax2＝2，递归在右区间中求出 rmax1＝4，rmax2＝3。合并操作是，max1＝max(lmax1，rmax1)＝5，max2＝max(lmax2，rmax1)＝4。求解过程如图 4.11 所示。

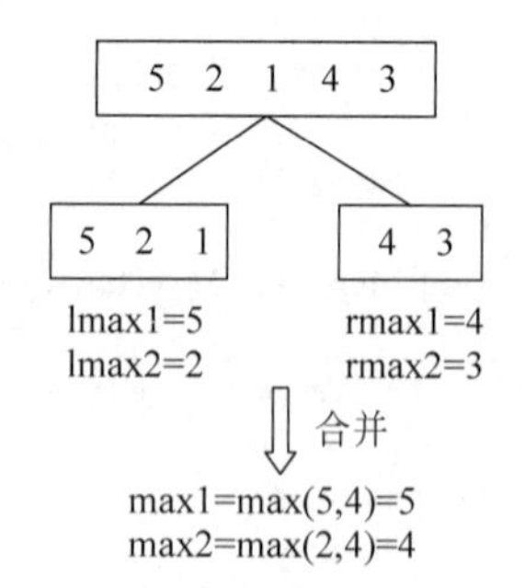

图 4.11　求 max1 和 max2 的过程

对应的递归算法如下：

```
void solve1(vector<int> &a,int low,int high,int &max1,int &max2)    //被 solve 调用
{   if (low==high)                                       //区间只有一个元素
    {   max1=a[low];
        max2=-INF;
```

```
    }
    else if (low==high-1)                                //区间只有两个元素
    {   max1=max(a[low],a[high]);
        max2=min(a[low],a[high]);
    }
    else
    {   int mid=(low+high)/2;
        int lmax1,lmax2;
        solve1(a,low,mid,lmax1,lmax2);                   //左区间求 lmax1 和 lmax2
        int rmax1,rmax2;
        solve1(a,mid+1,high,rmax1,rmax2);                //右区间求 lmax1 和 lmax2
        if (lmax1 > rmax1)
        {   max1=lmax1;
            max2=max(lmax2,rmax1);                       //在 lmax2 和 rmax1 中求次大元素
        }
        else
        {   max1=rmax1;
            max2=max(lmax1,rmax2);                       //在 lmax1 和 rmax2 中求次大元素
        }
    }
}
void solve(vector<int> &a,int &max1,int &max2)          //求 a 中的最大和次大元素
{
    solve1(a,0,a.size()-1,max1,max2);
}
```

【算法分析】 solve(a,max1,max2)是通过调用 solve1(a,0,$n-1$,max1,max2)实现的,其执行时间的递推式如下:

$T(n)=1$	$n\leqslant 2$ 时
$T(n)=2T(n/2)+1$	当 $n>2$ 时合并的时间为 $O(1)$

可以推导出 $T(n)=O(n)$。

4.3.2 二分查找

二分查找又称折半查找,是一种高效的查找方法,二分查找要求查找序列中的元素是有序的并且采用顺序表存储(为了简单,假设查找序列是递增有序的),要求在这样的有序序列中查找值为 k 的元素,找到后返回其序号,若该序列中不存在值为 k 的元素,返回-1。

二分查找的基本思路是,设 R[low..high]是当前的查找区间,首先确定该区间的中点位置 mid=$\lfloor$(low+high)/2$\rfloor$,然后将 k 和 R[mid]比较,分为 3 种情况:

① 若 $k=R$[mid],则查找成功并返回该元素的下标 mid。

② 若 $k<R$[mid],由表的有序性可知 k 只可能在左区间 R[low..mid-1]中,故修改新查找区间为 R[low..mid-1]。

③ 若 $k>R$[mid],由表的有序性可知 k 只可能在右区间 R[mid$+1$..high]中,故修改新查找区间为 R[mid$+1$..high]。

下一次针对新查找区间重复操作,直到找到为 k 的元素或者新查找区间为空,注意每次循环新查找区间一定会发生改变。

从中看出,初始从查找区间 R[0..$n-1$]开始,每经过一次与当前查找区间的中点位置

元素的比较，就可确定查找是否成功，不成功则当前的查找区间缩小一半。二分查找的递归算法如下：

```
int BinSearch11(vector<int> &R, int low, int high, int k)      //被 BinSearch1 调用
{   if (low<=high)                              //当前区间存在元素时
    {   int mid=(low+high)/2;                   //求查找区间的中间位置
        if (k==R[mid])                          //找到后返回下标 mid
            return mid;
        if (k<R[mid])                           //当 k<R[mid]时，在左区间中递归查找
            return BinSearch11(R, low, mid-1, k);
        else                                    //当 k>R[mid]时，在右区间中递归查找
            return BinSearch11(R, mid+1, high, k);
    }
    else return -1;                             //若当前查找区间为空，返回-1
}
int BinSearch1(vector<int> &R, int k)          //递归算法：二分查找
{   int n=R.size();
    return BinSearch11(R, 0, n-1, k);
}
```

可以采用循环不变量的方法证明上述二分查找算法的正确性。循环不变量是若 k 存在于 $R[0..n-1]$，那么它一定在查找区间 $R[\text{low}..\text{high}]$ 中。

初始化：第一轮循环开始之前查找区间 $R[\text{low}..\text{high}]$ 就是 $R[0..n-1]$，显然成立。

保持：每轮循环开始前，k 存在于查找区间 $R[\text{low}..\text{high}]$ 中，每轮循环是先计算 mid=(low+high)/2，操作如下。

① $k=R[\text{mid}]$，查找到了值为 k 的元素，直接返回其序号 mid。

② $k<R[\text{mid}]$，值为 k 的元素只可能存在于 $R[\text{low}..\text{mid}-1]$ 中。

③ $k>R[\text{mid}]$，值为 k 的元素只可能存在于 $R[\text{mid}+1..\text{high}]$ 中。

在后面两种情况中，每次减小查找区间的长度，最后由 1(low=high) 变为 0(low>high)，不会发生死循环。

终止：循环结束时 low>high 成立，查找区间为空，表示 k 不存在于所有步骤的查找区间中，再结合每一步排除的部分元素中也不可能有 k，因此 k 不存在于 R 中。

【算法分析】 二分查找算法的基本操作是元素的比较，对应的递推式如下：

$$T(n)=1 \quad \text{当 } n=1 \text{ 时}$$
$$T(n)\leqslant T(n/2)+1 \quad \text{当 } n\geqslant 2 \text{ 时}$$

容易求出 $T(n)=O(\log_2 n)$。

等价的二分查找迭代算法如下：

```
int BinSearch2(vector<int> &R, int k)                   //迭代算法：二分查找
{   int low=0, high=R.size()-1;
    while (low<=high)                                   //当前区间存在元素时循环
    {   int mid=(low+high)/2;                           //求查找区间的中间位置
        if (k==R[mid])                                  //找到后返回其下标 mid
            return mid;
        if (k<R[mid])                                   //当 k<R[mid]时，在左区间中递归查找
            high=mid-1;
```

```
        else                        //当 k > R[mid]时,在右区间中递归查找
            low=mid+1;
    }
    return -1;                      //若当前查找区间为空,返回-1
}
```

二分查找的思路很容易推广到三分查找,显然三分查找对应判断树的高度恰好是$\lfloor \log_3 n \rfloor+1$,推出查找时间复杂度为$O(\log_3 n)$,由于$\log_3 n=\log_2 n/\log_2 3$,所以三分查找和二分查找的时间是同一个数量级的。

【例 4-2】 对于含n个元素的递增有序序列R,其中元素可能重复出现。设计一个高效的算法查找k的插入点,k的插入点是指有序插入k的第一个位置,或者说R中第一个大于或等于k的序号,当k大于R中的全部元素时插入点为n。例如$R=[1,2,2,4]$,$n=4$,元素的序号为0~3,−1的插入点是0,2的插入点是1,3的插入点是3,4的插入点是3,5的插入点是4。

解 k的插入点为R中第一个大于或等于k的序号,插入点的范围是$0\sim n$,采用二分查找方法,若查找区间为R[low..high](从R[0..n]开始),求出 mid=(low+high)/2,元素的比较分为3种情况。

① 若$k=R$[mid],R[mid]不一定是第一个大于或等于k的元素,继续在左区间中查找,但R[mid]可能是第一个大于或等于k的元素,所以左区间应该包含R[mid],则新查找区间修改为R[low..mid]。

② 若$k<R$[mid],R[mid]不一定是第一个大于或等于k的元素,继续在左区间中查找,但R[mid]可能是第一个大于或等于k的元素,所以左区间应该包含R[mid],则新查找区间修改为R[low..mid]。

③ 若$k>R$[mid],R[mid]一定不是第一个大于或等于k的元素,继续在右区间中查找,则新查找区间修改为R[mid+1..high]。

其中①、②的操作都是置 high=mid,可以合二为一。由于新区间可能包含R[mid](不同于基本二分查找),这样带来一个问题,当查找区间R[low..high]只有一个元素(low=high),执行 mid=(low+high)/2 时发现 mid、low 和 high 均相同,如果此时比较结果是$k\leqslant R$[mid],则执行 high=mid,这时新查找区间没有发生改变,从而导致陷入死循环。

为此必须保证查找区间R[low..high]至少有两个元素(满足 low < high),这样就不会出现死循环。当循环结束时,如果查找区间R[low..high]有一个元素,该元素就是第一个大于或等于k的元素,如果R[low..high]为空(只有$R[n..n]$一种情况),说明k大于R中的全部元素,所以返回 low 即可。对应的递归算法如下:

```
int insertpoint(vector<int> & R,int k)
{   int n=R.size();
    int low=0,high=n;
    while (low<high)                //查找区间至少含两个元素
    {   int mid=(low+high)/2;
        if (k<=R[mid])              //k<=R[mid]
            high=mid;               //在左区间中查找(含 R[mid])
        else
            low=mid+1;              //在右区间中查找
```

```
    }
    return low;                    //返回 low
}
```

思考题：对于一个可能包含相同元素的有序序列，如何查找第一个为 k 的元素的位置和最后一个为 k 的元素的位置？

扫一扫

视频讲解

4.3.3 查找两个等长有序序列的中位数

1. 问题描述

对于一个长度为 n 的有序序列（假设均为递增序列）$a[0..n-1]$，处于中间位置的元素称为 a 的中位数（当 n 为奇数时中位数是唯一的，当 n 为偶数时有两个中位数，这里求前一个中位数）。例如，若序列 $a=(11,13,15,17,19)$，其中位数是 15；若 $b=(2,4,6,8,20)$，其中位数为 6。两个等长有序序列的中位数是含它们所有元素的有序序列的中位数，例如 a、b 两个有序序列的中位数为 11。设计一个算法求给定的两个等长有序序列的中位数。

2. 问题求解

采用二分法求含有 n 个有序元素的序列 a、b 的中位数的过程如下：

(1) 若序列 a、b 中均只有一个元素，则较小者就是要求的中位数。

(2) 否则分别求出 a、b 的中位数 $a[m1]$ 和 $b[m2]$，两者比较分为 3 种情况：

① 若 $a[m1]=b[m2]$，则 $a[m1]$ 或 $b[m2]$ 即为所求中位数，如图 4.12(a)所示，算法结束。

② 若 $a[m1]<b[m2]$，则舍弃序列 a 中的前半部分（较小的一半），同时舍弃序列 b 中的后半部分（较大的一半），要求舍弃的长度相等，如图 4.12(b)所示。

③ 若 $a[m1]>b[m2]$，则舍弃序列 a 中的后半部分（较大的一半），同时舍弃序列 b 中的前半部分（较小的一半），要求舍弃的长度相等，如图 4.12(c)所示。

由于每次比较后要么找到了中位数，要么保留的两个升序序列的长度相同，那么重复上述过程，直到在保留的两个序列中找到中位数为止。

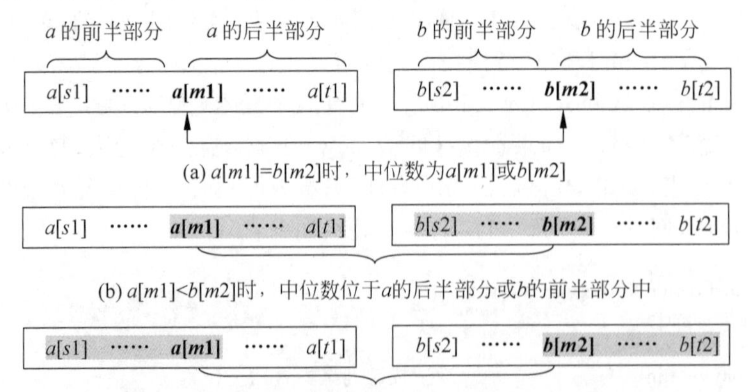

图 4.12 求两个等长有序序列的中位数的过程

为了保证每次取的两个子有序序列等长，对于 $a[s..t]$，$m=(s+t)/2$，若取前半部分，

则为 $a[s..m]$（包含 $a[m]$元素）。在取后半部分时，要区分 a 中元素的个数为奇数还是偶数，若为奇数，即 $(s+t)\%2=0$ 成立，则后半部分为 $a[m..t]$（包含 $a[m]$元素）；若为偶数，即 $(s+t)\%2=1$ 成立，则后半部分为 $a[m+1..t]$（不包含 $a[m]$元素）。

例如，求 $a=(11,13,15,17,19)$ 和 $b=(2,4,6,8,20)$ 两个有序序列的中位数的过程如图 4.13 所示。

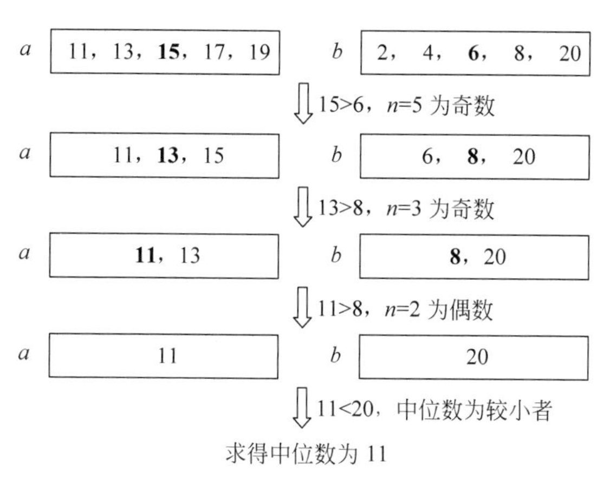

图 4.13 求 a、b 两个有序序列的中位数的过程

对应的递归算法如下：

```
void prepart(int &s,int &t)                                  //求 a[s..t]序列的前半子序列
{   int m=(s+t)/2;
    t=m;
}
void postpart(int &s,int &t)                                 //求 a[s..t]序列的后半子序列
{   int m=(s+t)/2;
    if ((s+t)%2==0)                                          //序列中有奇数个元素
        s=m;
    else                                                     //序列中有偶数个元素
        s=m+1;
}
int midnum11(int a[],int s1,int t1,int b[],int s2,int t2)   //被 midnum 调用
{   int m1,m2;
    if (s1==t1 && s2==t2)                                    //满足情况(1)
        return a[s1]<b[s2]?a[s1]:b[s2];
    else                                                     //满足情况(2)
    {   m1=(s1+t1)/2;                                        //求 a 的中位数
        m2=(s2+t2)/2;                                        //求 b 的中位数
        if (a[m1]==b[m2])                                    //满足①
            return a[m1];
        if (a[m1]<b[m2])                                     //满足②
        {   postpart(s1,t1);                                 //a 取后半部分
            prepart(s2,t2);                                  //b 取前半部分
            return midnum11(a,s1,t1,b,s2,t2);
        }
        else                                                 //满足③
        {   prepart(s1,t1);                                  //a 取前半部分
            postpart(s2,t2);                                 //b 取后半部分
            return midnum11(a,s1,t1,b,s2,t2);
        }
```

```
    }
}
int midnum1(int a[],int b[],int n)              //递归算法：求有序序列 a 和 b 的中位数
{
    return midnum11(a,0,n-1,b,0,n-1);
}
```

【算法分析】 对于含有 n 个元素的有序序列 a 和 b，设调用 midnum1(a,b,n) 求中位数的执行时间为 $T(n)$，显然有以下递推式：

$$T(n)=1 \qquad 当 n=1 时$$
$$T(n)=2T(n/2)+1 \qquad 当 n>1 时$$

容易推出 $T(n)=O(\log_2 n)$。等价的迭代算法如下：

```
int midnum2(int a[],int b[],int n)              //迭代算法：求有序序列 a 和 b 的中位数
{   int s1,t1,m1,s2,t2,m2;
    s1=0; t1=n-1;
    s2=0; t2=n-1;
    while (s1!=t1 || s2!=t2)
    {   m1=(s1+t1)/2;
        m2=(s2+t2)/2;
        if (a[m1]==b[m2])
            return a[m1];
        if (a[m1]<b[m2])
        {   postpart(s1,t1);
            prepart(s2,t2);
        }
        else
        {   prepart(s1,t1);
            postpart(s2,t2);
        }
    }
    return a[s1]<b[s2]?a[s1]:b[s2];
}
```

思考题：如果两个有序序列 a 和 b 中元素的个数不同，如何求中位数？

扫一扫

视频讲解

4.3.4 查找假币问题

1. 问题描述

共有 $n(n>3)$ 个硬币，编号为 $0\sim n-1$，其中有且仅有一个假币，假币与真币的外观相同但重量不同，事先知道假币的重量比真币轻还是重。现在用一架天平称重，天平称重的硬币数没有限制。设计一个算法找出这个假币，使得称重的次数最少。

2. 问题求解

采用三分查找思想，用 coins$[0..n-1]$存放 n 个硬币，其中 coins$[i]$表示编号为 i 的硬币的重量（真币的重量为 2，假币的重量为 1 或者 3），light 指定假币比真币轻还是重，light=1 表示假币较轻，light=−1 表示假币较重。查找的假币编号用 no 表示。在以 i 开始的 n 个硬币 coins$[i..i+n-1]$中查找假币的过程如下：

(1) 如果 $n=1$,依题意它就是假币,置 no=i,返回结果。

(2) 如果 $n=2$,将两个硬币 coins[i]和 coins[$i+1$]称重一次,若与 light 一致,说明硬币 i 是假币,置 no=i,否则说明硬币 $i+1$ 是假币,置 no=$i+1$,返回结果。

(3) 如果 $n \geqslant 3$,若 $n\%3=0$ 或 $n\%3=1$,置 $k=\lfloor n/3 \rfloor$,若 $n\%3=2$,置 $k=\lfloor n/3 \rfloor+1$,依次将 coins 中的 n 个硬币分为 3 份,A 和 B 中各有 k 个硬币(A 为 coins[ia..ia+$k-1$],B 为 coins[ib..ib+$k-1$]),C 中有 $n-2k$ 个硬币(C 为 coins[ic..ic+$n-2k-1$]),这样划分保证 C 中硬币个数和 A、B 中硬币个数最多相差 1。将 A 和 B 中的硬币称重一次,结果为 b,分为如下 3 种情况:

① 若两者重量相等($b=0$),说明 A 和 B 中的所有硬币都是真币,假币一定在 C 中,递归在 C 中查找假币并返回结果。

② 若 A 和 B 的重量不相等($b \neq 0$),如果 b 与 light 一致,说明假币一定在 A 中,递归在 A 中查找假币并返回结果。

③ 如果 b 与 light 不一致,说明假币一定在 B 中,递归在 B 中查找假币并返回结果。

从中看出,当 $n \geqslant 3$ 时查找假币为原问题,将所有硬币划分为 A、B 和 C,A、B 中硬币个数相同并且 A 和 C 中硬币个数最多相差 1。将 A 和 B 称重一次后转换为在 A、B 或者 C 中查找假币,对应的子问题的规模大约为 $n/3$。

例如,$n=9$,9 个硬币编号为 0~8,其中 coins[2]=1,light=1(编号为 2 的硬币为较轻的假币),查找假币的过程如图 4.14 所示。

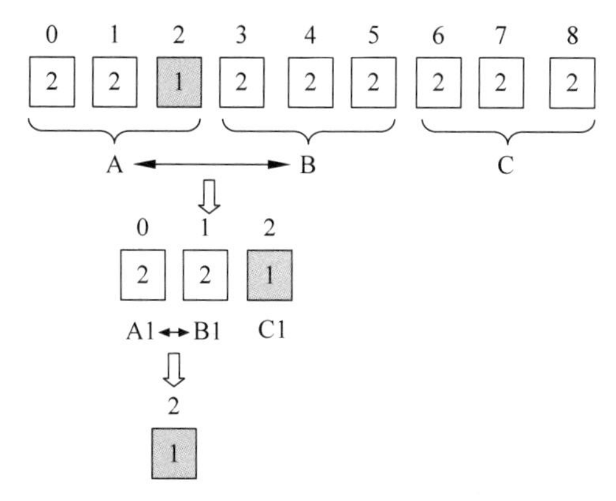

图 4.14 查找假币的过程

① $n=9$,$k=\lfloor n/3 \rfloor=3$,分为 A(coins[0..2])、B(coins[3..5])和 C(coins[6..8])3 份,硬币 A 与 B 的硬币称重一次(图中用↔表示用天平称重一次),前者轻,即 $b=1$,此时 b=light,说明假币在 A 中。

② 在 A 中查找假币,此时 $n1=3$,$k1=\lfloor n1/3 \rfloor=1$,划分为 A1(coins[0])、B1(coins[1])和 C1(coins[2]),各有一个硬币,A1 和 B1 称重一次,两者重量相等,说明假币在 C1 中,而 C1 中只有一个硬币,它就是假币,置 no=2。总共称重两次。

对应的分治算法如下:

```
int no;                                              //找到的假币的编号
int light;                                           //假币比真币轻(1)或者重(-1)
int Balance(vector<int> &c, int ia, int ib, int n)   //将 c[ia]和 c[ib]开始的 n 个硬币称重一次
```

```
{   int sa=0,sb=0;
    for(int i=ia,j=0;j<n;i++,j++)
        sa+=c[i];
    for(int i=ib,j=0;j<n;i++,j++)
        sb+=c[i];
    if(sa<sb)return 1;                          //A 轻
    else if(sa==sb) return 0;                   //A、B 重量相同
    else return -1;                             //B 轻
}
void spcoin(vector<int> &coins,int i,int n)     //在 coins[i..i+n-1](共 n 个硬币)中查找假币
{   if(n==1)                                    //剩余一个硬币 coins[i]
        no=i;
    else if(n==2)                               //剩余两个硬币 coins[i]和 coins[i+1]
    {   int b=Balance(coins,i,i+1,1);           //两个硬币称重
        if(b==light)                            //coins[i]是假币
            no=i;
        else                                    //coins[i+1]是假币
            no=i+1;
    }
    else                                        //剩余 3 个或者 3 个以上硬币 coins[i..i+n-1]
    {   int k;
        if(n%3==0||n%3==1)
            k=n/3;
        else
            k=n/3+1;
        int ia=i,ib=i+k,ic=i+2*k;              //分为 A、B、C,硬币个数分别为 k、n-2k
        int b=Balance(coins,ia,ib,k);           //A、B 称重一次
        if(b==0)                                //A、B 的重量相同,假币在 C 中
            spcoin(coins,ic,n-2*k);             //在 C 中查找假币
        else if(b==light)                       //假币在 A 中
            spcoin(coins,ia,k);                 //在 A 中查找假币
        else spcoin(coins,ib,k);                //假币在 B 中,在 B 中查找假币
    }
}
```

【算法分析】 这里仅考虑查找 n 个硬币中假币时的称重次数，设为 $C(n)$。当 $n=1$ 时称重 0 次，当 $n=2$ 时最多称重 1 次，当 $n\geqslant 3$ 时，A、B、C 中元素的个数大约为 $n/3$。对应的递推式如下：

$$C(n)=1 \quad 当 n=2 时$$
$$C(n)=C(n/3)+1 \quad 当 n\geqslant 3 时$$

可以推出最多称重次数 $C(n)=\lceil \log_3 n \rceil$。例如，$n=9$ 时最多称重次数为 2，$n=27$ 时最多称重次数为 3，$n=100$ 时最多比较次数为 5。

思考题：如果有 n 个硬币，有且仅有一个假币，假币与真币的外观相同但重量不同，事先不知道假币的重量比真币轻还是重，如何利用一架天平称重找出这个假币，使得称重的次数最少呢？

扫一扫

视频讲解

4.3.5* 实战——有序数组中的单一元素(LeetCode540)

1. 问题描述

给定一个只包含整数的有序数组，每个数都会出现两次，唯有一个数只会出现一次，找

出这个数。例如，nums=[1,1,2,3,3,4,4,8,8]，输出为2。要求设计如下函数，采用的算法应该在$O(\log_2 n)$时间复杂度和$O(1)$空间复杂度中运行。

```
class Solution {
public:
    int singleNonDuplicate(vector<int> & nums){  }
};
```

2. 问题求解

由于是有序数组a，大家自然想到采用二分查找，那么如何采用二分查找方法求只出现一次的元素呢？显然若a中的所有元素均出现两次，则一定有$a[i]=a[i+1]$（序号i为偶数位置），如果a中恰好有一个元素出现一次，如何找出规律？以$a=[1,1,2,2,3,4,4,5,5]$为例，$n=9$，序号是0～8，从头开始观察每个偶数序号，元素1和元素2均出现两次，满足$a[i]=a[i+1]$，元素3（序号为4）出现一次，不满足$a[4]=a[5]$，后面的偶数序号均不满足$a[i]=a[i+1]$，如图4.15所示，从中看出，出现一次的元素是第一个不满足$a[i]=a[i+1]$（i为偶数位置）的元素，所以该问题转化为求a中第一个$a[\text{mid}]\neq a[\text{mid}+1]$的元素（mid为偶数序号）。

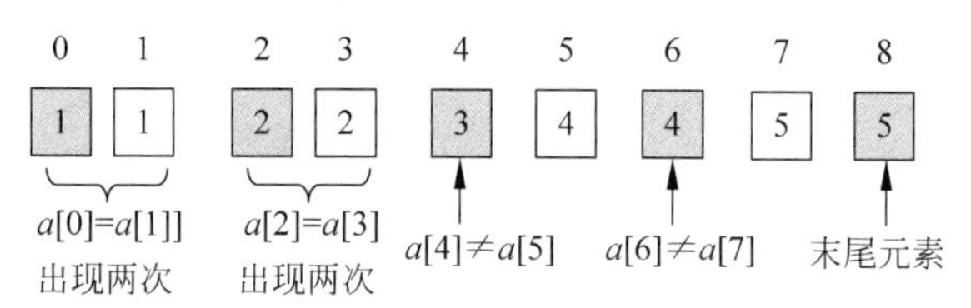

图4.15 观察规律

例如，$a=[1,1,2,2,3,4,4]$，$n=7$，序号是0～6，采用二分查找方法查找出现一次的元素的过程如图4.16所示。

对于有序序列nums[low..high]（至少包含两个元素，初始时low=0，high=$n-1$），置mid=(low+high)/2，查找过程如下：

① 若mid为奇数，置mid=mid−1，保证mid为偶数，便于判断nums[mid]是不是出现两次的元素，因为从左向右看前面均出现两次的元素中首元素的下标一定是偶数。

② 若满足nums[mid]=nums[mid+1]，说明nums[0..mid+1]中的全部元素均出现两次，在这部分元素中不可能找到出现一次的元素，置low=mid+2，即在nums[mid+2..high]中查找结果。

③ 若不满足nums[mid]=nums[mid+1]，说明出现一次的元素在前面，在nums[low..mid]中继续查找（本题转换为保证mid为偶数时找到第一个与右边不相同的元素）。

下一步继续在新查找区间中查找，直到区间中仅包含一个元素位置，该元素就是仅出现一次的元素。对应的算法如下：

```
class Solution {
public:
    int singleNonDuplicate(vector<int> & nums)
    {   int n=nums.size();
```

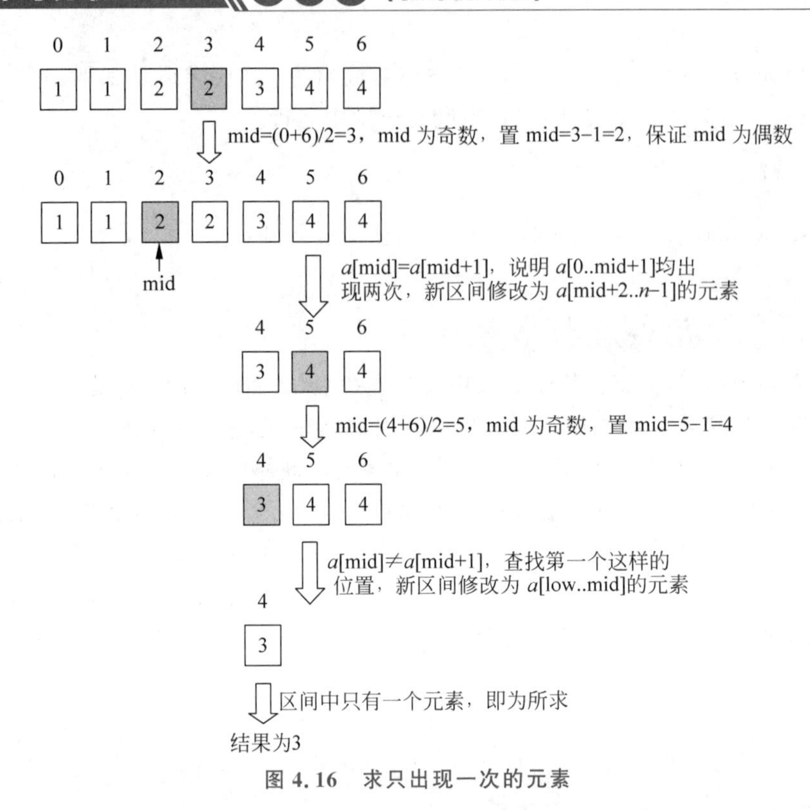

图 4.16　求只出现一次的元素

```
        int low=0,high=n-1;
        while(low < high)                    //查找区间中至少有两个元素时循环
        {   int mid=(low+high)/2;
            if(mid%2==1)                     //保证 mid 为偶数
                mid--;
            if(nums[mid]!=nums[mid+1])       //nums[mid]与右边的元素不相同,向左边逼近
                high=mid;
            else                             //nums[mid]=nums[mid+1]
                low=mid+2;                   //跳过相同的两个元素,在右区间中查找
        }
        return nums[low];                    //查找区间中只有一个元素时即为所求
    }
};
```

执行结果：通过。执行时间为 16ms，内存消耗为 10.8MB（编程语言为 C++语言）。

4.4 求解组合问题

这里的组合问题是指答案为一个组合对象的问题，例如查找一个排列、一个组合或者一个子集等，这些对象满足特定的条件或者特定关系。

扫一扫

视频讲解

4.4.1 最大连续子序列和

1. 问题描述

该问题的描述参见 3.1.2 节。这里采用分治法求解。

2. 问题求解

对于含有 n 个整数的序列 $a[0..n-1]$，若 $n=1$，表示该序列中仅含一个元素，如果该元素大于 0，返回该元素，否则返回 0。若 $n>1$，采用分治法求解，设求解区间是 a[low..high]，取其中间位置 mid=(low+high)/2，其中最大连续子序列只可能出现在 3 个地方，各种情况及求解方法如图 4.12 所示。

(1) 最大连续子序列完全落在左区间 a[0..mid]中，采用递归方法求出其最大连续子序列和 maxLeftSum，如图 4.17(a)所示。

(2) 最大连续子序列完全落在右区间 a[mid+1..high]中，采用递归方法求出其最大连续子序列和 maxRightSum，如图 4.17(a)所示。

(3) 最大连续子序列跨越中间位置元素 a_{mid}，或者说最大连续子序列为(a_i,…,a_{mid},a_{mid+1},…,a_j)，该序列由以下两部分组成：

① (a_i,…,a_{mid})一定是以 a_{mid} 结尾的最大连续子序列(不一定是 a 中的最大连续子序列)，其和 maxLeftBorderSum=$\max\left(\sum_{i=mid}^{low} a_i\right)$。

② (a_{mid+1},…,a_j)一定是以 a_{mid+1} 开头的最大连续子序列(不一定是 a 中的最大连续子序列)，其和 maxRightBorderSum=$\max\left(\sum_{j=mid+1}^{high} a_j\right)$。这样跨越中间位置元素 a_{mid} 的最大连续子序列和 maxMidSum=maxLeftBorderSum+ maxRightBorderSum，如图 4.17(b)所示。

最后整个序列 a 的最大连续子序列和为 maxLeftSum、maxRightSum 和 maxMidSum 三者中的最大值 ans(如果 ans<0，则答案为 0)，如图 4.17(c)所示。

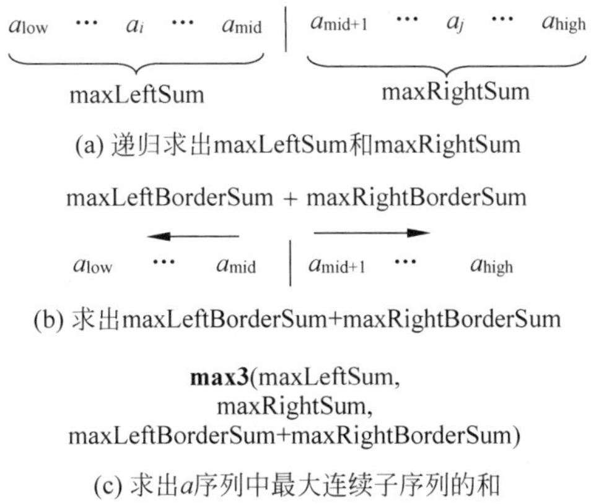

(a) 递归求出maxLeftSum和maxRightSum

(b) 求出maxLeftBorderSum+maxRightBorderSum

(c) 求出a序列中最大连续子序列的和

图 4.17 求解最大连续子序列和的过程

上述过程也体现出分治策略，只是分解更加复杂，这里分解出 3 个子问题，以中间位置为基准分为左、右两个区间，左、右两个区间的求解是两个子问题，它们与原问题在形式上相同，可以递归求解，子问题 3 是考虑包含中间位置元素的最大连续子序列和，它在形式上不同于原问题，需要特别处理。最后的合并操作仅在三者中求最大值。从中看出，同样采用分治法，不同问题的难度是不同的，很多情况下难度体现在需要特别处理的子问题上。

例如，对于整数序列 a=[−2,11,−4,13,−5,−2]，n=6，求 a 中最大连续子序列和的过程如下：

① mid=(0+5)/2=2，a[mid]=−4，划分为 a[0..2]和 a[3..5]左、右两部分。

② 递归求出左部分的最大连续子序列和 maxLeftSum 为 11，递归求出右部分的最大连续子序列和 maxRightSum 为 13，如图 4.18(a)所示。

③ 再求包含 a[mid](mid=2)的最大连续子序列和 maxMidSum。用 Sum(a[i..j])表示 a[i..j]中所有元素的和，置 maxLeftBorderSum=0：

Sum(a[2])=−4 ⇨ maxLeftBorderSum=0

Sum(a[1..2])=7 ⇨ maxLeftBorderSum=7

Sum(a[0..2])=5 ⇨ maxLeftBorderSum=7

再置 maxRightBorderSum=0：

Sum(a[3])=13 ⇨ maxRightBorderSum=13

Sum(a[3..4])=8 ⇨ maxRightBorderSum=13

Sum(a[3..5])=6 ⇨ maxRightBorderSum=13

则 maxMidSum=maxLeftBorderSum+ maxRightBorderSum=7+13=20，如图 4.18(b)所示。最终结果为 max(11,13,20)=20。

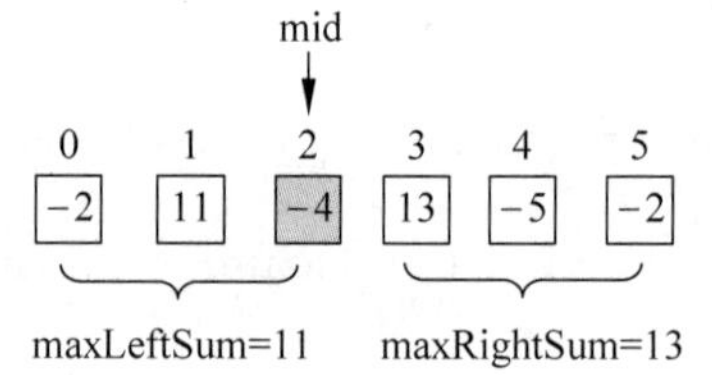

(a) 递归求出maxLeftSum和maxRightSum

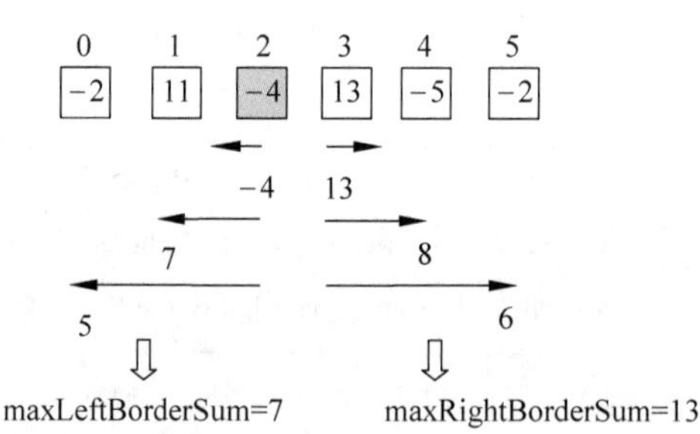

(b) 以−4为中心的最大连续子序列和为20

图 4.18 求{−2,11,−4,13,−5,−2}的最大连续子序列和

求最大连续子序列和的递归算法如下：

```
int max3(int a,int b,int c)                          //求出 3 个 int 整数中的最大值
{
    return max(max(a,b),c);
}
int maxSubSum31(vector<int> &a,int low,int high)     //被 maxSubSum3 调用
{   if (low==high)                                   //子序列中只有一个元素时
    {   if (a[low]>0)                                //该元素大于 0 时返回它
            return a[low];
        else                                         //该元素小于或等于 0 时返回 0
            return 0;
```

```
    }
    int mid=(low+high)/2;                                         //求中间位置
    int maxLeftSum=maxSubSum31(a,low,mid);                        //求左边的最大连续子序列之和
    int maxRightSum=maxSubSum31(a,mid+1,high);                    //求右边的最大连续子序列之和
    int maxLeftBorderSum=0,lowBorderSum=0;
    for (int i=mid;i>=low;i--)                                    //求 a[i..mid]的最大连续子序列和
    {   lowBorderSum+=a[i];
        if (lowBorderSum > maxLeftBorderSum)
            maxLeftBorderSum=lowBorderSum;
    }
    int maxRightBorderSum=0,highBorderSum=0;
    for (int j=mid+1;j<=high;j++)                                 //求 a[mid+1..j]的最大连续子序列和
    {   highBorderSum+=a[j];
        if (highBorderSum > maxRightBorderSum)
            maxRightBorderSum=highBorderSum;
    }
    int ans=max3(maxLeftSum,maxRightSum,maxLeftBorderSum+maxRightBorderSum);
    return max(ans,0);
}
int maxSubSum3(vector<int> &a)                         //递归算法:求 a 序列中的最大连续子序列和
{   int n=a.size();
    return maxSubSum31(a,0,n-1);
}
```

【算法分析】 设求解序列 $a[0..n-1]$中最大连续子序列和的执行时间为 $T(n)$,第(1)、(2)两种情况的执行时间为 $T(n/2)$,第(3)种情况的执行时间为 $O(n)$,所以得到以下递推式:

$$T(n)=1 \qquad \text{当 } n=1 \text{ 时}$$
$$T(n)=2T(n/2)+n \qquad \text{当 } n>1 \text{ 时}$$

容易推出 $T(n)=O(n\log_2 n)$。

思考题:给定一个有 $n(n\geqslant 1)$个整数的序列,可能含有负整数,要求求出其中最大连续子序列的积,能不能采用上述求最大连续子序列和的方法呢?

4.4.2 棋盘覆盖问题

扫一扫

视频讲解

1. 问题描述

有一个 $2^k\times 2^k(k>0)$的棋盘,恰好有一个方格与其他方格不同,称之为特殊方格。现在要用如图 4.19 所示的 L 形骨牌覆盖除了特殊方格外的其他全部方格,骨牌可以任意旋转,并且任何两个骨牌不能重叠。请给出一种合适的覆盖方法。

2. 问题求解

首先证明存在这样的覆盖方法。

证明:当 $k=1$ 时,对于 2×2 的棋盘移去其中任意位置的一个特殊方格恰好可以用一个 L 形骨牌覆盖,如图 4.20 所示为移去左上角的特殊方格后正好可以用一个 L 形骨牌覆盖。因此 $k=1$ 时结论成立。

现在假设对于某个正整数 $k-1(k\geqslant 2)$结论成立,即每个 $2^{k-1}\times 2^{k-1}$ 的棋盘移去一个特殊方格后可用若干个 L 形骨牌覆盖,下面证明对于任何一个 $2^k\times 2^k$ 的棋盘,移去一个特

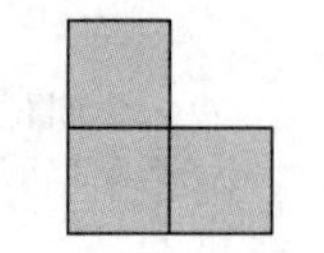

图 4.19　L 形的骨牌

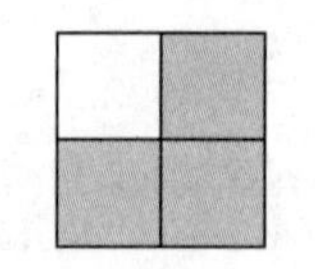

图 4.20　2×2 的棋盘

殊方格后都可用 L 形骨牌覆盖。

将 $2^k \times 2^k$ 的棋盘横向和纵向平分为两部分就得到 4 个子棋盘，分别称为左上角、右上角、右下角和左下角象限，每个象限正好是一个 $2^{k-1} \times 2^{k-1}$ 的子棋盘，其中一个象限移去了一个特殊方格而另外 3 个象限是完整的，对应的 4 种情况如图 4.21 所示。从每个完整的象限(共 3 个)中移去位于原 $2^k \times 2^k$ 棋盘中心位置的方格，这些移去的 3 个方格恰好可以用一个 L 形骨牌覆盖，放置这样的一个 L 形骨牌的 4 种情况如图 4.22 所示。

从图 4.22 中看出，4 个象限都可以看成移去了一个特殊方格的 $2^{k-1} \times 2^{k-1}$ 的棋盘(放置 L 形骨牌的 3 个方格看成对应象限的特殊方格)，由归纳假设知道，这 4 个象限都是可以用 L 形骨牌覆盖的，所以整个 $2^k \times 2^k$ 的棋盘在移去一个方格后可用 L 形骨牌覆盖。问题即证。

下面讨论算法设计，棋盘中的方格数 $=2^k \times 2^k = 4^k$，覆盖使用的 L 形骨牌个数 $=(4^k - 1)/3$。将棋盘划分为 4 个大小相同的象限(每个象限为 $2^{k-1} \times 2^{k-1}$ 的棋盘)，根据特殊方格位置(dr,dc)，在中心位置放置一个合适的 L 形骨牌，这样被该 L 形骨牌部分覆盖的 3 个象限和包含特殊方格的象限类似，都需要少覆盖一个方格，也与整个大问题类似，所以采用分治法求解，将原问题分解为 4 个子问题。

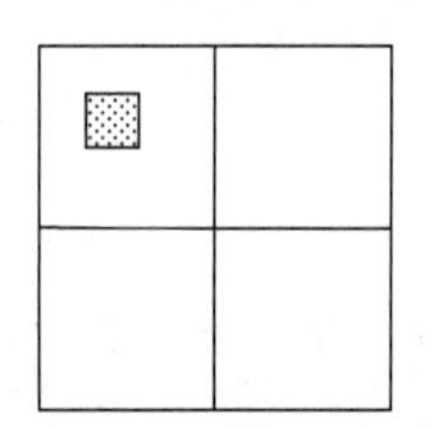

(a) 移去的方格位于左上角象限

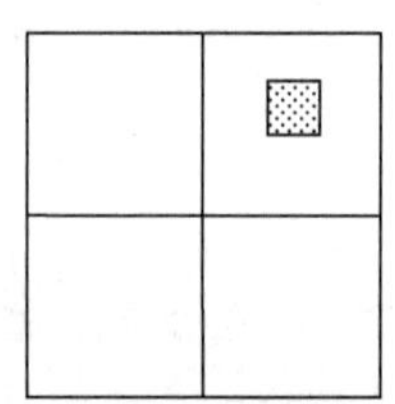

(b) 移去的方格位于右上角象限

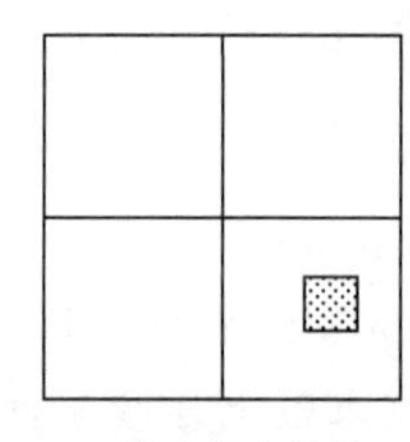

(c) 移去的方格位于右下角象限

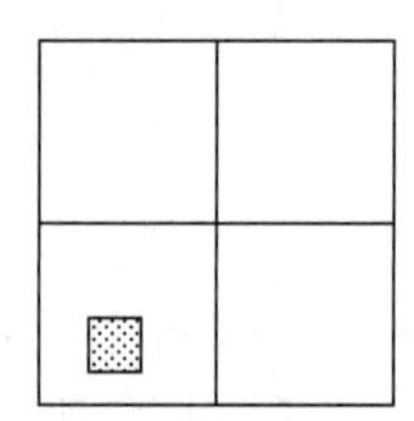

(d) 移去的方格位于左下角象限

图 4.21　从一个象限中移去一个特殊方格的 4 种情况

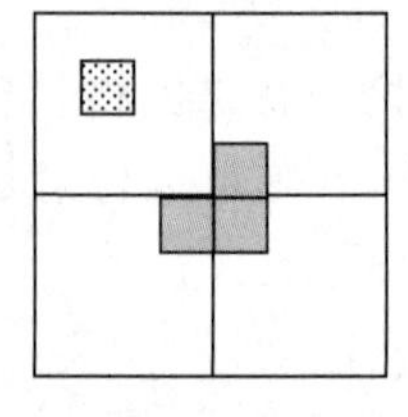

(a) 放置一个L形骨牌1

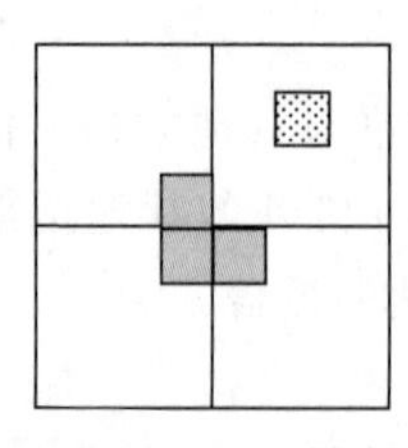

(b) 放置一个L形骨牌2

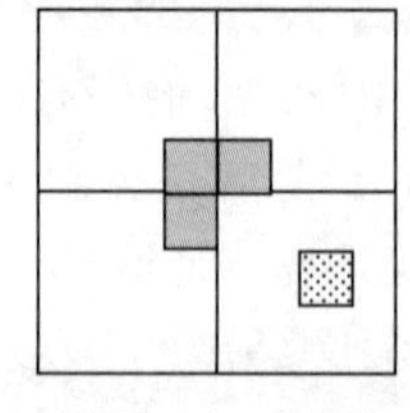

(c) 放置一个L形骨牌3

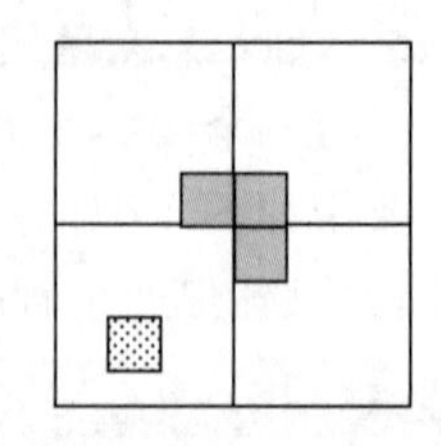

(d) 放置一个L形骨牌4

图 4.22　放置一个 L 形骨牌的 4 种情况

用(tr,tc)表示棋盘左上角方格的位置，(dr,dc)为特殊方格的位置，k 表示棋盘大小为 $2^k \times 2^k$。用二维数组 board 存放一个覆盖方案，用 tile 全局变量表示 L 形骨牌的编号(从整数 1 开始)，board 中 3 个相同的整数表示一个 L 形骨牌，例如 3 个 2 的整数表示对应位置放置一个编号为 2 的 L 形骨牌。

将 $2^k \times 2^k$ 的棋盘分割为 4 个 $2^{k-1} \times 2^{k-1}$ 的象限，置 size=2^{k-1}，各个象限的左上角以及中心点的 4 个方格的位置如图 4.23 所示。

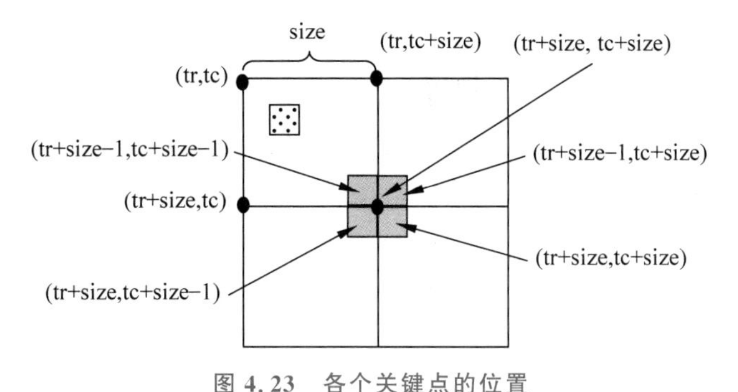

图 4.23 各个关键点的位置

对应的递归算法如下：

```
int board[MAX][MAX];                                    //表示棋盘,MAX 为常量
int tile=1;                                             //L 形骨牌的编号,从 1 开始
void ChessBoard1(int tr,int tc,int dr,int dc,int k)     //被 ChessBoard 调用
{   if(k==0) return;                                    //递归出口
    int t=tile++;                                       //取一个 L 形骨牌,其编号为 tile
    int size=1<<(k-1);                                  //分割的子棋盘的大小
    if(dr<tr+size && dc<tc+size)                        //特殊方格在左上角象限中
        ChessBoard1(tr,tc,dr,dc,k-1);                   //继续分割左上角象限
    else                                                //特殊方格不在左上角象限中
    {   board[tr+size-1][tc+size-1]=t;                  //用 t 号 L 形骨牌覆盖左上角象限的右下角
        ChessBoard1(tr,tc,tr+size-1,tc+size-1,k-1);     //继续分割左上角象限
    }
    if(dr<tr+size && dc>=tc+size)
        ChessBoard1(tr,tc+size,dr,dc,size);             //特殊方格在右上角象限中
    else                                                //特殊方格不在右上角象限中
    {   board[tr+size-1][tc+size]=t;                    //用 t 号 L 形骨牌覆盖右上角象限的左下角
        ChessBoard1(tr,tc+size,tr+size-1,tc+size,k-1);          //继续分割右上角象限
    }
    if(dr>=tr+size && dc<tc+size)                       //特殊方格在左下角象限中
        ChessBoard1(tr+size,tc,dr,dc,k-1);              //继续分割左下角象限
    else                                                //特殊方格不在左下角象限中
    {   board[tr+size][tc+size-1]=t;                    //用 t 号 L 形骨牌覆盖左下角象限的右上角
        ChessBoard1(tr+size,tc,tr+size,tc+size-1,k-1);          //继续分割左下角象限
    }
    if(dr>=tr+size && dc>=tc+size)                      //特殊方格在右下角象限中
        ChessBoard1(tr+size,tc+size,dr,dc,k-1);         //继续分割右下角象限
    else                                                //特殊方格在右下角象限中
    {   board[tr+size][tc+size]=t;                      //用 t 号 L 形骨牌覆盖右下角象限的左上角
        ChessBoard1(tr+size,tc+size,tr+size,tc+size,k-1);          //继续分割右下角象限
    }
}
void ChessBoard(int dr,int dc,int k)                    //递归算法,求 2^k*2^k 棋盘的覆盖问题
{
    ChessBoard1(0,0,dr,dc,k);
}
```

假设特殊方格为 dr=1，dc=2，并且 $k=3$，执行 ChessBoard(0，0，dr，rc，k)后一个分割方案 board 如图 4.24 所示，其中值相同的 3 个方格为一个 L 形骨牌，值为 0 的方格是特殊方格。

3	3	4	4	8	8	9	9
3	2	0	4	8	7	7	9
5	2	2	6	10	10	7	11
5	5	6	6	1	10	11	11
13	13	14	1	1	18	19	19
13	12	14	14	18	18	17	19
15	12	12	16	20	17	17	21
15	15	16	16	20	20	21	21

图 4.24　一种棋盘覆盖方案

【算法分析】 用 $T(k)$表示 $2^k \times 2^k$ ($k \geqslant 0$)的棋盘覆盖问题的执行时间，根据递归算法 ChessBoard1 得到如下递推式：

```
T(k)=1                      当 k=1 时
T(k)=4T(k-1)+1              当 k>1 时
```

则

$$
\begin{aligned}
T(k) &= 4T(k-1)+1 \\
&= 4(4T(k-2)+1)+1 = 4^2 T(k-2)+4+1 \\
&= 4^3 T(k-3)+4^2+4+1 \\
&= \cdots \\
&= 4^{k-1} T(1)+4^{k-2}+\cdots+4+1 \\
&= (4^k-1)/3 = O(4^k)
\end{aligned}
$$

扫一扫

视频讲解

4.4.3　循环日程安排问题

1. 问题描述

设有 $n=2^k$ 个选手要进行网球循环赛，要求设计一个满足以下要求的比赛日程表：

① 每个选手必须与其他 $n-1$ 个选手各赛一次。

② 每个选手一天只能赛一次。

③ 循环赛在 $n-1$ 天内结束。

2. 问题求解

按问题要求可将比赛日程表设计成一个 n 行 $n-1$ 列的二维表，其中第 i 行、第 j 列表示和第 i 个选手在第 j 天比赛的选手。

假设 n 位选手被顺序编号为 1、2、……、$n(2^k)$。当 $k=1$、2、3 时比赛日程表如图 4.25 所示，其中第 1 列是增加的，取值为 1～n 对应各位选手编号，这样比赛日程表变成一个 n 行 n 列的二维表。

从中可以看出规律，$k=1$ 只有两个选手时比赛安排十分简单，而 $k=2$ 时可以基于 $k=1$

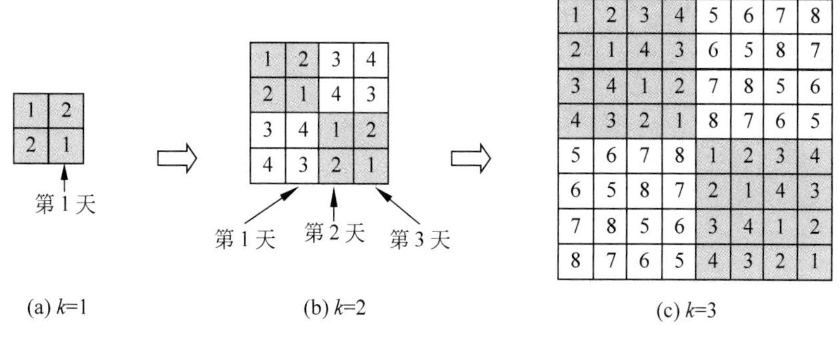

图 4.25 $k=1\sim3$ 的比赛日程表

的结果进行安排。$k=3$ 时可以基于 $k=2$ 的结果进行安排。

$k=3$ 即 8 个选手的比赛日程表，右下角(4 行 4 列)的值等于左上角的值，左下角(4 行 4 列)的值等于右上角的值，并且左上角(4 行 4 列)的值恰好等于 $k=2$，即 4 个选手的比赛日程表。

为此采用分治策略，可以将所有的选手分为两半，2^k 个选手的比赛日程表就可以通过为 2^{k-1} 个选手设计的比赛日程来决定。将 $n=2^k$ 问题划分为四部分。

① 左上角：左上角为 2^{k-1} 个选手前半程的比赛日程。

② 左下角：左下角为另 2^{k-1} 个选手前半程的比赛日程，由左上角加 2^{k-1} 得到，例如 2^2 个选手比赛，左下角由左上角直接加 $2(2^{k-1})$得到，2^3 个选手比赛，左下角由左上角直接加 $4(2^{k-1})$得到。

③ 右上角：将左下角直接复制到右上角得到另 2^{k-1} 个选手后半程的比赛日程。

④ 右下角：将左上角直接复制到右下角得到 2^{k-1} 个选手后半程的比赛日程。

对应的递归算法如下：

```
int k;
int a[MAX][MAX];                            //存放比赛日程表(行、列下标为 0 的元素不用)
void Plan11(int k)                          //被 Plan1 调用
{   if(k==1)                                //求解两个选手的比赛日程
    {   a[1][1]=1; a[1][2]=2;
        a[2][1]=2; a[2][2]=1;
    }
    else
    {   Plan11(k-1);                        //递归求出 2^(k-1)个选手的比赛日程安排
        int n=1 <<(k-1);
        for (int i=n+1;i<=2 * n;i++)        //填左下角元素
            for (int j=1;j<=n; j++)
                a[i][j]=a[i-n][j]+n;        //左下角元素和左上角元素的对应关系
        for (int i=1;i<=n;i++)              //填右上角元素
            for (int j=n+1;j<=2 * n;j++)
                a[i][j]=a[i+n][(j+n)%(2 * n)];
        for (int i=n+1;i<=2 * n;i++)        //填右下角元素
            for (int j=n+1;j<=2 * n; j++)
                a[i][j]=a[i-n][j-n];
    }
}
void Plan1(int k)                           //递归算法：求解循环日程安排问题
{
    Plan11(k);
}
```

【算法分析】 用 $T(k)$表示 $2^k(k\geqslant 0)$个选手网球循环赛的求解时间，根据递归算法Plan11，$T(k)=T(k-1)+3\times 2^{k-1}\times 2^{k-1}=T(k-1)+3\times 4^{k-1}$，得到如下递推式：

$$T(k)=1 \qquad 当\ k=1\ 时$$
$$T(k)=T(k-1)+3\times 4^{k-1} \qquad 当\ k>1\ 时$$

则

$$\begin{aligned}T(k)&=T(k-1)+3\times 4^{k-1}\\&=T(k-2)+3\times 4^{k-2}++3\times 4^{k-1}\\&=\cdots=T(1)+3(4+4^2+\cdots+4^{k-1})\\&=1+\frac{3\times 4\times(4^{k-1}-1)}{4-1}=4^k-3=O(4^k)\end{aligned}$$

对应的迭代算法如下：

```
void Plan2(int k)                                  //迭代算法：求解循环日程安排问题
{   int n=2;                                       //n从2^1=2开始
    a[1][1]=1; a[1][2]=2;                          //求解两个选手的比赛日程，得到左上角元素
    a[2][1]=2; a[2][2]=1;
    for (int t=1;t<k;t++)                          //迭代处理，依次求2^2、…、2^k个选手的安排
    {   int tmp=n;                                 //tmp=2^t
        n=n*2;                                     //n=2^(t+1)
        for (int i=tmp+1;i<=n;i++)                 //填左下角元素
            for (int j=1;j<=tmp; j++)
                a[i][j]=a[i-tmp][j]+tmp;           //左下角元素和左上角元素的对应关系
        for (int i=1;i<=tmp; i++)                  //填右上角元素
            for (int j=tmp+1;j<=n; j++)
                a[i][j]=a[i+tmp][(j+tmp)% n];
        for (int i=tmp+1; i<=n; i++)               //填右下角元素
            for (int j=tmp+1;j<=n; j++)
                a[i][j]=a[i-tmp][j-tmp];
    }
}
```

扫一扫

视频讲解

4.4.4 求最近点对距离

1. 问题描述

给定若干个二维空间中的点，点的类型 Point 如下：

```
struct Point                                       //点的类型
{   int x,y;
    Point(int x1,int y1):x(x1),y(y1) {}            //构造函数
};
```

点集采用 vector<Point>容器 p 存放，任意两个不同点之间有一个直线距离，求最近的两个点的距离。

2. 问题求解

可以采用穷举法求解，但算法的时间复杂度为 $O(n^2)$，属于低效算法。为了求 $p[l..r]$

点集中最近点对的距离，首先对 p 中所有点按 x 坐标递增排序，采用分治法策略的步骤如下。

① **分解**：求出 p 的中间位置 mid=(l+r)/2，以 p[mid]点画一条 Y 方向的中轴线 l(对应的 x 坐标为 p[mid].x)，将 p 中所有点分割为点数大致相同的两个子集，左部分 S_1 包含 p[l..mid]的点，右部分 S_2 包含 p[mid+1..r]的点，如图 4.26 所示。

② **求解子问题**：对 S_1 的点集 p[l..mid]递归求出最近点对距离 d_1，如果其中只有一个点，则返回∞，如果其中只有两个点，则直接求出这两个点之间的距离并返回。同样对 S_2 的点集 p[mid+1..r]递归求出最近点对距离 d_2。再求出 d_1 和 d_2 的最小值 $d=\min(d_1,d_2)$。

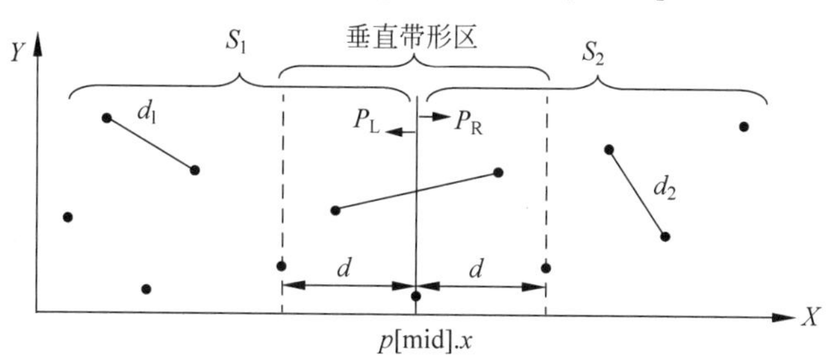

图 4.26 采用分治法求最近点对

显然 S_1 和 S_2 中任意点对之间的距离小于或等于 d，但 S_1、S_2 交界的垂直带形区(由所有与中轴线 l 的 x 坐标值相差不超过 d 的点构成)中的点对之间的距离可能小于 d。现在考虑垂直带形区，将 p 中与中轴线在 X 方向距离小于 d 的所有点复制到点集 $p1$ 中，$p1$ 点集包含了垂直带形区的全部点，对 $p1$ 中所有点按 y 坐标递增排序。

对于 $p1$ 中任一点 p_i，仅需要考虑紧随 p_i 后最多 7 个点，计算出从 p_i 到这 7 个点的距离，并和 d 进行比较，将最小的距离存放在 d 中，最后求得的 d 即为 p 中所有点的最近点对距离。为什么只需要考虑紧随 p_i 后最多 7 个点呢？如图 4.27 所示，如果 $p_L \in P_L$，$p_R \in P_R$，且 p_L 和 p_R 的距离小于 d，则它们必定位于以 l 为中轴线的 $d\times 2d$ 的矩形区内，该区内最多有 8 个点(左、右阴影正方形中最多有 4 个点，否则如果它们的距离小于 d，与 P_L、P_R 中所有点的最小距离大于或等于 d 矛盾)。

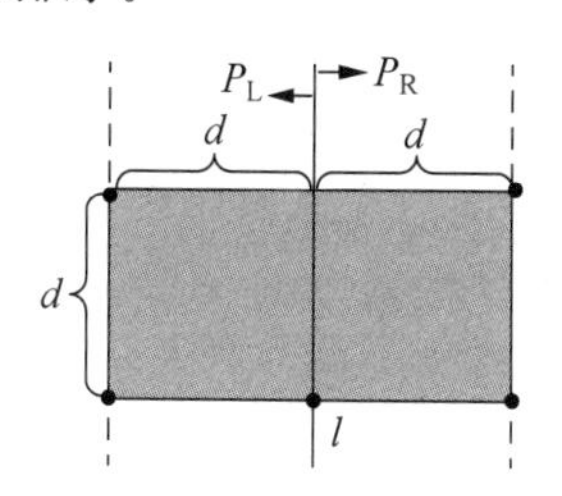

图 4.27 以 l 为中轴线的 $d\times 2d$ 的矩形区

③ **合并**：合并操作十分简单，仅在 d 和垂直带形区的最小距离中求最小值即可。

采用分治法求最近点的算法如下：

```
#define INF 0x3f3f3f3f                          //表示∞
int cmpx(Point a,Point b)                       //用于按 x 递增排序
{
    return a.x<b.x;
}
int cmpy(Point a,Point b)                       //用于按 y 递增排序
{
    return a.y<b.y;
}
double dis(Point a,Point b)                     //求两个点 a 和 b 之间的距离
```

```
{
    return sqrt((a.x-b.x)*(a.x-b.x)+(a.y-b.y)*(a.y-b.y));
}
double mindistance1(vector<Point> &p,int l,int r)    //被 mindistance 调用
{   if(l>=r)                                           //区间中只有一个点
        return INF;
    if(l+1==r)                                         //区间中只有两个点
        return dis(p[l],p[r]);
    int mid=(l+r)/2;                                   //求中点位置
    double d1=mindistance1(p,l,mid);
    double d2=mindistance1(p,mid+1,r);
    double d=min(d1,d2);
    vector<Point> p1;
    for(int i=l;i<=r;i++)                              //将与中点 x 方向距离<d 的点存放在 p1 中
        if(fabs(p[i].x-p[mid].x)<d)
            p1.push_back(p[i]);
    sort(p1.begin(),p1.end(),cmpy);                    //p1 中所有点按 y 递增排序
    for(int i=0;i<p1.size();i++)                       //两重 for 循环的时间为 O(n)
        for(int j=i+1,k=0;k<7 && j<p1.size() && p1[j].y-p1[i].y<d;j++,k++)
            d=min(d,dis(p1[i],p1[j]));                 //最多考察 p[i]后面的 7 个点
    return d;
}
double mindistance(vector<Point> &p)                   //求 p 中最近点对距离
{   int n=p.size();
    sort(p.begin(),p.end(),cmpx);                      //全部点按 x 递增排序
    return mindistance1(p,0,n-1);
}
```

【算法分析】 上述算法容易理解，但时间性能不是最好的，因为每次求出垂直带形区 $p1$ 点集后需要按 y 坐标递增排序，实际上可以先将 p 复制到 b 中，将 b 按 y 坐标递增排序，由 b 产生垂直带形区 $p1$ 点集，这样就不需要每次对 $p1$ 排序了。针对这样改进的算法，设执行时间为 $T(n)$，求左、右部分中最近点对的时间为 $T(n/2)$，求中间部分最近点对的时间为 $O(n)$，则递推式为：

$$T(n)=O(1) \qquad \text{当 } n<3 \text{ 时}$$
$$T(n)=2T(n/2)+O(n) \qquad \text{其他情况}$$

容易推出 $T(n)=O(n\log_2 n)$。

扫一扫

视频讲解

4.4.5 实战——求两组点之间的最近点对(POJ3714)

1. 问题描述

给定二维空间中的若干个点，分为 A 和 B 两组，均包含 N 个点，求 A 和 B 中直线距离最近的两个点的距离。

输入格式：第一行是一个整数 T，表示测试用例的数量。每个测试用例都以整数 N 开头($1\leqslant N\leqslant 10^5$)，接下来的 N 对整数描述了 A 中每个点的位置，每对整数由 X 和Y($0\leqslant X,Y\leqslant 10^9$)组成，表示一个点的位置。接下来的 N 对整数描述了 B 中每个点的位置，输入方式与 A 中的点相同。

输出格式：对于每个测试用例，在一行中输出精度为 3 位小数的最小距离。

输入样例：

```
2
4
0 0 0 1 1 0 1 1
2 2 2 3 3 2 3 3
4
0 0 0 0 0 0 0 0
0 0 0 0 0 0 0 0
```

输出样例：

```
1.414
0.000
```

2. 问题求解

采用 4.4.4 节求最近点对距离的分治法思路，需要做以下 3 点修改：

① 由于题目给出了最多的点数，故采用数组存放点集。

② 尽管每个点的坐标为整数，但整数的最大值可达 10^9，另外需要求点之间的距离（距离值为 double 类型），为此改为 double 类型存放点坐标。

③ 全部点有 $2n$ 个，分为 A 和 B 两组，题目不是求这 $2n$ 个点中的最近点对距离，而是求最近点对($p1,p2$)的距离，$p1 \in A, p2 \in B$。为此每个点增加 flag 成员，取值'A'表示属于 A 组的点，取值'B'表示属于 B 组的点，在求两个点 p1 和 p2 的距离时，当它们的 flag 值不同时按常规方法求距离，当它们的 flag 值相同时认为距离为∞，这样就将求两组点之间的最近点对转换为求 $2n$ 个点集中的最近点对距离了。

对应的程序如下：

```
#include <iostream>
#include <algorithm>
#include <cmath>
using namespace std;
#define INF 0x3f3f3f3f
#define MAXN 200005
struct Point                                //点的类型
{   double x,y;
    char flag;                              //'A'表示属于 A 组的点,'B'表示属于 B 组的点
} p[MAXN],p1[MAXN];
int cmpx(Point a,Point b)                   //用于按 x 递增排序
{
    return a.x<b.x;
}
int cmpy(Point a,Point b)                   //用于按 y 递增排序
{
    return a.y<b.y;
}
double dis(Point a,Point b)                 //求两个点之间的距离
{   if(a.flag!=b.flag)                      //在不同组的点之间求距离
        return sqrt((a.x-b.x)*(a.x-b.x)+(a.y-b.y)*(a.y-b.y));
    return INF;                             //同组中点之间的距离为 INF
}
```

```
double mindistance(int l,int r)                 //求p[l..r]中不同组点之间的最小距离
{   if(l>=r)                                    //区间中只有一个点
        return INF;
    if(l+1==r)                                  //区间中只有两个点
        return dis(p[l],p[r]);
    int mid=(l+r)/2;                            //求中点位置
    double d1=mindistance(l,mid);
    double d2=mindistance(mid+1,r);
    double d=min(d1,d2);
    int cnt=0;
    for(int i=l;i<=r;i++)                       //将与中点x方向距离<d的点存放在p1中
        if(fabs(p[i].x-p[mid].x)<d)
            p1[cnt++]=p[i];
    sort(p1,p1+cnt,cmpy);                       //p1中所有点按y递增排序
    for(int i=0;i<cnt;i++)
        for(int j=i+1,k=0;k<7 && j<cnt && p1[j].y-p1[i].y<d;j++,k++)
            d=min(d,dis(p1[i],p1[j]));
    return d;
}
int main()
{   int t,n;
    scanf("%d",&t);
    while(t--)
    {   scanf("%d",&n);
        for(int i=0;i<n;i++)                    //输入A集合的点
            scanf("%lf%lf",&p[i].x,&p[i].y),p[i].flag='A';
        for(int i=n;i<2*n;i++)                  //输入B集合的点
            scanf("%lf%lf",&p[i].x,&p[i].y),p[i].flag='B';
        sort(p,p+2*n,cmpx);                     //全部点按x递增排序
        printf("%.3f\n",mindistance(0,2*n-1));
    }
    return 0;
}
```

上述程序提交通过,执行时间为1829ms(题目的时间限制为5000ms),内存消耗为4840KB(题目的空间限制为65536KB)。

4.5 求 x^n 和 A^n 问题

4.5.1 求 x^n 问题

1. 问题描述

计算 x^n,其中 x 是实数,n 为大于0的整数。例如,$2.0^2=4.0$,$3.0^3=27.0$。

2. 问题求解

采用分治法,设 $f(n)=x^n$,其分治策略如下。

① 分解:将 x^n 分解为两个 $x^{n/2}$。

② 求解子问题:求 $f(n/2)=x^{n/2}$。

③ 合并：当 n 为偶数时，$f(n) = f(n/2) * f(n/2)$；当 n 为奇数时，$f(n) = f(n/2) * f(n/2) * x$。

对应的递归算法如下：

```
double pow1(double x, int n)            //递归快速幂方法
{   if(n==1)
        return x;
    else if(n%2==0)                     //n为偶数
    {   double f=pow1(x,n/2);
        return f * f;
    }
    else                                //n为奇数
    {   double f=pow1(x,n/2);
        return f * f * x;
    }
}
```

【算法分析】 因为上述算法中每次递归调用时问题规模折半，所以算法的时间复杂度为 $O(\log_2 n)$，这是一种高效的算法，称为快速幂方法。

当然也可以采用迭代实现，将正整数 n 拆成二进制数，假设共有 m 个二进制位($m = \lceil \log_2(n+1) \rceil$)，该二进制数第 $i(0 \leqslant i \leqslant m-1)$ 位的权为 2^i，对 x^n 而言对应的 x 权为 $x \hat{} 2^i$，那么 x^n 等于 n 的二进制位为 1 的所有 x 权的乘积。

例如 $n=11$ 时，其二进制数是 $[1011]_2$，即 $11 = 2^3 \times 1 + 2^2 \times 0 + 2^1 \times 1 + 2^0 \times 1$，因此可以将求 x^{11} 转换为计算 $x^{2\wedge 3} \times x^{2\wedge 1} \times x^{2\wedge 0}$，也就是仅考虑二进制为 1 的位，$x^{11} = x^8 \times x^2 \times x^1$，如图 4.28 所示。

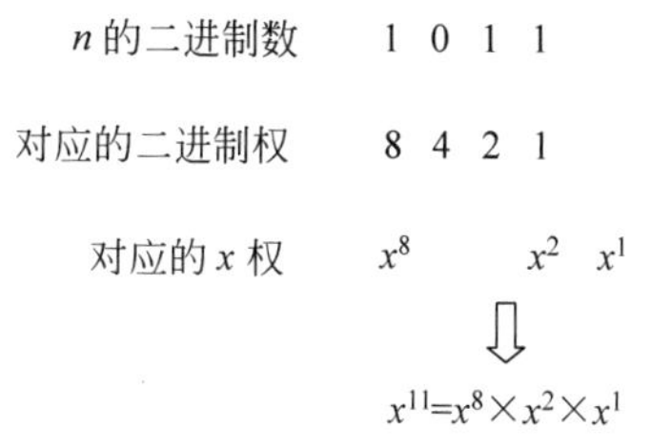

n的二进制数　1 0 1 1

对应的二进制权　8 4 2 1

对应的 x 权　x^8　　x^2　x^1

⇩

$x^{11}=x^8 \times x^2 \times x^1$

图 4.28　用快速幂方法计算 x^{11}

用 ans 存放 x^n 的计算结果，先置 ans=1，base=x(表示 x 权，x 权从 $x \hat{} 2^0$ 即 x^1 开始)，当 $n>0$ 时循环，取 n 的末尾二进制位 d，若 $d=0$ 则跳过，若 $d=1$ 则执行 ans *= base(累乘 x 权)，再执行 base *= base(向高位移一位的权)，并且将 n 右移一位。最后返回 ans。简单地说，base 为 x 的权，按 x、x^2、x^4、……递增，当对应二进制位为 1 时，ans 乘相应的 base。对应的求 x^n 迭代方式的快速幂算法如下：

```
double pow2(double x, int n)            //迭代快速幂方法
{   double ans=1.0, base=x;
    while (n!=0)
    {   if ((n&1)==1)                   //遇到二进制位1
            ans *= base;                //求ans
        base *= base;                   //权递增
        n >>= 1;                        //n右移一位
    }
    return ans;
}
```

【算法分析】 在上述算法中循环次数为 n 的二进制长度，所以算法的时间复杂度也是 $O(\log_2 n)$。

4.5.2 求 A^n 问题

1. 问题描述

有一个 m 阶($m>1$)整数矩阵 $\boldsymbol{A}$，求 $\boldsymbol{A}^n$，其中 n 为大于 0 的整数。

2. 问题求解

扫一扫

视频讲解

借助前面快速幂的思路求 $\boldsymbol{A}^n$ 称为矩阵快速幂方法，这里仅讨论迭代实现。以 $m=2$ 为例，两个 2×2 的矩阵 $\boldsymbol{A}$ 和 $\boldsymbol{B}$ 相乘的公式如下：

$$\begin{bmatrix} a_{0,0} & a_{0,1} \\ a_{1,0} & a_{1,1} \end{bmatrix} \begin{bmatrix} b_{0,0} & b_{0,1} \\ b_{1,0} & b_{1,1} \end{bmatrix} = \begin{bmatrix} a_{0,0}b_{0,0}+a_{0,1}b_{1,0} & a_{0,0}b_{0,1}+a_{0,1}b_{1,1} \\ a_{1,0}b_{0,0}+a_{1,1}b_{1,0} & a_{1,0}b_{0,1}+a_{1,1}b_{1,1} \end{bmatrix}$$

注意任何一个矩阵的 0 次幂为对应的单位矩阵，即：

$$\begin{bmatrix} * & * \\ * & * \end{bmatrix}^0 = \begin{bmatrix} 1 & 0 \\ 0 & 1 \end{bmatrix}$$

首先置 ans 为单位矩阵 $\begin{bmatrix} 1 & 0 \\ 0 & 1 \end{bmatrix}$（相当于快速幂方法中 ans=1.0），$\boldsymbol{A}$ 为初始 2×2 的矩阵，求 ans=$\boldsymbol{A}^n$ 的矩阵快速幂的算法如下：

```
struct Matrix                                   //表示 2*2 矩阵类型
{   int data[2][2];
    Matrix() {}                                 //默认构造函数
    Matrix(int x00,int x01,int x10,int x11)     //构造函数
    {   data[0][0]=x00;
        data[0][1]=x01;
        data[1][0]=x10;
        data[1][1]=x11;
    }
};
Matrix multiply(Matrix A,Matrix B)              //返回矩阵 A 和 B 相乘的结果
{   Matrix C;
    memset(C.data,0,sizeof(C.data));
    for(int i=0;i<2;i++)
        for(int j=0;j<2;j++)
            for(int k=0;k<2;k++)
            {   C.data[i][j]+=A.data[i][k]*B.data[k][j];
                C.data[i][j]%=10000;
            }
    return C;
}
Matrix quick_pow(Matrix A,int n)                //求 A^n 的快速幂算法
{   Matrix ans(1,0,0,1);                        //置 ans 为单位矩阵
    while(n!=0)
    {   if (n & 1)
            ans=multiply(ans,A);
        A=multiply(A,A);
        n>>=1;                                  //n 右移一位
    }
    return ans;
}
```

【算法分析】 在上述算法中若 **A** 为 $m \times m$ 的矩阵，两个矩阵相乘的时间为 $O(m \times m)$，循环次数为 n 的二进制长度，所以算法的时间复杂度为 $O(m^2 \log_2 n)$。

4.5.3 实战——用矩阵快速幂求 Fibonacci 数列(POJ3070)

1. 问题描述

Fibonacci 数列是 $F_0=0, F_1=1, F_n=F_{n-1}+F_{n-2}(n \geqslant 2)$，例如，前 10 项 Fibonacci 数列是 0,1,1,2,3,5,8,13,21,34。

扫一扫

视频讲解

Fibonacci 数列的另外一种公式是：

$$\begin{bmatrix} F_{n+1} & F_n \\ F_n & F_{n-1} \end{bmatrix} = \begin{bmatrix} 1 & 1 \\ 1 & 0 \end{bmatrix}^n = \underbrace{\begin{bmatrix} 1 & 1 \\ 1 & 0 \end{bmatrix} \begin{bmatrix} 1 & 1 \\ 1 & 0 \end{bmatrix} \cdots \begin{bmatrix} 1 & 1 \\ 1 & 0 \end{bmatrix}}_{n\text{次}}$$

给定一个整数 n，请求出 F_n 的最后 4 位数字。

输入格式：输入包含多个测试用例，每个测试用例由单个包含整数 $n(0 \leqslant n \leqslant 1000000000)$ 的行构成，以 $n=-1$ 表示结束。

输出格式：对于每个测试用例，输出一行包含 F_n 的最后 4 位数字，如果均为 0 则输出 '0'，否则忽略前导 0(也就是输出 F_n mod 10000)。

输入样例：

```
0
9
999999999
1000000000
-1
```

输出样例：

```
0
34
626
6875
```

2. 问题求解

采用矩阵快速幂算法，这里 $m=2$，首先置 ans 为单位矩阵 $\begin{bmatrix} 1 & 0 \\ 0 & 1 \end{bmatrix}$，$\boldsymbol{A}=\begin{bmatrix} 1 & 1 \\ 1 & 0 \end{bmatrix}$，采用矩阵快速幂算法求出 ans$=\boldsymbol{A}^n$，再取 ans 右上角(或者左下角)的元素即 F_n 模 10000 得到最终结果。对应的程序如下：

```
#include <iostream>
#include <cstring>
using namespace std;
struct Matrix                                          //表示 2×2 矩阵类型
{   int data[2][2];
    Matrix() {}                                        //默认构造函数
    Matrix(int x00, int x01, int x10, int x11)         //构造函数
```

```
	{	data[0][0]=x00;
		data[0][1]=x01;
		data[1][0]=x10;
		data[1][1]=x11;
	}
};
Matrix multiply(Matrix& A,Matrix& B)			//返回矩阵 A 和 B 相乘的结果
{	Matrix C;
	memset(C.data,0,sizeof(C.data));
	for(int i=0;i<2;i++)
		for(int j=0;j<2;j++)
			for(int k=0;k<2;k++)
			{	C.data[i][j]+=A.data[i][k] * B.data[k][j];
				C.data[i][j]%=10000;
			}
	return C;
}
Matrix quick_pow(Matrix& A,int n)			//求 A^n 的快速幂算法
{	Matrix ans(1,0,0,1);				//置 ans 为单位矩阵
	while(n!=0)
	{	if (n & 1)
			ans=multiply(ans,A);
		A=multiply(A,A);
		n>>=1;						//n 右移一位
	}
	return ans;
}
int main()
{	int n;
	while(cin>>n && n!=-1)
	{	if(n==0)
		{	cout << 0 << endl;
			continue;
		}
		Matrix A(1,1,1,0);				//先置 A 为初始矩阵
		Matrix ans=quick_pow(A,n);			//取 ans 左上角的元素
		cout << ans.data[0][1]%10000 << endl;
	}
	return 0;
}
```

上述程序提交通过，执行时间为 0ms，消耗的空间为 188KB。

4.6 练习题

4.6.1 单项选择题

1. 使用分治法求解不需要满足的条件是________。

A. 子问题必须是一样的　　B. 子问题不能够重复

C. 子问题的解可以合并　　D. 原问题和子问题使用相同的方法求解

2. 分治法所能解决的问题应具有的关键特征是________。

A. 该问题的规模缩小到一定的程度就可以容易地解决

B. 该问题可以分解为若干个规模较小的相同问题

C. 利用该问题分解出的子问题的解可以合并为该问题的解

D. 该问题所分解出的各个子问题是相互独立的

3. 某人违反交通规则逃逸现场,几个事故现场目击者对其车牌号码的描述如下。

甲说:该车牌号码是4个数字,并且第一位不是0。

乙说:该车牌号码小于1100。

丙说:该车牌号码除以9刚好余8。

若通过编程帮助尽快找到车牌号码,采用________算法较好。

A. 分治法　　B. 穷举法　　C. 归纳法　　D. 均不适合

4. 以下不可以采用分治法求解的问题是________。

A. 求一个序列中的最小元素　　B. 求一条迷宫路径

C. 求二叉树的高度　　D. 求一个序列中的最大连续子序列和

5. 以下适合采用分治法求解的问题是________。

A. 求两个整数相加　　B. 求皇后问题

C. 求一个一元二次方程的根　　D. 求一个点集中两个最近的点

6. 有人说分治算法只能采用递归实现,该观点________。

A. 正确　　B. 错误

7. 使用二分查找算法在 n 个有序表中查找一个特定元素,最好情况和最坏情况下的时间复杂度分别为________。

A. $O(1)$、$O(\log_2 n)$　　B. $O(n)$、$O(\log_2 n)$

C. $O(1)$、$O(n\log_2 n)$　　D. $O(n)$、$O(n\log_2 n)$

8. 以下二分查找算法是________的。

```
int binarySearch(int a[], int n, int x)
{   int low=0, high=n-1;
    while(low<=high)
    {   int mid=(low+high)/2;
        if(x==a[mid]) return mid;
        if(x>a[mid]) low=mid;
        else high=mid;
    }
    return -1;
}
```

A. 正确　　B. 错误

9. 以下二分查找算法是________的。

```
int binarySearch(int a[], int n, int x)
{   int low=0, high=n-1;
    while(low+1!=high)
    {   int mid=(low+high)/2;
        if(x>=a[mid]) low=mid;
```

```
        else high=mid;
    }
    if(x==a[low]) return low;
    else return -1;
}
```

A. 正确　　B. 错误

10. 自顶向下的二路归并排序算法是基于________的一种排序算法。

A. 分治策略　　B. 动态规划法　　C. 贪心法　　D. 回溯法

11. 二分查找算法是采用的是________。

A. 回溯法　　B. 穷举法　　C. 贪心法　　D. 分治策略

12. 棋盘覆盖算法采用的是________。

A. 分治法　　B. 动态规划法　　C. 贪心法　　D. 回溯法

13. 以下4个初始序列采用快速排序算法实现递增排序，其中________所做的元素比较次数最少。

A. (5,5,5,5,5)　　B. (3,1,5,2,4)

C. (1,2,3,4,5)　　D. (5,4,3,2,1)

4.6.2 问答题

1. 简述分治法所能解决的问题的一般特征。

2. 简述分治法求解问题的基本步骤。

3. 如果一个求解问题可以采用分治法求解，则采用分治算法一定是时间性能最好的，你认为正确吗？

4. 简述分治法和递归法之间的关系。

5. 简述4.2.2节查找一个序列中第k小元素的QuickSelect1算法的分治策略，为什么说该算法是一种减治法算法？

6. 简述4.3.3节查找两个等长有序序列的中位数的midnum1算法的分治策略。

7. 简述4.3.4节查找假币的spcoin算法的分治策略。

8. 分析当一个待排序序列中的所有元素相同时快速排序的时间性能。

9. 设有两个复数$x=a+bi$和$y=c+di$。复数乘积xy可以使用4次乘法来完成，即$xy=(ac-bd)+(ad+bc)i$。设计一个仅用3次乘法来计算乘积xy的方法。

10. 证明如果分治法的合并可以在线性时间内完成，则当子问题的规模之和小于原问题的规模时算法的时间复杂性可达到$\Theta(n)$。

4.6.3 算法设计题

1. 设计一个算法求整数序列a中最大的元素，并分析算法的时间复杂度。

2. 设计快速排序的迭代算法QuickSort2。

3. 设计这样的快速排序算法QuickSort3，若排序区间为$R[s..t]$，当其长度为2时直接比较排序，当其长度大于或等于3时求出mid$=(s+t)/2$，以$R[s]$、$R[\text{mid}]$和$R[t]$的中值为基准进行划分。

4. 设计一个算法，求出含 n 个元素的整数序列中最小的 $k(1\leqslant k\leqslant n)$ 个元素，以任意顺序返回这 k 个元素均可。

5. 设计一个算法实现一个不带头结点的整数单链表 head 的递增排序，要求算法的时间复杂度为 $O(n\log_2 n)$。

6. 设计一个算法求 4 个整数数组 a、b、c 和 d 的交集。

7. 设有 n 个互不相同的整数，按递增顺序存放在数组 $a[0..n-1]$中，若存在一个下标 $i(0\leqslant i<n)$，使得 $a[i]=i$，设计一个算法以 $O(\log_2 n)$时间找到这个下标 i。

8. 给定一个含 n 个不同整数的数组 a，其中 $a[0..p]$(保证 $0\leqslant p\leqslant n-1$)是递增的，$a[p..n-1]$是递减的，设计一个高效的算法求 p。

9. 给定一个含 n 个整数的递增有序序列 a 和一个整数 x，设计一个时间复杂度为 $O(n)$的算法确定在 a 中是否存在这样的两个整数，即它们的和恰好为 x。

10. 给定一个正整数 $n(n>1)$，n 可以分解为 $n=x_1\times x_2\times\cdots\times x_m$。例如，当 $n=12$ 时共有 8 种不同的分解式，$12=12$，$12=6\times2$，$12=4\times3$，$12=3\times4$，$12=3\times2\times2$，$12=2\times6$，$12=2\times3\times2$，$12=2\times2\times3$。设计一个算法求 n 有多少种不同的分解式。

11. 给定一个包含 n 个整数的无序数组 a，所有元素值在[1,10000]范围内，设计一个尽可能高效的算法求 a 的中位数。例如，$a=\{3,1,2,1,2\}$对应的中位数是 2；$a=\{3,1,2,4\}$，对应的中位数是 3。

12. 假设一棵整数二叉树采用二叉链 b 存储，所有结点值不同，设计一个算法求值为 x 和 y 的两个结点(假设二叉树中一定存在这样的两个结点)的最近公共祖先结点。

13. 假设一棵整数二叉树采用二叉链 b 存储，设计一个算法原地将它展开为一个单链表，单链表中的结点通过 right 指针链接起来。例如，如图 4.29(a)所示的二叉树展开的链表如图 4.29(b)所示。

14. 假设一棵整数二叉树采用二叉链 b 存储，设计一个算法求所有从根结点到叶子结点的路径。例如，对于如图 4.30 所示的一棵二叉树，结果为{{1,2,5},{1,3}}。

15. 假设一棵整数二叉排序树(左子树的所有结点值小于根结点，右子树的所有结点值大于根结点)采用二叉链存储，所有结点值不同，设计一个算法求值为 x 和 y 的两个结点(假设二叉排序树中一定存在这样的两个结点)的最近公共祖先结点。

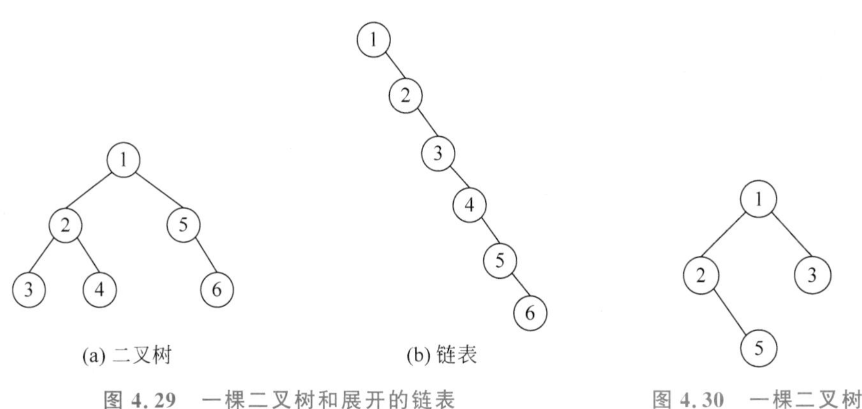

图 4.29　一棵二叉树和展开的链表　　图 4.30　一棵二叉树

16. 假设一棵整数二叉排序树(左子树的所有结点值小于根结点，右子树的所有结点值大于根结点）采用二叉链存储，所有结点值不同，设计一个算法求值在$[x,y]$（$x \leqslant y$）范围内的所有结点值之和。

4.7 上机实验题

1. 将一个整数数组划分为两个和差值最大的子数组

编写一个实验程序 exp4-1，给定一个由$n(n \geqslant 2)$个正整数构成的序列$A=\{a_k\}(0 \leqslant k<n)$，将其划分为两个不相交的子集$A_1$和$A_2$，元素个数分别是$n_1$和$n_2$，$A_1$和$A_2$中的元素之和分别为$S_1$和$S_2$。设计一个尽可能高效的划分算法，满足$|n_1-n_2|$最小且$|S_1-S_2|$最大，算法返回$|S_1-S_2|$的结果。要求采用相关数据进行测试。

2. 四路归并排序

编写一个实验程序 exp4-2 采用四路归并排序方法实现整数序列$R[0..n-1]$的递增排序，若$n \leqslant 4$，采用直接插入排序，否则将R中的元素分为 4 段，分别排序后再合并为一个有序序列。要求采用相关数据进行测试，并给出排序的过程。

3. 查找假币问题

编写一个实验程序 exp4-3 用于求解这样的假币问题，共有$n(n>3)$个硬币，编号为$0 \sim n-1$，其中有且仅有一个假币，假币与真币的外观相同但重量不同，不知道假币比真币轻还是重，现在用一架天平称重，天平称重的硬币数没有限制。最后找出这个假币，使得称重的次数尽可能少。要求采用相关数据进行测试并且输出称重过程。

4. 求众数

编写一个实验程序 exp4-4 求众数，给定一个递增有序序列a，每个元素出现的次数称为重数，重数最大的元素称为众数。例如，$S=\{1,2,2,2,3,5\}$，多重集S的众数是 2，其重数为 3。要求采用相关数据进行测试。

5. 求汉诺塔Ⅱ

编写一个实验程序 exp4-5 求汉诺塔Ⅱ。普通汉诺塔问题是这样的，从左到右依次有x、y和z几个塔座，x塔座上套有n个大小不同的圆盘，小盘放在大盘的上面（小盘到大盘的编号为$1 \sim n$），要将它们移动到z塔座上，要求一次只能移动一个圆盘，且不允许大盘放在小盘的上面。汉诺塔Ⅱ增加了一条规则，不允许直接从最左（右）边塔座移到最右（左）边塔座，每次移动一定是移到中间塔座或从中间塔座移出。要求采用相关数据进行测试并且输出移动过程，分析圆盘移动总次数的递推式。

6. 求 Fibonacci 数列

编写一个实验程序 exp4-6 求 Fibonacci 数列。

Fibonacci 数列是$F_0=0, F_1=1, F_n=F_{n-1}+F_{n-2}(n \geqslant 2)$，当$n$较大时$F_n$是一个巨大的整数，编写一个实验程序 exp4-6.cpp 求F_n模 9997 的值，采用两种方法，一是常规迭代方法，二是 4.5.3 节的矩阵快速幂方法，比较两种方法的绝对时间。

4.8 在线编程题

1. LeetCode240——搜索二维矩阵Ⅱ
2. LeetCode35——搜索插入位置
3. LeetCode33——搜索旋转排序数组
4. LeetCode162——寻找峰值
5. HDU2141——能否找到X
6. HDU2199——解方程
7. HDU1040——排序
8. HDU1157——求中位数
9. HDU1007——套圈游戏
10. POJ2255——由二叉树的中序和先序序列产生后序序列
11. POJ1854——转换为回文的交换次数
12. POJ1995——求表达式的值

第5章 回溯法

回溯法采用类似穷举法的搜索尝试过程，在搜索尝试过程中寻找问题的解，当发现已不满足求解条件时就"回溯"（即回退），尝试其他路径，所以回溯法有"通用解题法"之称。本章介绍用回溯法求解问题的一般方法，并给出一些用回溯法求解的经典示例。本章的学习要点和学习目标如下：

（1）掌握问题解空间的结构和深度优先搜索过程。

（2）掌握回溯法的原理和算法框架。

（3）掌握剪支函数（约束函数和限界函数）设计的一般方法。

（4）掌握各种回溯法经典算法的设计过程和分析方法。

（5）综合运用回溯法解决一些复杂的实际问题。

5.1 回溯法概述

5.1.1 问题的解空间

在 3.1 节讨论穷举法时简要介绍过解空间，由于解空间是回溯法等的核心概念，这里作进一步讨论。一个复杂问题的解决方案往往是由若干个小的决策（即选择）步骤组成的决策序列，所以一个问题的解可以表示成解向量 $\boldsymbol{x}=(x_0,x_1,\cdots,x_{n-1})$，其中分量 x_i 对应第 i 步的选择，通常可以有两个或者多个取值，表示为 $x_i\in S_i(0\leqslant i\leqslant n-1)$，$S_i$ 为 x_i 的取值候选集，即 $S_i=(v_{i,0},v_{i,1},\cdots,v_{i,|S_i|-1})$。$\boldsymbol{x}$ 中各个分量 x_i 所有取值的组合构成问题的解向量空间，简称为**解空间**，解空间一般用树形式来组织，树中每个结点对应问题的某个状态，所以解空间也称为解空间树或者状态空间树。

解空间的一般结构如图 5.1 所示，根结点（为第 0 层）的每个分支对应分量 x_0 的一个取值（或者说 x_0 的一个决策），若 x_0 的候选集为 $S_0=\{v_{0,1},\cdots,v_{0,a}\}$，即根结点的子树个数为 $|S_0|$，例如 $x_0=v_{0,0}$ 时对应第 1 层的结点 A_0，$x_0=v_{0,1}$ 时对应第 1 层的结点 A_1，A_2，…。对于第 1 层的每个结点 A_i，A_i 的每个分支对应分量 x_1 的一个取值，若 x_1 的取值候选集为 $S_1=\{v_{1,0},\cdots,v_{1,b}\}$，$A_i$ 的分支数为 $|S_1|$，例如对于结点 A_0 当 $x_1=v_{1,0}$ 时对应第 2 层的结点 B_0，…。以此类推，最底层是叶子结点层，叶子结点的层次为 n，解空间的高度为 $n+1$。从中看出第 i 层的结点对应 x_i 的各种选择，从根结点到每个叶子结点有一条路径，路径上每个分支对应一个分量的取值，这是理解解空间的关键。

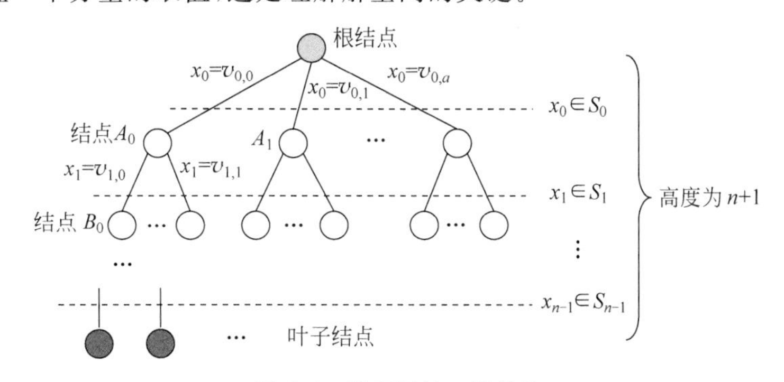

图 5.1 解空间的一般结构

从形式化角度看，解空间是 $S_0\times S_1\times\cdots\times S_{n-1}$ 的笛卡儿积，例如当 $|S_0|=|S_1|=\cdots|S_{n-1}|=2$ 时解空间是一棵高度为 $n+1$ 的满二叉树。问题的解包含在解空间中，剩下的问题就是在解空间中搜索满足问题要求的解，回溯法就是这样的一种搜索方法，但不是唯一的搜索方法。

需要注意的是，问题的解空间是虚拟的，并不需要在算法运行中真正地构造出整个树结构，然后在该解空间中搜索问题的解。实际上，有些问题的解空间因过于复杂或结点过多难以画出来。

5.1.2 什么是回溯法

先看一下求解问题的类型,通常求解问题分为两种类型,一种类型是给定一个约束函数,需要求所有满足约束条件的解,称为求所有解类型。例如鸡兔同笼问题中,所有鸡兔头数为 a、腿数为 b,求其中的鸡兔各有多少只?设鸡兔数分别为 x 和 y,则约束函数是 $x+y=a,2x+4y=b$,该问题需求的有解类型。另外一种类型是除了约束条件外还包含目标函数,最后是求使目标函数最大或者最小的**最优解**,称为求最优解类型。例如鸡兔同笼问题中,求所有鸡兔头数为 a、腿数为 b 并且鸡最少的解,这就是一个求最优解问题,除了前面的约束函数外还包含目标函数 $\min(x)$。

这两类问题都可以采用回溯法求解,实际上它们本质上相同,因为只有求出所有解,再按目标函数进行比较才能求出最优解。

回溯法是在解空间树中按照深度优先搜索方法从根结点出发搜索解,与树的先根遍历类似,当搜索到某个叶子结点时对应一个可能解,如果同时又满足约束条件,则该可能解是一个**可行解**。所以一个可行解就是从根结点到对应叶子结点的路径上所有分支的取值,例如一个可行解为$(a_0,a_1,\cdots,a_{n-1})$,如图 5.2 所示,在解空间中搜索到可行解的部分称为搜索空间。简单地说,回溯法采用深度优先搜索方法寻找根结点到每个叶子结点的路径,判断对应的叶子结点是否满足约束条件,如果满足该路径就构成一个解(可行解)。

回溯法在搜索解时首先让根结点成为活结点,所谓**活结点**是指自身已生成但其孩子结点没有全部生成的结点,同时也成为当前的扩展结点,所谓**扩展结点**是指正在产生孩子结点的结点。在当前扩展结点处沿着纵深方向移至一个新结点,这个新结点又成为新的活结点,并成为当前扩展结点。如果在当前扩展结点处不能再向纵深方向移动,则当前扩展结点就成为死结点,所谓**死结点**是指其所有子结点均已产生的结点,此时应往回移动(回溯)至最近的一个活结点处,并使这个活结点成为当前的扩展结点。也就是说在回溯法中从根结点开始沿着某个分支一直搜索下去,到达叶子结点后再退回搜索,直到没有活结点为止。

如图 5.3 所示,当从状态 s_i 搜索到状态 s_{i+1} 后,如果 s_{i+1} 变为死结点,则从状态 s_{i+1} 回退到 s_i,再从 s_i 找其他可能的路径,所以回溯法体现出走不通就退回再走的思路。若用回溯法求问题的所有解,需要回溯到根结点,且根结点的所有可行的子树都已被搜索完才结束。若使用回溯法求任意一个解,只要搜索到问题的一个解就可以结束。

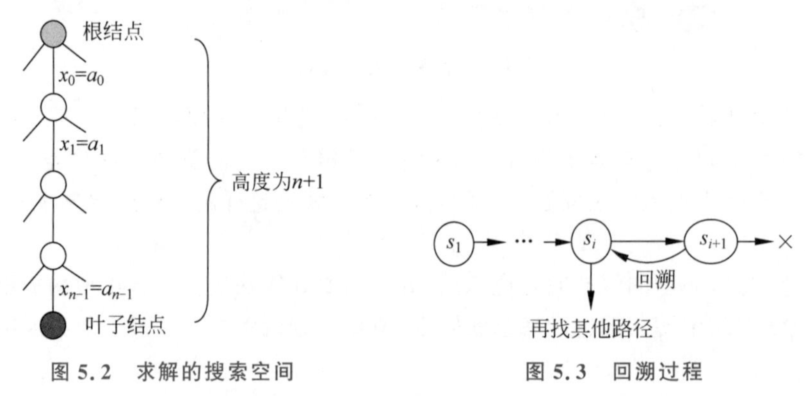

图 5.2 求解的搜索空间　　　图 5.3 回溯过程

从上看出,寻找问题解的过程就是在解空间中搜索满足约束条件和目标函数的解,所以搜索算法设计的关键点有以下 3 个：

① 根据问题的特性确定结点是如何扩展的，不同的问题扩展方式是不同的。例如，在有向图中搜索从顶点 s 到顶点 t 的一条路径，其扩展十分简单，就是从一个顶点找所有相邻顶点。

② 在解空间中按什么方式搜索解，实际上树的遍历主要有先根遍历和层次遍历，前者就是深度优先搜索(DFS)，后者就是广度优先搜索(BFS)。回溯法就是采用深度优先搜索解，第 6 章介绍的分支限界法则是采用广度优先搜索解。

③ 解空间通常十分庞大，如果要高效地找到问题的解，通常采用一些剪支的方法实现。

所谓剪支就是在解空间中搜索时提早终止某些分支的无效搜索，减少搜索的结点个数，但不影响最终结果，从而提高了算法的时间性能。常用的剪支策略如下。

① 可行性剪支：在扩展结点处剪去不满足约束条件的分支。例如，在鸡兔同笼问题中，若 $a=3,b=8$，兔数的取值范围只能是 0～2，因为 3 只或者更多只兔子时腿数就超过 8 了，不再满足约束条件。

② 最优性剪支：用限界函数剪去得不到最优解的分支。例如，在求鸡最少的鸡兔同笼问题中，若已经求出一个可行解的鸡数为 3，后面就不必搜索鸡数大于 3 的结点。

③ 交换搜索顺序：在搜索中改变搜索的顺序，比如原先是递减顺序，可以改为递增顺序，或者原先是无序，可以改为有序，这样可能减少搜索的总结点。

严格来说交换搜索顺序并不是一种剪支策略，而是一种对搜索方式的优化。前两种剪支策略采用的约束函数和限界函数统称为剪支函数。归纳起来，回溯法可以简单地理解为深度优先搜索加上剪支。因此用回溯法求解的一般步骤如下：

① 针对给定的问题确定其解空间，其中一定包含所求问题的解。

② 确定结点的扩展规则。

③ 采用深度优先搜索方法搜索解空间，并在搜索过程中尽可能采用剪支函数避免无效搜索。

【例 5-1】 农夫(人)过河问题是这样的，在河东岸有一个农夫、一只狼、一只鸡和一袋谷子，只有当农夫在现场时狼不会吃鸡，鸡也不会吃谷子，否则会出现狼吃鸡或者鸡吃谷子的冲突。另有一条小船，该船只能由农夫操作，且最多只能载下农夫和另一样东西。设计一种将农夫、狼、鸡和谷子借助小船运到河西岸的过河方案。

解 在该问题中用东、西两岸的人或物品表示状态，开始状态为人和物品在东岸，西岸是空的，此时人可以带任何一个物品驾船到西岸去，这样扩展出 3 个状态，对于每种状态，又根据题目规则扩展出一个或多个状态，所有状态及其关系构成了本问题的解空间。

该问题的部分搜索空间如图 5.4 所示，图中每个方框表示一种状态，带阴影的框表示终点，带⊠的框表示有冲突，即出现狼吃鸡或鸡吃谷子的情况，带×的框表示与以前的状态重复。在解空间中采用深度优先搜索找到的一种可行的方案(可行解)如下：

① 农夫驾船带鸡从河东岸到西岸。

② 农夫驾船不带任何东西从河西岸到东岸。

③ 农夫驾船带狼从河东岸到西岸。

④ 农夫驾船带鸡从河西岸到东岸。

⑤ 农夫驾船带谷子从河东岸到西岸。

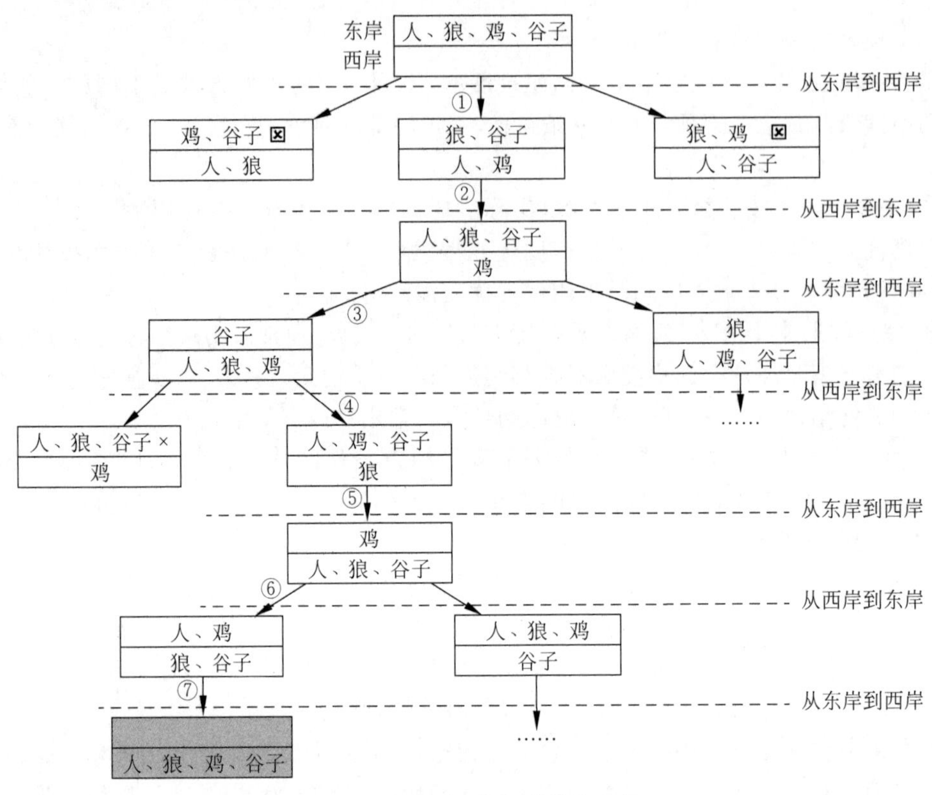

图 5.4 农夫过河的部分搜索空间

⑥ 农夫驾船不带任何东西从河西岸到东岸。

⑦ 农夫驾船带鸡从河东岸到西岸。

5.1.3 回溯法算法的框架

通常解空间有两种类型。当所给的问题是从 n 个元素的集合 S 中找出满足某种性质的子集时，相应的解空间树称为**子集树**，在子集树中每个结点的扩展方式是相同的，也就是说每个结点的子结点个数相同。例如在整数数组 a 中求和为目标值 target 的所有解，每个元素 $a[i]$只有选择和不选择两种方式，对应的解空间就是子集树。当所给的问题是确定 n 个元素满足某种性质的排列时相应的解空间树称为**排列树**，例如求全排列问题的解空间就是典型的排列树。

由于回溯法基于深度优先搜索，而深度优先搜索特别适合采用递归实现，在递归算法中参数(非引用参数)具有自动回退(回溯)的能力，所以大多数回溯算法都采用递归实现(回溯算法也可以采用迭代实现，但递归回溯算法比对应的迭代算法设计起来更加简便)。

设问题的解是一个 n 维向量$(x_1,x_2,\cdots,x_n)$，约束函数为 constraint(i,j)，限界函数为 bound(i,j)。根据解空间类型将递归框架分为子集树和排列树两种类型。

1. 解空间为子集树

一般地，解空间为子集树的递归回溯框架如下：

```
int x[n];                                //x 存放解向量，这里作为全局变量
void dfs(int i)                          //求解子集树的递归框架
```

```
{   if(i>n)                                   //搜索到叶子结点,输出一个可行解
        输出一个解;
    else
    {   for (j=下界;j<=上界;j++)              //用j表示x[i]的所有可能候选值
        {   x[i]=j;                           //产生一个可能的解分量
            ...                               //其他操作
            if (constraint(i,j) && bound(i,j))
                dfs(i+1);                     //满足约束条件和限界函数,继续下一层
            回溯 x[i];
            ...
        }
    }
}
```

在采用上述算法框架时有以下几点注意事项:

① 如果 i 从 1 开始调用上述递归框架,此时根结点为第 1 层,叶子结点为第 $n+1$ 层。当然 i 也可以从 0 开始,这样根结点为第 0 层,叶子结点为第 n 层,所以需要将上述代码中的"if (i>n)"改为"if(i>=n)"。

② 在上述递归框架中通过 for 循环用 j 枚举 x_i 的所有可能候选值,如果扩展路径只有两条,可以改为两次递归调用(例如求解 0/1 背包问题、子集和问题等都是如此)。

③ 这里递归框架只有 i 一个参数,在实际应用中可以根据具体情况设置多个参数。

【例 5-2】 有一个含 n 个整数的数组 a,所有元素均不相同,设计一个算法求其所有子集(幂集)。例如,$a=\{1,2,3\}$,所有子集是$\{\}$,$\{3\}$,$\{2\}$,$\{2,3\}$,$\{1\}$,$\{1,3\}$,$\{1,2\}$,$\{1,2,3\}$(输出顺序无关)。

扫一扫

视频讲解

解 本问题的解空间是典型的子集树,集合 a 中的每个元素只有两种选择,要么选取,要么不选取。设解向量为 x,$x[i]=1$ 表示选取 $a[i]$,$x[i]=0$ 表示不选取 $a[i]$。用 i 遍历数组 a,i 从 0 开始(与解空间中根结点层次为 0 相对应),根结点为初始状态($i=0$,x 的元素均为 0),叶子结点为目标状态($i=n$,x 为一个可行解,即一个子集)。从状态(i,x)可以扩展出两个状态:

① 选择 $a[i]$元素⇨下一个状态为$(i+1,x[i]=1)$。

② 不选择 $a[i]$元素⇨下一个状态为$(i+1,x[i]=0)$。

这里 i 总是递增的,所以不会出现状态重复的情况。如图 5.5 所示为求{1,2,3}幂集的解空间,每个叶子结点对应一个子集,所有子集构成幂集。

对应的递归回溯算法如下:

```
vector<int> x;                                //解向量,全局变量
void disp(vector<int> &a)                     //输出一个解
{   printf(" {");
    for (int i=0;i<x.size();i++)
        if (x[i]==1)
            printf("%d",a[i]);
    printf("}");
}
void dfs(vector<int> &a,int i)                //递归回溯算法
{   if (i>=a.size())                          //到达一个叶子结点
        disp(a);
```

```
        else                                        //没有到达叶子结点
        {   x[i]=1;
            dfs(a,i+1);                             //选择 a[i]
            x[i]=0;
            dfs(a,i+1);                             //不选择 a[i]
        }
}
void subsets(vector<int> &a)                        //求 a 的幂集
{   int n=a.size();
    x.resize(n);                                    //初始化 x 的长度为 n
    dfs(a,0);
}
```

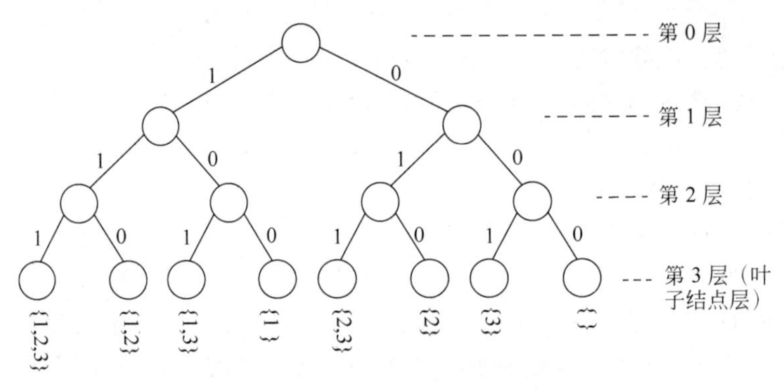

图 5.5　求 $a=\{1,2,3\}$ 幂集的解空间

扫一扫　视频讲解

【例 5-3】　设计一个算法在 1,2,3,4,5(顺序不能变)任意两个数字之间插入'+'或者'-'运算符,使得表达式的计算结果为 5,并输出所有可能的表达式。

解 用数组 $a[0..N-1]$($N=5$)存放 1～5 的整数,用字符数组 x 存放插入的运算符(解向量),其中 $x[i]$表示在 $a[i]$前面插入的运算符(i 从 1 开始),$x[i]$只能取值'+'或者'-'(两选一)。采用回溯法产生和为 5 的表达式,解空间的高度是 $N+1$,根结点的层次为 0。

设计函数 dfs(a,sum,x,i),其中 sum 表示到达整数 $a[i]$时计算出的表达式和(初始时置 sum=$a[0]$),i 从 1(因为 $a[0]$之前没有运算符)开始,当到达叶子结点($i=N$)时,如果 sum=5,得到一个解。对应的递归算法如下:

```
#define N 5
void dfs(vector<int> &a,int sum,vector<char> &x,int i)
{   if (i==N)                                       //到达一个叶子结点(可能解)
    {   if (sum==5)                                 //找到一个可行解
        {   printf(" %d",a[0]);                     //输出一个解
            for (int j=1;j<N;j++)
            {   printf("%c",x[j]);
                printf("%d",a[j]);
            }
            printf("=5\n");
        }
    }
    else
    {   x[i]='+';                                   //在位置 i 插入'+'
```

```
            sum+=a[i];                                  //计算结果
            dfs(a,sum,x,i+1);                           //继续搜索
            sum-=a[i];                                  //回溯
            x[i]='-';                                   //在位置 i 插入'-'
            sum-=a[i];                                  //计算结果
            dfs(a,sum,x,i+1);                           //继续搜索
            sum+=a[i];                                  //回溯
        }
    }
    void solve(vector<int> &a)                          //求解算法
    {   vector<char> x(a.size());                       //定义解向量
        dfs(a,a[0],x,1);
    }
```

上述算法的求解结果如下：

```
1+2+3+4-5=5
1-2-3+4+5=5
```

说明：上述算法与例 5-2 的算法相比，将解向量设计为 dfs 的引用参数而不是全局变量，实际上由于算法中包含 x 的回溯，所以设计为引用参数或者全局变量都是正确的。

2. 解空间为排列树

解空间为排列树的递归框架是以求全排列为基础的，下面先通过一个示例讨论一种不同于第 3 章求全排列的递归算法。

【例 5-4】 有一个含 n 个整数的数组 a，所有元素均不相同，求其所有元素的全排列。例如，$a=\{1,2,3\}$，得到的结果是(1,2,3)，(1,3,2)，(2,3,1)，(2,1,3)，(3,1,2)，(3,2,1)。

解 用数组 a 存放初始数组 a 的一个排列，采用递归法求解。设 $f(a,n,i)$ 表示求 $a[i..n-1]$（共 $n-i$ 个元素）的全排列，为大问题，$f(a,n,i+1)$ 表示求 $a[i+1..n-1]$（共 $n-i-1$ 个元素）的全排列，为小问题，如图 5.6 所示。

显然 i 越小求全排列的元素个数越多，当 $i=0$ 时求 $a[0..n-1]$ 的全排列。当 $i=n-1$ 时求 $a[n-1..n-1]$ 的全排列，此时序列只有一个元素（单个元素的全排序就是该元素），再合并 $a[0..n-2]$（$n-1$ 个元素的排列）就得到 n 个元素的一个排列。当 $i=n$ 时求 $a[n..n-1]$ 的全排列，此时序列为空，说明 $a[0..n-1]$ 是一个排列，后面两种情况均可以作为递归出口。所以求 a 中全排列的过程是 $f(a,n,0)\to f(a,n,1)\to f(a,n,2)\to\cdots\to f(a,n,n-1)$。

那么如何由小问题 $f(a,n,i+1)$ 求大问题 $f(a,n,i)$ 呢？假设 $f(a,n,i+1)$ 求出了 $a[i+1..n-1]$ 的全排列，考虑 a_i 位置，该位置可以取 $a[i..n-1]$ 中的任何一个元素，但是排列中元素不能重复，为此采用交换方式，即 $j=i$ 到 $n-1$ 循环，每次循环将 $a[i]$ 与 $a[j]$ 交换，合并子问题解得到一个大问题的排列，再恢复成循环之前的顺序，即将 $a[i]$ 与 $a[j]$ 再次交换，然后进入下一次求其他大问题的排列。注意，如果不做再次交换会出现重复的排列情况，例如 $a=\{1,2,3\}$，结果为(1,2,3)，(1,3,2)，(3,1,2)，(3,2,1)，(1,2,3)，(1,3,2)，显然是错误的。

归纳起来，求 a 的全排列的递归模型 $f(a,n,i)$ 如下：

```
f(a,n,i) ≡ 输出产生的解                    当 i=n-1 时
f(a,n,i) ≡ 对于 j=i~n-1:                   其他
               a[i]与 a[j]交换位置;
```

```
        f(a,n,i+1);
        将 a[i]与 a[j]交换位置(回溯)
```

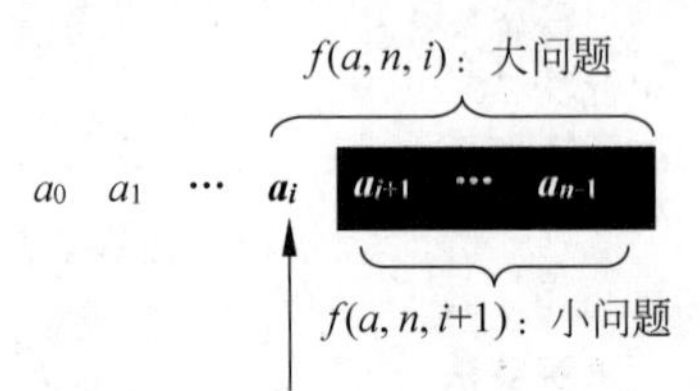

- a_i： a_i与 a_i交换，$f(a, n, i+1)$ ⇨ 以 a_i开头的 $a[i..n-1]$的全排列
- a_{i+1}：a_i与 a_{i+1}交换，$f(a, n, i+1)$ ⇨ 以 a_{i+1}开头的 $a[i..n-1]$的全排列
- …
- a_{n-1}：a_i与 a_{n-1}交换，$f(a, n, i+1)$ ⇨ 以 a_{n-1}开头的 $a[i..n-1]$的全排列

图 5.6　求 $f(a,n,i)$的过程

例如 $a=\{1,2,3\}$时，求全排列的解空间如图 5.7 所示，数组 a 的下标从 0 开始，所以根结点“$a=\{1,2,3\}$”的层次为 0，它的子树分别对应 $a[0]$位置选择 $a[0]$、$a[1]$和 $a[2]$元素。实际上对于第 i 层的结点，其子树分别对应 $a[i]$位置选择 $a[i]$、$a[i+1]$、……、$a[n-1]$元素。树的高度为 $n+1$，叶子结点的层次是 n。

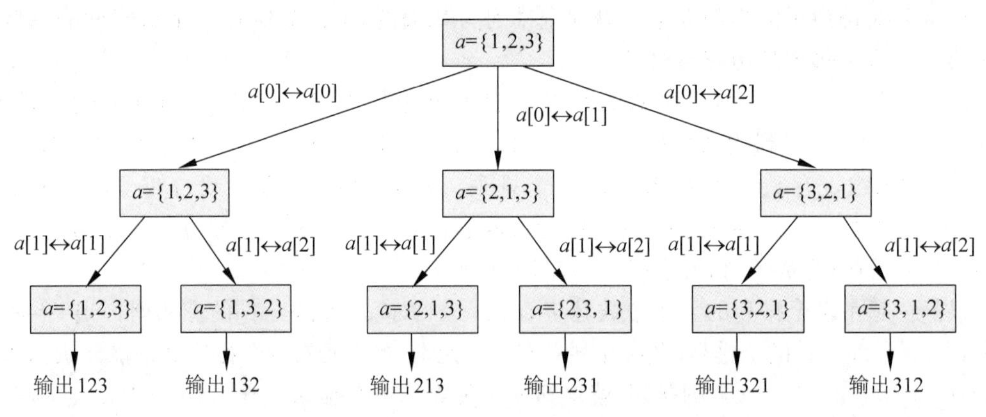

图 5.7　求 $a=\{1,2,3\}$全排列的解空间(1)

解空间树更清晰的描述如图 5.8 所示，对于第 i 层的结点，其扩展仅考虑 $a[i]$及后面的元素，而不必考虑前面已经选择的元素。例如第 2 层的“1,3,2”结点，前面的“1,3”不必考虑，仅扩展 $a[2]$，此时 $a[2]$只能取从根结点到该结点的路径上没有取过的值 2，从而得到“1,3,2”的一个排序。

对应的递归算法如下：

```
int cnt=0;                                  //累计排列的个数
void disp(vector<int> &a)                   //输出一个解
{   printf(" %2d: (",++cnt);
    for (int i=0;i<a.size()-1;i++)
        printf("%d,",a[i]);
    printf("%d)",a.back());
    printf("\n");
```

```
}
void dfs(vector<int> & a,int i)                   //递归算法
{   int n=a.size();
    if (i>=n-1)                                   //递归出口
        disp(a);
    else
    {   for (int j=i;j<n;j++)
        {   swap(a[i],a[j]);                      //交换 a[i]与 a[j]
            dfs(a,i+1);
            swap(a[i],a[j]);                      //交换 a[i]与 a[j]:恢复
        }
    }
}
void perm(vector<int> & a)                        //求 a 的全排列
{
    dfs(a,0);
}
```

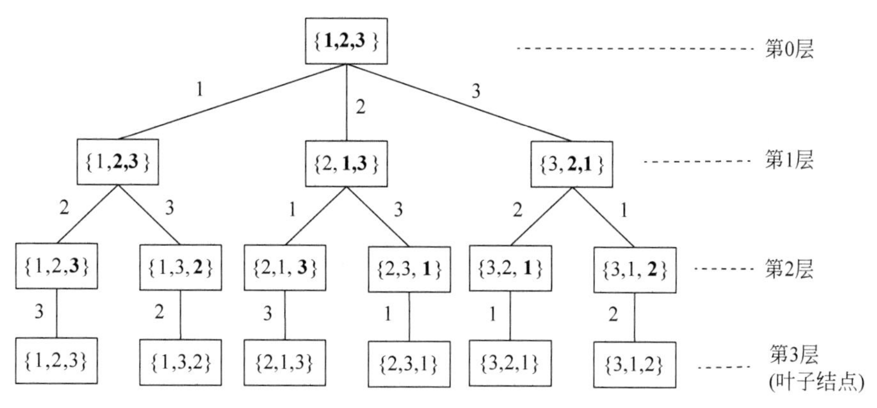

图 5.8　求 $a=\{1,2,3\}$全排列的解空间(2)

现在证明算法的正确性。实际上在递归算法中求值顺序与递推顺序相反,求 a 的全排列是从 $f(a,n,0)$开始的,求值顺序是 $f(a,n,n-1)\to f(a,n,n-2)\to\cdots\to f(a,n,1)\to f(a,n,0)$。循环不变量是 $f(a,n,i)$用于求 $a[i..n-1]$的全排列,证明如下。

初始化:在循环的第一轮迭代开始之前,即 $i=n-1$ 表示求 $a[n-1..n-1]$的全排列,而一个元素的全排列就是该元素,显然是正确的。

保持:若前面 $f(a,n,i+1)$正确,表示求出了 $a[i+1..n-1]$的全排列,将 $a[i]$与 $a[i..n-1]$中的每个元素交换,合并 $a[i+1..n-1]$的一个排列得到 $f(a,n,i)$的一个排列,再恢复后继续做完,从而得到 $f(a,n,i)$的全排列。

终止:当求值结束时 $i=0$,得到 $f(a,n,0)$即 a 的全排列。

从上述求 a 的全排列的示例可以归纳出解空间为排列树的递归回溯框架如下:

```
int x[n];                                  //x 存放解向量,并初始化
void dfs(int i)                            //求解排列树的递归框架
{   if(i>n)                                //搜索到叶子结点,输出一个可行解
        输出结果;
    else
    {   for (j=i;j<=n;j++)                 //用 j 枚举 x[i]的所有可能候选值
```

```
        {   ...                        //第 i 层的结点选择 x[j]的操作
            swap(x[i],x[j]);           //为保证排列中每个元素不同,通过交换来实现
            if (constraint(i,j) && bound(i,j))
                dfs(i+1);              //满足约束条件和限界函数,进入下一层
            swap(x[i],x[j]);           //恢复状态:回溯
            ...                        //第 i 层的结点选择 x[j]的恢复操作
        }
    }
}
```

如何进一步理解上述算法呢？假设解向量为$(x_0,x_1,\cdots,x_i,\cdots,x_j,\cdots,x_{n-1})$，当从解空间的根结点出发搜索到达第 i 层的某个结点时，对应的部分解向量为$(x_0,x_1,\cdots,x_{i-1})$，其中每个分量已经取好值了，现在为该结点的分支选择一个 x_i 值（每个不同的取值对应一个分支，x_i 有 $n-i$ 个分支），前一个 swap($x[i]$,$x[j]$)表示为 x_i 取 x_j 值，后一个 swap($x[i]$,$x[j]$)用于状态恢复，这一点是利用排列树的递归回溯框架求解实际问题的关键。另外几点需要注意的说明事项与解空间为子集树的递归回溯框架相同。

5.1.4 回溯法算法的时间分析

通常以回溯法的解空间中的结点个数作为算法的时间分析依据。假设解空间树共有 $n+1$ 层（根结点为第 0 层，叶子结点为第 n 层），第 1 层有 m_0 个结点，每个结点有 m_1 个子结点，则第 2 层有 m_0m_1 个结点，同理，第 3 层有 $m_0m_1m_2$ 个结点，以此类推，第 n 层有 $m_0m_1\cdots m_{n-1}$ 个结点，则采用回溯法求所有解的算法的执行时间为 $T(n)=m_0+m_0m_1+m_0m_1m_2+\cdots+m_0m_1m_2\cdots m_{n-1}$。例如，在子集树中有 $m_0=m_1=\cdots=m_{n-1}=c$，对应算法的时间复杂度为 $O(c^n)$，在排列树中有 $m_0=n,m_1=n-1,\cdots,m_{n-1}=1$，对应算法的时间复杂度为 $O(n!)$。

这是一种最坏情况下的时间分析方法，在实际中可以通过剪支提高性能。为了估算得更精确，可以选取若干条不同的随机路径，分别对各随机路径估算结点总数，然后再取这些结点总数的平均值。在通常情况下，回溯法的效率高于穷举法。

5.2 基于子集树框架的问题求解

扫一扫

视频讲解

5.2.1 子集和问题

1. 问题描述

给定 n 个不同的正整数集合 $a=(a_0,a_1,\cdots,a_{n-1})$和一个正整数 t，要求找出 a 的子集 s，使该子集中所有元素的和为 t。例如，当 $n=4$ 时，$a=(3,1,5,2)$，$t=8$，则满足要求的子集 s 为(3,5)和(1,5,2)。

2. 问题求解

与求幂集问题一样，该问题的解空间是一棵子集树（因为每个整数要么选择要么不选择），并且是求满足约束函数的所有解。

1）无剪支

设解向量 $\boldsymbol{x}=(x_0,x_1,\cdots,x_{n-1})$，$x_i=1$ 表示选择 a_i 元素，$x_i=1$ 表示不选择 a_i 元素。在解空间中按深度优先方式搜索所有结点，并用 cs 累计当前结点之前已经选择的所有整数和，一旦到达叶子结点（即 $i\geqslant n$），表示 a 的所有元素处理完毕，如果相应的子集和为 t（即约束函数 cs=t 成立），则根据解向量 $\boldsymbol{x}$ 输出一个解。当解空间搜索完后便得到所有解。

例如 $a=(3,1,5,2)$，$t=8$，其解空间如图 5.9 所示，图中结点上的数字表示 cs，利用深度优先搜索得到两个解，解向量分别是(1,0,1,0)和(0,1,1,1)，对应图中两个带阴影的叶子结点，图中共有 31 个结点，每个结点都要搜索。实际上，解空间是一棵高度为 5 的满二叉树，从根结点到每个叶子结点都有一条路径，每条路径就是一个决策向量，满足约束函数的决策向量就是一个解向量。

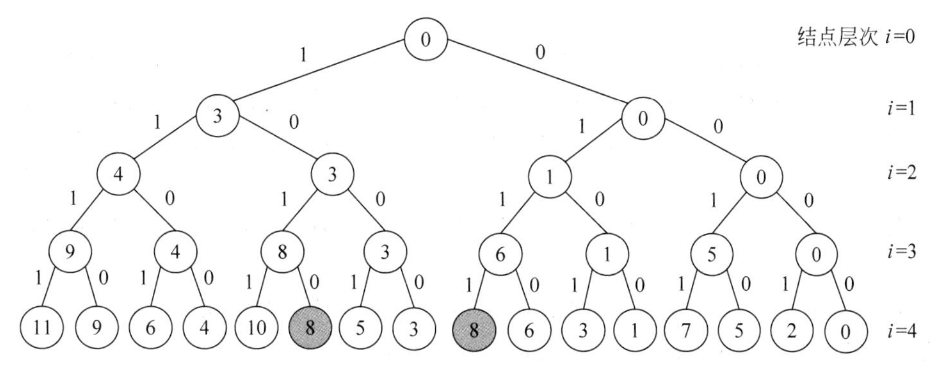

图 5.9 求 $a=(3,1,5,2)$，$t=8$ 的子集和的解空间

对应的递归算法如下：

```
int n=4,t=8;                                    //一个测试实例
vector<int> a={3,1,5,2};                        //存放所有整数
int cnt=0;                                      //累计解个数
void disp(vector<int> &x)                       //输出一个解
{   printf("  第%d 个解  ",++cnt);
    printf("选取的数为");
    for (int i=0;i<n;i++)
        if (x[i]==1)
            printf("%d ",a[i]);
    printf("\n");
}
void dfs(int cs,vector<int> &x,int i)           //递归算法
{   if (i>=n)                                   //到达一个叶子结点
    {   if (cs==t)                              //找到一个满足条件的解,输出
            disp(x);
    }
    else                                        //没有到达叶子结点
    {   x[i]=1;                                 //选取整数 a[i]
        dfs(cs+a[i],x,i+1);
        x[i]=0;                                 //不选取整数 a[i]
        dfs(cs,x,i+1);
    }
}
void subs1()                                    //求解子集和问题
```

```
{    vector<int> x(n);                        //定义解向量
     dfs(0,x,0);                              //i从0开始
}
```

上述算法的求解结果如下：

```
第 1 个解    选取的数为 3 5
第 2 个解    选取的数为 1 5 2
```

【算法分析】 上述算法的解空间是一棵高度为 $n+1$ 的满二叉树，共有 $2^{n+1}-1$ 个结点，递归调用 $2^{n+1}-1$ 次，每找到一个满足条件的解就调用 disp()输出，执行 disp()的时间为 $O(n)$，所以算法的时间复杂度为 $O(n\times 2^n)$。

2）左剪支

由于 a 中所有元素是正整数，每次选择一个元素时 cs 都会变大，当 cs>t 时沿着该路径继续找下去一定不可能得到解。利用这个特点减少搜索的结点个数。当搜索到第 $i(0\leqslant i<n)$ 层的某个结点时，cs 表示当前已经选取的整数和(其中不包含 $a[i]$)，判断选择 $a[i]$ 是否合适：

① 若 $cs+a[i]>t$，表示选择 $a[i]$ 后子集和超过 t，不必继续沿着该路径求解，终止该路径的搜索，也就是左剪支。

② 若 $cs+a[i]\leqslant t$，沿着该路径继续下去可能会找到解，不能终止。

简单地说，仅扩展满足 $cs+a[i]\leqslant t$ 的左孩子结点。

例如 $a=(3,1,5,2)$，$t=8$，其搜索空间如图 5.10 所示，图 5.10 中共有 29 个结点，除去两个被剪支的结点(用虚框结点表示)，剩下 27 个结点，也就是说递归调用 27 次，性能得到了提高。

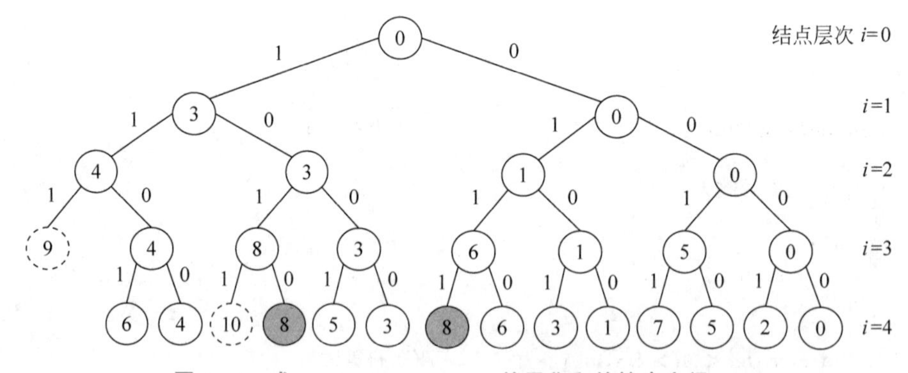

图 5.10 求 $a=(3,1,5,2)$，$t=8$ 的子集和的搜索空间(1)

对应的递归算法如下：

```
void dfs(int cs,vector<int> &x,int i)         //递归算法
{    if (i>=n)                                //找到一个叶子结点
     {    if (cs==t)                          //找到一个满足条件的解,输出
               disp(x);
     }
     else                                     //没有到达叶子结点
     {    if (cs+a[i]<=t)                     //左孩子结点剪支
          {    x[i]=1;                        //选取整数 a[i]
               dfs(cs+a[i],x,i+1);
```

```
        }
        x[i]=0;                              //不选取整数 a[i]
        dfs(cs,x,i+1);
    }
}
void subs2()                                 //求解子集和问题
{   vector<int> x(n);                        //定义解向量
    dfs(0,x,0);                              //i从0开始
}
```

3）右剪支

左剪支仅考虑是否扩展左孩子结点，可以进一步考虑是否扩展右孩子结点。当搜索到第 $i(0\leqslant i<n)$ 层的某个结点时，用 rs 表示余下的整数和，即 rs$=a[i]+\cdots+a[n-1]$（其中包含 $a[i]$），因为右孩子结点对应不选择整数 $a[i]$ 的情况，如果不选择 $a[i]$，此时剩余的所有整数和为 rs$=$rs$-a[i]$（$a[i+1]+\cdots+a[n-1]$），若 cs$+$rs$<t$ 成立，说明即便选择所有剩余整数，其和都不可能达到 t，所以右剪支就是仅扩展满足 cs$+$rs$\geqslant t$ 的右孩子结点，注意在左、右分支处理完后需要恢复 rs，即执行 rs$=+a[i]$。

例如 $a=(3,1,5,2)$，$t=8$，其搜索过程如图 5.11 所示，图中共有 17 个结点，除去 7 个被剪支的结点（用虚框结点表示），剩下 10 个结点，也就是说递归调用 10 次，性能得到更有效的提高。

说明：本例给定 a 中所有整数为正整数，如果 a 中有负整数，这样的左、右剪支是不成立的，因此无法剪支，算法退化为基本深度优先搜索。

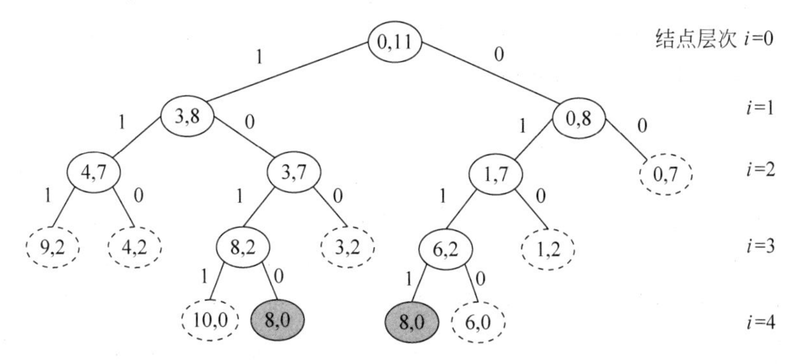

图 5.11　求 $a=(3,1,5,2)$，$t=8$ 的子集和的搜索空间(2)

求解子集和问题的递归算法如下：

```
void dfs(int cs,int rs,vector<int> &x,int i)            //递归算法
{                        //cs为考虑整数 a[i]时选取的整数和,rs为剩余整数和
    if (i>=n)                                            //找到一个叶子结点
    {   if (cs==t)                                       //找到一个满足条件的解,输出
            disp(x);
    }
    else                                                 //没有到达叶子结点
    {   rs-=a[i];                                        //求剩余的整数和
        if (cs+a[i]<=t)                                  //左孩子结点剪支
        {   x[i]=1;                                      //选取第i个整数 a[i]
            dfs(cs+a[i],rs,x,i+1);
        }
```

```
            if (cs+rs>=t)                    //右孩子结点剪支
            {     x[i]=0;                    //不选取第 i 个整数 a[i]
                  dfs(cs,rs,x,i+1);
            }
            rs+=a[i];                        //恢复剩余整数和(回溯)
      }
}
void subs3()                                 //求解子集和问题
{     vector<int> x(n);                      //解向量
      int rs=0;                              //表示所有整数和
      for (int j=0;j<n;j++)                  //求 rs
            rs+=a[j];
      dfs(0,rs,x,0);                         //i 从 0 开始
}
```

【算法分析】 尽管通过剪支提高了算法的性能，但究竟剪去了多少结点与具体的实例数据相关，所以说上述算法最坏情况下的时间复杂度仍然为 $O(n\times 2^n)$。从上述实例中可以看出剪支在回溯算法中的重要性。

扫一扫

视频讲解

5.2.2 简单装载问题

1. 问题描述

有 n 个集装箱要装上一艘载重量为 t 的轮船，其中集装箱 $i(0\leqslant i\leqslant n-1)$ 的重量为 w_i。不考虑集装箱的体积限制，现要选出重量和小于或等于 t 并且尽可能重的若干集装箱装上轮船。例如，$n=5,t=10,w=\{5,2,6,4,3\}$ 时，其最佳装载方案有两种，即(1,1,0,0,1)和(0,0,1,1,0)，对应集装箱重量和达到最大值 t。

2. 问题求解

同样与求幂集问题一样，该问题的解空间树是一棵子集树(因为每个集装箱要么选择要么不选择)，但要求最佳装载方案，属于求最优解类型。设当前解向量 $\boldsymbol{x}=(x_0,x_1,\cdots,x_{n-1})$，$x_i=1$ 表示选择集装箱 i，$x_i=1$ 表示不选择集装箱 i，最优解向量用 bestx 表示，最优重量和用 bestw 表示(初始为 0)，为了简洁，将 bestx 和 bestw 设计为全局变量。

当搜索到第 $i(0\leqslant i<n)$ 层的某个结点时，cw 表示当前选择的集装箱的重量和(其中不包含 $w[i]$)，rw 表示余下集装箱的重量和，即 rw$=w[i]+\cdots+w[n-1]$(其中包含 $w[i]$)，此时处理集装箱 i，先从 rw 中减去 $w[i]$，即置 rw$-=w[i]$，采用的剪支函数如下。

① 左剪支：判断选择集装箱 i 是否合适。检查当前集装箱被选中后总重量是否超过 t，若是则剪支，即仅扩展满足 cw$+w[i]\leqslant t$ 的左孩子结点。

② 右剪支：判断不选择集装箱 i 是否合适。如果不选择集装箱 i，此时剩余的所有整数和为 rw，若 cw+rw≤bestw 成立(bestw 是当前找到的最优解的重量和)，说明即便选择所有剩余集装箱，其重量和都不可能达到 bestw，所以仅扩展满足 cw+rw>bestw 的右孩子结点。

说明：由于深度优先搜索是纵向搜索的，可以比广度优先搜索更快地找到一个解，以此作为 bestw 进行右剪支是非常合适的。

当第 i 层的这个结点扩展完成后需要恢复 rs，即置 rs$+=a[i]$(回溯)。如果搜索到某个叶子结点(即 $i\geqslant n$)，得到一个可行解，其选择的集装箱重量和为 cw(由于左剪支的原因，

cw 一定小于或等于 t)，若 cw＞bestw，说明找到一个满足条件的更优解，置 bestw＝cw，bestx＝x。全部搜索完毕后，bestx 就是最优解向量。

对应的递归算法如下：

```
int n=5,t=10;                                          //一个测试用例
int w[]={5,2,6,4,3};                                   //各集装箱重量,不用下标为 0 的元素
vector<int> bestx;                                     //存放最优解向量
int bestw=0;                                           //存放最优解的总重量,初始化为 0
void dfs(int cw,int rw,vector<int> &x,int i)           //递归算法
{   if (i>=n)                                          //找到一个叶子结点
    {   if (cw>bestw)                                  //找到一个满足条件的更优解
        {   bestw=cw;                                  //保存更优解
            bestx=x;
        }
    }
    else                                               //没有到达叶子结点
    {   rw-=w[i];                                      //求剩余集装箱的重量和
        if (cw+w[i]<=t)                                //左孩子结点剪支
        {   x[i]=1;                                    //选取集装箱 i
            cw+=w[i];                                  //累计当前所选集装箱的重量和
            dfs(cw,rw,x,i+1);
            cw-=w[i];                                  //恢复当前所选集装箱的重量和(回溯)
        }
        if (cw+rw>bestw)                               //右孩子结点剪支
        {   x[i]=0;                                    //不选择集装箱 i
            dfs(cw,rw,x,i+1);
        }
        rw+=w[i];                                      //恢复剩余集装箱的重量和(回溯)
    }
}
void disp()                                            //输出最优解
{   for (int i=0;i<n;i++)
        if (bestx[i]==1)
            printf(" 选取第%d 个集装箱\n",i);
    printf(" 总重量=%d\n",bestw);
}
void loading()                                         //求解简单装载问题
{   bestx.resize(n);
    vector<int> x(n);
    int rw=0;
    for (int i=0;i<n;i++)
        rw+=w[i];
    dfs(0,rw,x,0);
}
```

上述算法的求解结果如下。实际上还有另外一个最优解，即选择第 2 个和第 3 个集装箱，它们的重量和是相同的。

```
选取第 0 个集装箱
选取第 1 个集装箱
选取第 4 个集装箱
总重量=10
```

说明：在上述 dfs 算法的左结点扩展中，cw＋＝w[i]、dfs(cw，rw，x，i＋1)和 cw－＝

w[i]3 条语句可以用一条语句(即 dfs(cw+w[i],rw,x,i+1))等价地替换。

【算法分析】 该算法的解空间树中有 $2^{n+1}-1$ 个结点，每找到一个更优解时复制到 bestx 的时间为 $O(n)$，所以最坏情况下算法的时间复杂度为 $O(n\times 2^n)$。前面的实例中，$n=5$，解空间树中结点个数应为 63，采用剪支后结点个数为 16(不计带×的被剪支的结点)，如图 5.12 所示。

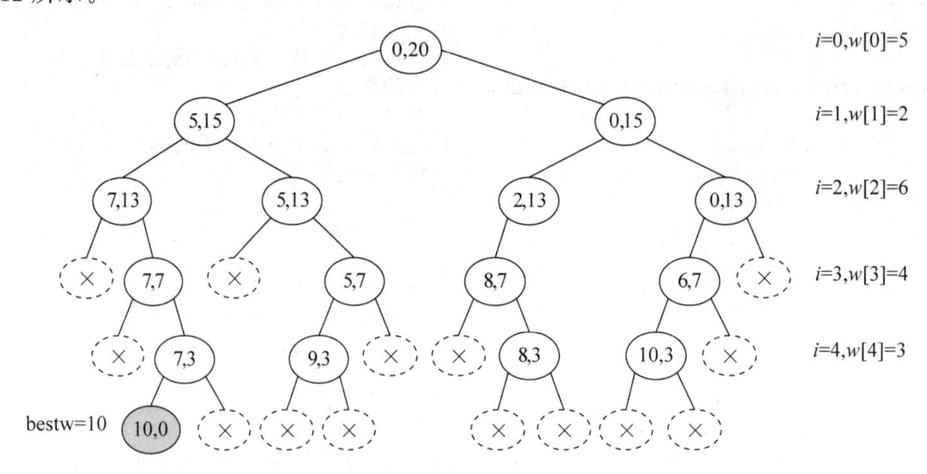

图 5.12 装载实例的搜索空间

5.2.3 0/1 背包问题

1. 问题描述

有 n 个编号为 $0\sim n-1$ 的物品，重量为 $w=\{w_0,w_1,\cdots,w_{n-1}\}$，价值为 $v=\{v_0,v_1,\cdots,v_{n-1}\}$，给定一个容量为 W 的背包。从这些物品中选取全部或者部分物品装入该背包中，每个物品要么选中要么不选中，即物品不能被分割，找到选中物品不仅能够放到背包中而且价值最大的方案，并对表 5.1 所示的 4 个物品求出 $W=6$ 时的一个最优解。

表 5.1 4 个物品的信息

物品编号	重量	价值	物品编号	重量	价值
0	5	4	2	2	3
1	3	4	3	1	1

2. 问题求解

该问题的解空间树是一棵子集树(因为每个物品要么选择要么不选择)，要求求价值最大的装入方案，属于求最优解类型。

1）存储结构设计

每个物品包含编号、重量和价值，为此采用结构体数组存放所有物品，后面涉及按单位重量价值递减排序，所以设计物品结构体类型如下：

```
struct Goods                            //物品结构体类型
{   int no;                             //物品的编号
    int w;                              //物品的重量
    int v;                              //物品的价值
```

```
    Goods(int no1,int w1,int v1)                    //构造函数
    {   no=no1;
        w=w1;
        v=v1;
    }
    bool operator<(const Goods&s) const              //用于按 v/w 递减排序
    {
        return (double)v/w>(double)s.v/s.w;
    }
};
```

例如，表 5.1 所示的 4 个物品采用向量 $\boldsymbol{g}$ 存放：

```
vector<Goods> g={Goods(0,5,4),Goods(1,3,4),Goods(2,2,3),Goods(3,1,1)};   //一个测试实例
```

设当前解向量 $\boldsymbol{x}=(x_0,x_1,\cdots,x_{n-1})$，$x_i=1$ 表示选择物品 i，$x_i=1$ 表示不选择物品 i，最优解向量用 bestx 表示，最大价值用 bestv 表示(初始为 0)，为了简洁，将 n、W、bestx 和 bestv 均设计为全局变量。

2）左剪支

由于所有物品重量为正数，采用与子集和问题类似的左剪支。当搜索到第 $i(0\leqslant i<n)$ 层的某个结点时，cw 表示当前选择的物品重量和(其中不包含 $w[i]$)。检查当前物品被选中后总重量是否超过 W，若超过则剪支，即仅扩展满足 $\mathrm{cw}+w[i]\leqslant W$ 的左孩子结点。

3）右剪支

这里右剪支相对复杂一些，题目求的是价值最大的装入方案，显然优先选择单位重量价值大的物品，为此将 g 中所有物品按单位重量价值递减排序，例如表 5.1 中物品排序后的结果如表 5.2 所示，序号 i 发生了改变，后面改为按 i 而不是按物品编号 no 的顺序依次搜索。

表 5.2　4 个物品按 v/w 递减排序后的结果

序号 i	物品编号 no	重量 w	价值 v	v/w
0	2	2	3	1.5
1	1	3	4	1.3
2	3	1	1	1
3	0	5	4	0.8

先看这样的问题，对于第 i 层的某个结点，cw 表示当前选择的物品重量和(其中不包含 $w[i]$)，cv 表示当前选择的物品价值和(其中不包含 $v[i]$)，那么继续搜索下去能够得到的最大价值是多少？由于所有物品已按单位重量价值递减排序，显然在背包容量允许的前提下应该依次连续地选择物品 i、物品 $i+1$、……，这样做直到物品 k 装不进背包，假设再将物品 k 的一部分装进背包直到背包装满，此时一定会得到最大价值。从中看出从物品 i 开始选择的物品价值和的最大值为 $r(i)$，其中有：

$$r(i)=\sum_{j=i}^{k-1}v_j+\left(\mathrm{rw}-\sum_{j=i}^{k-1}w_j\right)(v_k/w_k)$$

再回过来讨论右剪支，右剪支是判断不选择物品 i 时是否能够找到更优解。如果不选择物品 i，按上述讨论可知在背包容量允许的前提下依次选择物品 $i+1$、物品 $i+2$、……可

以得到最大价值，且从物品 $i+1$ 开始选择的物品价值和的最大值为 $r(i+1)$。如果之前已经求出一个最优解 bestv，当 cv$+r(i+1)\leqslant$bestv 时说明不选择物品 i 时后面无论如何也不能够找到更优解。设计如下限界函数 bound(cw,cv,i)：

```
double bound(int cw, int cv, int i)          //计算第 i 层结点的上界函数值
{   int rw=W-cw;                             //背包的剩余容量
    double b=cv;                             //表示物品价值的上界值
    int j=i;
    while (j<n && g[j].w<=rw)
    {   rw-=g[j].w;                          //选择物品 j
        b+=g[j].v;                           //累计价值
        j++;
    }
    if (j<n)                                 //最后物品(此时的 j 就是 r(i)公式中的 k)只能部分装入
        b+=(double)g[j].v/g[j].w * rw;
    return b;
}
```

这样当搜索到第 i 层的某个结点时，右剪支就是仅扩展满足 bound(cw,cv,$i+1$)$>$bestv 的右孩子结点。

例如，对于根结点，cw$=0$，cv$=0$，若不选择物品 0(对应根结点的右孩子结点)，剩余背包容量 rw$=W=6$，$b=$cv$=0$，考虑物品 1，$g[1].w<$rw，可以装入，$b=b+g[1].v=4$，rw$=$rw$-$g$[1].w=3$；考虑物品 2，$g[2].w<$rw，可以装入，$b=b+g[2].v=5$，rw$=$rw$-g[2].w=2$；考虑物品 3，g$[3].w>$rw，只能部分装入，$b=b+$rw$\times(g[3].v/g[3].w)=6.6$。

右剪支是求出第 i 层的结点的 $b=$bound(cw,cv,i)，若 $b\leqslant$bestv，则停止右分支的搜索，也就是说仅扩展满足 $b>$bestv 的右孩子结点。

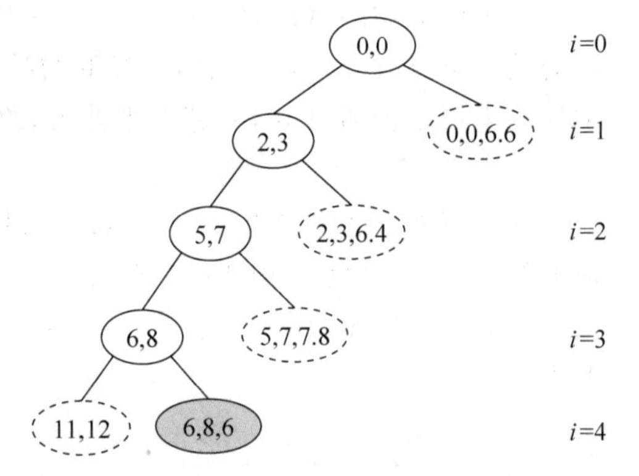

图 5.13 0/1 背包问题实例的搜索空间

对于表 5.1 所示的实例，$n=4$，按 v/w 递减排序后为表 5.2，初始时 bestv$=0$，求解过程如图 5.13 所示，图 5.13 中两个数字的结点为(cw,cv)，只有右结点标记为(cw,cv,ub)，为"×"的虚结点表示被剪支的结点，带阴影的结点是最优解结点，其求解结果与回溯法的完全相同，图中结点的数字为(cw,cv)，求解步骤如下：

① $i=0$，根结点为(0,0)，cw$=0$，cv$=0$，cw$+w[0]\leqslant W$ 成立，扩展左孩子结点，cw$=$cw$+w[0]=2$，cv$=$cv$+v[0]=3$，对应结点(2,3)。

② $i=1$，当前结点为(2,3)，cw$+w[1](5)\leqslant W$ 成立，扩展左孩子结点，cw$=$cw$+w[1]=5$，cv$=$cv$+v[1]=7$，对应结点(5,7)。

③ $i=2$，当前结点为(5,7)，cw$+w[2](6)\leqslant W$ 成立，扩展左孩子结点，cw$=$cw$+w[2]=6$，cv$=$cv$+v[1]=7$，对应结点(6,8)。

④ $i=3$，当前结点为(6,8)，cw$+w[2](6)\leqslant W$ 不成立，不扩展左孩子结点。

⑤ $i=3$，当前结点为(6,8)，不选择物品 3 时计算出 $b=$cv$+0=8$，而 $b>$bestv(0)成立，扩展右孩子结点。

⑥ $i=4$，当前结点为(6,8)，由于 $i \geqslant n$ 成立，它是一个叶子结点，对应一个解 bestv=8。

⑦ 回溯到 $i=2$ 层次，当前结点为(5,7)，不选择物品 2 时计算出 $b=7.8$，$b>$bestv 不成立，不扩展右孩子结点。

⑧ 回溯到 $i=1$ 层次，当前结点为(2,3)，不选择物品 1 时计算出 $b=6.4$，$b>$bestv 不成立，不扩展右孩子结点。

⑨ 回溯到 $i=0$ 层次，当前结点为(0,0)，不选择物品 0 时计算出 $b=6.6$，$b>$bestv 不成立，不扩展右孩子结点。

解空间搜索完，最优解为 bestv=8，装入方案是选择编号为 2、1、3 的 3 个物品。从中看出如果不剪支搜索的结点个数为 31，剪支后搜索的结点个数为 5。

对应的递归算法如下：

```
void dfs(int cw,int cv,vector<int> &x,int i)          //回溯算法
{   if (i>=n)                                         //找到一个叶子结点
    {   if (cw<=W && cv>bestv)                        //找到一个满足条件的更优解,保存它
        {   bestv=cv;
            bestx=x;
        }
    }
    else                                              //没有到达叶子结点
    {   if(cw+g[i].w<=W)                              //左剪支
        {   x[i]=1;                                   //选取物品 i
            dfs(cw+g[i].w,cv+g[i].v,x,i+1);
        }
        double b=bound(cw,cv,i+1);                    //计算上界时从物品 i+1 开始
        if(b>bestv)                                   //右剪支
        {   x[i]=0;                                   //不选取物品 i
            dfs(cw,cv,x,i+1);
        }
    }
}
void knap()                                           //求 0/1 背包问题
{   bestx.resize(n);
    vector<int> x(n);
    sort(g.begin(),g.end());                          //按 v/w 递减排序
    dfs(0,0,x,0);                                     //i 从 0 开始
}
```

【算法分析】 上述算法在不考虑剪支时解空间树中有 $2^{n+1}-1$ 个结点，求上界函数值和保存最优解的时间为 $O(n)$，所以最坏情况下算法的时间复杂度为 $O(n \times 2^n)$。

扫一扫

视频讲解

5.2.4 n 皇后问题

1. 问题描述

在 $n \times n(n \geqslant 4)$ 的方格棋盘上放置 n 个皇后，并且每个皇后不同行、不同列、不同左右对角线（否则称为有冲突）。如图 5.14 所示为 6 皇后问题的一个解。要求给出 n 个皇后的全部解。

2. 问题求解

本问题的解空间是一棵子集树（每个皇后在 1～n 列中找到一个适合的列号，即 n 选一），并且要求所有解。采用整数数组 $q[N]$ 存放 n 皇后问题的求解结果，因为每行只能放

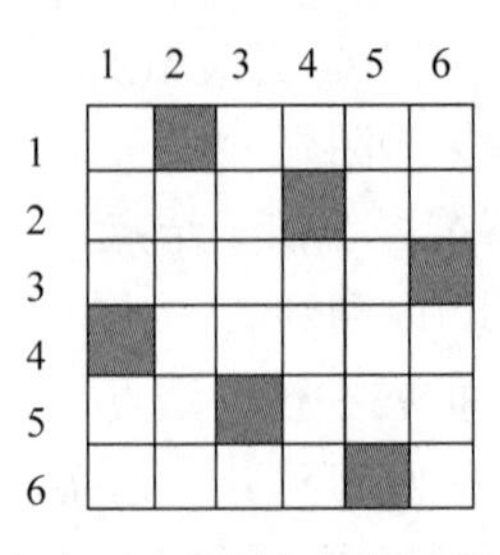

图 5.14　6 皇后问题的一个解

一个皇后，$q[i]$（$1 \leqslant i \leqslant n$）的值表示第 i 个皇后所在的列号，即第 i 个皇后放在（i,$q[i]$）的位置上。对于图 5.14 的解，$q[1..6]=\{2,4,6,1,3,5\}$（为了简便，不使用 $q[0]$ 元素）。

若在（i,j）位置上放第 i 个皇后，是否与已放好的 $i-1$ 个皇后（k,$q[k]$）（$1 \leqslant k \leqslant i-1$）有冲突？显然它们是不同行的（因为皇后的行号 i 总是递增的），所以不必考虑行冲突，是否存在列冲突和对角线冲突的判断如下：

① 如果（i,j）位置与前面的某个皇后同列，则有 $q[k]==j$ 成立。

② 如果（i,j）位置与前面的某个皇后同对角线，如图 5.15 所示，则恰好构成一个等腰直角三角形，即有 $|q[k]-j|==|i-k|$ 成立。

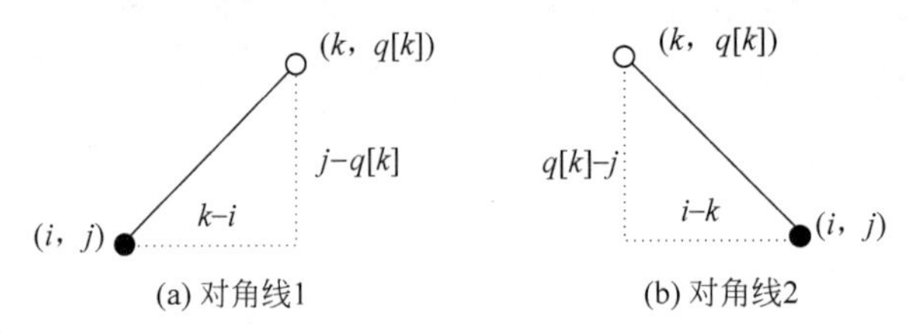

图 5.15　两个皇后构成对角线的情况

归纳起来只要（i,j）位置满足以下条件就存在冲突，否则不冲突：

$$(q[k]==j) \parallel (\text{abs}(q[k]-j)==\text{abs}(i-k)) \qquad 1 \leqslant k \leqslant i-1$$

由此得到测试（i,j）位置能否放置第 i 个皇后的算法如下：

```
bool place(int i,int j)              //测试(i,j)位置能否放置皇后
{   if (i==1) return true;           //第一个皇后总是可以放置
    int k=1;
    while (k<i)                      //k=1~i-1 是已放置了皇后的行
    {   if ((q[k]==j) || (abs(q[k]-j)==abs(i-k)))
            return false;
        k++;
    }
    return true;
}
```

现在采用递归回溯框架求解。设 queen(i,n)是在 $1 \sim i-1$ 行上已经放好了 $i-1$ 个皇后，用于在 $i \sim n$ 行放置剩下的 $n-i+1$ 个皇后，为大问题；queen($i+1$,n)表示在 $1 \sim i$ 行上已经放好了 i 个皇后，用于在 $i+1 \sim n$ 行放置 $n-i$ 个皇后，为小问题，则求解皇后问题所有解的递归模型如下：

```
queen(i,n) ≡ n 个皇后放置完毕，输出一个解                      若 i>n
queen(i,n) ≡ 在第 i 行找到一个合适的位置(i,j)，放置一个皇后；   其他
             queen(i+1,n);
```

对应的递归回溯算法如下：

```
int q[MAXN];                                    //存放各皇后所在的列号,为全局变量
int cnt=0;                                      //累计解的个数
void disp(int n)                                //输出一个解
{   printf("  第%d 个解:",++cnt);
    for (int i=1;i<=n;i++)
        printf("(%d,%d) ",i,q[i]);
    printf("\n");
}
void queen11(int n,int i)                       //回溯算法
{   if (i>n)
        disp(n);                                //所有皇后放置结束
    else
    {   for (int j=1;j<=n;j++)                  //在第i行上试探每一个列j
        {   if (place(i,j))                     //在第i行上找到一个合适位置(i,j)
            {   q[i]=j;
                queen11(n,i+1);
                q[i]=0;                         //回溯
            }
        }
    }
}
void queen1(int n)                              //用递归法求解n皇后问题
{
    queen11(n,1);
}
```

利用上述算法求出 6 皇后问题的 4 个解如下：

```
第 1 个解: (1,2) (2,4) (3,6) (4,1) (5,3) (6,5)
第 2 个解: (1,3) (2,6) (3,2) (4,5) (5,1) (6,4)
第 3 个解: (1,4) (2,1) (3,5) (4,2) (5,6) (6,3)
第 4 个解: (1,5) (2,3) (3,1) (4,6) (5,4) (6,2)
```

另外也可以采用迭代方式求解 n 皇后问题。同样用数组 q 存放皇后的列位置，$(i,q[i])$ 表示第 i 个皇后放置的位置，n 皇后问题的一个解是 $(1,q[1])$，$(2,q[2])$，…，$(n,q[n])$，数组 q 的下标为 0 的元素不用。

由于在第 i 行中找第 i 个皇后的列号时总是先执行 $q[i]$++再判断 $(i,q[i])$ 位置是否合适，所以 $q[i]$ 的初始值必须置为 0。

先放置第 1 个皇后，然后以 2、3、……、n 的次序放置其他皇后，当第 n 个皇后放置好后产生一个解。为了找到所有解，此时算法还不能结束，继续试探第 n 个皇后的下一个位置。

第 $i(i<n)$ 个皇后放置后，接着放置第 $i+1$ 个皇后，在试探第 $i+1$ 个皇后的位置时都是从第 1 列开始的。当第 i 个皇后试探了所有列都不能放置时，回溯到第 $i-1$ 个皇后，此时与第 $i-1$ 个皇后的位置 $(i-1,q[i-1])$ 有关，如果第 $i-1$ 个皇后的列号小于 n，即 $q[i-1]<n$，则将其移到下一列，继续试探；否则再回溯到第 $i-2$ 个皇后，以此类推。

对应的迭代回溯算法如下：

```
void queen2(int n)                        //用迭代法求解n皇后问题
{   int i=1;                              //i表示当前行,i=1表示从第1个皇后开始
    q[i]=0;                               //q[i]是当前列,在试探之前q[i]置为0
    while (i>=1)                          //重复试探
```

```
    {   q[i]++;                           //总是先将列号增1
        while (q[i]<=n && !place(i,q[i])) //试探一个位置(i,q[i])是否合适
            q[i]++;
        if (q[i]<=n)                      //为第i个皇后找到了一个合适位置(i,q[i])
        {   if (i==n)                     //若放置了所有皇后,输出一个解
                disp(n);
            else                          //皇后没有放置完
            {   i++;                      //转向下一个皇后的放置
                q[i]=0;                   //每次试探一个新皇后,q[i]总是从0开始
            }
        }
        else i--;                         //若第i个皇后找不到合适位置,则回溯到前一个皇后
    }
}
```

从上看出迭代回溯算法远不如递归回溯算法清晰，这就是为什么在一般情况下回溯算法都是采用递归回溯算法的原因。

【算法分析】 该算法中每个皇后都要试探 n 列，共 n 个皇后，其解空间是一棵子集树，每个结点可能有 n 棵子树，而每个皇后试探一个合适位置的时间为 $O(n)$，所以最坏情况下算法时间复杂度为 $O(n \times n^n)$。

扫一扫

视频讲解

5.2.5 任务分配问题

1. 问题描述

有 $n(n \geqslant 1)$ 个任务需要分配给 n 个人执行，每个任务只能分配给一个人，每个人只能执行一个任务。第 i 个人执行第 j 个任务的成本是 $c[i][j](0 \leqslant i,j \leqslant n-1)$。求出总成本最小的一种分配方案。如表 5.3 所示为 4 个人员、4 个任务的信息。

表 5.3 4 个人员、4 个任务的信息

人员	任务 0	任务 1	任务 2	任务 3
0	9	2	7	8
1	6	4	3	7
2	5	8	1	8
3	7	6	9	4

2. 问题求解

n 个人和 n 个任务的编号均用 $0 \sim n-1$ 表示。所谓一种分配方案就是由第 i 个人执行第 j 个任务，也就是说每个人从 n 个任务中选择一个任务，即 n 选一，所以本问题的解空间树可以看成一棵子集树，并且要求总成本最小的解（最优解是最小值），属于求最优解类型。

设计解向量 $\boldsymbol{x}=(x_0,x_1,\cdots,x_{n-1})$，这里以人为主，即人找任务（也可以以任务为主，即任务找人），也就是第 i 个人执行第 x_i 个任务 $(0 \leqslant x_i \leqslant n-1)$。bestx 表示最优解向量，bestc 表示最优解的成本（初始值为 ∞），$\boldsymbol{x}$ 表示当前解向量，cost 表示当前解的总成本（初始为 0），另外设计一个 used 数组，其中 used$[j]$ 表示任务 j 是否已经分配（初始时所有元素均为 false），为了简单，将这些变量均设计为全局变量。

解空间中根结点的层次 i 为 0，当搜索到第 i 层的每个结点时，表示为第 i 个人分配一

个没有分配的任务，即选择满足 used[j]=0($0 \leqslant j \leqslant n-1$)的任务 j。对应的递归回溯算法如下：

```
int n=4;                                          //一个测试实例
int c[MAXN][MAXN]={{9,2,7,8},{6,4,3,7},{5,8,1,8},{7,6,9,4}};
vector<int> bestx;                                //最优解向量
int bestc=INF;                                    //最优解的成本,初始值为∞
bool used[MAXN];                                  //used[j]表示任务 j 是否已经分配
void dfs(vector<int> &x,int cost,int i)           //为第 i 个人员分配任务
{   if (i>=n)                                     //到达叶子结点
    {   if (cost<bestc)                           //比较求最优解
        {   bestc=cost;
            bestx=x;
        }
    }
    else                                          //没有到达叶子结点
    {   for (int j=0;j<n;j++)                     //为人员 i 试探分配任务
        {   if (used[j]==0)                       //若任务 j 还没有被分配
            {   x[i]=j;                           //将任务 j 分配给人员 i
                used[j]=true;                     //表示任务 j 已经被分配
                cost+=c[i][j];                    //累计成本
                dfs(x,cost,i+1);                  //继续为人员 i+1 分配任务
                used[j]=false;                    //used[j]回溯
                x[i]=-1;                          //x[i]回溯
                cost-=c[i][j];                    //cost 回溯
            }
        }
    }
}
void alloction()                                  //求解算法
{   memset(used,false,sizeof(task));
    vector<int> x(n,0);                           //当前解向量,n 个元素初始化为 0
    int cost=0;                                   //当前解的成本
    dfs(x,cost,0);                                //从人员 0 开始分配任务
}
```

上述算法的执行结果如下：

```
第 0 个人安排任务 1
第 1 个人安排任务 0
第 2 个人安排任务 2
第 3 个人安排任务 3
总成本=13
```

【算法分析】 算法的解空间是一棵 n 叉树(子集树)，再考虑叶子结点处复制更优解的时间为 $O(n)$，所以最坏的时间复杂度为 $O(n \times n^n)$。例如，表 5.3 的实例中 $n=4$，经测试搜索的结点个数为 65。

现在考虑采用剪支提高性能，该问题是求最小值，所以设计下界函数。当搜索到第 i 层的某个结点时，如果选择了任务 j(即执行 $x[i]=j$，cost$+=c[i][j]$)，此时部分解向量 $\boldsymbol{P}=(x_0,x_1,\cdots,x_i)$，那么后面如何分配才能使得该路径(一条从根到叶子结点的路径对应一个分配方案)的 cost 尽可能小呢？如果后面编号为 $i+1 \sim n-1$ 的每个人都分配一个尚未分配的最小成本的任务，其累计成本为

$$\text{minsum} = \sum_{i1=i+1}^{n-1} \min_{j1 \notin P} \{c_{i1,j1}\}$$

则 $b=\text{cost}+\text{minsum}$ 一定是该路径的最小成本，如图 5.16 所示。如果 $b \geqslant \text{bestc}$（bestc 是当前已经求出的一个最优成本），说明 $x[i]=j$ 这条路径走下去一定不可能找到更优解，所以停止该分支的搜索。这里的剪支就是仅扩展 $b<\text{bestc}$ 的孩子结点。

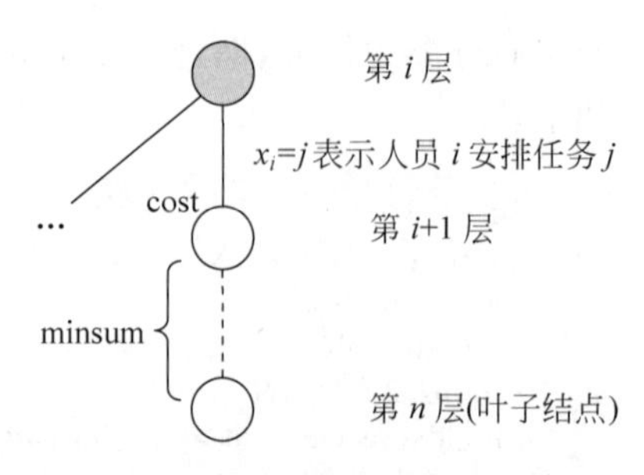

图 5.16　人员 i 安排任务 j 的情况

带剪支的递归回溯算法如下：

```
int bound(int cost, int i)                        //求下界算法
{   int minsum=0;
    for (int i1=i;i1<n;i1++)                       //求 c[i..n-1]行中未分配任务的最小成本和
    {   int minc=INF;                              //置为∞
        for (int j1=0;j1<n;j1++)
            if (used[j1]==false && c[i1][j1]<minc)
                minc=c[i1][j1];
        minsum+=minc;
    }
    return cost+minsum;
}
void dfs(vector<int> &x, int cost, int i)         //为第 i 个人员分配任务
{   if (i>=n)                                      //到达叶子结点
    {   if (cost<bestc)                            //比较求最优解
        {   bestc=cost;
            bestx=x;
        }
    }
    else                                           //没有到达叶子结点
    {   for (int j=0;j<n;j++)                      //为人员 i 试探任务 j
        {   if (used[j]==0)                        //若任务 j 还没有被分配
            {   used[j]=true;
                x[i]=j;                            //任务 j 分配给人员 i
                cost+=c[i][j];
                if(bound(cost,i+1)<bestc)          //剪支(考虑 c[i+1..n-1]行中的最小成本)
                    dfs(x,cost,i+1);               //继续为人员 i+1 分配任务
                used[j]=false;                     //回溯
                x[i]=-1;
                cost-=c[i][j];
            }
        }
    }
}
```

对于表 5.3 的实例，经测试搜索的结点个数为 9，算法的时间性能得到明显提高。但求下界的时间为 $O(n^2)$，带剪支的回溯算法的最坏时间复杂度为 $O(n^2 \times n^n)$。

扫一扫

视频讲解

5.2.6　出栈序列

1. 问题描述

有一个含 n 个不同元素的进栈序列 a，求通过一个栈得到的所有合法的出栈序列。例如 $a=\{1,2,3\}$ 时产生的 5 个合法的出栈序列是 $\{3,2,1\}$、$\{2,3,1\}$、$\{2,1,3\}$、$\{1,3,2\}$、$\{1,2,3\}$。

2. 问题求解

设计一个栈 st，用 i 遍历 a 的元素（初始时 $i=0$），解向量为 $\boldsymbol{x}=(x_0,x_1,\cdots,x_{n-1})$，每个解向量对应一个合法的出栈序列，$j$ 表示产生的出栈序列中的元素个数。显然一种状态是由（a，st，$\boldsymbol{x}$）确定的，实际上由 a 和 $\boldsymbol{x}$ 可以确定 st 的状态，所以可以简化为用（a，$\boldsymbol{x}$）表示状态，而 a 的状态可以用其遍历变量 i 表示，$\boldsymbol{x}$ 的状态可以用 j 表示，这样实际状态用（i，j）表示。如图 5.17 所示，在（i，j）状态下可以选择以下两种操作：

① a_i 进栈（$i<n$），状态变为（$i+1$，j）。

② 出栈一个元素 tmp（栈 st 非空）并且添加到 $\boldsymbol{x}$ 中，状态变为（i，$j+1$）。注意 $i=j$ 时表示栈空，此时不能做出栈操作。

由此看出该问题类似于子集和问题，每次在两种操作中选择一个操作执行，所以可以采用基于子集树的回溯算法求解。

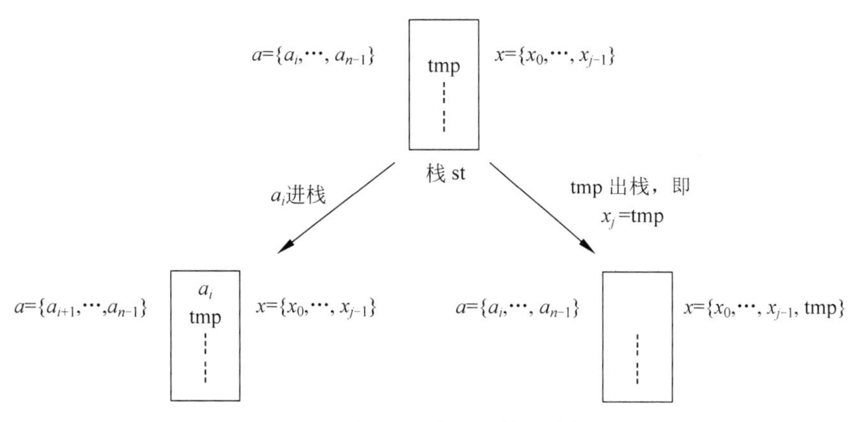

图 5.17 在（i，j）状态下的两种操作

显然解空间中的叶子结点的状态是（n，n），表示 a 中所有元素遍历完成，并且产生的出栈序列包含 n 个元素，此时的 x 就是一个合法的出栈序列。例如，$a=\{1,2,3\}$ 的求解过程如图 5.18 所示。

对应的算法如下：

```
int sum=0;                                  //累计出栈序列的个数
vector<int> a={1,2,3};                      //进栈序列
int n=a.size();                             //进栈序列的元素个数
stack<int> st;
void disp(vector<int> & x)                  //输出一个解
{   printf(" 出栈序列%2d: ",++sum);
    for (int i=0;i<n;i++)
        printf("%d ",x[i]);
    printf("\n");
}
void dfs(vector<int> & x,int i,int j)       //递归算法
{   if (i==n && j==n)                       //输出一种可能的方案
        disp(x);
    else
    {   if (i<n)                            //剪支：i<n 时 a[i]进栈
        {   st.push(a[i]);                  //a[i]进栈
            dfs(x,i+1,j);
```

```
            st.pop();                                   //回溯：出栈
        }
        if (!st.empty())                                //剪支：栈不空时出栈 tmp
        {   int tmp=st.top(); st.pop();                 //出栈 tmp
            x[j]=tmp;                                   //将 tmp 添加到 x 中
            j++;                                        //j 增加 1
            dfs(x,i,j);
            j--;                                        //回溯：j 减少 1
            st.push(tmp);                               //回溯：x 进栈以恢复环境
        }
    }
}
void solve()                                            //求 a 的所有合法的出栈序列
{   vector<int> x(n);
    dfs(x,0,0);                                         //i、j 均从 0 开始
}
```

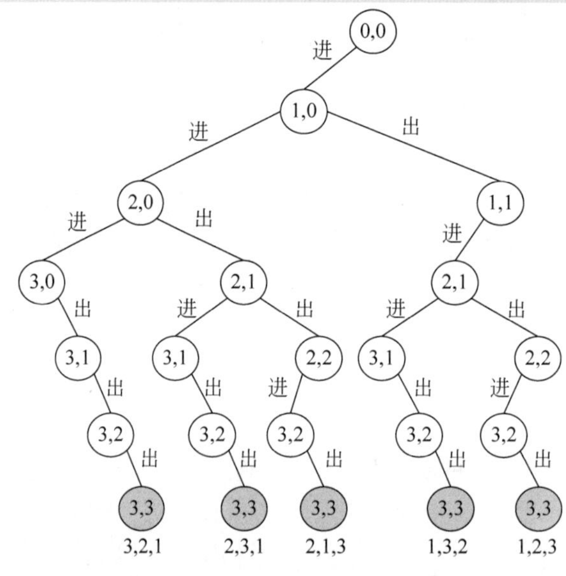

图 5.18　求 $a=\{1,2,3\}$ 的所有出栈序列的过程

【算法分析】 类似子集和问题，但解空间的高度大约为 $i+j=2n$，输出一个解的时间为 $O(n)$，所以最坏情况下的时间复杂度为 $O(n\times 2^{2n})$ 即 $O(n\times 4^n)$，由于存在剪支操作(保证 $i\geqslant j$，即出栈序列中的元素个数一定不大于进栈的元素个数)，所以实际时间性能远好于 $O(n\times 4^n)$。

扫一扫

视频讲解

5.2.7　图的 m 着色

1. 问题描述

给定无向连通图 G 和 m 种不同的颜色。用这些颜色为图 G 的各顶点着色，每个顶点着一种颜色。如果有一种着色法使 G 中每条边的两个顶点着不同颜色，则称这个图是 m 可着色的。图的 m 着色问题是对于给定图 G 和 m 种颜色，找出所有不同的着色方案的数目。

2. 问题求解

对于含 n 个顶点的无向连通图 G，顶点的编号是 $0\sim n-1$，采用 vector<int>数组的邻

接表 A 存储，其中 $\boldsymbol{A}[i]$ 向量为顶点 i 的所有相邻顶点。例如如图 5.19 所示的无向连通图，对应的邻接表如下：

```
A[0..3]={{1,2,3},{0},{0,3},{0,2}}
```

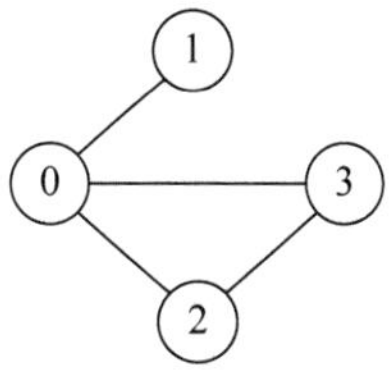

图 5.19 一个无向连通图

m 种颜色的编号为 $0 \sim m-1$，这里实际上就是为每个顶点 i 选择 m 种颜色中的一种（m 选一），使得任意两个相邻顶点的着色不同，所以解空间树看成一棵子集树，并且求解个数，属于求所有解类型。

设计解向量为 $\boldsymbol{x}=(x_0,x_1,\cdots,x_{n-1})$，其中 x_i 表示顶点 i 的着色（$0 \leqslant x_i \leqslant m-1$），初始时置 x 的所有元素为 -1，表示所有顶点均没有着色，用 cnt 累计解个数（初始为 0）。采用递归回溯方法从顶点 0 开始试探（$i=0$ 对应根结点），当 $i \geqslant n$ 时表示找到一种着色方案（对应解空间中的一个叶子结点）。

对于顶点 i，所有可能的着色 j 为 $0 \sim m-1$ 中的一种，如果顶点 i 的所有相邻顶点的颜色均不等于 j，说明顶点 i 着色 j 是合适的，只要有一个相邻顶点的颜色等于 j，则顶点 i 着色 j 是不合适的，需要回溯。对应的算法如下：

```
#define MAXN 30                                 //最多顶点个数
int n;
vector<int> A[MAXN];                            //邻接表
int cnt;                                        //全局变量,累计解个数
int x[MAXN];                                    //全局变量,x[i]表示顶点 i 的着色
bool judge(int i,int j)                         //判断顶点 i 是否可以着颜色 j
{   for(int k=0;k<A[i].size();k++)
    {   if(x[A[i][k]]==j)                       //存在相同颜色的顶点
            return false;
    }
    return true;
}
void dfs(int m,int i)                           //递归回溯算法
{   if(i>=n)                                    //达到一个叶子结点
        cnt++;
    else
    {   for(int j=0;j<m;j++)
        {   x[i]=j;                             //置顶点 i 为颜色 j
            if(judge(i,j))                      //若顶点 i 可以着颜色 j
                dfs(m,i+1);
            x[i]=-1;                            //回溯
        }
    }
}
int Colors(int m)                               //求图的 m 着色问题
{   cnt=0;
    memset(x,0xff,sizeof(x));                   //所有元素初始化为-1
    dfs(m,0);                                   //从顶点 0 开始搜索
    return cnt;
}
```

例如，对于图 5.19，若 $m=3$，求出有 12 种不同的着色方案。

【算法分析】 在该算法中每个顶点都试探编号为 $0 \sim m-1$ 的颜色，共 n 个顶点，对应解空间树是一棵 m 叉树（子集树），每个结点调用 judge()的时间为 $O(n)$，所有算法的最坏时间复杂度为 $O(n \times m^n)$。

5.2.8 实战——救援问题(HDU1242)

1. 问题描述

扫一扫

视频讲解

A 被抓进了监狱，监狱被描述为一个有 $N \times M(N, M \leqslant 200)$ 个方格的网格，监狱里有围墙、道路和守卫。A 的朋友们想要救他（可能有多个朋友），只要有一个朋友找到 A（就是到达 A 所在的位置）那么 A 将被救了。在找 A 的过程中只能向上、向下、向左和向右移动，若遇到有守卫的方格必须杀死守卫才能进入该方格。假设每次向上、向下、向右、向左移动需要一个单位时间，而杀死一个守卫也需要一个单位时间。请帮助 A 的朋友们计算救援 A 的最短时间。

输入格式：第一行包含两个整数，分别代表 N 和 M。然后是 N 行，每行有 M 个字符，其中'#'代表墙，'.'代表道路，'a'代表 A，'r'代表 A 的朋友，'x'代表守卫。处理到文件末尾。

输出格式：对于每个测试用例，输出一个表示所需最短时间的整数。如果这样的整数不存在，输出一行包含"Poor ANGEL has to stay in the prison all his life"的字符串。

输入样例：

```
7 8
#.#####.
#.a#..r.
#..#x...
..#..#.#
#...##..
.#......
........
```

输出样例：

```
13
```

2. 问题求解

本题与迷宫问题类似，假设距离 A 最近的是朋友 B，显然 B 到 A 的最短路径和 B 到 A 的最短路径是相同的，由于 A 只有一个人，而他的朋友可能有多个，所以这里从 A 出发搜他的最近的朋友。A 的位置用(sx,sy)表示（对应解空间的根结点），从该位置搜索路径，len 表示当前路径的长度，bestlen 表示最优解，即最短路径长度（初始置为∞），每次找到一个朋友（对应解空间的叶子结点）比较路径长度，将最短路径长度保存在 bestlen 中。与普通迷宫问题相比，每次路径搜索也是 4 个方位选一，但改为遇到道路'.'走一步，路径长度 len 增加 1，当遇到守卫'x'时除了走一步还需要杀死守卫，所以路径长度 len 增加 2。解空间搜索完毕，若 bestlen 为∞，说明没有找到任何朋友，按题目要求输出一个字符串，否则说明最少找到一个朋友，输出 bestlen 即可。对应的程序如下：

```
#include <iostream>
#include <cstring>
```

```
using namespace std;
#define INF 0x3f3f3f3f
#define MAXN 202
int dx[]={0,0,1,-1};                                    //水平方向偏移量
int dy[]={1,-1,0,0};                                    //垂直方向偏移量
char grid[MAXN][MAXN];                                  //存放网格
int visited[MAXN][MAXN];                                //访问标记数组
int n,m;
int bestlen;
void dfs(int x,int y,int len)
{   if(grid[x][y]=='r')                                 //找到朋友
    {   if(len<bestlen)                                 //比较求最短路径长度
            bestlen=len;
    }
    else
    {   for(int di=0;di<4;di++)                         //枚举4个方位
        {   int nx=x+dx[di];
            int ny=y+dy[di];
            if(nx<0 || nx>=n || ny<0 || ny>=m)          //(nx,ny)超界时跳过
                continue;
            if(visited[nx][ny]==1)                      //(nx,ny)已访问时跳过
                continue;
            if(grid[x][y]=='#')                         //(nx,ny)为墙时跳过
                continue;
            if(grid[nx][ny]=='x')                       //(nx,ny)为守卫的情况
            {   visited[nx][ny]=1;                      //标记(nx,ny)已经访问
                dfs(nx,ny,len+2);                       //走一步+杀死守卫
                visited[nx][ny]=0;                      //路径回溯
            }
            else                                        //(nx,ny)为道路的情况
            {   visited[nx][ny]=1;
                dfs(nx,ny,len+1);                       //走一步
                visited[nx][ny]=0;
            }
        }
    }
}
int main()
{   int sx,sy;                                          //标记A的位置
    while(cin >> n >> m)
    {   for(int i=0;i<n;i++)                            //输入矩阵
        {   for(int j=0;j<m;j++)
            {   cin >> grid[i][j];
                if(grid[i][j]=='a')
                {   sx=i;
                    sy=j;
                }
            }
        }
        bestlen=INF;
        memset(visited,0,sizeof(visited));
        dfs(sx,sy,0);
        if(bestlen==INF)                                //如果bestlen为INF说明没找到路径
            cout <<"Poor ANGEL has to stay in the prison all his life."<< endl;
        else
            cout << bestlen << endl;
```

```
    }
    return 0;
}
```

上述程序提交的结果为通过,执行时间为 187ms,内存消耗为 1596KB,满足题目的时空要求。

5.3 基于排列树框架的问题求解

扫一扫

视频讲解

5.3.1 任务分配问题

1. 问题描述

见 5.2.5 节任务分配问题的描述。

2. 问题求解

n 个人和 n 个任务的编号均用 $0\sim n-1$ 表示,设计解向量 $\boldsymbol{x}=(x_0,x_1,\cdots,x_{n-1})$,同样以人为主,也就是第 i 个人执行第 x_i 个任务($0\leqslant x_i\leqslant n-1$),显然每个合适的分配方案 $\boldsymbol{x}$ 一定是 $0\sim n-1$ 的一个排列,可以求出 $0\sim n-1$ 的全排列,每个排列作为一个分配方案,求出其成本,比较找到一个最小成本 bestc 即可。

用 bestx 表示最优解向量,bestc 表示最优解的成本,$\boldsymbol{x}$ 表示当前解向量,cost 表示当前解的总成本(初始为 0),另外设计一个 used 数组,其中 used[j]表示任务 j 是否已经分配(初始时所有元素均为 false),为了简单,将这些变量均设计为全局变量。根据排列树的递归算法框架,当搜索到第 i 层的某个结点时,第一个 swap($x[i]$,$x[j]$)表示为人员 i 分配任务 $x[j]$(注意不是任务 j),成本是 $c[i][x[i]]$(因为 $x[i]$就是交换前的 $x[j]$),所以执行 used[$x[i]$]=true,cost+=$c[i][x[i]]$,调用 dfs(x,cost,$i+1$)继续为人员 $i+1$ 分配任务,回溯操作是 cost-=$c[i][x[i]]$、used[$x[i]$]=false 和 swap($x[i]$,$x[j]$)(正好与调用 dfs(x,cost,$i+1$)之前的语句的顺序相反)。

考虑采用剪支提高性能,设计下界函数,与 5.2.5 节的 bound 算法相同,仅需要将 j(指任务编号)改为 $x[j]$即可,如图 5.20 所示。

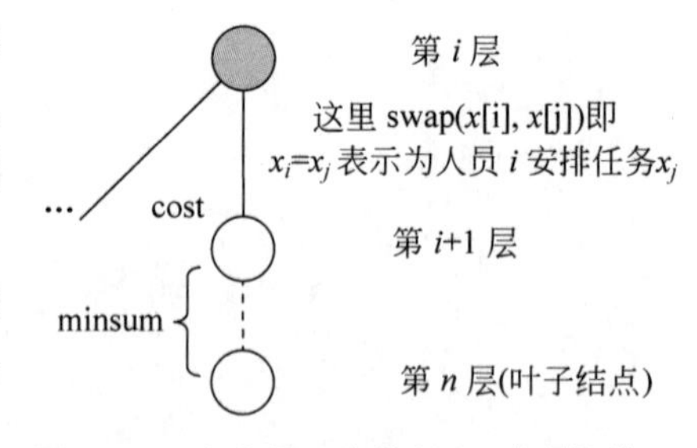

图 5.20 为人员 i 安排任务 $x[j]$的情况

带剪支的排列树递归回溯算法如下:

```
int n=4;                                          //一个测试实例
int c[MAXN][MAXN]={{9,2,7,8},{6,4,3,7},{5,8,1,8},{7,6,9,4}};
vector<int> bestx;                                //最优解向量
int bestc=INF;                                    //最优解的成本,初始置为∞
bool used[MAXN];                                  //used[j]表示任务 j 是否已经分配人员
int bound(vector<int> &x,int cost,int i)          //求下界算法
{   int minsum=0;
    for (int i1=i;i1<n;i1++)                      //求 c[i..n-1]行中未分配的最小成本和
```

```
        {   int minc=INF;
            for (int j1=0;j1<n;j1++)
                if (used[x[j1]]==false && c[i1][x[j1]]< minc)
                    minc=c[i1][x[j1]];
            minsum+=minc;
        }
        return cost+minsum;
}
void dfs(vector<int> &x,int cost,int i)             //递归回溯(排列树)算法
{   if (i>=n)                                       //到达叶子结点
    {   if (cost<bestc)                             //比较求最优解
        {   bestc=cost;
            bestx=x;
        }
    }
    else                                            //没有到达叶子结点
    {   for (int j=i;j<n;j++)                       //为人员 i 试探任务 x[j]
        {   if (used[x[j]]) continue;               //若任务 x[j]已经被分配,则跳过
            swap(x[i],x[j]);                        //为人员 i 分配任务 x[j]
            used[x[i]]=true;
            cost+=c[i][x[i]];
            if(bound(x,cost,i+1)< bestc)            //剪支
                dfs(x,cost,i+1);                    //继续为人员 i+1 分配任务
            cost-=c[i][x[i]];                       //cost 回溯
            used[x[i]]=false;                       //used 回溯
            swap(x[i],x[j]);
        }
    }
}
void alloction()                                    //基于排列树的递归回溯算法
{   memset(used,false,sizeof(used));
    vector<int> x;                                  //当前解向量
    for(int i=0;i<n;i++)                            //将 x[0..n-1]分别设置为 0 到 n-1 的值
        x.push_back(i);
    int cost=0;                                     //当前解的成本
    dfs(x,cost,0);                                  //从人员 1 开始
}
```

【算法分析】 算法的解空间是一棵排列树,求下界的时间为 $O(n^2)$,所以最坏的时间复杂度为 $O(n^2 \times n!)$。例如,上述实例中 $n=4$,经测试不剪支(除去 dfs 中的 if(bound(x, cost,i)<bestc))时搜索的结点个数为 65,而剪支后搜索的结点个数为 9。

说明:任务分配问题在 5.2.5 节采用基于子集树框架时最坏时间复杂度为 $O(n^2 \times n^n)$,这里采用基于排列树框架的最坏时间复杂度为 $O(n^2 \times n!)$,显然 $n>2$ 时 $O(n!)$优于 $O(n^n)$,实际上由于前者通过 used 判重,剪去了重复的分支,其解空间本质上也是一棵排列树,两种算法的最坏时间复杂度都是 $O(n^2 \times n!)$,类似地有 5.2.4 节的 n 皇后问题等。

5.3.2 货郎担问题

扫一扫

视频讲解

1. 问题描述

货郎担问题又译为旅行商问题(TSP),是数学领域中的著名问题之一。假设有一个货郎担要拜访 n 个城市,他必须选择所要走的路径,路径的限制是每个城市只能拜访一次,而

且最后要回到原来出发的城市，要求路径长度最短的路径。

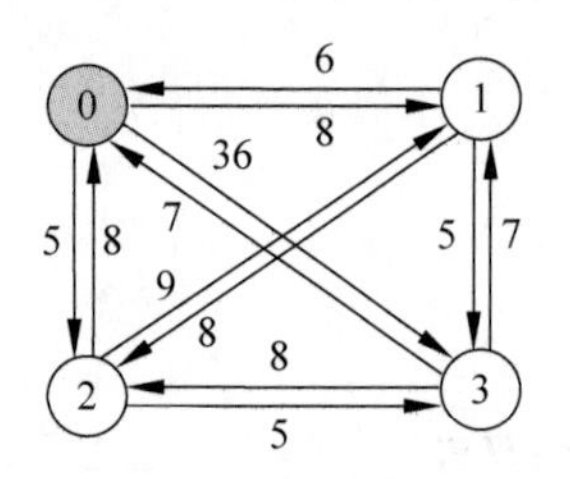

图 5.21　一个 4 城市的图

以图 5.21 所示的一个 4 城市图为例，假设起点 s 为 0，所有从顶点 0 回到顶点 0 并通过所有顶点的路径如下：

```
路径 1: 0→1→2→3→0: 28
路径 2: 0→1→3→2→0: 29
路径 3: 0→2→1→3→0: 26
路径 4: 0→2→3→1→0: 23
路径 5: 0→3→2→1→0: 59
路径 6: 0→3→1→2→0: 59
```

最后求得的最短路径长度为 23，最短路径为 0→2→3→1→0。

2. 问题求解

本问题是求路径长度最短的路径，属于求最优解类型。假设图中有 n 个顶点，顶点编号为 $0\sim n-1$，采用邻接矩阵 $\boldsymbol{A}$ 存储。显然 TSP 路径是简单回路（除了起始点和终点相同，其他顶点不重复），可以采用穷举法，以全排列的方式求出所有路径及其长度，再加上回边，在其中找出长度最短的回路即为 TSP 路径，但这样做难以剪支，时间性能较低。

现在采用基于排列树的递归回溯算法，设计当前解向量 $\boldsymbol{x}=(x_0,x_1,\cdots,x_{n-1})$，每个 x_i 表示一个图中顶点，实际上每个 $\boldsymbol{x}$ 表示一条路径，初始时 x_0 置为起点 s，$x_1\sim x_{n-1}$ 为其他 $n-1$ 个顶点编号，d 表示当前路径的长度，用 bestx 保存最短路径，bestd 表示最短路径长度，其初始值置为∞。设计算法 dfs(x,d,s,i)的几个重点如下：

① x_0 固定作为起点 s，不能取其他值，所以不能从 $i=0$ 开始调用 dfs，应改为从 $i=1$（此时 $d=0$）开始调用 dfs。为了简单，假设 $s=0$，x 初始时为 $(0,1,\cdots,n-1)$，$i=1$ 时 x_1 会取 $x[1..n-1]$的每一个值（共 $n-1$ 种取值），如图 5.22 所示，当 $x_1=x_1(1)$时，对应路径长度为 $d+A[0][1]$，当 $x_1=x_2(2)$时，对应路径长度为 $d+A[0][2]$，以此类推。归纳起来，当搜索到解空间的第 i 层的某个结点时，x_i 取 $x[i..n-1]$中的某个值后当前路径长度为 $d+A[x[i-1]][x[i]]$。

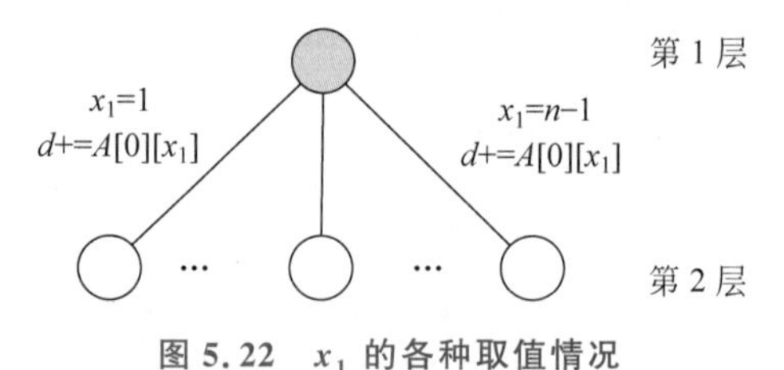

图 5.22　x_1 的各种取值情况

② 当搜索到达某个叶子结点时（$i\geqslant n$），对应的 TSP 路径长度应该是 $d+A[x[n-1]][s]$（因为 TSP 路径是闭合的回路），对应的路径是 $x\cup\{s\}$。通过比较所有回路的长度求最优解。

③ 如何剪支呢？若当前已经求出最短路径长度 bestd，如果 x_i 取 x_j 值，对应的路径长度为 $d+A[x[i-1]][x[j]]$，若 $d+A[x[i-1]][x[j]]\geqslant$bestd，说明该路径走下去不可能找到更短路径，终止该路径的搜索，也就是说仅扩展满足 $d+A[x[i-1]][x[j]]<$bestd 的路径。

对应的用回溯法求 TSP 问题的算法如下：

```
vector<vector<int>> A={{0,8,5,36},{6,0,8,5},{8,9,0,5},{7,7,8,0}};
int n=4;
int cnt=0;                                  //路径条数累计
vector<int> bestx;                          //保存最短路径
int bestd=INF;                              //保存最短路径长度,初始为∞
```

```
void disp(vector<int> &x,int d,int s)                    //输出一个解
{   printf("   第%d条路径: ",++cnt);
    for (int j=0;j<x.size();j++)
        printf("%d ->",x[j]);
    printf("%d",s);                                       //末尾加上起点 s
    printf(", 路径长度: %d\n",d+A[x[n-1]][s]);
}
void dfs(vector<int> &x,int d,int s,int i)               //回溯法算法
{   if(i>=n)                                              //到达一个叶子结点
    {   disp(x,d,s);                                      //输出一个解
        if(d+A[x[n-1]][s]<bestd)                          //同时比较求最优解
        {   bestd=d+A[x[n-1]][s];                         //求 TSP 长度
            bestx=x;                                      //更新 bestx
            bestx.push_back(s);                           //末尾添加起始点
        }
    }
    else                                                  //没有到达叶子结点
    {   for(int j=i;j<n;j++)                              //试探 x[i]走到 x[j]的分支
        {   if (A[x[i-1]][x[j]]!=0 && A[x[i-1]][x[j]]!=INF)  //若 x[i-1]到 x[j]有边
            {   if(d+A[x[i-1]][x[j]]<bestd)  //剪支
                {   swap(x[i],x[j]);
                    dfs(x,d+A[x[i-1]][x[i]],s,i+1);
                    swap(x[i],x[j]);
                }
            }
        }
    }
}
void TSP1(int s)                                          //用回溯法求解 TSP(起始点为 s)
{   vector<int> x;                                        //定义解向量
    x.push_back(s);
    for(int i=1;i<n;i++)                                  //将非 s 的顶点添加到 x 中
        if(i!=s)
            x.push_back(i);
    int d=0;
    dfs(x,d,s,1);                                         //从 x[1]顶点开始扩展
}
```

上述算法当 $s=1$ 时的求解结果如下。实际上共有 6 条路径，通过剪支终止了两条路径的搜索。

```
第 1 条路径: 1→0→2→3→1,   路径长度: 23
第 2 条路径: 1→2→3→0→1,   路径长度: 28
第 3 条路径: 1→3→2→0→1,   路径长度: 29
第 4 条路径: 1→3→0→2→1,   路径长度: 26
最短路径:    1→0→2→3→1,   路径长度: 23
```

【算法分析】 算法的解空间是一棵排列树，由于是从第一层开始搜索的，排列树的高度为 n（含叶子结点层），考虑输出一个解的时间为 $O(n)$，所以最坏的时间复杂度为 $O(n\times(n-1)!)$ 即 $O(n!)$。

思考题：TSP 问题是在一个图中查找从起点 s 经过其他所有顶点又回到顶点 s 的最短路径，在上述算法中为什么不考虑路径中出现重复顶点的情况？

5.3.3 实战——含重复元素的全排列Ⅱ(LeetCode47)

1. 问题描述

给定一个可包含重复数字的序列 nums，按任意顺序返回所有不重复的全排列。例如，nums=[1,1,2]，输出结果是[[1,1,2]，[1,2,1]，[2,1,1]]。要求设计如下函数：

扫一扫

视频讲解

```
class Solution {
public:
    vector<vector<int>> permuteUnique(vector<int>& nums) { }
};
```

2. 问题求解

该问题与求非重复元素的全排列问题类似，解空间是排列树，并且属于求所有解类型。先按求非重复元素全排列的一般过程求含重复元素的全排列，假设 $a=\{1,\boxed{1},2\}$，其中包含两个1，为了区分，后面一个1加上一个框，求其全排列的过程如图5.23所示。从中看出，1↔1的分支和1↔$\boxed{1}$的分支产生的所有排列是相同的，属于重复的排列，应该剪去后者，再看第1层的“$\{2,\boxed{1},1\}$”结点，同样它扩展的两个分支分别是$\boxed{1}$↔$\boxed{1}$和$\boxed{1}$↔1，也是相同的，也应该剪去后者。这样剪去后得到的结果是{1,1,2}，{1,2,1}和{2,1,1}，也就是不重复的全排列。

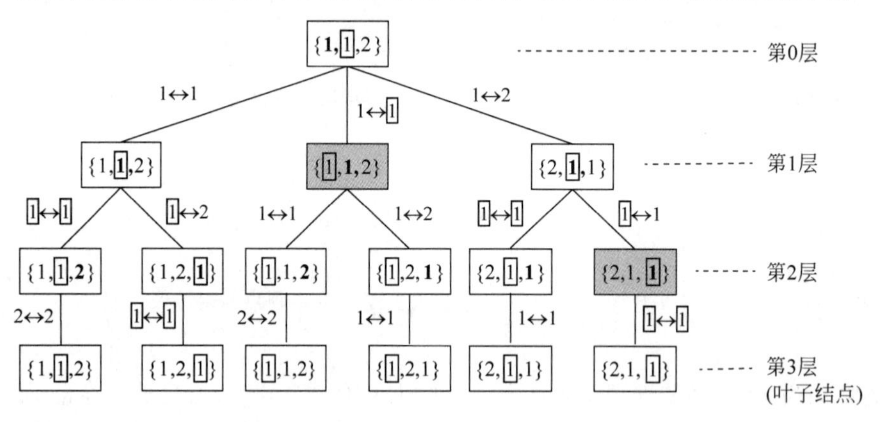

图5.23 求 $a=\{1,\boxed{1},2\}$ 的全排列的过程

同样设解向量为 $\boldsymbol{x}=(x_0,x_1,\cdots,x_n)$，每个 $\boldsymbol{x}$ 表示一个排列，x_i 表示该排列中 i 位置所取的元素，初始时 $\boldsymbol{x}$=nums。在解空间中搜索到第 i 层的某个结点C时，如图5.24所示，C结点的每个分支对应 x_i 的一个取值，理论上讲 x_i 可以取 $x_i \sim x_{n-1}$ 的每个值，也就是说从根结点经过结点C到达第 $i+1$ 层的结点有 $n-1-i+1=n-i$ 条路径，在这些路径中从根结点到C结点都是相同的。当 x_i 取值 x_j 时(对应图中粗分支)走到B

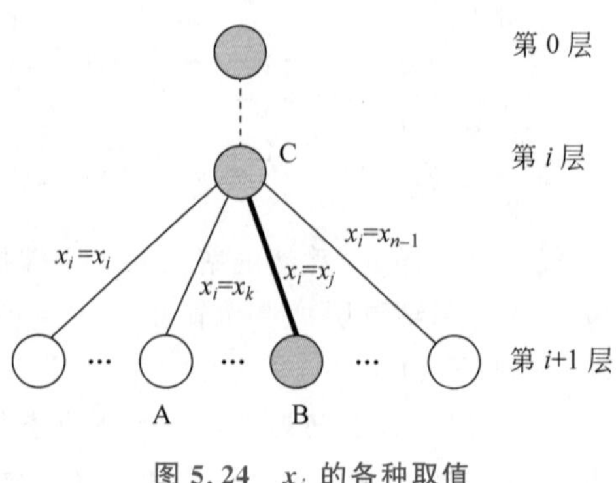

图5.24 x_i 的各种取值

结点,如果 x_j 与前面 $x_i \sim x_{j-1}$ 中的某个值 x_k 相同,当 x_i 取值 x_k 时走到 A 结点,显然根结点到 A 和 B 结点的路径完全相同,而且它们的层次相同,后面的操作也相同,则所有到达叶子结点产生的解必然相同,属于重复的排列,需要剪去。

剪去重复解的方法是,当 j 从 i 到 $n-1$ 循环时,每次循环执行 swap($x[i]$,$x[j]$)为 i 位置选取元素 $x[j]$,如果 $x[j]$与 $x[i..j-1]$中的某个元素相同,则会出现重复的排列,跳过,也就是说在执行 swap($x[i]$,$x[j]$)之前先判断 $x[j]$是否在前面的元素 $x[i..j-1]$中出现过,如果没有出现过就继续做下去,否则跳过 $x[j]$的操作。对应的程序如下:

```
class Solution {
    vector < vector < int >> ps;                    //存放 nums 的全排列
public:
    vector < vector < int >> permuteUnique(vector < int > & nums)
    {   int n=nums.size();
        dfs(nums,n,0);
        return ps;
    }
    void dfs(vector < int > &x,int n,int i)         //递归算法
    {   if (i>=n)                                   //到达叶子结点
            ps.push_back(x);
        else                                        //没有到达叶子结点
        {   for (int j=i;j < n;j++)                 //遍历 x[i..n-1]
            {   if(judge(x,i,j))                    //检测 x[j]
                {   swap(x[i],x[j]);                //为 i 位置选取元素 x[j]
                    dfs(x,n,i+1);                   //继续
                    swap(x[i],x[j]);                //回溯
                }
            }
        }
    }
    bool judge(vector < int > & x,int i,int j)
    //判断 x[j]是否在 x[i..j-1]中出现过,若出现过,返回 false; 没有出现过,返回 true
    {   if(j > i)
        {   for(int k=i;k < j;k++)                  //x[j]是否与 x[i..j-1]的元素相同
                if(x[k]==x[j])                      //若相同返回 false
                    return false;
        }
        return true;                                //全部不相同返回 true
    }
};
```

上述程序提交时通过,执行时间为 4ms,内存消耗为 8.7MB。

5.4 练习题

5.4.1 单项选择题

1. 回溯法是在问题的解空间中按________策略从根结点出发搜索的。

A. 广度优先　　B. 活结点优先　　C. 扩展结点优先　　D. 深度优先

2. 下列算法中________通常以深度优先方式搜索问题的解。

A. 回溯法　　B. 动态规划　　C. 贪心法　　D. 分支限界法

3. 关于回溯法以下叙述中不正确的是________。

A. 回溯法有通用解题法之称，可以系统地搜索一个问题的所有解或任意解

B. 回溯法是一种既带系统性又带跳跃性的搜索算法

C. 回溯法算法需要借助队列来保存从根结点到当前扩展结点的路径

D. 回溯法算法在生成解空间的任一结点时，先判断该结点是否可能包含问题的解，如果肯定不包含，则跳过对以该结点为根的子树的搜索，逐层向祖先结点回溯

4. 回溯法的效率不依赖于下列因素________。

A. 确定解空间的时间　　B. 满足显式约束的值的个数

C. 计算约束函数的时间　　D. 计算限界函数的时间

5. 下面________是回溯法中为避免无效搜索采取的策略。

A. 递归函数　　B. 剪支函数　　C. 随机数函数　　D. 搜索函数

6. 对于含 n 个元素的子集树问题（每个元素二选一），最坏情况下解空间树的叶子结点个数是________。

A. $n!$　　B. 2^n　　C. $2^{n+1}-1$　　D. 2^{n-1}

7. 用回溯法求解 0/1 背包问题时的解空间是________。

A. 子集树　　B. 排列树

C. 深度优先生成树　　D. 广度优先生成树

8. 用回溯法求解 0/1 背包问题时最坏时间复杂度是________。

A. $O(n)$　　B. $O(n\log_2 n)$　　C. $O(n\times 2^n)$　　D. $O(n^2)$

9. 用回溯法求解旅行商问题时的解空间是________。

A. 子集树　　B. 排列树

C. 深度优先生成树　　D. 广度优先生成树

10. n 个学生每个人有一个分数，求最高分的学生的姓名，最简单的方法是________。

A. 回溯法　　B. 归纳法　　C. 迭代法　　D. 以上都不对

11. 求中国象棋中马从一个位置到另外一个位置的所有走法，采用回溯法求解时对应的解空间是________。

A. 子集树　　B. 排列树

C. 深度优先生成树　　D. 广度优先生成树

12. n 个人排队在一台机器上做某个任务，每个人的等待时间不同，完成他的任务的时间是不同的，求完成这 n 个任务的最小时间，采用回溯法求解时对应的解空间是________。

A. 子集树　　B. 排列树

C. 深度优先生成树　　D. 广度优先生成树

5.4.2 问答题

1. 回溯法的搜索特点是什么？

2. 有这样一个数学问题，x 和 y 是两个正实数，求 $x+y=3$ 的所有解，请问能否采用回

溯法求解，如果改为 x 和 y 是两个均小于或等于10的正整数，又能否采用回溯法求解，如果能，请采用解空间画出求解结果。

3. 对于 $n=4,a=(11,13,24,7),t=31$ 的子集和问题，利用左、右剪支的回溯法算法求解，给出求出的所有解，并且画出在解空间中的搜索过程。

4. 对于 n 皇后问题，通过解空间说明 $n=3$ 时是无解的。

5. 对于 n 皇后问题，有人认为当 n 为偶数时其解具有对称性，即 n 皇后问题的解个数恰好为 $n/2$ 皇后问题的解个数的两倍，这个结论正确吗？

6. 本书5.2.4节采用解空间为子集树求解 n 皇后问题，请问能否采用解空间为排列树的回溯框架求解？如果能，请给出剪支操作，说明最坏情况下的时间复杂度，按照最坏情况下的时间复杂度比较哪个算法更好？

7. 对应如图5.25所示的无向连通图，假设颜色数 $m=2$，给出 m 着色的所有着色方案，并且画出对应的解空间。

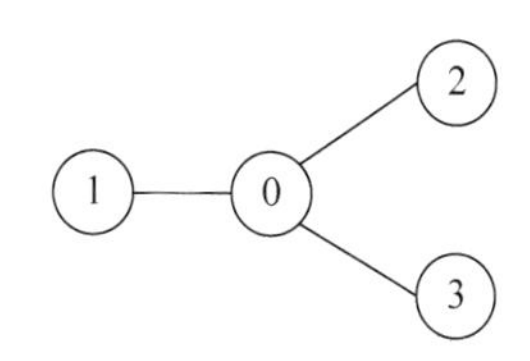

图5.25 一个无向连通图

8. 有一个0/1背包问题，物品个数 $n=4$，物品编号为0～3，它们的重量分别是3、1、2和2，价值分别是9、2、8和6，背包容量 $W=3$。利用左、右剪支的回溯法算法求解，并且画出在解空间中的搜索过程。

9. 以下算法用于求 n 个不同元素 a 的全排序，当 $a=(1,2,3)$ 时，请给出算法输出的全排序的顺序。

```
int cnt=0;                                    //累计排列的个数
void disp(vector<int> &a)                     //输出一个解
{   printf(" 排列%2d: (",++cnt);
    for (int i=0;i<a.size()-1;i++)
        printf("%d,",a[i]);
    printf("%d)",a.back());
    printf("\n");
}
void dfs(vector<int> & a,int i)               //使用递归算法
{   int n=a.size();
    if (i>=n-1)                               //递归出口
        disp(a);
    else
    {   for (int j=n-1;j>=i;j--)
        {   swap(a[i],a[j]);                  //交换 a[i]与 a[j]
            dfs(a,i+1);
            swap(a[i],a[j]);                  //交换 a[i]与 a[j]：恢复
        }
    }
}
void perm(vector<int> & a)                    //求 a 的全排列
{
    dfs(a,0);
}
```

10. 假设问题的解空间为$(x_0,x_1,\cdots,x_{n-1})$，每个 x_i 有 m 种不同的取值，所有 x_i 取不同的值，该问题既可以采用子集树递归回溯框架求解，也可以采用排列树递归回溯框架求解，考虑最坏时间性能应该选择哪种方法？

11. 以下两个算法都是采用排列树递归回溯框架求解任务分配问题，判断其正确性，如果不正确，请指出其中的错误。

(1) 算法1：

```
void dfs(vector<int> &x,int cost,int i)          //使用递归算法
{   if (i>n)                                      //到达叶子结点
    {   if (cost<bestc)                           //比较求最优解
        {   bestc=cost;
            bestx=x;
        }
    }
    else                                          //没有到达叶子结点
    {   for (int j=1;j<=n;j++)                    //为人员 i 试探任务 x[j]
        {   if (task[x[j]]) continue;             //若任务 x[j]已经被分配，则跳过
            task[x[j]]=true;
            cost+=c[i][x[j]];
            swap(x[i],x[j]);                      //为人员 i 分配任务 x[j]
            if(bound(x,cost,i)<bestc)             //剪支
                dfs(x,cost,i+1);                  //继续为人员 i+1 分配任务
            swap(x[i],x[j]);
            cost-=c[i][x[j]];                     //cost 回溯
            task[x[j]]=false;                     //task 回溯
        }
    }
}
```

(2) 算法2：

```
void dfs(vector<int> &x,int cost,int i)          //使用递归算法
{   if (i>n)                                      //到达叶子结点
    {   if (cost<bestc)                           //比较求最优解
        {   bestc=cost;
            bestx=x;
        }
    }
    else                                          //没有到达叶子结点
    {   for (int j=1;j<=n;j++)                    //为人员 i 试探任务 x[j]
        {   if (task[x[j]]) continue;             //若任务 x[j]已经被分配，则跳过
            swap(x[i],x[j]);                      //为人员 i 分配任务 x[j]
            task[x[j]]=true;
            cost+=c[i][x[j]];
            if(bound(x,cost,i)<bestc)             //剪支
                dfs(x,cost,i+1);                  //继续为人员 i+1 分配任务
            cost-=c[i][x[j]];                     //cost 回溯
            task[x[j]]=false;                     //task 回溯
            swap(x[i],x[j]);
        }
    }
}
```

5.4.3 算法设计题

1. 给定含 n 个整数的序列 a（其中可能包含负整数），设计一个算法从中选出若干整

数，使它们的和恰好为 t。例如，a=(−1,2,4,3,1)，t=5，求解结果是(2,3,1,−1)，(2,3)，(2,4,−1)和(4,1)。

2. 给定含 n 个正整数的序列 a，设计一个算法从中选出若干整数，使它们的和恰好为 t 并且所选元素个数最少的一个解。

3. 给定一个含 n 个不同整数的数组 a，设计一个算法求其中所有 $m(m\leqslant n)$ 个元素的组合。例如，a=(1,2,3)，m=2，输出结果是(1,2)，(1,3)和(2,3)。

4. 设计一个算法求 1～n 中 $m(m\leqslant n)$ 个元素的排列，要求每个元素最多只能取一次。例如，n=3，m=2 的输出结果是(1,2)，(1,3)，(2,1)，(2,3)，(3,1)，(3,2)。

5. 在 5.2.4 节求 n 皇后问题的算法中每次放置第 i 个皇后时，其列号 x_i 的试探范围是 1～n，实际上前面已经放好的皇后的列号是不必试探的，请根据这个信息设计一个更高效的求解 n 皇后问题的算法。

6. 请采用基于排列树的回溯框架设计求解 n 皇后问题的算法。

7. 一棵整数二叉树采用二叉链 b 存储，设计一个算法求根结点到每个叶子结点的路径。

8. 一棵整数二叉树采用二叉链 b 存储，设计一个算法求根结点到叶子结点的路径中路径和最小的一条路径，如果这样的路径有多条，求其中的任意一条。

9. 一棵整数二叉树采用二叉链 b 存储，设计一个算法产生每个叶子结点的编码。假设从根结点到某个叶子结点 a 有一条路径，从根结点开始，路径走左分支时用 0 表示，走右分支时用 1 表示，这样的 0/1 序列就是 a 的编码。

10. 假设一个含 n 个顶点(顶点编号为 0～$n-1$)的不带权图采用邻接矩阵 $\mathbf{A}$ 存储，设计一个算法判断其中顶点 u 到顶点 v 是否有路径。

11. 假设一个含 n 个顶点(顶点编号为 0～$n-1$)的不带权图采用邻接矩阵 $\mathbf{A}$ 存储，设计一个算法求其中顶点 u 到顶点 v 的所有路径。

12. 假设一个含 n 个顶点(顶点编号为 0～$n-1$)的带权图采用邻接矩阵 $\mathbf{A}$ 存储，设计一个算法求其中顶点 u 到顶点 v 的一条路径长度最短的路径，一条路径的长度是指路径上经过的边的权值和。如果这样的路径有多条，求其中的任意一条。

5.5 上机实验题

1. 象棋算式

编写一个实验程序 exp5-1 求解如图 5.26 所示的算式，其中每个不同的棋子代表不同的数字，要求输出这些棋子各代表哪个数字的所有解。

```
      兵炮马卒
  +   兵炮车卒
  ------------
     车卒马兵卒
```

图 5.26　象棋算式

2. 子集和

编写一个实验程序 exp5-2，给定含 n 个正整数的数组 a 和一个整数 t，如果 a 中存在若干个整数(至少包含一个整数)的和恰好等于 t，说明有解，否则说明无解。要求采用相关数据进行测试。

3. 迷宫路径

编写一个实验程序 exp5-3 采用回溯法求解迷宫问题。给定一个 $m\times n$ 个方块的迷宫，每个方块值为 0 时表示空白，为 1 时表示障碍物，在行走时最多只能走到上、下、左、右相邻的方块。求指定入口 s 到出口 t 的所有迷宫路径和其中一条最短路径。

4. 哈密顿回路

编写一个实验程序 exp5-4 求哈密顿回路。给定一个无向图，由指定的起点前往指定的终点，途中经过所有其他顶点且只经过一次，称为哈密顿路径，闭合的哈密顿路径称作哈密顿回路。设计一个回溯算法求无向图的所有哈密顿回路，并用相关数据进行测试。

5.6 在线编程题

1. LeetCode216——组合总和Ⅲ
2. LeetCode39——组合总和
3. LeetCode131——分割回文串
4. HDU1027——第 k 小的排列
5. HDU2553——n 皇后问题
6. HDU2616——杀死怪物
7. POJ3187——向后数字和
8. POJ1321——棋盘问题
9. POJ2488——骑士游历
10. POJ1040——运输问题
11. POJ1129——最少频道数

第6章 分支限界法

分支限界法是 R. M. Karp 于 1985 年提出的，并因此获得图灵奖。目前分支限界法在许多问题中得到广泛的应用，典型的应用就是求解最优化问题。第 5 章讨论的回溯法是基于深度优先搜索，分支限界法则是基于广度优先搜索。本章讨论分支限界法的基本原理和经典示例。本章的学习要点和学习目标如下：

（1）掌握各种广度优先搜索的原理和算法框架。

（2）掌握分支限界法的原理和算法框架。

（3）掌握设计限界函数的一般方法。

（4）掌握队列式分支限界法和优先队列式分支限界法的执行过程和差异。

（5）掌握各种分支限界法经典算法的设计过程和算法分析方法。

（6）综合运用分支限界法解决一些复杂的实际问题。

6.1 分支限界法概述

6.1.1 什么是分支限界法

与回溯法一样，分支限界法也是在解空间中搜索问题的解。分支限界法与回溯法的主要区别如表 6.1 所示。回溯法的求解目标是找出解空间中满足约束条件的所有解，或者在所有解中通过比较找出最优解，本质上是要搜索所有可行解。分支限界法的求解目标是找出满足约束条件和目标函数的最优解，不具有回溯的特点。例如，如果求迷宫问题的所有解，应该采用回溯法，不适合采用分支限界法，但如果求迷宫问题的一条最短路径，属于最优解问题，适合采用分支限界法，如果采用回溯法求出所有路径再比较找到一条最短路径，尽管可行但性能低下，所以一般情况下采用分支限界法求解的问题都是最优解问题。

表 6.1　分支限界法和回溯法的主要区别

算法	解空间搜索方式	存储结点的数据结构	结点的存储特性	常用应用
回溯法	深度优先	栈	活结点的所有可行子结点被搜索后才从栈中出栈	找出满足约束条件的所有解
分支限界法	广度优先	队列、优先队列	每个结点只有一次成为活结点的机会	找出满足约束条件和目标函数的最优解

分支限界法中的解空间概念与回溯法中的解空间是相同的，也主要分为子集树和排列树两种类型。在解空间中求解时分支限界法是基于广度优先搜索，一层一层地扩展活结点的所有分支，如图 6.1 所示，一个结点扩展完毕就变为死结点，以后再也不会搜索到该结点。为了有效地选择下一扩展结点以加速搜索速度，在每一个活结点处计算一个限界函数的值，并根据该值从当前活结点表中选择一个最有利的子结点作为扩展结点，使搜索朝着解空间上有最优解的分支推进，以便尽快地找出一个最优解。

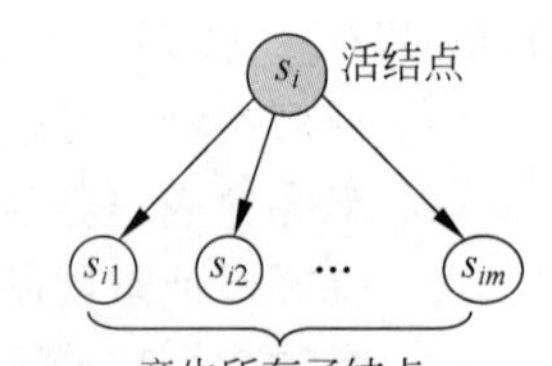

图 6.1　扩展活结点的所有子结点

简单地说，分支限界法就是广度优先搜索加上剪支，剪支方式与回溯法类似，也是通过约束函数和限界函数实现的。由于分支限界法中不存在回溯，所以限界函数的合理性十分重要，如果设计的限界函数不合适，可能会导致找不到最优解。

6.1.2 分支限界法的设计要点

采用分支限界法求解问题的要点如下：

① 如何设计合适的限界函数。

② 如何组织活结点表。

③ 如何求最优解的解向量。

1. 设计合适的限界函数

在搜索解空间时，每个活结点可能有多个子结点，有些子结点搜索下去找不到最优解，可以设计好的限界函数在扩展时剪去这些不必要的子结点，从而提高搜索效率。如图 6.2 所示，假设活结点 s_i 有 4 个子结点，而满足限界函数的子结点只有两个，可以剪去另外两个不满足限界函数的子结点，使得从 s_i 出发的搜索效率提高一倍。

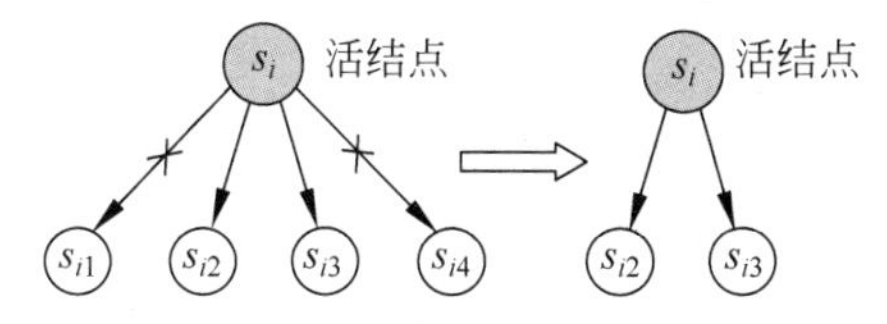

图 6.2　通过限界函数删除一些不必要的子结点

好的限界函数不仅要求计算简单，还要保证能够找到最优解，也就是不能剪去包含最优解的分支，同时尽可能早地剪去不包含最优解的分支。设计限界函数难以找出通用的方法，需根据具体问题来分析。

一般地，先要确定问题解的特性，假设解向量 $\boldsymbol{x}=(x_0,x_1,\cdots,x_{n-1})$，如果目标函数是求最大值，则设计上界限界函数 ub()，ub(x_i)是指沿着 x_i 取值的分支一层一层地向下搜索所有可能取得的值，最大不会大于 ub(x_i)，若从 x_i 的分支向下搜索所得到的部分解是 $(x_0,x_1,\cdots,x_i,\cdots,x_k)$，则应该满足：

$$\text{ub}(x_i) \geqslant \text{ub}(x_{i+1}) \geqslant \cdots \geqslant \text{ub}(x_k)$$

所以根结点的 ub 值应该大于或等于最优解的 ub 值。如果从 s_i 结点扩展到 s_j 结点，应满足 ub(s_i)≥ub(s_j)，将所有小于 ub(s_i)的结点剪支。

同样，如果目标函数是求最小值，则设计下界限界函数 lb()，lb(x_i)是指沿着 x_i 取值的分支一层一层地向下搜索所有可能取得的值，最小不会小于 lb(x_i)，若从 x_i 的分支向下搜索所得到的部分解是$(x_0,x_1,\cdots,x_i,\cdots,x_k)$，则应该满足：

$$\text{lb}(x_i) \leqslant \text{lb}(x_{i+1}) \leqslant \cdots \leqslant \text{lb}(x_k)$$

所以根结点的 lb 值应该小于或等于最优解的 lb 值。如果从 s_i 结点扩展到 s_j 结点，应满足 lb(s_i)≤lb(s_j)，将所有大于 lb(s_i)的结点剪支。

2. 组织活结点表

根据选择下一个扩展结点的方式来组织活结点表，不同的活结点表对应不同的分支搜索方式，常见的方式有队列式分支限界法和优先队列式分支限界法两种。

1）队列式分支限界法

队列式分支限界法将活结点表组织成一个队列，并按照队列先进先出原则选取下一个结点为扩展结点，在扩展时采用限界函数剪支，直到找到一个解或活结点队列为空为止。从中看出除了剪支外整个过程与广度优先搜索相同。

队列式分支限界法中的队列通常采用 STL 中的 queue 容器实现。

2）优先队列式分支限界法

优先队列式分支限界法将活结点表组织成一个优先队列，并选取优先级最高的活结点为当前扩展结点，在扩展时采用限界函数剪支，直到找到一个解或优先队列为空为止。从中看出结点的扩展是跳跃式的。

优先队列式分支限界法中的优先队列通常采用 STL 中的 priority_queue 容器实现。一般地，将每个结点的限界函数值存放在优先队列中。如果目标函数是求最大值，则设计大根堆的优先队列，限界函数值越大越优先出队（扩展）；如果目标函数是求最小值，则设计小根堆的优先队列，限界函数值越小越优先出队（扩展）。

3. 求最优解的解向量

分支限界法在采用广度优先遍历方式搜索解空间时，结点的处理可能是跳跃式的，当搜索到最优解对应的某个叶子结点时，如何求对应的解向量呢？这里的解向量就是从根结点到最优解所在的叶子结点的路径，主要有以下两种方法：

① 在每个结点中保存从根结点到该结点的路径，也就是说每个结点都带有一个路径变量，当找到最优解时，对应叶子结点中保存的路径就是最后的解向量。这种方法比较浪费空间，但实现起来简单，后面的大部分示例采用这种方法。

② 在每个结点中保存搜索路径中的前驱结点，当找到最优解时，通过对应叶子结点反推到根结点，求出的路径就是最后的解向量。这种方法节省空间，但实现起来相对复杂，因为扩展过的结点可能已经出队，需要采用另外的方法保存路径。

6.1.3 分支限界法的时间分析

分支限界法的时间分析与回溯法一样，假设解空间树共有 n 层（根结点为第 0 层，叶子结点为第 n 层），第 1 层有 m_0 个满足约束条件的结点，每个结点有 m_1 个子结点，则第 2 层有 m_0m_1 个结点，同理，第 3 层有 $m_0m_1m_2$ 个结点，以此类推，第 n 层有 $m_0m_1\cdots m_{n-1}$ 个结点，则采用分支限界法求解的算法的执行时间为 $T(n)=m_0+m_0m_1+m_0m_1m_2+\cdots+m_0m_1m_2\cdots m_{n-1}$。当然这只是一种最坏情况的理论分析，因为通过剪支可能会剪去很多结点。尽管如此，从本质上讲分支限界法和回溯法都属于穷举法，不能指望有很好的最坏时间复杂度，在最坏情况下它们的时间复杂性都是指数阶。分支限界法的较高效率是以付出一定代价（计算剪支函数）为基础的，这样会造成算法设计的复杂性，另外算法要维护一个活结点表（队列或者优先队列），需要较大的存储空间。

6.2 广度优先搜索

6.2.1 广度优先搜索概述

分支限界法是基于广度优先搜索的，一般情况下广度优先搜索可以找到最优解，例如迷宫问题中可以利用广度优先搜索找到最短路径。广度优先搜索是采用普通队列存储结点的，先进队的结点先扩展。下面讨论各种类型的广度优先搜索算法的框架。

1. 基本广度优先搜索

基本广度优先搜索算法十分简单，假设起始搜索点为 s，目标点为 t，从 s 出发找 t 的算法的框架如下：

```
void bfs()                                   //基本广度优先搜索算法的框架
{   定义队列 qu 和访问标记数组;
```

```
    置起始点 s 已经访问;
    起始点 s 进入队列 qu;
    while(队列 qu 不空)
    {   出队结点 e;
        if(e==t) return;                    //第一次遇到 t 便返回
        for(从 e 扩展出 e1)
        {   置 e1 已经访问;
            将结点 e1 进入队列 qu;
        }
    }
}
```

利用广度优先搜索的特性可以快速找到最优解。问是不是在任何情况下利用广度优先搜索都可以找到最优解呢？答案是否定的。那么在什么情况下找到的一个解是最优解呢？利用广度优先搜索方法在解空间中搜索时需要扩展结点(可能有多种扩展方式，或者说当前结点可能有多个子结点)，如果每次扩展的代价都计为相同的 p，则第一次找到目标点的代价一定是最小代价；如果每次扩展的代价不同，则第一次找到目标点的代价不一定是最小代价。例如在迷宫问题中，每走一步对应的路径长度均计为 1，所以从入口开始广度优先搜索，第一次找到出口的路径一定是最短路径。同样在不带权图中每条边均计为 1，从顶点 s 开始广度优先搜索，第一次找到 t 时的路径就是顶点 s 到 t 的最短路径，如果是带权图，而且图中边的权值不同，这样找到的路径不一定是最短路径。

2. 分层次的广度优先搜索

如果求不带权图中 s 到 t 的最短路径长度，可以采用分层次的广度优先搜索，这里的路径长度就是 s 到 t 的路径上的边数(或者说从 s 到 t 扩展的层数)。在广度优先搜索时，队列中的结点是一层一层地处理的，首先队列中只有一个根结点，即第 1 层的结点个数为 1，循环一次处理完第 1 层的全部结点，同时队列中恰好包含第 2 层的全部结点，求出队列中的结点个数 cnt，循环 cnt 次处理完第 2 层的全部结点，同时队列中恰好包含第 3 层的全部结点，以此类推。这种广度优先搜索称为分层次的广度优先搜索，对应的算法框架如下：

```
int bfs()                                   //分层次的广度优先搜索算法框架
{   定义队列 qu 和访问标记数组;
    置起始点 s 已经访问;
    起始点 s 进入队列 qu;
    int minpathlen=0;                       //表示最短路径长度
    while(队列 qu 不空)                     //外循环的次数就是 s 到 t 的层次数
    {   int cnt=qu.size();                  //当前层的结点个数为 cnt
        for(int i=0;i<cnt;i++)              //循环 cnt 次扩展每个结点
        {   出队结点 e;
            if(e==t)                        //找到目标点返回 minpathlen
                return minpathlen;
            for(从 e 扩展出 e1)
            {   置 e1 已经访问;
                将结点 e1 进入队列 qu;
            }
        }
        minpathlen++;
    }
```

```
    return -1;                  //表示没有找到 t
}
```

3. 多起点的广度优先搜索

如果求不带权图中多个顶点（用顶点集合 S 表示）到 t 的最短路径长度，可以采用多起点的广度优先搜索，也就是先将 S 集合中的所有顶点进队，然后按基本广度优先搜索或者分层次的广度优先搜索找目标点 t，采用后者的多起点的广度优先搜索算法框架如下：

```
int bfs()                                  //多起点的广度优先搜索算法框架
{   定义队列 qu 和访问标记数组;
    置 S 中所有的起始点已经访问;
    将 S 中所有的起始点进入队列 qu;
    int minpathlen=1;                      //表示最短路径长度
    while(队列 qu 不空)                    //外循环的次数就是 s 到 t 的层次数
    {   int cnt=qu.size();                 //当前层的结点个数为 cnt
        for(int i=0;i<cnt;i++)             //循环 cnt 次扩展每个结点
        {   出队结点 e;
            if(e==t)                       //找到目标点则返回 minpathlen
                return minpathlen;
            for(从 e 扩展出 e1)
            {   置 e1 已经访问;
                将结点 e1 进入队列 qu;
            }
        }
        minpathlen++;
    }
    return -1;                             //表示没有找到 t
}
```

上述算法框架主要针对不带权图求最短路径长度，实际上许多应用可以转换为类似的问题求解。

扫一扫

视频讲解

6.2.2 实战——抓牛问题(POJ3278)

问题描述：A 想抓住一头逃亡的牛，他知道牛现在的位置。他从数轴上的点 $n(0\leqslant n\leqslant 100000)$ 出发去抓牛，牛在同一数轴上的点 $k(0\leqslant k\leqslant 100000)$ 处。A 有以下两种交通方式。

① 步行：A 可以在一分钟内从任意点 x 移动到点 $x-1$ 或 $x+1$。

② 传送：A 可以在一分钟内从任何 x 点移动到 $2x$ 点。

在此过程中牛是不动的，问 A 需要多长时间才能抓到这头牛？

输入格式：输入仅有一个测试用例，由两个空格分隔的整数 n 和 k 组成。

输出格式：输出 A 抓住逃亡牛所需的最少时间（以分钟为单位）。

输入样例：

```
5 17
```

输出样例：

```
4
```

解 本题求 A 抓住牛的最少时间，是一个求最优解(最小值)问题。由于是数轴，每个位置用一个整数表示即可。将 A 的行走时间 step 保存在队列结点中，若 A 当前在 x 位置，如果 $x=k$ 成立表示抓住了牛，返回对应的 step，否则其走法分为以下 3 种方式。

① 向右步行：置新位置 nx $=x+1$，如果 nx 没有超界且没有访问过，step++，将 nx 进队。

② 向左步行：置新位置 nx $=x-1$，如果 nx 没有超界且没有访问过，step++，将 nx 进队。

③ 传送：置新位置 nx $=2x$，如果 nx 没有超界且没有访问过，step++，将 nx 进队。

在 A 的 3 种走法中尽管不同的走法到达的位置是不同的，但每种走法的时间是相同的(都是一分钟)，而题目的最优解就是针对时间的，即求最少时间，所以可以利用广度优先搜索找到最优解。对应的基本广度优先搜索算法如下：

```
#include<iostream>
#include<cstring>
#include<queue>
using namespace std;
#define MAXN 200010
int visited[MAXN];                                  //访问标记数组
struct QNode                                        //队列中的结点类型
{   int p;                                          //当前位置
    int step;                                       //时间(以分钟为单位)
    QNode() {}
    QNode(int p,int step):p(p),step(step) {}
};
int bfs(int n,int k)                                //基本广度优先搜索
{   memset(visited,0,sizeof(visited));
    queue<QNode> qu;                                //定义一个队列
    qu.push(QNode(n,0));
    visited[n]=1;
    while(!qu.empty())
    {   QNode e=qu.front(); qu.pop();               //出队结点 e
        if(e.p==k)                                  //找到目标
            return e.step;
        QNode e1,e2,e3;
        e1.p=e.p+1; e1.step=e.step+1;               //①：向右步行
        if(e1.p>=0 && e1.p<=100000 && visited[e1.p]==0)
        {   visited[e1.p]=1;
            qu.push(e1);
        }
        e2.p=e.p-1; e2.step=e.step+1;               //②：向左步行
        if(e2.p>=0 && e2.p<=100000 && visited[e2.p]==0)
        {   visited[e2.p]=1;
            qu.push(e2);
        }
        e3.p=2*e.p; e3.step=e.step+1;               //③：传送
        if(e3.p>=0 && e3.p<=100000 && visited[e3.p]==0)
        {   visited[e3.p]=1;
            qu.push(e3);
        }
    }
    return -1;                                      //没有找到返回-1
```

```
}
int main()
{   int n,k;
    scanf("%d",&n);
    scanf("%d",&k);
    if(n==k)
    {   cout << 0 << endl;
        return 0;
    }
    else cout << bfs(n,k) << endl;
    return 0;
}
```

上述程序的提交结果为通过，执行时间为172ms，内存消耗为1256KB。采用分层次的广度优先搜索的程序如下：

```
#include <iostream>
#include <cstring>
#include <queue>
using namespace std;
#define MAXN 200010
int visited[MAXN];                          //访问标记数组
int bfs(int n,int k)                        //分层次的广度优先搜索
{   memset(visited,0,sizeof(visited));
    queue<int> qu;                          //定义一个队列(其中结点为int的位置)
    visited[n]=1;
    qu.push(n);
    int minstep=0;                          //最少时间(以分钟为单位)
    while(!qu.empty())
    {   int cnt=qu.size();                  //求出当前队列中的结点个数cnt
        for(int i=0;i<cnt;i++)              //循环cnt次
        {   int e=qu.front(); qu.pop();     //出队结点e
            if(e==k)                        //找到目标
                return minstep;
            int e1=e+1;                     //①: 向右步行
            if(e1>=0 && e1<=100000 && visited[e1]==0)
            {   visited[e1]=1;
                qu.push(e1);
            }
            int e2=e-1;                     //②: 向左步行
            if(e2>=0 && e2<=100000 && visited[e2]==0)
            {   visited[e2]=1;
                qu.push(e2);
            }
            int e3=2*e;                     //③: 传送
            if(e3>=0 && e3<=100000 && visited[e3]==0)
            {   visited[e3]=1;
                qu.push(e3);
            }
        }
        minstep++;
    }
    return -1;                              //没有找到返回-1
```

```
}
int main()
{   int n,k;
    scanf("%d",&n);
    scanf("%d",&k);
    if(n==k)
    {   cout << 0 << endl;
        return 0;
    }
    else cout << bfs(n,k) << endl;
    return 0;
}
```

上述程序的提交结果为通过,执行时间为79ms,内存消耗为1260KB。

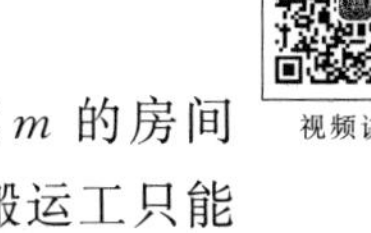

6.2.3 实战——推箱子(HDU1254)

问题描述:推箱子是一个很经典的游戏,这里玩一个简单版本。在一个 $n\times m$ 的房间里有一个箱子和一个搬运工,搬运工的工作就是把箱子推到指定的位置。注意,搬运工只能推箱子而不能拉箱子,如果箱子被推到一个角上,如图6.3所示,那么箱子就不能再被移动了,如果箱子被推到一面墙上,那么箱子只能沿着墙移动。现在给定房间的结构、箱子的位置、搬运工的位置和箱子要被推去的位置,请计算出搬运工至少要推动箱子多少格。

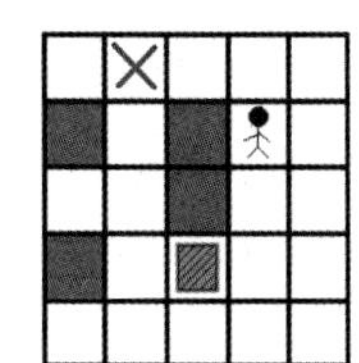

图6.3 推箱子示意图

输入格式:输入的第一行是一个整数 $t(1\leqslant t\leqslant 20)$,表示测试用例的数量。接着是 t 个测试用例,每个测试用例的第一行是两个正整数 n 和 $m(2\leqslant n,m\leqslant 7)$,表示房间的大小,然后是一个 n 行 m 列的矩阵,表示房间的布局,其中0代表空的地板,1代表墙,2代表箱子的起始位置,3代表箱子要被推去的位置,4代表搬运工的起始位置。

输出格式:对于每个测试用例,输出搬运工最少需要推动箱子多少格才能将箱子推到指定位置,如果不能推到指定位置,则输出-1。

输入样例:

```
1
5 5
0 3 0 0 0
1 0 1 4 0
0 0 1 0 0
1 0 2 0 0
0 0 0 0 0
```

输出样例:

```
4
```

解 用二维数组grid存放地图。首先搬运工要找到箱子,然后开始向指定位置推动,但这里只是求搬运工将箱子推到指定位置的最少步数,并不计找到箱子的步数,显然一旦找到箱子后搬运工和箱子是同步推动的,并且不管朝哪个方向推动,每推动一次步数计1,所以可以采用广度优先搜索求解。

那么推箱子问题与迷宫问题有什么不同呢？对于迷宫问题，A 走到一个方块后只需要试探上、下、左、右相邻方块，而推箱子不同，必须在箱子四周找到一个搬运工站立的空方块，然后才能沿着相应的方位推动箱子。假如搬运工站在箱子的上方（该位置之前必须是空方块），或者说搬运工站在箱子的 0 号方位的相反方位上，并且箱子的 0 号方位也是空方块，那么搬运工就可以沿着 0 号方位推动箱子，即向下推动箱子。由于在推箱子过程中搬运工和箱子总是同步移动的，为此设计队列中的结点类型如下：

```
struct QNode                    //队中结点的类型
{    int x,y;                   //搬运工的位置
     int bx,by;                 //箱子的位置
     int step;                  //推箱子的步数
};
```

初始状态用 QNode 类型的 st 变量表示，其中(x,y)存放搬运工的起始位置，(bx,by)存放箱子的起始位置，step 置为 0。首先将 st 进队。

在队不空时出队一个元素 e，此时搬运工的位置是($e.x$,$e.y$)，箱子的位置是(e.bx,e.by)，搬运工可以从 4 个方位推箱子，这里仍以方位 0 为例说明，如图 6.4 所示，(prex,prey)表示箱子的 0 号方位的相反位置，即前一个位置，(nextx,nexty)表示箱子的 0 号方位位置（即箱子）的下一个位置，能够沿着 0 号方位推箱子的条件如下：

① (prex,prey)和(nextx,nexty)位置都是合法的（即它们都没有超界、是空方块并且没有访问过）。

② 从当前搬运工的位置($e.x$,$e.y$)到(prex,prey)存在不经过箱子位置(e.bx,e.by)的路径（这样的路径判断通过 bfsp 算法采用广度优先搜索实现，也可以采用深度优先搜索实现），这一点很重要，因为搬运工只有在能够到达(prex,prey)位置时才能推箱子。

当上述条件都满足时，搬运工就可以沿着 0 号方位将箱子推动一步，这样箱子的新位置变为(nextx,nexty)，搬运工的新位置变为原来箱子的位置，将新位置进队。实际上每个方位都需要这样操作，直到找到箱子的目标位置，对应的 step 就是搬运工的最少步数。如果队列为空都没有找到箱子，则说明无解。

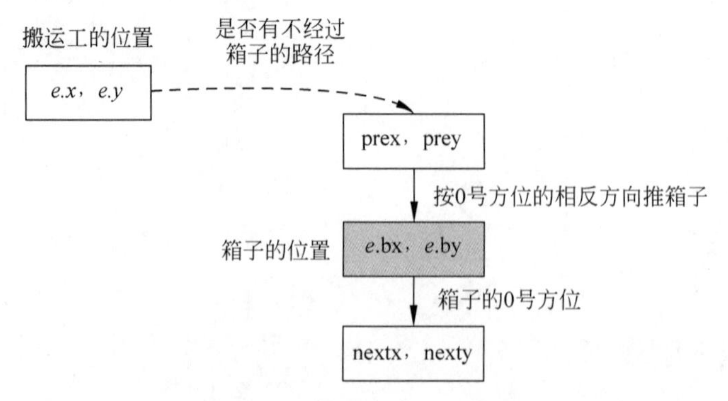

图 6.4　0 方位推箱子的情况

在推箱子游戏中还有一个关键的问题是如何确定一个位置是否重复访问，如果一个位置原来被从左向右水平方向的路径走过，该位置并不影响从右向左水平方向或者任何垂直

方向的路径再次走过，因为这些路径一定是不同的，简言之，从不同方位走到(x，y)位置的路径是不同的，并且它们的长度也可能不同，为此在推箱子游戏中设计访问标记数组为visited[MAXN][MAXM][4]，第3维表示路径中走到当前方块的方位。对应的程序如下：

```
#include <iostream>
#include <queue>
#include <cstring>
using namespace std;
#define MAXN 10
struct QNode                                    //队中元素的类型
{   int x,y;                                    //搬运工的位置
    int bx,by;                                  //箱子的位置
    int step;                                   //推箱子的步数
};
int dx[]={1,-1,0,0};                            //x方向的偏移量
int dy[]={0,0,1,-1};                            //y方向的偏移量
int grid[MAXN][MAXN];                           //存放地图
int n,m;
bool bfsp(int xi,int yi,int xe,int ye,int bx,int by)  //判断是否有(xi,yi)->(xe,ye)不含(bx,by)的路径
{   bool visited[MAXN][MAXN];
    memset(visited,0,sizeof(visited));
    queue<QNode> qu;
    QNode p;
    p.x=xi; p.y=yi;
    visited[xi][yi]=1;
    qu.push(p);
    while(!qu.empty())
    {   p=qu.front(); qu.pop();                 //出队一个元素p
        if (p.x==xe && p.y==ye)                 //找到(xe,ye)
            return true;
        for(int di=0;di<4;di++)
        {   QNode np=p;                         //搬运工沿着di方位走一步
            np.x+=dx[di]; np.y+=dy[di];
            if (np.x<0 || np.x>=n || np.y<0 || np.y>=m)
                continue;                       //超界时跳过
            if (visited[np.x][np.y])
                continue;                       //已经访问时跳过
            if (grid[np.x][np.y]==1)
                continue;                       //为墙时跳过
            if (np.x==bx && np.y==by)
                continue;                       //为箱子位置时跳过
            visited[np.x][np.y]=1;
            qu.push(np);
        }
    }
    return false;
}
int bfsb(QNode st)                              //推箱子算法
{   bool visited[MAXN][MAXN][4];
    memset(visited,0,sizeof(visited));
    queue<QNode> qu;
    qu.push(st);
```

```
    while (!qu.empty())
    {   QNode e=qu.front(); qu.pop();                   //出队结点 e
        if(grid[e.bx][e.by]==3)                          //找到箱子的目标位置
            return e.step;                               //返回找到的第一个解,即最优解
        for(int di=0;di<4;di++)                          //搜索四周
        {   int prex=e.bx-dx[di];                        //按 di 的相反方位求箱子的前一个位置
            int prey=e.by-dy[di];
            int nextx=e.bx+dx[di];                       //按 di 的方位求箱子的后一个位置
            int nexty=e.by+dy[di];
            if (nextx<0 || nextx>=n || nexty<0 || nexty>=m)
                continue;                                //位置(nextx,nexty)超界时跳过
            if (visited[nextx][nexty][di])
                continue;                                //位置(nextx,nexty)已经访问时跳过
            if (prex<0 || prex>=n || prey<0 || prey>=m)
                continue;                                //位置(prex,prey)超界时跳过
            if (grid[nextx][nexty]==1 || grid[prex][prey]==1)
                continue;                                //两个位置有一个是墙时跳过
            if (bfsp(e.x,e.y,prex,prey,e.bx,e.by))  //调用 bfsp()进行路径的判断
            {   visited[nextx][nexty][di]=1;
                QNode e1;                                //推箱子一次扩展出结点 e1
                e1.bx=nextx;      e1.by=nexty;
                e1.x=e.bx;        e1.y=e.by;
                e1.step=e.step+1;
                qu.push(e1);
            }
        }
    }
    return -1;                                           //没有路径的情况
}
int main()
{   int t;
    scanf("%d",&t);
    for(int cas=1;cas<=t;++cas)
    {   scanf("%d%d",&n,&m);
        QNode st;                                        //st 存放初始状态
        st.step=0;
        for(int i=0;i<n;++i)
        {   for(int j=0;j<m;++j)
            {   scanf("%d",&grid[i][j]);
                if(grid[i][j]==4)                        //搬运工的初始位置
                {   st.x=i;
                    st.y=j;
                }
                if(grid[i][j]==2)                        //箱子的初始位置
                {   st.bx=i;
                    st.by=j;
                }
            }
        }
        printf("%d\n",bfsb(st));
    }
    return 0;
}
```

上述程序的提交结果为通过,执行时间为 15ms,内存消耗为 1740KB。

思考题：地图中每个位置是二维的(x,y)，在上述算法中为什么采用三维数组visited[MAXN][MAXM][4]而不是二维数组实现路径的判重呢？

6.2.4 实战——腐烂的橘子(LeetCode994)

问题描述：给定一个类似迷宫的网格grid，值为0代表空单元格，值为1代表新鲜橘子，值为2代表腐烂的橘子。每分钟任何与腐烂的橘子相邻(4个方位)的新鲜橘子都会腐烂，求没有新鲜橘子为止所必须经过的最小分钟数。如果不可能，返回−1。要求设计如下函数：

```
class Solution {
public:
    int orangesRotting(vector<vector<int>> & grid) {   }
};
```

例如，grid=[[2,1,1],[1,1,0],[0,1,1]]，橘子腐烂的过程如图6.5所示，分钟0对应初始状态，所有橘子腐烂共需要4分钟，结果为4。

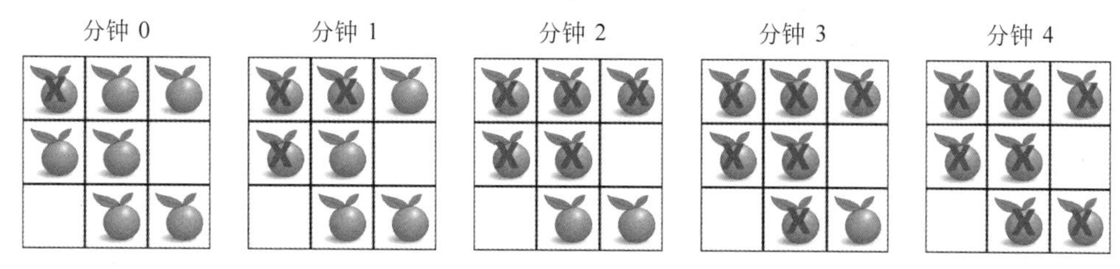

图6.5 橘子腐烂的过程

解 采用多起点+分层的广度优先遍历的方法。用ans表示经过的最小分钟数(初始为0)，先将所有腐烂的橘子进队(可能有多个腐烂的橘子)，然后一层一层地搜索相邻新鲜橘子，当有相邻新鲜橘子时就将其变为腐烂的橘子，此时置ans++(表示腐烂一次相邻橘子花费一分钟)，并且将这些新腐烂的橘子进队。在这样做完(即队列为空)时再判断图中是否存在新鲜橘子，若还存在新鲜橘子，则返回−1，表示不可能腐烂所有橘子，否则返回ans，表示最少ans分钟就可以腐烂所有橘子。对应的程序如下：

```
int dx[]={0,0,1,-1};                              //水平方向的偏移量
int dy[]={1,-1,0,0};                              //垂直方向的偏移量
struct QNode                                      //队列元素类型
{   int x,y;                                      //记录(x,y)位置
    QNode(int x1,int y1):x(x1),y(y1) {}           //重载构造函数
};
class Solution {
public:
    int orangesRotting(vector<vector<int>> & grid)
    {   int m=grid.size();                        //行数
        int n=grid[0].size();                     //列数
        queue<QNode> qu;                          //定义一个队列qu
        for(int i=0;i<m;i++)
        {   for(int j=0;j<n;j++)
            {   if (grid[i][j]==2)                //所有腐烂的橘子进队
                    qu.push(QNode(i,j));
            }
        }
```

```
        int ans=0;                                         //经过的最小分钟数
        while(!qu.empty())                                 //队不空时循环
        {   bool flag=false;
            int cnt=qu.size();                             //求队列中的元素个数 cnt
            for(int i=0;i<cnt;i++)                         //循环 cnt 次处理该层的所有元素
            {   QNode e=qu.front(); qu.pop();              //出队元素 e
                for(int di=0;di<4;di++)                    //四周搜索
                {   int nx=e.x+dx[di];
                    int ny=e.y+dy[di];
                    if (nx>=0 && nx<m && ny>=0 && ny<n && grid[nx][ny]==1)
                    {   grid[nx][ny]=2;                    //新鲜橘子变为腐烂的橘子
                        qu.push(QNode(nx,ny));             //腐烂的橘子进队
                        flag=true;                         //表示有新鲜橘子变为腐烂的橘子
                    }
                }
            }
            if (flag) ans++;                               //有新鲜橘子变为腐烂的橘子时 ans 增 1
        }
        for(int i=0;i<m;i++)                               //判断是否还存在新鲜橘子
            for(int j=0;j<n;j++)
            {   if (grid[i][j]==1)                         //还存在新鲜橘子
                    return -1;                             //返回-1
            }
        return ans;
    }
};
```

上述程序的提交结果为通过，执行时间为 0ms，内存消耗为 12.7MB。

思考题：结合上述实战题，回答在什么情况下采用分层次的广度优先搜索方法求解？

6.3 队列式分支限界法

6.3.1 队列式分支限界法概述

在解空间中搜索解时，队列式分支限界法与广度优先搜索相同，也是采用普通队列存储活结点，从根结点开始一层一层地扩展和搜索结点，同时利用剪支以提高搜索性能。一般队列式分支限界法的框架如下：

```
void bfs()                              //队列式分支限界法
{   定义一个队列 qu;
    根结点进队;
    while(队不空时循环)
    {   出队结点 e;
        for(扩展结点 e 产生结点 e1)
        {   if(e1 满足 constraint() && bound())
            {   if(e1 是叶子结点)
                    比较得到一个更优解或者直接返回;
                else
                    将结点 e1 进队;
            }
```

```
            }
        }
    }
```

在广度优先搜索中判断是否为叶子结点有两种方式：一是在结点 e 出队时判断，也就是在结点 e 扩展出子结点之前对 e 进行判断；二是在出队的结点 e 扩展出子结点 $e1$ 后再对 $e1$ 进行判断。前者的优点是算法设计简单，后者的优点是节省队列空间，因为一般情况下解空间中的叶子结点可能非常多，而叶子结点是不会扩展的，前者仍然将叶子结点进队了。上述框架采用后者方式。

6.3.2 图的单源最短路径

扫一扫

视频讲解

1. 问题描述

给定一个带权有向图 $G=(V,E)$，其中每条边的权是一个正整数。另外给定 V 中的一个顶点 s，称为源点。计算从源点到其他所有顶点的最短路径及其长度。这里的路径长度是指路径上各边权之和。

2. 问题求解

带权有向图 G 采用邻接表.E(为邻接表Ⅱ类型)存储，顶点个数为 n，顶点编号为 $0\sim n-1$。如图 6.6 所示的带权有向图，$n=6$，共 8 条边，邻接表 E 如下：

```
E={{[2,10],[4,30],[5,100]},{[2,4]},{[3,50]},{[5,10]},{[3,20],[5,60]},{}};
```

其中，$E[i]$中每个$[x,y]$表示顶点 i 到 x 的权为 y 的边。

队列的结点类型声明如下：

```
structQNode                    //队列的结点类型
{   int vno;                   //顶点编号
    int length;                //路径长度
};
```

用 dist 数组存放从源点 s 出发的最短路径长度，dist$[i]$表示源点 s 到顶点 i 的最短路径长度，初始时所有 dist$[i]$值为∞。用 pre 数组存放最短路径，pre$[i]$表示源点 s 到顶点 i 的最短路径中顶点 i 的前驱顶点。

采用广度优先搜索方法查找最短路径，出队顶点 u，对于顶点 u 的第 j 个邻接点 v，如图 6.7 所示源点 s 到顶点 v 有两条路径，此时剪支操作是如果经过顶点 u 到达顶点 v 的路径长度更短(即 $\text{dist}[u]+E[u][j].\text{wt}<\text{dist}[v]$)，则扩展顶点 v，建立对应的结点并且进队，否则终止该路径的搜索，称为 <u,v> 边的松弛操作。

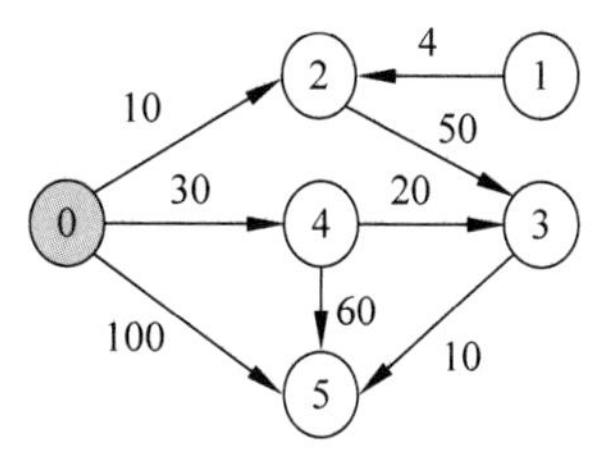

图 6.6 一个带权有向图

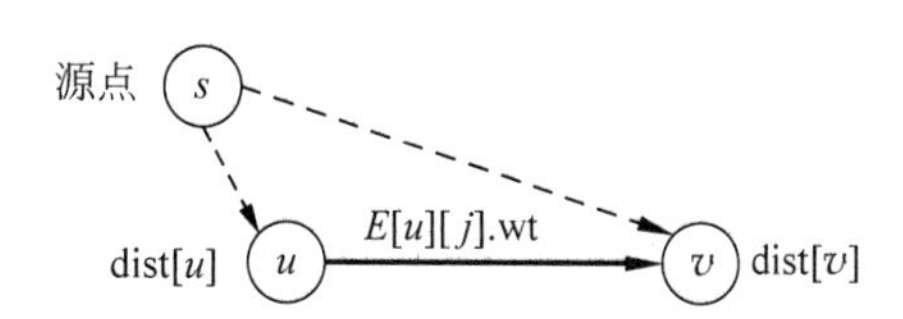

图 6.7 源点 s 到顶点 v 的两条路径

简单地说，把源点 s 作为解空间的根结点开始搜索，对源点 s 的所有邻接点都产生一个分支结点，通过松弛操作选择路径长度最小的相邻顶点，对该顶点继续进行上述的搜索，直到队空为止。

对于图 6.6，假设源点 $s=0$，初始化 dist 数组的所有元素为∞，用“(顶点编号，length)”标识队列结点，先将源点(0,0)进队，置 dist[0]=0，操作如下。

① 出队结点(0,0)，一次性地扩展其所有邻接点，边松弛的结果是 dist[2]=10，dist[4]=30，dist[5]=100，相应的有 pre[2]=pre[4]=pre[5]=0，依次将(2,10)，(4,30)，(5,100)进队。

② 出队结点(2,10)，扩展其邻接点 3，边松弛的结果是 dist[3]=60，pre[3]=2，将(3,60)进队。

③ 出队结点(4,30)，扩展其邻接点 3 和 5，边松弛的结果是 dist[3]=50，pre[3]=4，dist[5]=90，pre[5]=4，依次将(3,50)和(5,90)进队。

④ 出队结点(5,100)，没有修改。

⑤ 出队结点(3,60)，扩展其邻接点 5，边松弛的结果是 dist[5]=70，pre[5]=3，将(5,70)进队。

⑥ 出队结点(3,50)，扩展其邻接点 5，边松弛的结果是 dist[5]=60，pre[5]=3，将(5,60)进队。

⑦ 出队结点(5,90)，没有修改。

⑧ 出队结点(5,70)，没有修改。

⑨ 出队结点(5,60)，没有修改。

此时队列为空，求出的 dist 就是源点到各个顶点的最短路径长度，如图 6.8 所示，图中结点旁的数字表示结点出队的序号(或者扩展结点的顺序)。用户可以通过 pre 推出反向路径。例如对于顶点 5，有 pre[5]=3，pre[3]=4，pre[4]=0，则(5,3,4,0)就是反向路径，或者说顶点 0 到顶点 5 的正向最短路径为 0→4→3→5。

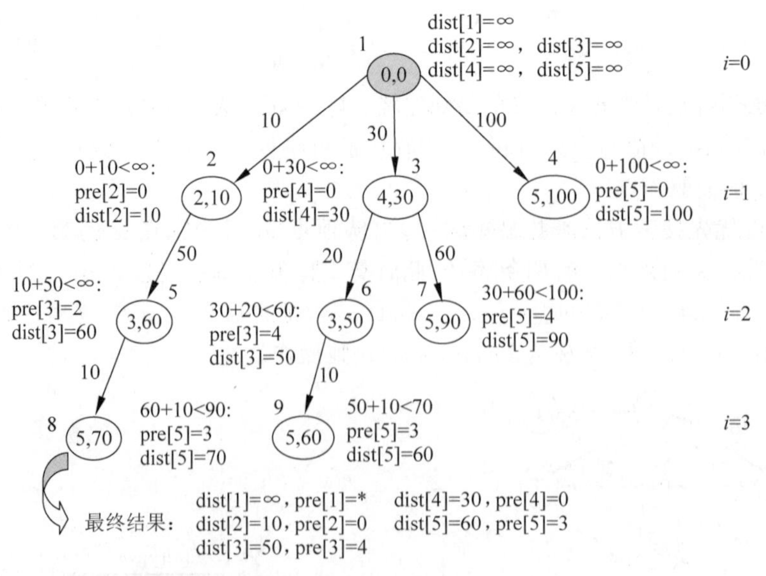

图 6.8 求源点 0 到其他顶点的最短路径的过程

对应的队列式分支限界法算法如下：

```
void bfs(int s)                                     //求解算法
{   QNode e,e1;
    queue<QNode> qu;
    e.vno=s;                                        //建立源点
    e.length=0;
    qu.push(e);                                     //源点进队
    dist[s]=0;
    while(!qu.empty())                              //队列不空时循环
    {   e=qu.front(); qu.pop();                     //出队结点 e
        int u=e.vno;                                //对应顶点为 u
        for (int j=0;j<E[e.vno].size();j++)
        {   int v=E[e.vno][j].vno;                  //相邻点为 v
            if(dist[u]+E[u][j].wt<dist[v])          //剪支(边松弛)
            {   dist[v]=e.length+E[u][j].wt;
                pre[v]=e.vno;
                e1.vno=v;                           //建立相邻点的结点 e1
                e1.length=dist[v];
                qu.push(e1);                        //结点 e1 进队
            }
        }
    }
}
```

说明：在图6.8中搜索路径时需要解决的一个重要问题是路径判重，即判断路径上是否出现重复的顶点，因为含重复顶点的路径是没有意义的。上述算法没有路径判重，这是由于图中边权值为正整数，对于一条最短路径 $v_0,\cdots,v_i,\cdots,v_j$，通过边松弛操作，一定有 dist[$v_j$]>dist[$v_i$]，这样该路径上 v_j 的下一个顶点不可能是 v_i，从而保证路径上不会出现重复的顶点。

【算法分析】 在上述算法中每一条边都需要做一次松弛操作，算法的时间复杂度为 $O(e)$，其中 e 为图的边数。

【例6-1】 给定一个含 n 个顶点的带权有向图，所有权值为正整数，采用邻接矩阵 **A** 存储。利用队列式分支限界法设计一个算法求顶点 s 到 t 的最短路径长度，假设图中至少存在一条从 s 到 t 的路径。

解 借助优先队列式分支限界法求单源最短路径的思路，从顶点 s 出发搜索，设计 dist 数组，其中 dist[j]表示顶点 s 到顶点 j 的最短路径长度（初始时所有元素置为∞），采用边松弛操作求出 dist 数组，最后返回 dist[t]即可（如果 dist[t]为∞，表示 s 到 t 没有路径）。对应的算法如下：

```
int bfs(int s,int t)                                //求 s 到 t 的最短路径长度
{   int dist[MAXN];
    memset(dist,0x3f,sizeof(dist));
    queue<int> qu;                                  //定义队列
    qu.push(s);                                     //源点 s 进队
    dist[s]=0;
    while(!qu.empty())                              //队列不空时循环
    {   int u=qu.front(); qu.pop();                 //出队顶点 u
        for (int v=0;v<n;v++)
        {   if(A[u][v]!=0 && A[u][v]<INF)           //u 到 v 有边
            {   if(dist[u]+A[u][v]<dist[v])         //剪支(边松弛)
                {   dist[v]=dist[u]+A[u][v];
                    qu.push(v);                     //顶点 v 进队
```

```
                    }
                }
            }
        }
        return dist[t];
    }
```

思考题：在上述算法中能不能改为当出队的顶点为 t 时返回 dist[t]，即第一次扩展 t 顶点时其 dist[t]是否为 s 到 t 的最短路径长度？

扫一扫

视频讲解

6.3.3 0/1 背包问题

1. 问题描述

0/1 背包问题的描述见 5.2.3 节，这里采用队列式分支限界法求解。

2. 问题求解

求最优解（满足背包容量要求并且总价值最大的解）的过程是在解空间中搜索得到的，解空间与用回溯法求解的解空间相同，根结点层次 $i=0$，第 i 层表示对物品 i 的决策，只有选择和不选择两种情况，每次二选一，叶子结点的层次是 n，用 x 表示解向量，cv 表示对应的总价值，如图 6.9 所示。

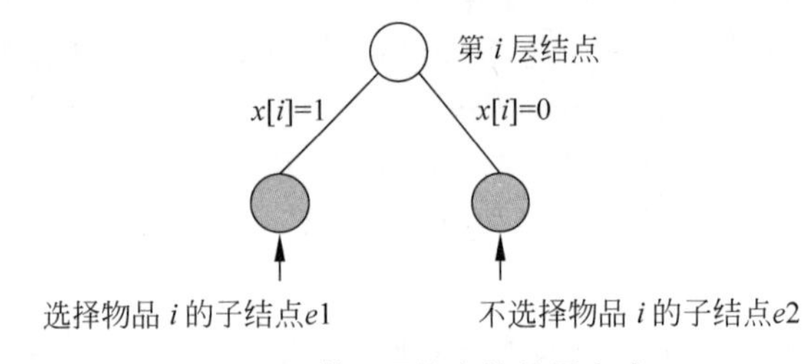

图 6.9　第 i 层结点的扩展方式

另外用 bestx 和 bestv（初始设置为 0）分别表示最优解向量和最大总价值。设计队列结点类型如下：

```
structQNode                    //队列结点类型
{   int i;                     //当前层次(物品序号,本问题必须包含 i)
    int cw;                    //当前总重量
    int cv;                    //当前总价值
    vector<int> x;             //当前解向量
    double ub;                 //上界
};
```

限界函数的设计也与 5.2.3 节相同（先按单位重量价值递减排序），只是这里改为对扩展结点 e 求上界函数值。对于第 i 层的结点 e，求出结点 e 的上界函数值 ub，其剪支如下。

① 左剪支：终止选择物品 i 超重的分支，也就是仅扩展满足 $e.\mathrm{cw}+w[i]\leqslant W$ 条件的子结点 $e1$，即满足该条件时将 $e1$ 进队。

② 右剪支：终止在不选择物品 i 时即使选择剩余所有满足限重的物品都不可能得到更优解的分支，也就是仅扩展满足 $e.\mathrm{ub}>\mathrm{bestv}$ 条件的子结点 $e2$，即满足该条件时将 $e2$ 进队。

对于表 5.1 中 4 个物品的求解过程如图 6.10 所示，图中结点数字为（cw，cv，ub），带

"×"的虚结点表示被剪支的结点,带阴影的结点是最优解结点,其求解结果与回溯法的求解结果完全相同。从中看到由于采用队列,结点的扩展是一层一层顺序展开的,实际扩展的结点个数为15(叶子结点不进队也不可能扩展),由于物品个数较少,没有明显体现出限界函数的作用,当物品个数较多时,使用限界函数的效率会得到较大的提高。

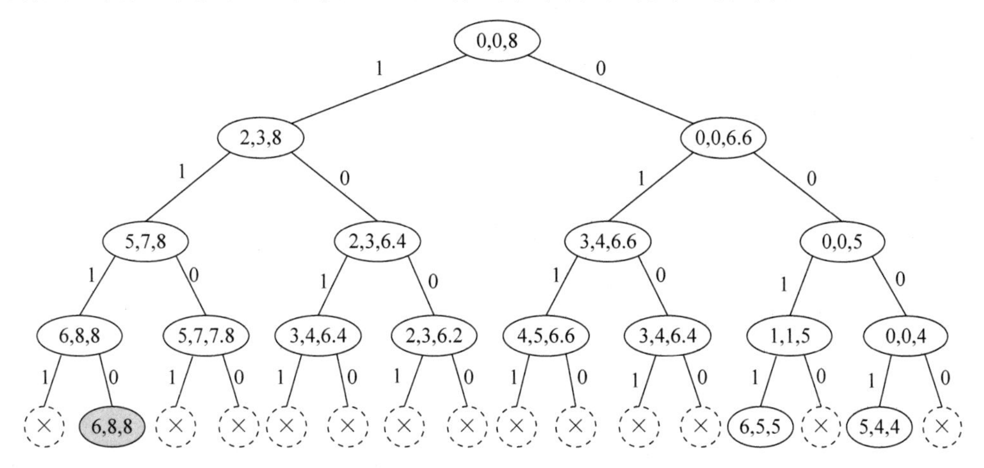

图 6.10 采用队列式分支限界法求解 0/1 背包问题的过程

对应的队列式分支限界法算法如下:

```
vector<int> bestx;                                  //存放最优解向量
int bestv=0;                                        //存放最大价值,初始为0
void bound(QNode& e)                                //求结点e的上界函数值
{   int rw=W-e.cw;                                  //背包的剩余容量
    double b=e.cv;                                  //表示物品价值的上界值
    int j=e.i;
    while (j<n && g[j].w<=rw)
    {   rw-=g[j].w;                                 //选择物品j
        b+=g[j].v;                                  //累计价值
        j++;
    }
    if (j<n)                                        //最后物品只能部分装入
        b+=(double)g[j].v/g[j].w * rw;
    e.ub=b;
}
void EnQueue(QNode e,queue<QNode> & qu)             //结点e进队操作
{   if (e.i==n)                                     //到达叶子结点
    {   if (e.cv>bestv)                             //比较更新最优解
        {   bestv=e.cv;
            bestx=e.x;
        }
    }
    else qu.push(e);                                //非叶子结点进队
}
void bfs()                                          //求0/1背包最优解的算法
{   QNode e,e1,e2;                                  //定义3个结点变量
    queue<QNode> qu;                                //定义一个队列
    e.i=0;                                          //根结点的层次为0
    e.cw=0; e.cv=0;
    e.x.resize(n);
```

```
    qu.push(e);                                 //根结点进队
    while (!qu.empty())                         //队不空时循环
    {   e=qu.front(); qu.pop();                 //出队结点 e
        if (e.cw+g[e.i].w <= W)                 //左剪支
        { e1.cw=e.cw+g[e.i].w;                  //选择物品 e.i
          e1.cv=e.cv+g[e.i].v;
          e1.x=e.x; e1.x[e.i]=1;
          e1.i=e.i+1;                           //左子结点的层次加 1
          EnQueue(e1,qu);
        }
        e2.cw=e.cw; e2.cv=e.cv;                 //不选择物品 e.i
        e2.x=e.x; e2.x[e.i]=0;
        e2.i=e.i+1;                             //右子结点的层次加 1
        bound(e2);                              //求出不选择物品 i 的价值上界
        if (e2.ub > bestv)                      //右剪支
            EnQueue(e2,qu);
        }
    }
}
```

【算法分析】 求解 0/1 背包问题的解空间是一棵高度为 $n+1$ 的满二叉树，求结点限界值的时间为 $O(n)$，由于剪支提高的性能难以估算，所以上述算法的最坏时间复杂度仍然为 $O(n\times2^n)$。

用回溯法和分支限界法都可以求解 0/1 背包问题，两种方法都是在解空间中搜索解，但在具体算法设计上两者的侧重点有所不同，如图 6.11 所示，回溯法侧重于结点的扩展和回退，保证结点 A 从每个有效的子结点返回的状态相同，其状态用递归算法的参数或者全局变量保存，而分支限界法侧重于结点的扩展，将每个扩展的有效子结点进队，其状态保存在队列中。所谓有效子结点，是指剪支后满足约束条件和限界函数的结点。

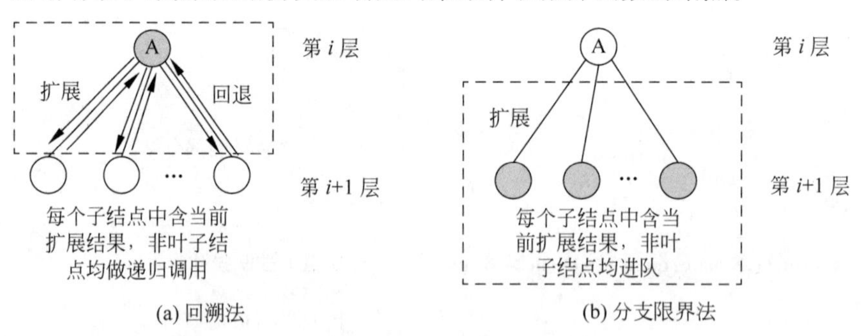

图 6.11 用两种算法求解 0/1 背包问题的侧重点

扫一扫

视频讲解

6.3.4 实战——网格中的最短路径(LeetCode1293)

1. 问题描述

给定一个 $m\times n(1\leqslant m,n\leqslant40)$ 的网格，其中每个方块不是 0(空)就是 1(障碍物)。每一步都可以在空白方块中上、下、左、右移动。如果最多可以消除 $k(1\leqslant k\leqslant m\times n)$ 个障碍物，请找出从左上角(0,0)到右下角$(m-1,n-1)$的最短路径(保证这两个方块都是空白方块)，并返回通过该路径所需的步数。如果找不到这样的路径，则返回 -1。例如，grid=

[[0,0,0], [1,1,0], [0,0,0], [0,1,1],[0,0,0]], $k=1$,初始网格如图 6.12(a)所示,最短路径长度为 6,需要消除(3,2)位置的障碍物,结果路径如图 6.12(b)所示。要求设计如下函数:

```
class Solution {
public:
    int shortestPath(vector<vector<int>> & grid, int k) { }
};
```

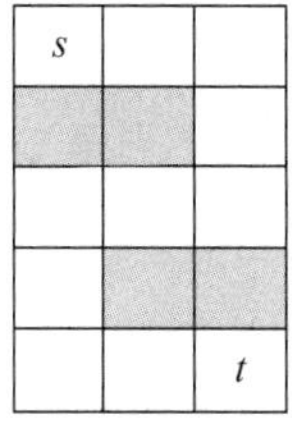

(a) 初始网格

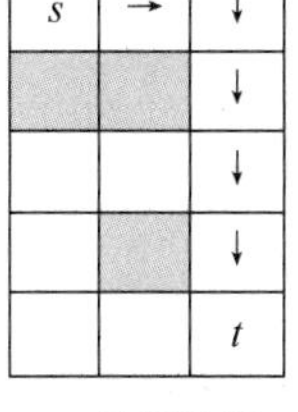

(b) 结果路径

图 6.12　初始网格和结果路径

2. 问题求解

如果网格中没有障碍物,那么可以非常容易地找到最短路径,其长度为 $m+n-2$。最坏情况下所有的方格都是障碍物(除了起始和目标位置外),此时共 $m\times n-2$ 个障碍物,可以消除其中 $m+n-2$ 个障碍物得到一条最短路径,也就是说当 $k\geqslant m+n-2$ 时一定可以找到长度为 $m+n-2$ 的最短路径。

除了上述特殊情况外,采用队列式分支限界法求解,每次走到一个方格,需要记录对应的位置、走过的步数和路径上已经遇到的障碍物个数,为此设计队列结点类型如下:

```
struct QNode                      //队列的结点类型
{   int x, y;                     //记录(x,y)位置
    int step;                     //走过的路径长度
    int nums;                     //路径上遇到的障碍物个数
};
```

若出队的结点为 e,可以在四周 4 个方位试探,当 di 方位的相邻方块没有超界时建立对应的子结点 $e1$,采用剪支是终止 $e1$.nums$>k$ 的分支,仅扩展 $e1$.nums$\leqslant k$ 的结点,如果满足该条件,将结点 $e1$ 进队。进队操作时先检查 $e1$ 是否为叶子结点(满足 nx$==m-1$ && ny$==n-1$),如果是则返回 $e1$.step,因为该问题中每个分支扩展的代价(即路径长度)都是 1,所以按照广度优先搜索的原理第一次找到的路径就是最短路径,如果不是叶子结点将 $e1$ 进队。

另外一个关键的问题是如何避免路径重复,假设现在考虑结点 $e1$,到达($e1.x$,$e1.y$)方格可能有多条路径,显然不同的 $e1$.nums 的路径是不同的,所以采用三维数组 visited[MAXN][MAXM][MAXN]来标识,第 3 维表示到达该位置时路径中遇到的障碍物个数 $e1$.nums,初始时将该数组的所有元素置为 0,按 visited[$e1.x$][$e1.y$][$e1$.nums]的值判断当前路径是否重复。

对应的队列式分支限界法的程序如下:

```
#define MAXN 42                                       //最大的 m、n
int dx[]={0,0,1,-1};                                  //水平方向的偏移量
int dy[]={1,-1,0,0};                                  //垂直方向的偏移量
struct QNode                                          //队列的结点类型
{   int x,y;                                          //记录(x,y)位置
    int step;                                         //走过的路径长度
    int nums;                                         //路径上遇到的障碍物个数
};
class Solution {
public:
    int shortestPath(vector<vector<int>>& grid, int k)
    {   int m=grid.size();                            //行数
        int n=grid[0].size();                         //列数
        if (k>=m+n-2)
            return m+n-2;
        return bfs(grid,k);
    }
    int bfs(vector<vector<int>>& grid, int k)         //队列式分支限界法
    {   int m=grid.size();                            //行数
        int n=grid[0].size();
        int visited[MAXN][MAXN][MAXN];
        memset(visited,0,sizeof(visited));            //将 visited 的所有元素初始化为 0
        QNode e,e1;
        queue<QNode> qu;
        e.x=0; e.y=0; e.nums=0; e.step=0;
        qu.push(e);
        visited[0][0][0]=1;
        while (!qu.empty())                           //队不空时循环
        {   e=qu.front(); qu.pop();                   //出队结点 e
            int x=e.x, y=e.y, nums=e.nums;
            for (int di=0;di<4;di++)                  //在四周搜索
            {   int nx=x+dx[di];                      //di 方位的位置为(nx,ny)
                int ny=y+dy[di];
                if (nx<0 || nx>=m || ny<0 || ny>=n)   //超界时跳过
                continue;
                int nnums;
                if (grid[nx][ny]==1)                  //遇到一个障碍物
                    nnums=nums+1;
                else
                    nnums=nums;
                if (nnums>k)                          //剪支：障碍物个数大于 k,跳过
                    continue;
                if (visited[nx][ny][nnums]==1)        //已走过对应的路径时跳过
                continue;
                e1.x=nx; e1.y=ny; e1.nums=nnums;
                e1.step=e.step+1;
                if (nx==m-1 && ny==n-1)               //判断子结点是否为目标位置
                    return e1.step;                   //返回 e1.step
                qu.push(e1);                          //子结点 e1 进队
                    visited[e1.x][e1.y][e1.nums]=1;
            }
        }
      return -1;
    }
};
```

上述程序的提交结果为通过，执行时间为 4ms，内存消耗为 8MB。当然也可以采用分层次的广度优先搜索（每扩展一层对应路径长度增加 1），将 bfs 算法改为如下：

```
#define MAXN 42                                    //最大的 m、n
int dx[]={0,0,1,-1};                               //水平方向的偏移量
int dy[]={1,-1,0,0};                               //垂直方向的偏移量
struct QNode                                       //队列的结点类型
{   int x,y;                                       //记录(x,y)位置
    int nums;                                      //路径上遇到的障碍物个数
};
class Solution {
public:
    int shortestPath(vector<vector<int>>& grid, int k)
    {   int m=grid.size();                         //行数
        int n=grid[0].size();                      //列数
        if (k>=m+n-3)
            return m+n-2;
        int visited[MAXN][MAXN][MAXN];
        memset(visited,0,sizeof(visited));         //将 visited 的所有元素初始化为 0
        QNode e,e1;
        queue<QNode> qu;
        e.x=0; e.y=0; e.nums=0;
        qu.push(e);
        int bestd=0;                               //存放最优解
        visited[0][0][0]=1;
        while (!qu.empty())                        //队不空时循环
        {   int cnt=qu.size();                     //求队中元素的个数
            for (int i=0;i<cnt;i++)
            {   e=qu.front(); qu.pop();
                int x=e.x;                         //出队结点为(x,y,nums)
                int y=e.y;
                int nums=e.nums;
                if (nums>k) continue;              //经过的障碍物个数大于 k,跳过
                if (x==m-1 && y==n-1)              //结点出队时判断是否为目标位置
                    return bestd;                  //返回 bestd
                for (int di=0;di<4;di++)           //在四周搜索
                {   int nx=x+dx[di];               //di 方位的位置为(nx,ny)
                    int ny=y+dy[di];
                    if (nx>=0 && nx<m && ny>=0 && ny<n)
                    {   int nnums;
                        if (grid[nx][ny]==1)               //遇到一个障碍物
                            nnums=nums+1;
                        else
                            nnums=nums;
                        if (visited[nx][ny][nnums]==0)     //对应的路径没有走过
                        {   e1.x=nx; e1.y=ny; e1.nums=nnums;
                            qu.push(e1);
                            visited[nx][ny][nnums]=1;
                        }
                    }
                }
            }
            bestd++;
        }
        return -1;
    }
};
```

上述程序的提交结果为通过，执行用时为 0ms，内存消耗为 8.1MB。

6.4 优先队列式分支限界法

6.4.1 优先队列式分支限界法概述

优先队列式分支限界法采用优先队列存储活结点。优先队列用 priority_queue 容器实现，根据需要设计相应的限界函数，求最大值问题设计上界函数，求最小值问题设计下界函数，一般情况下队中每个结点包含限界函数值（ub/lb），优先队列的关系函数确定结点出队的优先级，最简单的方法是重载<关系函数。例如：

```
bool operator<(const QNode &b) const          //重载<关系函数
{
    return ub<b.ub;                           //按 ub 越大越优先出队
}
bool operator<(const QNode &b) const          //重载<关系函数
{
    return lb>b.ub;                           //按 lb 越小越优先出队
}
```

不同于队列式分支限界法中的结点一层一层地出队，优先队列式分支限界法中的结点出队（扩展结点）是跳跃式的，这样有助于快速地找到一个解，并以此为基础进行剪支，所以通常算法的时间性能更好。一般优先队列式分支限界法的框架如下：

```
void bfs()                          //优先队列式分支限界法的框架
{   定义一个优先队列 pqu;
    根结点进队;
    while(队不空时循环)
    {   出队结点 e;
        for(扩展结点 e 产生结点 e1)
            if(e1 满足 constraint() && bound())
            {   if(e1 是叶子结点)
                    比较得到一个更优解或者直接返回最优解;
                else
                    将结点 e1 进队;
            }
    }
}
```

同样判断是否为叶子结点分为两种方式：一是在结点 e 出队时判断；二是在出队的结点 e 扩展出子结点 $e1$ 后再对 $e1$ 进行判断。

扫一扫

视频讲解

6.4.2 图的单源最短路径

1. 问题描述

问题描述见 6.3.2 节。

2. 问题求解

在采用优先队列式分支限界法求解单源最短路径时，其限界函数值就是从源点 s 到当前顶点的路径长度 length，显然 length 越小越优先出队，为此设计优先队列中的结点类型如下：

```
struct QNode                        //优先队列结点类型
{    int i;                         //结点的层次(为了便于理解解空间)
     int vno;                       //顶点编号
     int length;                    //路径长度
     bool operator<(const QNode& b) const
     {
          return length > b.length; //length越小越优先出队
     }
};
```

初始化 dist 数组的所有元素为∞，定义元素类型为 QNode 的优先队列 qu，先将根结点进队，队不空时循环，出队一个结点，对相应顶点的所有出边做松弛操作，直到队列为空，最后的 dist[i]假设为源点到顶点 i 的最短路径长度。

对于图 6.6，假设源点 $s=0$，用"(顶点编号，length)"标识优先队列结点，先将源点(0,0)进队，置 dist[0]=0，求单源最短路径的过程如下。

① 出队结点(0,0)，一次性地扩展其所有邻接点，边松弛的结果是 dist[2]=10，dist[4]=30，dist[5]=100，相应的有 pre[2]=pre[4]=pre[5]=0，依次将(2,10)，(4,30)，(5,100)进队。

② 出队结点(2,10)，扩展其邻接点 3，边松弛的结果是 dist[3]=60，pre[3]=2，将(3,60)进队。

③ 出队结点(4,30)，扩展其邻接点 3 和 5，边松弛的结果是 dist[3]=50，pre[3]=4，dist[5]=90，pre[5]=4，依次将(3,50)和(5,90)进队。

④ 出队结点(3,50)，扩展其邻接点 5，边松弛的结果是 dist[5]=60，pre[5]=3，将(5,60)进队。

⑤ 出队结点(3,60)，没有修改。

⑥ 出队结点(5,60)，没有修改。

⑦ 出队结点(5,90)，没有修改。

⑧ 出队结点(5,100)，没有修改。

此时队列为空，求出的 dist 就是源点到各个顶点的最短路径长度，如图 6.13 所示，图中结点旁的数字表示结点出队的序号(或者扩展结点的顺序)。从中看出它与队列式分支限界法求解时扩展结点顺序的不同。

对应的优先队列式分支限界法算法如下：

```
void bfs(int s)                                   //优先队列式分支限界算法
{    QNode e,e1;
     priority_queue<QNode> qu;
     e.vno=s; e.i=0;                              //建立源点e
     e.length=0;
     qu.push(e);                                  //源点e进队
     dist[s]=0;
```

```
    while(!qu.empty())                          //队列不空时循环
    {   e=qu.top(); qu.pop();                   //出队结点 e
        int u=e.vno;                            //对应顶点为 u
        for (int j=0;j<E[e.vno].size();j++)
        {   int v=E[e.vno][j].vno;              //相邻顶点为 v
            if(dist[u]+E[u][j].wt<dist[v])  //剪支：u 到 v 有边且路径长度更短(边松弛)
            {   dist[v]=e.length+E[u][j].wt;
                pre[v]=e.vno;
                e1.vno=v; e1.i=e.i+1;           //建立相邻点的结点 e1
                e1.length=dist[v];
                qu.push(e1);                    //结点 e1 进队
            }
        }
    }
}
```

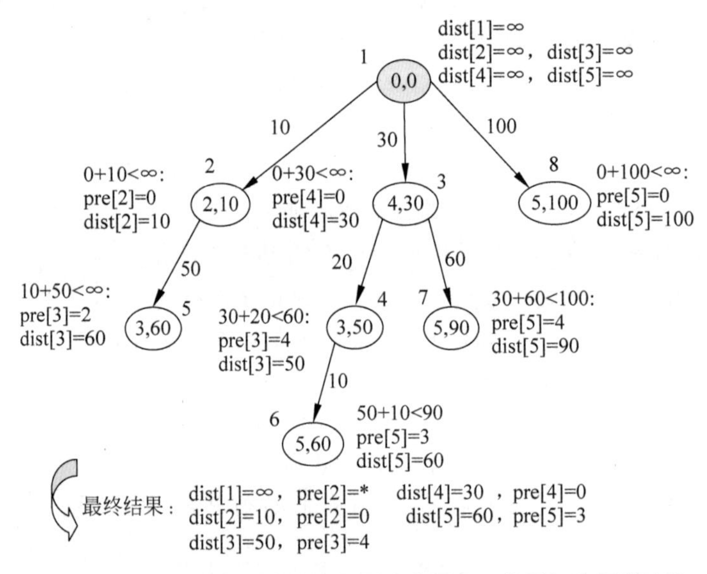

图 6.13　采用优先队列式分支限界法求源点 0 的最短路径的过程

扫一扫

视频讲解

【算法分析】 在上述算法中理论上所有边都需要做一次松弛操作，算法的最坏时间复杂度为 $O(e)$，其中 e 为图的边数。

【例 6-2】 给定一个含 n 个顶点的带权有向图（所有权值为正整数），采用邻接矩阵 **A** 存储。利用优先队列式分支限界法设计一个算法求顶点 s 到顶点 t 的最短路径长度，假设图中至少存在一条从 s 到 t 的路径。

解 借助优先队列式分支限界法求单源最短路径的思路，从顶点 s 出发搜索，当第一次扩展顶点 t 的结点时，对应的 length 就是顶点 s 到顶点 t 的最短路径长度，直接返回即可。对应的算法如下：

```
struct QNode                                    //优先队列结点类型
{   int vno;                                    //顶点编号
    int length;                                 //路径长度
    bool operator<(const QNode&b) const
    {
```

```
        return length > b.length;                           //length越小越优先出队
    }
};
int bfs(int s,int t)                                        //求s到t的最短路径长度
{   QNode e,e1;
    priority_queue<QNode> pqu;                              //定义优先队列
    e.vno=s;                                                //建立源点e
    e.length=0;
    pqu.push(e);                                            //源点e进队
    while(!pqu.empty())                                     //队不空时循环
    {   e=pqu.top(); pqu.pop();                             //出队结点e
        int u=e.vno;
        if(u==t)
            return e.length;
        for (int v=0;v<n;v++)
        {   if(A[u][v]!=0 && A[u][v]<INF)                   //u到v有边
            {   e1.vno=v;                                   //建立相邻顶点v的结点e1
                e1.length=e.length+A[u][v];
                pqu.push(e1);                               //结点e1进队
            }
        }
    }
    return -1;
}
```

说明：上述算法不适合含负权的图求最短路径，例如对于如图6.14所示的有向图，$s=0$，$t=3$时，由顶点0扩展出顶点1和顶点2，顶点1的路径较短，由顶点1扩展出顶点3，此时返回到顶点3的最短路径长度为2，显然是错误的结果，因为0到3的最短路径为0→2→3，长度为−1。

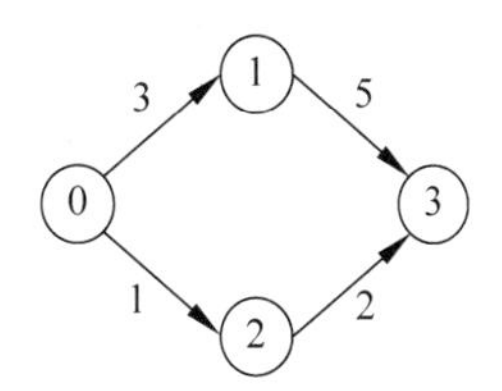

图6.14 一个含有负权的有向图

思考题：与例6-1相比，上述算法没有包含边松弛，为什么也是正确的？如果图中顶点s到顶点t没有路径并且存在回路时会出现什么问题？

扫一扫

视频讲解

6.4.3 实战——最小体力消耗路径(LeetCode1631)

1. 问题描述

有一个$m \times n$的二维数组height表示地图，height[i][j]表示(i,j)位置的高度，设计一个算法求从左上角(0,0)走到右下角($m-1$,$n-1$)的最小体力消耗值，每次可以往上、下、左、右4个方向之一移动，一条路径耗费的体力值是路径上相邻格子之间高度差的绝对值的最大值。要求设计如下函数：

```
class Solution {
public:
    int minimumEffortPath(vector<vector<int>>& heights) {    }
}
```

```
1       2       2
↓
3       8       2
↓
5  →  3  →  5
```

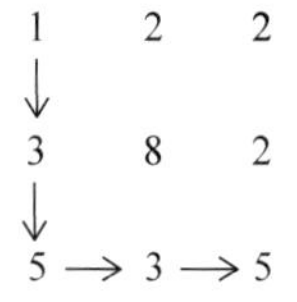

图6.15 最优行走路径

例如，heights=[[1,2,2],[3,8,2],[5,3,5]]，最优行走路径如图6.15所示，该路径的高度是[1,3,5,3,5]，连续格子的差值的绝对值最大为2，所以结果为2。

2. 问题求解

本问题不同于常规的路径问题，假设地图中每个位置用一个顶点表示，一条边$(x,y)\rightarrow(nx,ny)$，其权值为abs(heights[nx][ny]−heights[x][y])，这里的路径长度不是路径中所有边的权值和，而是最大的权值，现在要求顶点(0,0)到顶点($m-1$,$n-1$)的最小路径长度。采用优先队列式分支限界法求解的代码如下：

```
#define INF 0x3f3f3f3f
#define MAXN 110
int dx[]={0,0,1,-1};                               //水平方向的偏移量
int dy[]={1,-1,0,0};                               //垂直方向的偏移量
struct QNode                                       //优先队列结点类型
{   int x,y;
    int length;
    bool operator<(const QNode& b) const
    {
        return length>b.length;                    //按路径长度越小越优先出队
    }
};
class Solution {
public:
    int minimumEffortPath(vector<vector<int>> & heights)
    {   int m=heights.size();
        int n=heights[0].size();
        int dist[MAXN][MAXN];
        memset(dist,0x3f,sizeof(dist));
        QNode e,e1;
        priority_queue<QNode> pqu;                 //定义一个优先队列
        e1.x=0; e1.y=0;                            //(0,0)进队
        e1.length=0;
        pqu.push(e1);
        dist[0][0]=0;
        while(!pqu.empty())
        {   e=pqu.top(); pqu.pop();
            int x=e.x, y=e.y;
            int length=e.length;
            if(x==m-1 && y==n-1)                   //找到终点返回
                return e.length;
            for(int di=0;di<4;di++)
            {   int nx=x+dx[di];
                int ny=y+dy[di];
                if(nx<0 || nx>=m || ny<0 || ny>=n)
                    continue;
                int curlen=max(length,abs(heights[nx][ny]-heights[x][y]));
                    if(curlen<dist[nx][ny])        //剪支：当前路径长度更短
                    {   dist[nx][ny]=curlen;
                        e1.x=nx; e1.y=ny;
                        e1.length=curlen;
                        pqu.push(e1);
                    }
            }
        }
```

```
        return -1;
    }
};
```

上述程序的提交结果为通过，执行时间为 108ms，内存消耗为 18.1MB。

思考题：本问题与例 6-2 有什么不同？能不能采用例 6-2 的算法思路求解？

6.4.4 0/1 背包问题

扫一扫

视频讲解

1. 问题描述

0/1 背包问题的描述见 5.2.3 节，这里采用优先队列式分支限界法求解。

2. 问题求解

在采用优先队列式分支限界法求解 0/1 背包问题时，按结点的限界函数值 ub 越大越优先出队，所以每个结点都有 ub 值。设计优先队列中的结点类型如下：

```
struct QNode                                    //优先队列中的结点类型
{   int i;                                      //当前层次(物品序号)
    int cw;                                     //当前总重量
    int cv;                                     //当前总价值
    vector<int> x;                              //当前解向量
    double ub;                                  //上界
    bool operator<(const QNode& b) const        //重载<关系函数
    {
        return ub<b.ub;                         //ub 越大越优先出队
    }
};
```

上述限界函数值 ub 与 6.3.3 节队列式分支限界法求解中的完全一样，只是在使用上略有不同，队列式分支限界法求解时限界函数值主要用于右分支的剪支，左剪支不使用该值，所以不必为队列中的每个结点都计算 ub，只有在出队时计算 ub（理论上计算 ub 的最坏时间复杂度为 $O(n)$），而优先队列式分支限界法中必须为每个结点都计算出 ub，因为 ub 是出队的依据。第 i 层结点 e 的 ub 值为已经选择的物品价值加上在物品 i 及后面物品中选择满足背包容量限制的最大物品价值的上界。

例如，对于根结点 e，$W=6$ 时最大价值是选择物品 0～物品 2，对应的价值是 $3+4+1=8$，所以根结点的 ub=8。

左、右剪支的思路以及相关变量的含义与 6.3.3 节队列式分支限界法求解的相同。对于表 5.1 中 4 个物品的求解过程如图 6.16 所示，图中带阴影的结点是最优解结点，与回溯法的求解结果相同，结点旁的数字表示结点出队的序号（或者扩展结点的顺序），实际扩展的结点个数为 10（不计叶子结点），算法的性能得到进一步提高。

对应的优先队列式分支限界法算法如下：

```
void EnQueue(QNode e, priority_queue<QNode> & pqu)   //结点 e 进队操作
{   if (e.i==n)                                      //到达叶子结点
    {   if (e.cv>bestv)                              //比较更新最优解
        {   bestv=e.cv;
```

```
                bestx=e.x;
            }
        }
        else pqu.push(e);                           //非叶子结点进队
}
void bfs()                                          //求 0/1 背包的最优解
{   QNode e,e1,e2;                                  //定义 3 个结点
    priority_queue<QNode> pqu;                      //定义一个队列
    e.i=0;
    e.cw=0; e.cv=0;
    e.x.resize(n);
    bound(e);                                       //求根结点的上界
    pqu.push(e);                                    //根结点进队
    while (!pqu.empty())                            //队不空时循环
    {   e=pqu.top(); pqu.pop();                     //出队结点 e
        if (e.cw+g[e.i].w<=W)                       //左剪支：选择物品 e.i 的剪支
        {   e1.cw=e.cw+g[e.i].w;                    //选择物品 e.i
            e1.cv=e.cv+g[e.i].v;
            e1.x=e.x;
            e1.x[e.i]=1;                            //标记选择物品 e.i
            e1.i=e.i+1;                             //左子结点的层次加 1
            bound(e1);
            EnQueue(e1,pqu);
        }
        e2.cw=e.cw;                                 //不选择物品 e.i
        e2.cv=e.cv;
        e2.x=e.x;
        e2.x[e.i]=0;                                //标记不选择物品 i
        e2.i=e.i+1;                                 //右子结点的层次加 1
        bound(e2);
        if (e2.ub>bestv)                            //右剪支：不选择物品 e.i 的剪支
            EnQueue(e2,pqu);
    }
}
```

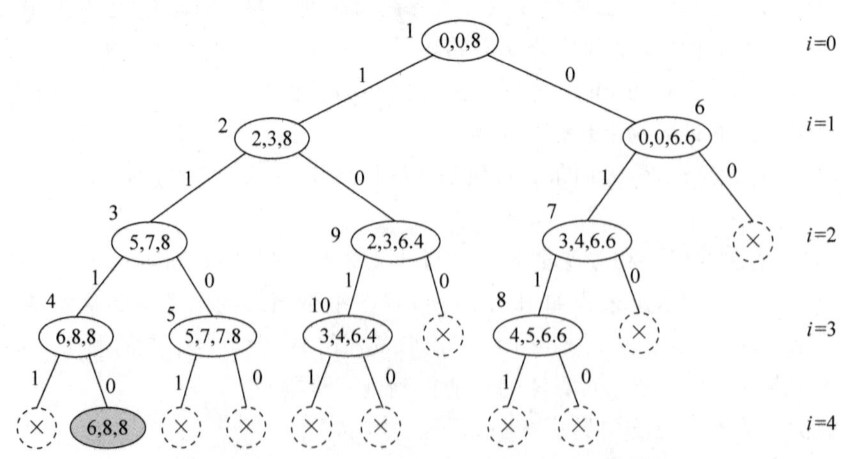

图 6.16 采用优先队列式分支限界法求解 0/1 背包问题的过程

【算法分析】 无论采用队列式分支限界法还是优先队列式分支限界法求解 0/1 背包问题，最坏情况下要搜索整个解空间树，考虑执行限界函数的时间为 $O(n)$，所以最坏时间和

空间复杂度均为 $O(n\times2^n)$。

6.4.5 任务分配问题

1. 问题描述

任务分配问题的描述见 5.2.5 节，这里采用优先队列式分支限界法求解。

2. 问题求解

n 个人员和 n 个任务的编号均为 $0\sim n-1$，解空间的每一层对应一个人员的任务分配，根结点的分支对应人员 0 的各种任务分配，依次为人员 1、2、……、$n-1$ 分配任务，叶子结点的层次为 n。设计优先队列结点类型如下：

```
struct QNode                                    //优先队列结点类型
{   int i;                                      //结点层次(人员编号)
    vector<int> x;                              //当前解向量
    vector<int> used;                           //used[j]=true 表示任务 j 已经分配
    int cost;                                   //当前分配方案的成本
    int lb;                                     //下界
    bool operator<(const QNode& b) const        //重载<关系函数
    {
        return lb > b.lb;                       //lb 越小越优先出队
    }
};
```

其中，lb 为当前结点对应分配方案的成本下界，例如对于第 i 层的某个结点 e，当搜索到该结点时表示已经为人员 $0\sim i-1$ 分配好了任务(人员 i 尚未分配任务)，余下分配的成本下界是 c 数组中第 i 行～第 $n-1$ 行各行未被分配任务的最小元素和 minsum，显然这样的分配方案的最小成本为 e.cost+minsum。对应的算法如下：

```
void bound(QNode& e)                            //求结点 e 的下界值
{   int minsum=0;
    for (int i1=e.i;i1<n;i1++)                  //求 c[e.i..n-1]行中的最小元素和
    {   int minc=INF;
        for (int j1=0;j1<n;j1++)
            if (e.used[j1]==false && c[i1][j1]<minc)
                minc=c[i1][j1];
        minsum+=minc;
    }
    e.lb=e.cost+minsum;
}
```

用 bestx 数组存放最优分配方案，bestc(初始值为∞)存放最优成本。若一个结点的 lb 满足 lb≥bestc 则该路径走下去不可能找到最优解，将其剪支，也就是仅扩展满足 lb<bestc 的结点。

例如对于表 5.3，$n=4$，求解过程如图 6.17 所示，图中结点旁的数字表示出队结点的顺序，被剪支的结点未画出。先将结点 1($i=0$，cost=0，$x=[0,0,0,0]$，used=[0,0,0,0]，lb=10)进队，求解过程如下：

① 出队结点 1，依次扩展出结点 7，2，9，8，将它们进队。

② 出队结点 2,依次扩展出结点 3,5,6,将它们进队。

③ 出队结点 3,依次扩展出结点 4,10,将它们进队。

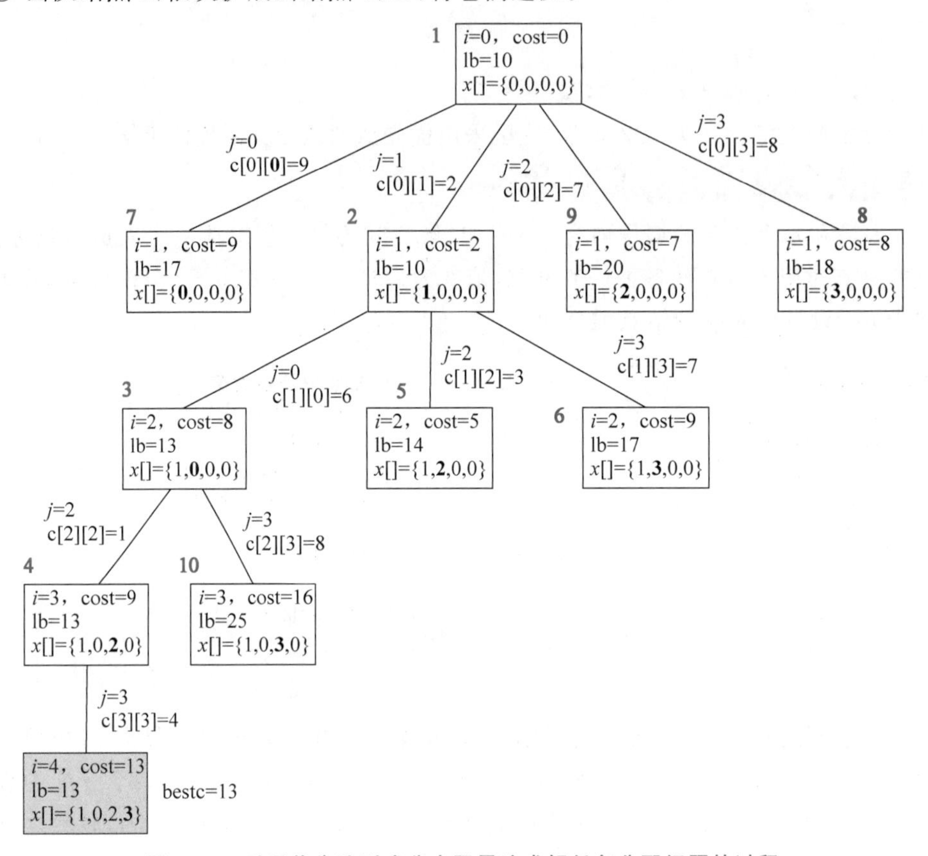

图 6.17　采用优先队列式分支限界法求解任务分配问题的过程

④ 出队结点 4,只能扩展一个子结点,该子结点是叶子结点,得到一个解($i=4$,cost=13,x=[1,0,2,3],used=[1,1,1,1],lb=13),则最优解为 bestx=[1,0,2,3],bestc=13,该子结点不进队。

⑤ 出队结点 5,两个子结点被剪支,均不进队。

⑥ 出队结点 6,两个子结点被剪支,均不进队。

⑦ 出队结点 7,两个子结点被剪支,均不进队。

⑧ 出队结点 8,两个子结点被剪支,均不进队。

⑨ 出队结点 9,两个子结点被剪支,均不进队。

⑩ 出队结点 10,两个子结点被剪支,均不进队。

队空得到最优解 bestx=[1,0,2,3],bestc=13,即人员 0 分配任务 1,人员 1 分配任务 0,人员 2 分配任务 2,人员 3 分配任务 3,总成本为 13。

对应的优先队列式分支限界法算法如下：

```
void EnQueue(QNode e,priority_queue<QNode> & pqu)    //结点 e 进队操作
{    if (e.i==n)                                     //到达叶子结点
     {    if (e.cost < bestc)                        //比较更新最优解
          {    bestc=e.cost;
```

```
                bestx=e.x;
            }
        }
        else pqu.push(e);                          //非叶子结点进队
    }
    void bfs()                                     //求解任务分配问题
    {   QNode e,e1;
        priority_queue<QNode> pqu;
        e.i=0;                                     //根结点,对应人员 0
        e.cost=0;
        e.x.resize(n);
        e.used.resize(n);
        bound(e);                                  //求根结点的 lb
        pqu.push(e);                               //根结点进队
        while (!pqu.empty())
        {   e=pqu.top(); pqu.pop();                //出队结点 e,考虑为人员 e.i 分配任务
            for (int j=0;j<n;j++)                  //共 n 个任务
            {   if (e.used[j]) continue;           //任务 j 已被分配时跳过
                e1.i=e.i+1;                        //子结点的层次加 1
                e1.x=e.x;
                e1.x[e.i]=j;                       //为人员 e.i 分配任务 j
                e1.used=e.used;
                e1.used[j]=true;                   //标识任务 j 已经被分配
                e1.cost=e.cost+c[e.i][j];
                bound(e1);                         //求 e1 的 lb
                if (e1.lb<bestc)                   //剪支
                    EnQueue(e1,pqu);
            }
        }
    }
```

【算法分析】 算法的解空间是排列树,执行限界函数的时间为 $O(n^2)$,所以最坏的时间复杂度为 $O(n^2 \times n!)$。

6.4.6 货郎担问题

1. 问题描述

货郎担问题的描述见 5.3.2 节,这里采用优先队列式分支限界法求解。

2. 问题求解

为了简便,这里仅求以 s 为起点经过图中所有其他顶点回到起点 s 的最短路径长度。先不考虑回边,用 bestd 数组保存 s 经过所有其他顶点的最短路径长度。例如对于图 5.21,假设 $s=2$,可以求出 bestd[0]=18,表示从顶点 2 出发经过顶点 1 和 3 到达顶点 0 的最短路径长度为 18。当 bestd 数组求出后,最短路径长度=min(bestd[i]+A[i][s])($0 \leqslant i \leqslant n-1$,$i \neq s$)。

由于路径上的顶点是不能重复的,可以采用与解决任务分配问题相同的方法,设计一个 used 数组来判重,但由于 used 存放在队列结点中,当队列结点个数较多时非常浪费空间。一般来说这类问题的 n 不会很大,假设 $n<32$,可以将 used 数组改为一个整型变量来表示(这种表示方式称为状态压缩),即 $0 \sim n-1$ 顶点的访问情况用 used 对应的二进制位表示,

顶点 j 对应二进制位 j，对应的十进制为 2^j，为此设计如下两个函数：

```
bool inset(int used, int j)                    //判断顶点 j 是否在 used 中(是否访问过)
{
    return (used&(1<<j))!=0;
}
void addj(int& used, int j)                    //在 used 中添加顶点 j(表示顶点 j 已访问)
{
    used=used | (1<<j);
}
```

设计以下优先队列的结点类型如下：

```
struct QNode                        //优先队列的结点类型
{   int i;                          //解空间的层次
    int vno;                        //当前顶点
    int used;                       //用于路径中的顶点判重
    int length;                     //当前路径长度
    bool operator<(const QNode&b) const
    {
        return length<b.length;     //按 length 越小越优先出队
    }
};
```

其他设计思路与任务分配问题类似，只是稍有一点不同，即任务分配问题中 i 是按照 0 到 $n-1$ 的顺序搜索的，而这里是按邻接点搜索的，根结点对应起点，每个分支对应一条边的选择。对应的优先队列式分支限界法算法如下：

```
void bfs(int s)                                    //分支限界法算法
{   QNode e,e1;
    priority_queue<QNode> qu;
    e.i=0;                                         //根结点的层次为 0
    e.vno=s;                                       //起始顶点为 s
    e.length=0;
    e.used=0;
    addj(e.used,s);                                //表示顶点 s 已经访问
    qu.push(e);
    while(!qu.empty())
    {   e=qu.top(); qu.pop();                      //出队一个结点 e
        e1.i=e.i+1;                                //扩展下一层
        for(int j=0;j<n;j++)                       //试探 0～n-1 的顶点
        {   if(inset(e.used,j))                    //顶点 j 在路径中出现时跳过
                continue;
            e1.vno=j;                              //e1.i 层选择顶点 j
            e1.used=e.used;
            addj(e1.used,j);                       //标识顶点 j 已经访问
            e1.length=e.length+A[e.vno][e1.vno];   //累计路径长度
            if(e1.i==n-1)                          //e1 为叶子结点
                bestd[e1.vno]=min(bestd[e1.vno],e1.length);
            if(e1.i<n-1)                           //e1 为非叶子结点
            {   if(e1.length<bestd[e1.vno])        //剪支
                    qu.push(e1);                   //e1 进队
            }
        }
```

```
        }
    }
int TSP2(int s)                              //求解 TSP(起始点为 s)
{   memset(bestd,0x3f,sizeof(bestd));        //初始化为∞
    bfs(s);
    int ans=INF;                             //用于比较求最短回路
    for(int i=0;i<n;i++)
    {   if(i!=s)
        {   if(bestd[i]+A[i][s]<ans)
                ans=bestd[i]+A[i][s];
        }
    }
    return ans;
}
```

【算法分析】 由于通过 used 去重,算法的解空间本质上是一棵排列树,最坏时间复杂度为 $O((n-1)!)$。

6.5 练 习 题

6.5.1 单项选择题

1. 分支限界法在解空间中按________策略从根结点出发搜索。

A. 广度优先　B. 活结点优先　C. 扩展结点优先　D. 深度优先

2. 广度优先是________的一种搜索方式。

A. 分支界限法　B. 动态规划法　C. 贪心法　D. 回溯法

3. 常见的两种分支限界法是________。

A. 广度优先分支限界法与深度优先分支限界法

B. 队列式分支限界法与栈式分支限界法

C. 排列树和子集树

D. 队列式分支限界法与优先队列式分支限界法

4. 在分支限界法中,根据从活结点表中选择下一个扩展结点的不同方式可以有几种常用类型,以下________描述最为准确。

A. 采用队列的队列式分支限界法

B. 采用小根堆的优先队列式分支限界法

C. 采用大根堆的优先队列式分支限界法

D. 以上都常用,针对具体问题选择其中某种合适的方式

5. 普通的广度优先搜索使用的数据结构是________。

A. 小根堆　B. 大根堆　C. 栈　D. 队列

6. 在采用分支限界法求解 0/1 背包问题时活结点表的组织形式是________。

A. 小根堆　B. 大根堆　C. 栈　D. 数组

7. 用分支限界法求图的最短路径时活结点表的组织形式是________。

A. 小根堆　　B. 大根堆　　C. 栈　　D. 数组

8. 采用最大效益优先搜索方式的算法是________。

A. 分支限界法　　B. 动态规划法　　C. 贪心法　　D. 回溯法

9. 以下不是分支限界法搜索方法的是________。

A. 广度优先　　B. 最小耗费优先　　C. 最大效益优先　　D. 深度优先

10. 优先队列式分支限界法选取扩展结点的原则是________。

A. 先进先出　　B. 后进先出　　C. 结点的优先级　　D. 随机

6.5.2 问答题

1. 简述分支限界法与回溯法的区别。

2. 为什么说分支限界法本质上是找一个解或者最优解。

3. 简述分层次的广度优先搜索适合什么问题的求解。

4. 求最优解时回溯法在什么情况下优于队列式分支限界法。

5. 为什么采用队列式分支限界法求解迷宫问题的最短路径长度时不做剪支设计？

6. 有一个 0/1 背包问题，$n=4$，$w=(2,4,3,2)$，$v=(6,8,3,2)$，$W=8$，给出采用队列式分支限界法求解的过程。

7. 对第 6 题的 0/1 背包问题，给出采用优先队列式分支限界法求解的过程。

8. 对于如图 6.18 所示的带权有向图，给出采用优先队列式分支限界法求起点 0 到其他所有顶点的最短路径及其长度的过程。说明该算法是如何避免最短路径上顶点重复的问题。

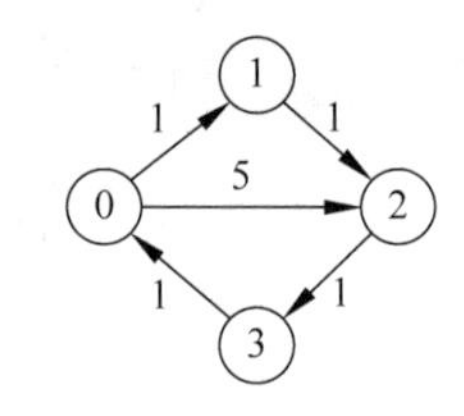

图 6.18　一个带权有向图

9. 例 6-2 没有采用例 6-1 的包含边松弛，你认为算法正确吗？如果认为正确，请予以证明；如果认为错误，请给出一个反例。

10. 6.4.3 节与例 6-2 都是求最短路径，而且后者没有包含边松弛，问这两个问题有什么不同？

6.5.3 算法设计题

1. 一棵二叉树采用二叉链 b 存储，结点值是正整数，设计一个队列式分支限界法算法求根结点到叶子结点的路径中的最短路径长度，这里的路径长度是指路径上的所有结点值之和。

2. 一棵二叉树采用二叉链 b 存储，结点值是正整数，设计一个优先队列式分支限界法算法求根结点到叶子结点的路径中的最短路径长度，这里的路径长度是指路径上的所有结点值之和。

3. 一棵二叉树采用二叉链 b 存储，设计一个分层次的广度优先搜索法算法求二叉树的高度。

4. 一棵二叉树采用二叉链 b 存储，设计一个优先队列式分支限界法算法求二叉树的高度，本算法与第 3 题的算法相比有什么优点？

5. 给定一个含 n 个顶点（顶点编号是 $0\sim n-1$）的不带权连通图采用邻接表 A 存储，图中任意两个顶点之间有一个最短路径长度（路径长度是指路径上经过的边数），设计一个算法求所有两个顶点之间最短路径长度的最大值。

6. 给定一个不带权图采用邻接表 A 存储，s 集合表示若干个顶点，t 表示终点，设计一个算法求 s 中所有顶点到 t 的最短路径长度。

7. 给定一个带权图采用邻接表 A 存储，所有权为正整数，s 集合表示若干个顶点，t 表示终点，设计一个算法求 s 中所有顶点到 t 的最短路径长度。

8. 给定一个带权图采用邻接表 A 存储，所有权为正整数，s 表示起点，t 表示终点，设计一个算法求 s 到 t 的最长路径长度。

9. 有一个含 n 个顶点(顶点编号为 $0 \sim n-1$)的带权图，采用邻接矩阵数组 A 表示，采用分支限界法求从起点 s 到目标点 t 的最短路径长度，以及具有最短路径长度的路径条数。

10. 给定一个含 n 个正整数的数组 A，设计一个分支限界法算法判断其中是否存在若干个整数和(含只有一个整数的情况)为 t。

11. 给定一个含 n 个正整数的数组 A，设计一个分支限界法算法判断其中是否存在 $k(1 \leqslant k \leqslant n)$ 个整数和为 t。

6.6 上机实验题

1. 在原始森林中解救 A

编写一个实验程序 exp6-1 解决解救问题，A 不幸迷失于原始森林中，B 要到原始森林中解救她，他每次只能在上、下、左、右 4 个方向移动一个单元。B 知道如果遇到金刚他会死的，野狗也会咬他，而且咬了两次(含一只野狗咬两次或者两只野狗各咬一次)之后他也会死的。求 B 能否找到 A。

测试数据存放在 exp6-1.txt 文本文件中，第一行是单个数字 $t(0 \leqslant t \leqslant 20)$，表示测试用例的数目，每个测试用例的第一行是 $n(0 < n \leqslant 30)$，表示原始森林是一个 $n \times n$ 单元的矩阵，接下来是 n 个字符串，每个字符串含 n 个字符，其中'p'表示 B，'a'表示 A，'r'表示空道路，'k'表示金刚，'d'表示野狗。对于每个测试用例，如果 B 能够找到 A，则在一行中输出"Yes"，否则在一行中输出"No"。

输入样例：

```
2
3
pkk
rrd
rda
3
prr
kkk
rra
```

输出样例：

```
Yes
No
```

2. 装载问题

编写一个实验程序 exp6-2 采用优先队列式分支限界法求解最优装载问题。给出以下装载问题的求解过程和结果：$n=5$，集装箱重量为 $w=(5,2,6,4,3)$，限重为 $W=10$。在装载重量相同时，最优装载方案是集装箱个数最少的方案。

3. 最小机器重量设计问题Ⅰ

编写一个实验程序 exp6-3 求解最小机器重量设计问题Ⅰ，设某一机器由 n 个部件组成，部件编号为 $0\sim n-1$，每种部件都可以从 m 个供应商处购得，供应商编号为 $0\sim m-1$。设 w_{ij} 是从供应商 j 处购得的部件 i 的重量，c_{ij} 是相应的价格。对于给定的机器部件重量和机器部件价格，计算总价格不超过 cost 的最小机器重量设计，可以在同一个供应商处购得多个部件。

测试数据存放在 exp6-3.txt 文本文件中，第一行输入 3 个整数 n、m、cost，接下来的 n 行输入 w_{ij}（每行 m 个整数），最后 n 行输入 c_{ij}（每行 m 个整数），这里 $1\leqslant n,m\leqslant 100$。程序输出的第一行包括 n 个整数，表示每个对应的供应商编号，第二行为对应的重量。

输入样例：

```
3 3 7
1 2 3
3 2 1
2 3 2
1 2 3
5 4 2
2 1 2
```

输出样例：

```
1 3 1
4
```

4. 最小机器重量设计问题Ⅱ

编写一个实验程序 exp6-4，求解最小机器重量设计问题Ⅱ，问题描述与上一个实验题相似，仅改为从同一个供应商处最多只能购得一个部件。测试数据存放在 exp6-4.txt 文件中。

输入样例：

```
3 3 7
1 2 3
3 2 1
2 3 2
1 2 3
5 4 2
2 1 2
```

输出样例：

```
1 2 3
5
```

5. 货郎担问题

编写一个实验程序 exp6-5，采用优先队列式分支限界法求解货郎担问题，问题描述见 5.3.2 节，对于图 5.21 所示的 4 城市的图，给出从顶点 2 出发并回到顶点 2 的最优路径，输出在求解中搜索到的所有路径。

6.7 在线编程题

1. LeetCode847——访问所有结点的最短路径
2. LeetCode1376——通知所有员工所需的时间
3. HDU1242——救援问题
4. HDU1548——奇怪的电梯
5. HDU1869——六度分离
6. HDU2425——徒步旅行
7. HDU1072——变形迷宫
8. POJ2312——坦克游戏

第7章 贪心法

贪心法如同其名字一样是一种简单、有效的算法设计策略，通常用于求解问题的最优解，即使不能得到整体最优解，通常也可以得到最优解的很好近似。本章介绍用贪心法求解问题的一般方法，并讨论一些采用贪心法求解的经典示例。本章的学习要点和学习目标如下：

（1）掌握贪心法的原理，以及采用贪心法求解问题需要满足的基本特性。

（2）掌握各种贪心法经典算法的设计过程和算法分析方法。

（3）综合运用贪心法解决一些复杂的实际问题。

7.1 贪心法概述

7.1.1 什么是贪心法

贪心法的基本思路是求解时总是做出在当前看来最好的选择，也就是说贪心法不从整体最优上考虑，所做出的仅是在某种意义上的局部最优解。人们通常希望找到整体最优解（或全局最优解），那么贪心法是不是没有价值呢？答案是否定的，这是因为在某些求解问题中，当满足一定的条件时，这些局部最优解就转变成了整体最优解，所以贪心法的困难部分就是要证明算法结果确实是整体最优解。

贪心法从问题的初始空解出发，采用逐步构造最优解的方法向给定的目标推进，每一步决策产生 n 元组解向量 $\boldsymbol{x}=(x_0,x_1,\cdots,x_{n-1})$ 的一个分量。每一步用作决策依据的选择准则被称为最优量度标准（或贪心选择准则），也就是说，在选择解分量的过程中，添加新的解分量 x_k 后，形成的部分解 $(x_0,x_1,\cdots,x_k)$ 不违反可行解约束条件。每一次贪心选择都将所求问题简化为规模更小的子问题，并期望通过每次所做的局部最优选择产生出一个全局最优解。显然当前的贪心选择仅与前面步骤的结果相关，而与后面步骤的结果无关。

贪心法总是做出在当前看来最好的选择，这个局部最优选择仅依赖以前的决策，且不依赖于以后的决策。在很多情况下，所有局部最优解合起来不一定构成整体最优解，所以贪心法不能保证对所有问题都得到整体最优解。因此在采用贪心法求最优解时，必须证明该算法的每一步做出的选择都必然得到整体最优解，对许多问题（如背包问题、单源最短路径问题和最小生成树问题等），贪心法确实能得到整体最优解。

另外，贪心法与递归法不同的是，推进的每一步不是依据某一固定的递归式，而是做一个当时看似最佳的贪心选择，不断地将问题实例归纳为更小的相似子问题。

7.1.2 贪心法求解问题具有的性质

由于贪心法一般不会测试所有可能路径，而且容易过早做决定，因而有些问题可能不会找到最优解。能够采用贪心法求解的问题一般具有两个性质——最优子结构性质和贪心选择性质。贪心算法一般需要证明满足这两个性质。

1. 最优子结构性质

如果一个问题的最优解包含其子问题的最优解，则称此问题具有**最优子结构性质**。问题的最优子结构性质是该问题用贪心法或者第 8 章介绍的动态规划算法求解的关键特征。

在证明问题是否具有最优子结构性质时通常采用反证法，先假设由问题的最优解导出的子问题的解不是最优的，然后证明在这个假设下可以构造出比原最优解更好的解，从而导致矛盾。

2. 贪心选择性质

所谓**贪心选择性质**，是指整体最优解可以通过一系列局部最优选择（即贪心选择）得到。也就是说，贪心法仅在当前状态下做出最好选择，即局部最优选择，然后再去求解做出这个选择后产生的相应子问题的解。它是贪心法可行的第一个基本要素，也是贪心算法与后面介绍的动态规划算法的主要区别。

在证明问题是否具有贪心选择性质时通常采用数学归纳法，先证明第一步贪心选择能够得到整体最优解，再通过归纳步骤的证明保证每一步贪心选择都能够得到问题的整体最优解。

【例 7-1】 给定一个含 $n(1\leqslant n\leqslant 1000)$个非负整数数组 nums($0\leqslant$nums[$i$]$\leqslant 1000$)，数组中的每个元素表示在该位置可以跳跃的最大长度，假设总是可以从初始位置 0 到达最后一个位置 $n-1$，设计一个算法求最少的跳跃次数。例如 nums={2,3,1,1,4}，$n=5$，从位置 0 可以跳一步到达位置 1，再从位置 1 跳 3 步到达位置 4，所以结果为 2。

扫一扫

视频讲解

解 nums[i]的含义表示从位置 i 跳一次的最大步数，如果从位置 i 能够跳一次到达位置 j($j\geqslant$i)，则从位置 i 一定可以跳一次到达[i..$j-1$]的任何位置(也就是说可以从位置 i 跳小于 nums[i]的步数)。

采用简单贪心选择策略，即每次从位置 i 跳最大步数 nums[i]到达 nums[i]$+i$，这样能不能得到最少的跳跃次数？答案是否定的，例如 nums={2,3,1,1,4}，$n=5$，从位置 0 跳一次只能到达位置 2，从位置 2 跳一次只能到达位置 3，从位置 3 跳一次到达位置 4，结果是跳跃 3 次。实际上从位置 0 跳一次到达位置 1(跳一步)，再从位置 1 跳一次到达位置 4(跳 3 步)，只需要跳跃 2 次。

正确的贪心选择策略是这样的，如果 $n=1$ 则返回 0，否则用 steps 表示最少的跳跃次数，用 i 遍历 nums，当 $i=0$ 时一定会从位置 0 跳跃一次，所以 steps=1，从位置 0 跳一次能够到达的可能位置是[i,end](end=nums[0])。实际从位置 0 跳一次到达其中的哪个位置 maxi$\in$[i,end]才是最优的呢？求出[i..end]区间中所有位置能够到达的最远位置 maxp$=\max\limits_{i\leqslant j\leqslant \text{end}}(j+\text{nums}[j])$，maxi 应该是对应 maxp 的位置 j。这样从位置 0 跳一次到达位置 maxi(对应 steps=1)，再对[maxi,maxp]做同样的处理(从位置 maxi 开始起跳，steps++)，后者为子问题，如图 7.1 所示，直到 $i=n-2$ 结束(因为目标位置 $n-1$ 不能再跳跃)。整个跳跃过程是 0→maxi→maxi'→maxi''→… 累计其中的跳跃次数 steps，则 steps 就是最少的跳跃次数。对应的包含输出跳跃过程的算法如下：

```
int jump(vector<int>& nums)
{   int n = nums.size();
    if(n == 1) return 0;
    int end = nums[0];                          //在位置 i 跳一次最多跳到的位置
    int maxp;                                   //从[i..end]能够跳到的最远位置
    int steps = 1;                              //最少跳跃次数
    printf("从位置 0 跳一次,steps = %d\n",steps);
    int i = 1,maxi;
    while(i < n - 1)                            //遍历 nums[0..n-2]
    {   maxp = 0;
        while(i < n - 1)                        //求[i..end]能够跳到的最远位置 maxp
        {   if(maxp < nums[i] + i)
            {   maxp = nums[i] + i;
                maxi = i;                       //maxi 为最远位置 maxp 的起跳位置
            }
            if(i == end) break;                 //[i,end]处理完毕退出循环
            i++;
        }
        if(i < n - 1)                           //位置 i 有效,则跳一次能到达 maxp 位置
```

```
        {   i=maxi;
            end=maxp;
            steps++;
            printf("从位置%d 跳一次,steps=%d\n",maxi,steps);
        }
    }
    return steps;
}
```

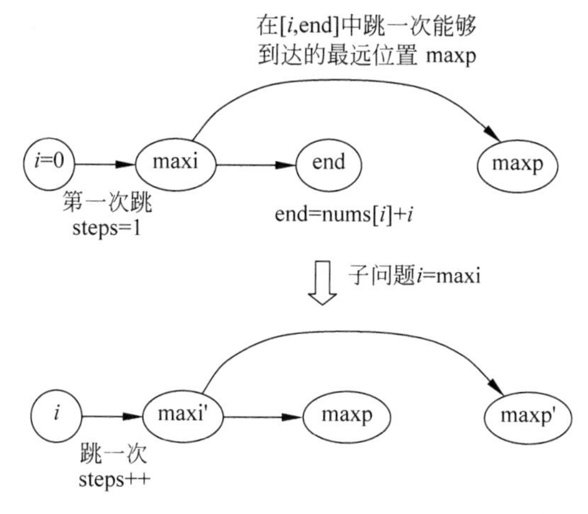

图 7.1 贪心选择策略

这样的跳跃方式是否正确?也就是说能否从初始位置 0 到达最后一个位置 $n-1$?观察一下这种跳跃方式,如果不能到达位置 $n-1$,其中必会出现这样的情况:对于任意 $j\in[i..\text{end}]$,均满足 $j+\text{nums}[j]=\text{end}$ 并且 nums[end]=0,例如 nums={3,2,1,0,4},$i=0$,end=3 就是如此。显然只要 nums 出现这样的情况,它是无解的,即不可能从初始位置 0 到达最后一个位置 $n-1$,与题目的假设矛盾。反过来说只要该问题有解,采用上述跳跃方式就一定能够找到一个解。

由于本例仅求最少的跳跃次数,上述算法中的变量 i 用于遍历 nums[0..$n-2$],可以将两重 while 循环合并起来得到如下简化的算法:

```
int jump(vector<int> & nums)
{   int n=nums.size();
    int end=0;                          //表示[i..end]区间的末端
      int maxp=0;                       //从[i..end]中的任意位置起跳最多能够到达的位置
      int steps=0;                      //最少跳跃次数
      for(int i=0;i<n-1;i++)
      {   maxp=max(maxp,nums[i]+i);     //取位置 i 的最大跳跃长度
          if(i==end)                    //区间[i..end]处理完
          {   end=maxp;                 //新区间为[i+1..maxp]
              steps++;                  //跳跃次数增加 1
          }
      }
    return steps;
}
```

现在证明上述贪心算法得到的 steps 一定是最少跳跃次数。

① 具有最优子结构性质:采用反证法证明,假设最优解是 steps=steps1+1,第一次跳

到位置 maxi，而 steps1 不是子序列 nums[maxi..$n-2$]的最优解，说明该子序列有一个最优解 step2，并且 step2<step1，这样 steps=step2+1 更小，与 steps 是 nums 的最优解矛盾。

② 具有贪心选择性质：采用数学归纳法证明，第一次跳跃到 maxi，原问题变成子问题 nums[maxi..$n-2$]，由最优子结构证明过程看出第一次跳跃是正确的。假设第 k 次跳跃是最优的，其起点位置为 i，end=nums[i]+i，在[i,end]中找到位置 maxi，该位置可以跳到最远位置 maxp(maxp=nums[maxi]+maxi)，则第 $k+1$ 次跳跃应该是从 maxi 位置开始跳跃一次，如图 7.2 所示，假设第 $k+1$ 次的上述跳跃不是最优的，即不是从 maxi 而是从 maxi'开始，maxp'=nums[maxi']+maxi'，显然 maxp'< maxp，这样从 maxi'跳跃到终点的跳跃次数一定不少于从 maxi 跳跃到终点的跳跃次数，与最优跳跃的假设矛盾。也就是说，按照上述跳跃方式，第 $k+1$ 次跳跃也能够得到最优解。问题即证。

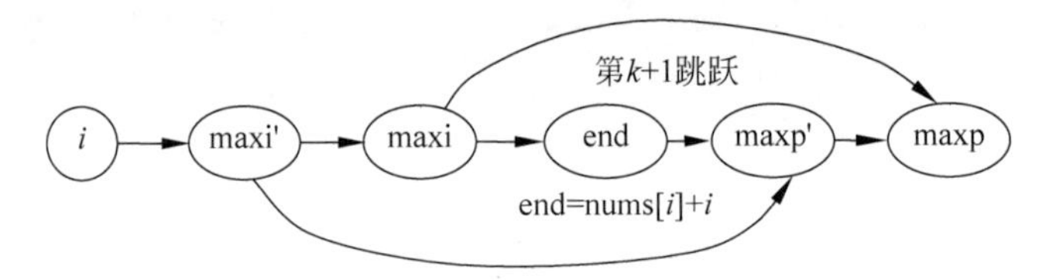

图 7.2 证明满足贪心选择性质的过程

7.1.3 贪心法的一般求解过程

用贪心法求解问题的基本过程如下：

① 建立数学模型来描述问题。

② 把求解的问题分成若干个子问题。

③ 对每一个子问题求解，得到子问题的局部最优解。

④ 把子问题的局部最优解合成原问题的一个最优解。

用贪心法求解问题的算法框架如下：

```
SolutionType Greedy(SType a[],int n)
{   SolutionType x={};                    //初始时解向量为空
    for (int i=0;i<n;i++)                 //执行 n 步操作
    {   SType xi=Select(a);               //从输入 a 中选择一个当前最好的分量
        if (Feasiable(xi))                //判断 xi 是否包含在当前解中
            x=Union(xi);                  //将 xi 分量合并形成 x
    }
    return x;                             //返回生成的最优解
}
```

一般地，贪心算法的时间复杂度属于多项式级的，要优于回溯法和分支限界法。

7.2 求解组合问题

扫一扫

视频讲解

7.2.1 活动安排问题 I

1. 问题描述

假设有 n 个活动 S=(1,2,…,n)，有一个资源，每个活动执行时都要占用该资源，并且该资源在任何时刻只能被一个活动所占用，一旦某个活动开始执行，中间就不能被打断，直到其执行完毕。每个活动 i 有一个开始时间 b_i 和结束时间 $e_i(b_i<e_i)$，它是一个半开时间区间 $[b_i,e_i)$，假设最早活动执行时间为 0，求一种最优活动安排方案，使得安排的活动个数最多。

2. 问题求解

对于两个活动 i 和 j，若满足 $b_j \geqslant e_i$ 或 $b_i \geqslant e_j$，则它们是不重叠的，称为两个兼容活动，如图 7.3 所示。本问题就是在 n 个活动中选择最多的兼容活动，即求最多兼容活动的个数。

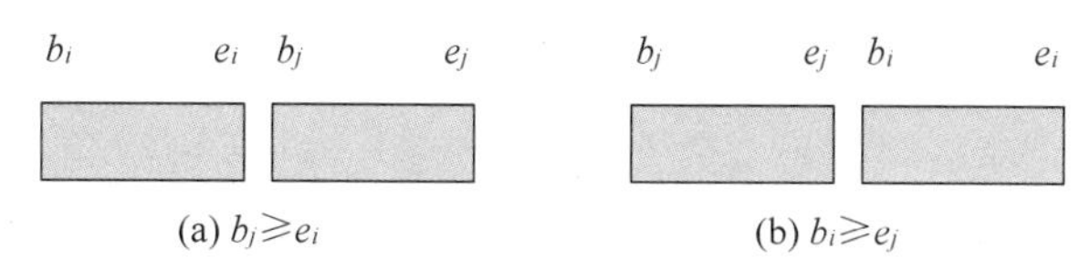

图 7.3 两个活动兼容的两种情况

用数组 A 存放所有的活动，$A[i].b(1\leqslant i\leqslant n)$ 存放活动起始时间，$A[i].e$ 存放活动结束时间。采用的贪心策略是：每一步总是选择执行这样的一个活动，它能够使得余下活动的时间最大化，即余下活动中的兼容活动尽可能多。为此先按活动结束时间递增排序，再从头开始依次选择兼容活动（用 B 集合表示），从而得到最大兼容活动子集，即包含兼容活动个数最多的子集。

由于所有活动按结束时间递增排序，每次总是选择具有最早结束时间的兼容活动加入集合 B 中，所以为余下的活动留下尽可能多的时间，这样使得余下活动的可安排时间极大化，以便从中选择尽可能多的兼容活动。

例如，对于表 7.1 所示的 $n=11$ 个活动（已按结束时间递增排序）A，$A=\{[1,4),[3,5),[0,6),[5,7),[3,8),[5,9),[6,10),[8,11),[8,12),[2,13),[12,14)\}$。设前一个兼容活动的结束时间为 preend（初始时为参考原点 0），用 i 遍历 A（前面的兼容活动看成活动 j，求兼容活动仅考虑图 7.3(b)的情况），求最大兼容活动集 B 的过程如下。

$i=1$：preend=0，活动 1[1,4)的开始时间大于 0，选择它，preend=活动 1 的结束时间=4，$B=\{1\}$。

$i=2$：活动 2[3,5)的开始时间小于 preend，不选取。

$i=3$：活动 3[0,6)的开始时间小于 preend，不选取。

$i=4$：活动 4[5,7)的开始时间大于 preend，选择它，preend=7，$B=\{1,4\}$。

$i=5$：活动 5[3,8)的开始时间小于 preend，不选取。

$i=6$：活动 6[5,9)的开始时间小于 preend，不选取。

$i=7$：活动 7[6,10)的开始时间小于 preend，不选取。

$i=8$：活动 8[8,11)的开始时间大于 preend，选择它，preend=11，$B=\{1,4,8\}$。

$i=9$：活动 9[8,12)的开始时间小于 preend，不选取。

$i=10$：活动 10[2,13)的开始时间小于 preend，不选取。

$i=11$：活动 11[12,14)的开始时间大于 preend，选择它，preend=14，$B=\{1,4,8,11\}$。

表 7.1 11 个活动按结束时间递增排列

i	1	2	3	4	5	6	7	8	9	10	11
开始时间	1	3	0	5	3	5	6	8	8	2	12
结束时间	4	5	6	7	8	9	10	11	12	13	15

所以最后选择的最大兼容活动集为 $B=\{1,4,8,11\}$。存放全部活动的 A 数组的下标从 0 开始，对应的贪心算法如下：

```
struct Action                                   //活动类型
{   int b;                                      //活动的起始时间
    int e;                                      //活动的结束时间
    bool operator<(const Action &s) const
    {
        return e<=s.e;                          //用于按活动结束时间递增排序
    }
};
bool flag[MAX];                                 //标记选择的活动
void greedly(vector<Action> & A)                //求解最大兼容活动子集
{   int n=A.size();
    memset(flag,0,sizeof(flag));                //初始化为 false
    sort(A.begin(),A.end());                    //A 按活动结束时间递增排序
    int preend=0;                               //前一个兼容活动的结束时间
    for (int i=0;i<n;i++)
    {   if (A[i].b>=preend)
        {   flag[i]=true;                       //选择 A[i]活动
            preend=A[i].e;
        }
    }
}
```

【算法分析】 算法的主要时间花费在排序上，排序时间为 $O(n\log_2 n)$，所以整个算法的时间复杂度为 $O(n\log_2 n)$。

3. 算法证明

先证明具有最优子结构性质。所有活动按结束时间递增排序，这里就是要证明若 X 是 A 的最优解，$X=X'\cup\{1\}$，则 X' 是 $A'=\{i\in A: e_i\geqslant b_1\}$ 的最优解。

那么 A 是不是总存在一个以活动 1 开始的最优解？如果第一个选择的活动为 $k(k\neq 1)$，可以构造另一个最优解 Y，Y 与 X 的活动数相同。那么在 Y 中用活动 1 取代活动 k 得到 Y'，因为 $e_1\leqslant e_k$，所以 Y' 中活动也是兼容的，即 Y' 也是最优解，这就说明 A 总存在一个以活动 1 开始的最优解。

当选择活动 1 后，原问题就变成了在 A' 中找兼容活动的子问题。如果 X 为原问题的一个最优解，而 $X'=X-\{1\}$ 不是 A' 的一个最优解，说明 A' 能够找到一个更优解 Y'，Y' 中的兼容活动个数多于 X'，这样将活动 1 加入 Y' 后就得到 A 的一个更优解 Y，Y 中兼容活动的个数多于 X，这就与 X 是最优解的假设相矛盾，最优子结构性质即证。

再证明具有贪心选择性质。从前面最优子结构性质的证明可以看出，每一步所做的贪心选择都将问题简化为一个更小的与原问题具有相同形式的子问题，贪心选择次数可以用数学归纳法证明，这里不再详述。

扫一扫

视频讲解

7.2.2 实战——加工木棍(POJ1065)

1. 问题描述

有 n 根木棍，已知每根木棍的长度和重量。这些木棍在木工机器上加工。机器准备加

工木棍需要一些时间，称为设置时间。机器的设置时间如下：

① 第一根木棍的设置时间为 1min。

② 在处理长度为 l、重量为 w 的木棍之后，如果 $l \leqslant l'$ 且 $w \leqslant w'$，则长度为 l'、重量为 w' 的木棍不需要设置时间，否则需要 1 分钟的设置时间。现在要找到处理 n 根木棍的最短设置时间。例如，如果有 5 根木棍，其长度和重量对分别为(9,4)、(2,5)、(1,2)、(5,3)和(4,1)，那么最小设置时间应该是 2min，加工顺序是(4,1)，(5,3)，(9,4)，(1,2)，(2,5)。

输入格式：输入由 t 个测试用例组成，在输入文件的第一行给出 t。每个测试用例由两行组成，第一行有一个整数 $n(1 \leqslant n \leqslant 5000)$，表示测试用例中木棍的数量，第二行包含 $2n$ 个正整数 $l_1, w_1, l_2, w_2, \cdots, l_n, w_n$，每个整数最大为 10000，其中 l_i 和 w_i 分别是第 i 根木棍的长度和重量，$2n$ 个整数由一个或多个空格分隔。

输出格式：每个测试用例在一行中输出，应包含以分钟为单位的最短设置时间。

输入样例：

```
3
5
4 9 5 2 2 1 3 5 1 4
3
2 2 1 1 2 2
3
1 3 2 2 3 1
```

输出样例：

```
2
1
3
```

2. 问题求解

本问题可以看成活动安排问题，假如两根木棍依次为[l,w]和[l',w']，其兼容性是指 $l \leqslant l'$ 且 $w \leqslant w'$，所有的兼容木棍仅需要 1min 的设置时间，这样转换为求 n 根木棍 a 的最大兼容活动子集的个数，每个最大兼容活动子集的设置时间为 1min。

为此将 a 中的木棍按兼容性排序，即长度 l 相同时按重量 w 递增排序，长度 l 不相同时按长度递增排序。例如，测试用例 1 的 5 根木棍这样排序后的结果如表 7.2 所示。

表 7.2 测试用例 1 的 5 根木棍排序后的结果

i	0	1	2	3	4
长度 l	1	2	3	4	5
重量 w	4	1	5	9	2

设置布尔数组 flag，flag[i]表示一根木棍 i 是否已经安排(初始时将 flag 的所有元素置为 false)，用 i 遍历排序后的数组 a，将总设置时间 ans 置为 0。

① 若 flag[i]=0，选择木棍 i 作为当前最大兼容活动子集的第一根木棍，prew=a[i].w。用 j 遍历木棍 i 及其后面的所有木棍，一旦某根木棍是兼容的，便置其 flag 为 true(表示该木棍已经安排加工)，这样找到当前最大兼容活动子集的所有木棍。

② 否则说明已经求出当前最大兼容活动子集的所有木棍，开始求下一个最大兼容活动

子集，置 ans++。

例如，表 7.2 求出两个最大兼容活动子集，分别是{[1,4],[3,5],[4,9]}和{[2,1],[5,2]}，所以答案为 2。对应的程序如下：

```
#include <iostream>
#include <vector>
#include <cstring>
#include <algorithm>
using namespace std;
#define MAXN 10050
struct Wooden                                          //木棍的类型
{   int l, w;
    Wooden(int l, int w):l(l), w(w) {}                 //构造函数
    bool operator<(const Wooden& b) const
    {   if(l==b.l)                                     //长度相同时
            return w<b.w;                              //按重量递增排序
        return l<b.l;                                  //按长度递增排序
    }
};
int greedly(vector<Wooden> & a)                        //使用贪心算法
{   bool flag[MAXN];
    memset(flag, false, sizeof(flag));
    sort(a.begin(), a.end());                          //排序
    int n=a.size();
    int ans=0;
    for(int i=0;i<n;i++)
    {   if(flag[i]==0)
        {   int prew=a[i].w;
            for(int j=i;j<n;j++)
            {   if(flag[j]==0 && a[j].w>=prew)  //由于已按 l 递增排序，一定满足兼容性
                {   prew=a[j].w;
                    flag[j]=true;
                }
            }
            ans++;
        }
    }
    return ans;
}
int main()
{   int t, n, l, w;
    scanf("%d", &t);
    while(t--)
    {   vector<Wooden> a;
        scanf("%d", &n);
        for(int i=0;i<n;i++)
        {   scanf("%d%d", &l, &w);
            a.push_back(Wooden(l, w));
        }
        printf("%d\n", greedly(a));
    }
    return 0;
}
```

上述程序提交时通过，执行时间为 16ms，内存消耗为 284KB。

7.2.3 求解背包问题

1. 问题描述

有 n 个编号为 $0\sim n-1$ 的物品，重量为 $w=\{w_0,w_1,\cdots,w_{n-1}\}$，价值为 $v=\{v_0,v_1,\cdots,v_{n-1}\}$，给定一个容量为 W 的背包。从这些物品中选取全部或者部分物品装入该背包中，找到选中物品不仅能够放到背包中而且价值最大的方案。与 0/1 背包问题的区别是这里的每个物品可以取一部分装入背包。对如表 7.3 所示的 5 个物品、背包限重 $W=100$ 的背包问题求一个最优解。

表 7.3 一个背包问题

物品编号 no	0	1	2	3	4
w	10	20	30	40	50
v	20	30	66	40	60

2. 问题求解

这里采用贪心法求解。设 x_i 表示物品 i 装入背包的情况，$0\leqslant x_i\leqslant 1$。关键是如何选定贪心策略，使得按照一定的顺序选定每个物品，并尽可能地装入背包，直到背包装满，至少有 3 种看似合理的贪心策略：

① 每次选择价值最大的物品，因为这可以尽可能快地增加背包的总价值。但是，虽然每一步选择获得了背包价值的极大增长，但背包容量却可能消耗得太快，使得装入背包的物品个数减少，从而不能保证得到最优解。

② 每次选择重量最轻的物品，因为这可以装入尽可能多的物品，从而增加背包的总价值。但是，虽然每一步选择使背包的容量消耗得慢了，但背包的价值却没能保证迅速增长，从而不能保证得到最优解。

③ 每次选择单位重量价值最大的物品，在背包价值增长和背包容量消耗两者之间寻找平衡。

采用第③种贪心策略，每次从物品集合中选择单位重量价值最大的物品，如果其重量小于背包容量，就可以把它装入，并将背包容量减去该物品的重量。为此先将物品按单位重量价值递减排序，选择前 $k(0\leqslant k<n)$ 个物品，除最后物品 k 可能只取其一部分外，其他物品要么不拿，要么拿走全部。

假设所有物品采用 5.2.3 节的 Goods 类型的向量 **g** 存储。对于表 7.3 所示的背包问题，按单位重量价值（即 v/w）递减排序，其结果如表 7.4 所示（序号 i 指排序后的顺序）。设背包余下的容量为 rw（初值为 W），bestv 表示最大价值（初始为 0）。求解过程如下：

① $i=0$，$w[0]<$rw 成立，则物品 0 能够装入，将其装入背包中，bestv$=66$，置 $x[0]=1$，rw$=$rw$-w[0]=70$。

② $i=1$，$w[1]<$rw 成立，则物品 1 能够装入，将其装入背包中，bestv$=66+20=86$，置 $x[1]=1$，rw$=$rw$-w[1]=60$。

③ $i=2$，$w[2]<$rw 成立，则物品 2 能够装入，将其装入背包中，bestv$=86+30=116$，置 $x[2]=1$，rw$=$rw$-w[2]=50$。

④ $i=3$，$w[3]<$rw 不成立，且 rw>0，则只能将物品 3 部分装入，装入比例$=$rw$/w[3]=$

50/60=0.8，bestv=116+0.8*60=164，置 $x[4]=0.8$。

表 7.4　按 v/w 递减排序

序号 i	0	1	2	3	4
物品编号 no	3	1	2	5	4
w	30	10	20	50	40
v	66	20	30	60	40
v/w	2.2	2.0	1.5	1.2	1.0

此时 rw=0，算法结束，得到最优解 $x=(1,1,1,0.8,0)$，最大价值 bestv=164。对应的贪心算法如下：

```
void knap()                                  //用贪心法求解背包问题
{   bestv=0;                                 //bestv 初始化为 0
    double rw=W;                             //背包中能装入的余下重量
    memset(x,0,sizeof(x));                   //初始化 x 向量
    int i=0;
    while (i<n && g[i].w<rw)                 //物品 i 能够全部装入时循环
    {   x[i]=1;                              //装入物品 i
        rw-=g[i].w;                          //减少背包中能装入的余下重量
        bestv+=g[i].v;                       //累计总价值
        i++;                                 //继续循环
    }
    if (i<n && rw>0)                         //当余下的重量大于 0 时
    {   x[i]=rw/g[i].w;                      //将物品 i 的一部分装入
        bestv+=x[i]*g[i].v;                  //累计总价值
    }
}
```

【算法分析】　排序算法 sort()的时间复杂度为 $O(n\log_2 n)$，while 循环的时间为 $O(n)$，所以算法的时间复杂度为 $O(n\log_2 n)$。

现在证明算法的正确性。由于每个物品可以只取一部分，一定可以让总重量恰好为 W。当物品按单位重量价值递减排序后，除最后一个所取的物品可能只取其一部分外，其他物品要么不拿，要么拿走全部，这样就面临一个最优子问题——它同样是背包问题。因此具有最优子结构性质。

将 n 个物品按单位重量价值递减排序有 $v_0/w_0 \geqslant v_1/w_1 \geqslant \cdots \geqslant v_{n-1}/w_{n-1}$，设解向量 $\boldsymbol{x}=(x_0,x_1,\cdots,x_{n-1})$ 是本算法找到的解，如果所有的 x_i 都等于 1，显然这个解是最优解；否则，设 k 是满足 $x_k<1$ 的最小下标，考虑算法的工作方式，当 $i<k$ 时有 $x_i=1$，当 $i>k$ 时有 $x_i=0$，设 x 的总价值为 $V(x)$，则：

$$\sum_{i=0}^{n-1} w_i x_i = W,\quad V(x)=\sum_{i=0}^{n-1} v_i x_i$$

当 $i<k$ 时，$x_i=1$，所以 $x_i-y_i \geqslant 0$，且 $v_i/w_i \geqslant v_k/w_k$。

当 $i>k$ 时，$x_i=0$，所以 $x_i-y_i \leqslant 0$，且 $v_i/w_i \leqslant v_k/w_k$。

当 $i=k$ 时，$v_i/w_i=v_k/w_k$。

假设 x 不是最优解，则存在另外一个更优解 $y=(y_0,y_1,\cdots,y_{n-1})$，其总价值为 $V(y)$，则：

$$\sum_{i=0}^{n-1} w_i y_i \leqslant W, \quad V(y)=\sum_{i=0}^{n-1} v_i y_i$$

这样有

$$\sum_{i=0}^{n-1} w_i (x_i - y_i) = \sum_{i=0}^{n-1} w_i x_i - \sum_{i=0}^{n-1} w_i y_i \geqslant 0$$

则：

$$\begin{aligned}
V(x)-V(y) &= \sum_{i=0}^{n-1} v_i (x_i - y_i) = \sum_{i=0}^{n-1} w_i \frac{v_i}{w_i}(x_i - y_i) \\
&= \sum_{i=0}^{k-1} w_i \frac{v_i}{w_i}(x_i - y_i) + \sum_{i=k}^{k} w_i \frac{v_i}{w_i}(x_i - y_i) + \sum_{i=k+1}^{n-1} w_i \frac{v_i}{w_i}(x_i - y_i) \\
&\geqslant \sum_{i=0}^{k-1} w_i \frac{v_k}{w_k}(x_i - y_i) + \sum_{i=k}^{k} w_i \frac{v_k}{w_k}(x_i - y_i) + \sum_{i=k+1}^{n-1} w_i \frac{v_k}{w_k}(x_i - y_i) \\
&= \frac{v_k}{w_k} \sum_{i=0}^{n-1} w_i (x_i - y_i) \geqslant 0
\end{aligned}$$

这样与 y 是最优解的假设矛盾，因此 x 是最优解。

说明：尽管背包问题和 0/1 背包问题类似，但属于两个不同类型的问题，背包问题可以用贪心法求解，而 0/1 背包问题却不能用贪心法求解。以表 7.2 所示的背包问题为例，如果作为 0/1 背包问题，则重量为 60 的物品放不下（此时背包剩余容量为 50），只能舍弃它，选择重量为 40 的物品，显然不是最优解。也就是说，上述贪心选择策略不适合于 0/1 背包问题。

【例 7-2】 给定一个非负整数序列 a，设计一个算法求 a 中数字排列成的最大数字串。例如，给定 $a=\{50,2,1,9\}$，最大数字串为"95021"。

解 采用贪心法的思路，将数字位越大的数字越排在前面，那么是不是将整数序列递减排序后，从前向后合并就可以了呢？答案是错误的，如果这样做，(50,2,1,9)递减排序后为(50,9,2,1)，合并后的结果是 50921 而不是正确的 95021。

两个整数 a 和 b 的排序方式是，将它们转换为字符串 s 和 t，若 $s+t>t+s$，则 a 排在 b 的前面（这种排列方法体现了本问题的贪心策略）。例如，对于 50 和 9 两个整数，转换为字符串"50"和"9"，由于"950"＞"509"，所以 9＞50。对应的算法如下：

```
struct Cmp
{    bool operator()(const int& a,const int& b) const
     {    string s=to_string(a),t=to_string(b);
          return s+t>t+s;                        //递减排序
     }
};
string solve(vector<int> & a)
{    sort(a.begin(),a.end(),Cmp());              //按指定方式排序
     string ans="";
     for(int i=0;i<a.size();i++)
          ans+=to_string(a[i]);
     return ans;
}
```

7.3 求解图问题

图是应用最为广泛的一种数据结构，求带权连通图最小生成树的 Prim 算法和 Kruskal 算法以及求带权图最短路径长度的 Dijkstra 算法都是著名的图算法，它们都是采用贪心策略，本节讨论这些算法的设计和应用。

7.3.1 用 Prim 算法构造最小生成树

1. Prim 算法的构造过程

Prim（普里姆）算法是一种构造性算法。假设 $G=(V,E)$ 是一个具有 n 个顶点的带权连通图，$T=(U,\mathrm{TE})$ 是 G 的最小生成树，其中 U 是 T 的顶点集，TE 是 T 的边集，则由 G 构造从起始顶点 v 出发的最小生成树 T 的步骤如下：

① 初始化 $U=\{v\}$。以 v 到其他顶点的所有边为候选边。

② 重复以下步骤 $n-1$ 次，使得其他 $n-1$ 个顶点被加入 U 中：以顶点集 U 和顶点集 $V-U$ 之间的所有边（称为割集，用 $(U,V-U)$ 表示）作为候选边，从中挑选权值最小的边（称为轻边）加入 TE，设该边在 $V-U$ 中的顶点是 k，将 k 加入 U 中。再考查当前 $V-U$ 中的所有顶点 j，修改候选边：若 (k,j) 的权值小于原来和顶点 j 关联的候选边，则用 (k,j) 取代后者作为候选边。

对于如图 7.4(a)所示的带权连通图 G，采用 Prim 算法从顶点 0 出发构造的最小生成树如图 7.4(b)所示，图中各边上圆圈内的数字表示 Prim 算法输出边的顺序。

从图 7.4 中看出，Prim 算法每一步都是将顶点分为 U 和 $V-U$ 两个顶点集，贪心策略是在这两个顶点集中选择最小边。

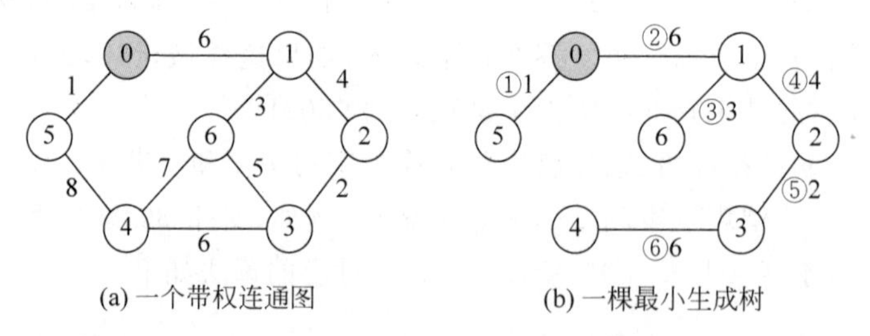

(a) 一个带权连通图　　(b) 一棵最小生成树

图 7.4　一个带权连通图及其一棵生成树

2. Prim 算法的设计

带权图采用邻接矩阵 $\mathbf{A}$ 存储，起始点为 v，Prim 算法的关键设计如下：

① 设置 U 数组，$U[i]=1$ 表示顶点 i 属于 U 集，$U[i]=0$ 表示顶点 i 属于 $V-U$ 集。

② 设置两个一维数组 closest 和 lowcost。对于 $V-U$ 集中的顶点 j $(U[j]=0)$，它到顶点集 U 中可能有多条边，其中权值最小的边用 lowcost$[j]$和 closest$[j]$表示，lowcost$[j]$是该边的权值，closest$[j]$表示该边在 U 中的顶点，如图 7.5 所示，closest$[j]=k$。

③ U 仅包含起始点 v，其他顶点属于 $V-U$ 集，初始化 lowcost 和 closest 数组的过程是置 lowcost$[j]=A[v][j]$，closest$[j]=v$（若 lowcost$[j]=\infty$，表示顶点 j 到 U 没有边）。

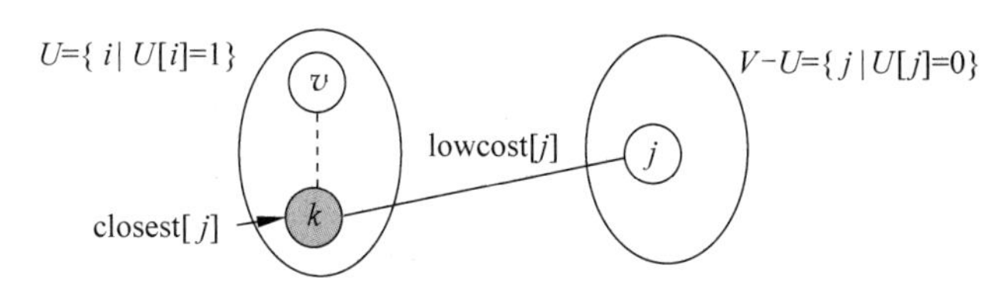

图 7.5　顶点集合 U 和 $V-U$

④ 循环 $n-1$ 次将 $V-U$ 中的所有顶点添加到 U 中：在 $V-U$ 中找 lowcost 值最小的边(k,j)，输出该边作为最小生成树的一条边，将顶点 k 添加到 U 中，此时 $V-U$ 中减少了一个顶点。因为 U 发生改变需要修改 $V-U$ 中每个顶点 j 的 lowcost[j]和 closest[j]值，实际上只需要将 lowcost[j](U 中没有添加 k 之前的最小边权值)与 $A[k][j]$比较，若前者较小，不做修改；若后者较小，将(k,j)作为顶点 j 的最小边，即置 lowcost[j]$=A[k][j]$，closest[j]$=k$。

对应的 Prim 算法如下：

```
vector < vector < int >> Prim(vector < vector < int >> & A, int v)
{   vector < vector < int >> T;                     //T 存放最小生成树,每条边为{起点,终点,边权值}
    int n=A.size();
    vector < int > lowcost(n, INF);
    vector < int > U(n,0);
    vector < int > closest(n);
    int mincost;
    for (int j=0;j < n;j++)                         //初始化 lowcost 和 closest 数组
    {   lowcost[j]=A[v][j];
        closest[j]=v;
    }
    U[v]=1;                                         //将源点 v 加入 U
    for (int i=1;i < n;i++)                         //找出(n-1)个顶点
    {   mincost=INF;
        int k=-1;
        for (int j=0;j < n;j++)                     //在(V-U)中找出离 U 最近的顶点 k
        {   if (U[j]==0 && lowcost[j]< mincost)
            {   mincost=lowcost[j];
                k=j;                                //k 记录最近顶点的编号
            }
        }
        T.push_back({closest[k],k,mincost});        //产生最小生成树的一条边
        U[k]=1;                                     //顶点 k 加入 U
        for (int j=0;j < n;j++)                     //修改数组 lowcost 和 closest
        {   if (U[j]==0 && A[k][j]< lowcost[j])
            {   lowcost[j]=A[k][j];
                closest[j]=k;
            }
        }
    }
    return T;
}
```

【算法分析】 在 Prim()算法中有两重 for 循环，所以时间复杂度为 $O(n^2)$，其中 n 为图的顶点个数。从中看出执行时间与图边数 e 无关，所以该算法适合稠密图构造最小生成树。

3. Prim 算法的正确性证明

Prim 算法是一种贪心算法，那么如何理解 Prim 算法的最优子结构性质呢？先看一个示例，如图 7.6(a)所示的带权连通图，起始点 $v=0$，$U=\{0\}$，$V-U=\{1,2,3\}$，第一步的贪心选择是选取它们之间的最小边(0,3)，对应的子问题如图 7.6(b)所示，此时 $U=\{0,3\}$，$V-U=\{1,2\}$，相当于将 U 中的顶点 0 和 3 合并为一个顶点(称为缩点)，起始点为$\{0,3\}$，$V-U$ 中的每个顶点到 U 的边取最小边，该子问题的最小生成树为(0,1)，(1,2)，再加上(0,3)边就可以得到原问题的最小生成树(0,3)，(0,1)，(1,2)。

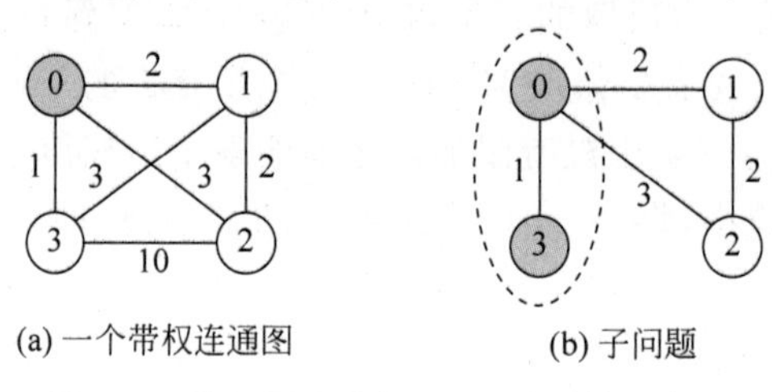

图 7.6　带权图和选择(0,3)边后的子问题

现在采用反证法证明 Prim 算法满足最优子结构性质。如果采用 Prim 算法求出原问题的生成树 T 是最小生成树，选择第一条边(v,a)后得到相应的子问题，假设该子问题采用 Prim 算法求出的生成树 T_1($T=(v,a)\cup T_1$)不是最小的，而最小生成树为 T_2，则$(v,a)\cup T_2$ 得到原问题的一棵不同于 T 的更小的最小生成树，与 T 是原问题的最小生成树矛盾。最优子结构性质即证。

对于带权连通无向图 $G=(V,E)$，Prim 算法(假设起始点 $v=0$)的贪心选择性质可以通过对算法步骤的归纳来证明其正确性。

命题 7.1　对于任意正整数 $k<n$，存在一棵最小生成树 T 包含 Prim 算法前 k 步选择的边。

证明：① $k=1$ 时，由前面最优子结构性质证明可以得出命题是成立的。

② 假设算法进行了 $k-1$ 步，生成树的边为 $e_1,e_2,\cdots,e_{k-1}$，这些边的 k 个顶点构成集合 U，并且存在 G 的一棵最小生成树 T 包含这些边。算法第 k 步选择了顶点 i_k，则 i_k 到 U 中顶点的边的权值最小，设这条边为 $e_k=(i_l,i_k)$。假设最小生成树 T 不含边 e_k，将 e_k 添加到 T 中形成一个回路，如图 7.7 所示，这个回路一定有连接 U 与 $V-U$ 中顶点的边 e'，用 e_k 替换 e' 得到树 T'，即 $T'=(T-\{e'\})\cup\{e_k\}$。

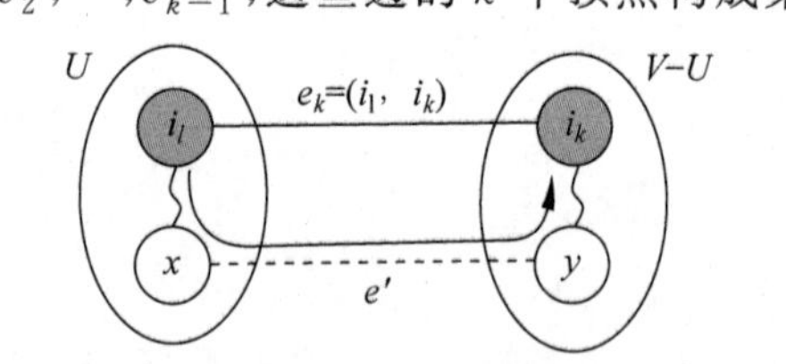

图 7.7　证明 Prim 算法的正确性

则 T' 也是一棵生成树，包含边 $e_1,e_2,\cdots,e_{k-1},e_k$，并且 T' 所有边的权值和更小(除非 e' 与 e_k 的权相同)，与 T 为一棵最小生成树矛盾，命题 7.1 即证。

当命题 7.1 成立时，$k=n-1$ 即选择了 $n-1$ 条边，此时 U 包含 G 中的所有顶点，由 Prim 算法构造的 $T=(U,TE)$就是 G 的最小生成树。

7.3.2　用 Kruskal 算法构造最小生成树

1. Kruskal 算法的构造过程

Kruskal(克鲁斯卡尔)算法按权值的递增次序选择合适的边来构造最小生成树。假设

$G=(V,E)$是一个具有 n 个顶点、e 条边的带权连通无向图，$T=(U,\mathrm{TE})$是 G 的最小生成树，则构造最小生成树的步骤如下：

① 置 U 的初值等于 V(即包含 G 中的全部顶点)，TE 的初值为空集(即 T 中每一个顶点都构成一个分量)。

② 将图 G 中的边按权值从小到大的顺序依次选取：若选取的边未使生成树 T 形成回路，则加入 TE；否则舍弃，直到 TE 中包含 $n-1$ 条边为止。

对于图 7.4(a)所示的带权连通图 G，采用 Kruskal 算法构造的最小生成树为(5,0)，(3,2)，(6,1)，(2,1)，(1,0)，(4,3)，如图 7.8 所示，图中各边上圆圈内的数字表示 Kruskal 算法输出边的顺序。

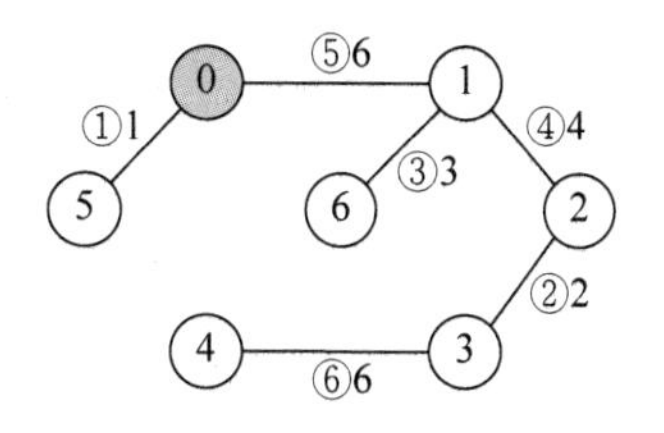

图 7.8　G 的一棵最小生成树

从图 7.8 中看出，Kruskal 算法的贪心策略是每一步都选择当前权值最小的边添加到最小生成树中。

2. Kruskal 算法的设计

实现 Kruskal 算法的关键是如何判断选取的边是否与生成树中已有的边形成回路，这可以通过并查集解决，实际上无向图中两个顶点的连通性(两个顶点之间有路径时称它们是连通的)是一种等价关系，一个非连通图可以按该等价关系划分为若干连通子图。

首先，U 中包含全部顶点，TE 为空，看成由 n 个连通分量构成的图，每个连通分量中只有一个顶点，当考虑一条边(u,v)时，若 u 和 v 属于两个不同的连通分量，则加入该边不会出现回路，否则会出现回路。这里每个连通分量就是并查集中的子集树。

用数组 E 存放图 G 中的所有边，按权值递增排序，再从头到尾依次考虑每一条边，若可以加入，则选择该边作为最小生成树的一条边，否则舍弃该边。对应的 Kruskal 算法如下：

```
int parent[MAXN];                               //并查集存储结构
int rnk[MAXN];                                  //存储结点的秩(近似于高度)
void Init(int n)                                //并查集的初始化
{   for (int i=0;i<n;i++)
    {   parent[i]=i;
        rnk[i]=0;
    }
}
int Find(int x)                                 //递归算法：在并查集中查找 x 结点的根结点
{   if (x!=parent[x])
        parent[x]=Find(parent[x]);              //路径压缩
    return parent[x];
}
void Union(int x,int y)                         //并查集中 x 和 y 的两个集合的合并
{   int rx=Find(x);
    int ry=Find(y);
    if (rx==ry)                                 //x 和 y 属于同一棵树的情况
        return;
    if (rnk[rx]<rnk[ry])
        parent[rx]=ry;                          //rx 结点作为 ry 的孩子结点
    else
    {   if (rnk[rx]==rnk[ry])                   //秩相同，合并后 rx 的秩增 1
```

```
            rnk[rx]++;
        parent[ry]=rx;                      //ry 结点作为 rx 的孩子结点
    }
}
struct Edge                                 //边类型
{   int u;                                  //边的起点
    int v;                                  //边的顶点
    int w;                                  //边的权值
    Edge(int u,int v,int w):u(u),v(v),w(w) { }
    bool operator<(const Edge &b) const
    {
        return w<b.w;                       //用于按 w 递增排序
    }
};
vector<vector<int>> Kruskal(vector<vector<int>> & A)       //使用 Kruskal 算法
{   vector<vector<int>> T;                  //T 存放最小生成树,每条边为{起点,终点,边权值}
    int n=A.size();
    vector<Edge> E;
    for (int i=0;i<n;i++)                   //由 A 的下三角部分产生的边集 E
    {   for (int j=0;j<i;j++)
        {   if (A[i][j]!=0 && A[i][j]!=INF)
                E.push_back(Edge(i,j,A[i][j]));
        }
    }
    sort(E.begin(),E.end());                //按 w 递增排序
    Init(n);                                //初始化并查集
    int k=0;                                //k 表示生成树的边数
    int j=0;                                //E 中边的下标,初值为 0
    while (k<n-1)                           //生成的边数小于 n-1 时循环
    {   int u1=E[j].u;
        int v1=E[j].v;                      //取一条边的头尾顶点编号 u1 和 v2
        int sn1=Find(u1);
        int sn2=Find(v1);                   //分别得到两个顶点所属的集合编号
        if (sn1!=sn2)                       //添加该边不会构成回路
        {   T.push_back({u1,v1,E[j].w});    //产生最小生成树的一条边
            k++;                            //生成的边数增 1
            Union(u1,v1);                   //将 u1 和 v1 两棵子树合并
        }
        j++;                                //遍历下一条边
    }
    return T;
}
```

【算法分析】 若带权连通无向图 G 有 n 个顶点、e 条边，在 Kruskal 算法中，不考虑生成边数组 E 的过程，排序时间为 $O(e\log_2 e)$，while 循环是在 e 条边中选取 $n-1$ 条边，最坏情况下执行 e 次，Union 的执行时间为 $O(1)$，所以上述 Kruskal 算法构造最小生成树的时间复杂度为 $O(e\log_2 e)$。从中看出执行时间与图顶点数 n 无关而与边数 e 相关，所以 Kruskal 算法适合稀疏图构造最小生成树。

3. Kruskal 算法的正确性证明

Kruskal 算法和 Prim 算法都是贪心算法，其正确性证明与 Prim 算法类似，这里不再详述。

7.3.3 实战——建设道路(POJ3625)

1. 问题描述

有 $N(1\leqslant N\leqslant 1000)$个农场(编号为 $1\sim N$),每个农场的位置用$(X_i,Y_i)(0\leqslant X_i,Y_i\leqslant 1000000)$表示。已经修建了 M 条道路$(1\leqslant M\leqslant 1000)$,每条道路连接两个农场。请问要连接所有农场需要建设的额外道路的最小长度是多少?

输入格式:输入的第一行是两个由空格分隔的整数 N 和 M,然后是 N 行,每行是两个由空格分隔的整数 X_i 和 Y_i,接下来 M 行,每行是两个由空格分隔的整数 i 和 j,表示已经有连接农场 i 和农场 j 的道路。

输出格式:在一行中输出连接所有农场所需的最小额外道路长度,在输出时不四舍五入到小数点后两位。请务必将距离计算为 64 位浮点数。

输入样例:

```
4 1
1 1
3 1
2 3
4 3
1 4
```

输出样例:

```
4.00
```

2. 问题求解

每个农场看成图中的一个顶点,为了统一,将编号由 $1\sim N$ 改为 $0\sim N-1$,采用邻接矩阵 **A** 存放农场无向图,两个顶点之间的权值为对应位置的距离,对于已经修建的 M 条道路(i,j),将 $\mathbf{A}[i][j]$和 $\mathbf{A}[j][i]$置为 0。本题就是求构造的最小生成树的所有边的权值和 ans。采用 Prim 算法的程序如下:

```
#include<iostream>
#include<cstring>
#include<vector>
#include<cmath>
using namespace std;
#define INF 1000000000.0
#define MAXN 1010
double A[MAXN][MAXN];
double lowcost[MAXN];
bool U[MAXN];
int X[MAXN],Y[MAXN];
int N;
double Prim(int v)
{   double ans=0.0;
    for(int i=0;i<N;i++) lowcost[i]=INF;
    memset(U,0,sizeof(U));
    double mincost;
```

```
    for (int j=0;j<N;j++)                    //初始化 lowcost 和 closest 数组
        lowcost[j]=A[v][j];
    U[v]=1;                                  //将源点 v 加入 U
    for (int i=1;i<N;i++)                    //找出(n-1)个顶点
    {   mincost=INF;
        int k=-1;
        for (int j=0;j<N;j++)                //在(V-U)中找出离 U 最近的顶点 k
        {   if (U[j]==0 && lowcost[j]<mincost)
            {   mincost=lowcost[j];
                k=j;                         //k 记录最近顶点的编号
            }
        }
        if(k==-1) break;
        ans+=mincost;                        //产生最小生成树的一条边
        U[k]=1;                              //将顶点 k 加入 U
        for (int j=0;j<N;j++)                //修改数组 lowcost
        {   if (U[j]==0 && A[k][j]<lowcost[j])
                lowcost[j]=A[k][j];
        }
    }
    return ans;
}
double distance(int i,int j)                 //求顶点 i 到 j 的距离
{
    return sqrt(1.0*(X[i]-X[j])*(X[i]-X[j])+1.0*(Y[i]-Y[j])*(Y[i]-Y[j]));
}
int main()
{   int M;
    cin >> N >> M;
    for(int i=0;i<N;i++)                     //输入 N 个农场的位置
        scanf("%d%d",&X[i],&Y[i]);
    for(int i=0;i<N;i++)
    {   for(int j=i+1;j<N;j++)
            A[i][j]=A[j][i]=distance(i,j);
    }
    for(int i=0;i<N;i++)A[i][i]=INF;        //将自己到自己置为 INF
    int i,j;
    while(M--)
    {   scanf("%d%d",&i,&j);
        A[i-1][j-1]=A[j-1][i-1]=0;          //将已有道路的长度置为 0
    }
    printf("%.2f\n",Prim(0));
    return 0;
}
```

上述程序提交时通过，执行时间为 94ms，内存消耗为 8176KB。采用 Kruskal 算法的程序如下：

```
#include<iostream>
#include<cstring>
#include<vector>
#include<cmath>
#include<algorithm>
using namespace std;
```

```
#define INF 1000000000.0
#define MAXN 1010
double A[MAXN][MAXN];
double lowcost[MAXN];
bool U[MAXN];
int X[MAXN],Y[MAXN];
int N;
int parent[MAXN];                              //并查集存储结构
int rnk[MAXN];                                 //存储结点的秩(近似于高度)
void Init()                                    //并查集的初始化
{   for (int i=0;i<N;i++)
    {   parent[i]=i;
        rnk[i]=0;
    }
}
int Find(int x)                                //递归算法:在并查集中查找x结点的根结点
{   if (x!=parent[x])
        parent[x]=Find(parent[x]);             //路径压缩
    return parent[x];
}
void Union(int x,int y)                        //并查集中x和y的两个集合的合并
{   int rx=Find(x);
    int ry=Find(y);
    if (rx==ry)                                //x和y属于同一棵树的情况
        return;
    if (rnk[rx]<rnk[ry])
        parent[rx]=ry;                         //rx结点作为ry的孩子结点
    else
    {   if (rnk[rx]==rnk[ry])                  //秩相同,合并后rx的秩增1
            rnk[rx]++;
        parent[ry]=rx;                         //ry结点作为rx的孩子结点
    }
}
struct Edge                                    //边类型
{   int u;                                     //边的起点
    int v;                                     //边的顶点
    double w;                                  //边的权值
    Edge(int u,int v,double w):u(u),v(v),w(w) { }
    bool operator<(const Edge &b) const
    {
        return w<b.w;                          //用于按w递增排序
    }
};
double Kruskal()                               //Kruskal算法
{   double ans=0.0;
    vector<Edge> E;
    for (int i=0;i<N;i++)                      //由A的上三角部分产生的边集E
    {   for (int j=i+1;j<N;j++)
            E.push_back(Edge(i,j,A[i][j]));
    }
    sort(E.begin(),E.end());                   //按w递增排序
    Init();                                    //初始化并查集
    int k=0;                                   //k表示生成树的边数
    int j=0;                                   //E中边的下标,初值为0
    while (k<N-1)                              //生成的边数小于n-1时循环
    {   int u1=E[j].u;
```

```
            int v1=E[j].v;                          //取一条边的头尾顶点编号 u1 和 v2
            int sn1=Find(u1);
            int sn2=Find(v1);                       //分别得到两个顶点所属的集合编号
            if (sn1!=sn2)                           //添加该边不会构成回路
            {   ans+=E[j].w;                        //产生最小生成树的一条边
                k++;                                //生成的边数增 1
                Union(u1,v1);                       //将 u1 和 v1 两棵子树合并
            }
            j++;                                    //遍历下一条边
        }
        return ans;
}
double distance(int i,int j)                        //求顶点 i 到 j 的距离
{
        return sqrt(1.0*(X[i]-X[j])*(X[i]-X[j])+1.0*(Y[i]-Y[j])*(Y[i]-Y[j]));
}
int main()
{       int M;
        cin >> N >> M;
        for(int i=0;i<N;i++)                        //输入 N 个农场的位置
            scanf("%d%d",&X[i],&Y[i]);
        for(int i=0;i<N;i++)
        {   for(int j=i+1;j<N;j++)
                A[i][j]=A[j][i]=distance(i,j);
        }
        for(int i=0;i<N;i++)A[i][i]=INF;            //将自己到自己置为 INF
        int i,j;
        while(M--)
        {   scanf("%d%d",&i,&j);
            A[i-1][j-1]=A[j-1][i-1]=0;              //已有道路的长度置为 0
        }
        printf("%.2f\n",Kruskal());
        return 0;
}
```

上述程序提交时通过，执行时间为 485ms，内存消耗为 22828KB。从中看出本题的农场图是一个完全图，所以 Prim 算法的时间性能远远优于 Kruskal 算法。

7.3.4 用 Dijkstra 算法求单源最短路径

1. Dijkstra 算法的过程

设 $G=(V,E)$ 是一个带权有向图，所有边的权值为正数，给定一个源点 v，求 v 到图中其他顶点的最短路径长度。Dijkstra（狄克斯特拉）算法的思路是把图中顶点集合 V 分成两组，第 1 组为已求出最短路径的顶点集合（用 S 表示），初始时 S 中只有一个源点 v，第 2 组为其余未求出最短路径的顶点集合（用 U 表示）。以后每求得一条最短路径 $v,\cdots,u$，就将 u 加入集合 S 中（重复 $n-1$ 次），直到全部顶点都加入 S 中。

在向 S 中添加顶点 u 时，对于 U 中的每个顶点 j，如果顶点 u 到顶点 j 有边（权值为 w_{uj}），且原来从顶点 v 到顶点 j 的路径长度（D_{vj}）大于从顶点 v 到顶点 u 的路径长度（D_{vu}）与 w_{uj} 之和，即 $D_{vj}>D_{vu}+w_{uj}$，如图 7.9 所示，则将 $v\cdots u\rightarrow j$ 的路径作为 v 到 j 的新最短路径，即 $D_{vj}=\min(D_{vj},D_{vu}+w_{uj})$。

Dijkstra 算法的过程如下：

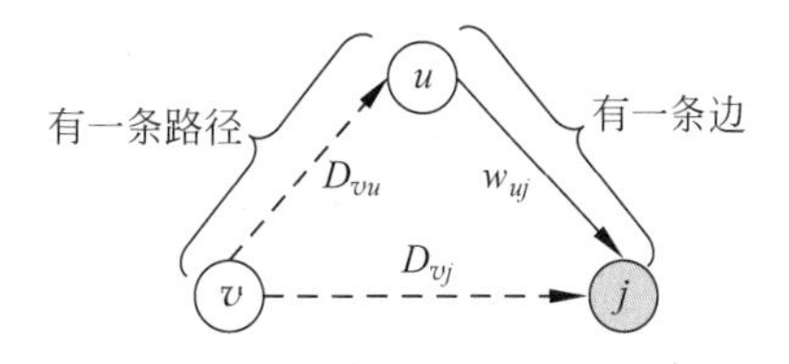

图 7.9　求顶点 v 到顶点 j 的最短路径

① 初始时，S 只包含源点，即 $S=\{v\}$，顶点 v 到自己的距离为 0。U 包含除 v 以外的其他顶点，v 到 U 中顶点 i 的距离为边上的权（若 v 与 i 有边 <v,i>）或∞（若 i 不是 v 的出边邻接点）。

② 从 U 中选取一个顶点 u，顶点 v 到顶点 u 的距离最小，然后把顶点 u 加入 S 中（该选定的距离就是 v 到 u 的最短路径长度）。

③ 以顶点 u 为新考虑的中间点，若从源点 v 到顶点 $j(j\in U)$ 经过顶点 u 的路径长度比原来不经过顶点 u 的路径长度小，则修改从顶点 v 到顶点 j 的最短路径长度，也就是说对 <u,j>边做松弛操作。

④ 重复步骤②和③，直到 S 包含全部顶点。

从中可以看出 Dijkstra 算法是一种贪心算法，其贪心策略就是每次从 U 中选择最小距离的顶点 u（dist[u]是 U 中所有顶点的 dist 值的最小者）。

2. Dijkstra 算法的设计

设置一个数组 dist[0..n−1]，dist[i]用来保存从源点 v 到顶点 i 的目前最短路径长度，它的初值为<v,i>边上的权值，若顶点 v 到顶点 i 没有边，则 dist[i]置为∞。以后每考虑一个新的中间点，dist[i]的值可能被修改而变小，当 U 中包含全部顶点时，dist 数组就是源点 v 到其他所有顶点的最短路径长度。

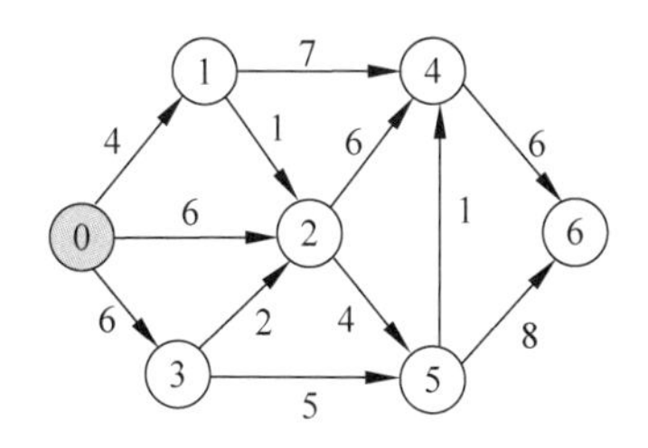

图 7.10　一个带权有向图

例如，对于图 7.10 所示的带权有向图，采用 Dijkstra 算法求从顶点 0 到其他顶点的最短路径时，$n=7$，初始化 $S=\{0\}$，$U=\{1,2,3,4,5,6\}$，dist=$\{0,4,6,6,\infty,\infty,\infty\}$。

① 求出 U 中最小距离的顶点 **u=1**（dist[1]=4），将顶点 1 从 U 中移到 S 中，置 S[1]=true，考虑顶点 1 到 U 的所有出边，顶点 1 到顶点 2 有边，修改 dist[2]=min{6,4+1}=5；顶点 1 到顶点 4 有边，修改 dist[4]=min{∞,4+7}=11。结果为 $S=\{0,1\}$，$U=\{2,3,4,5,6\}$，dist=$\{0,4,5,6,11,\infty,\infty\}$。

② 求出 U 中最小距离的顶点 **u=2**（dist[2]=5），将顶点 2 从 U 中移到 S 中，置 S[2]=true，考虑顶点 2 到 U 的所有出边，顶点 2 到顶点 4 有边，dist[4]未修改；顶点 2 到顶点 5 有边，修改 dist[5]=min{∞,5+4}=9。结果为 $S=\{0,1,2\}$，$U=\{3,4,5,6\}$，dist=$\{0,4,5,6,11,9,\infty\}$。

③ 求出 U 中最小距离的顶点 **u=3**（dist[3]=6），将顶点 3 从 U 中移到 S 中，置 S[3]=true，考虑顶点 3 到 U 的所有出边，顶点 3 到顶点 5 有边，dist[5]未修改。结果为 $S=\{0,1,2,3\}$，$U=\{4,5,6\}$，dist=$\{0,4,5,6,11,9,\infty\}$。

④ 求出 U 中最小距离的顶点 **u=5**（dist[5]=9），将顶点 5 从 U 中移到 S 中，置 S[5]=true，考虑顶点 5 到 U 的所有出边，顶点 5 到顶点 4 有边，修改 dist[4]=min{11,9+1}=10；顶点 5 到顶点 6 有边，修改 dist[6]=min{∞,9+8}=17。结果为 $S=\{0,1,2,3,5\}$，$U=\{4,6\}$，dist=$\{0,4,5,6,10,9,17\}$。

⑤ 求出 U 中最小距离的顶点 **u=4**（dist[4]=10），将顶点 4 从 U 中移到 S 中，置 S[4]=

true，考虑顶点 4 到 U 的所有出边，顶点 4 到顶点 6 有边，修改 dist[6]=min{17,10+6}=16。结果为 $S=\{0,1,2,3,5,4\}$，$U=\{6\}$，dist={0,4,5,6,10,9,16}。

⑥ 求出 U 中最小距离的顶点 $u=6$(dist[6]=16)，将顶点 6 从 U 中移到 S 中，置 $S[6]=$ true，顶点 6 没有出边。结果为 $S=\{0,1,2,3,5,4,6\}$，$U=\{\}$，dist={0,4,5,6,10,9,16}。所以顶点 0 到顶点 1～顶点 6 各顶点的最短距离分别为 4、5、6、10、9 和 16。

采用邻接矩阵 **A** 存放图的 Dijkstra 算法如下（v 为源点）：

```
vector<int> Dijkstra(vector<vector<int>> & A, int v)          //Dijkstra 算法
{   int n=A.size();
    vector<int> dist(n);
    vector<bool> S(n, false);
    for (int i=0;i<n;i++)
        dist[i]=A[v][i];                                        //距离初始化
    S[v]=true;                                                  //将源点 v 放入 S 中
    for (int i=0;i<n-1;i++)                                     //循环 n-1 次
    {   int u=-1;
        int mindis=INF;
        for (int j=0;j<n;j++)                                   //选取 U 中具有最小距离的顶点 u
        {   if (S[j]==0 && dist[j]<mindis)
            {   u=j;
                mindis=dist[j];
            }
        }
        if(u==-1) break;
        S[u]=true;                                              //将顶点 u 加入 S 中
        for (int j=0;j<n;j++)                                   //修改 U 中顶点的距离
        {   if (!S[j] && A[u][j]!=0 && A[u][j]<INF)
                dist[j]=min(dist[j], dist[u]+A[u][j]);
        }
    }
    return dist;
}
```

【算法分析】 在 Dijkstra 算法中包含两重循环，所以时间复杂度为 $O(n^2)$，其中 n 为图中顶点的个数。

思考题：对于稠密图，上述 Dijkstra 算法是非常有效的；但对于稀疏图，如何改进其时间性能？

3. Dijkstra 算法的正确性证明

在 Dijkstra 算法中，$G=(V,E)$，当将顶点 u 添加到 S 中时，dist[u]存储了从源点 v 到 u 的最短路径长度，因此算法结束时 dist 数组计算出源点 v 到其他顶点的最短路径长度。Dijkstra 算法的正确性证明转换为证明以下命题成立。

命题 7.2 在 Dijkstra 算法中，当将顶点 u 添加到 S 中时，dist[u]等于从源点 v 到 u 的最短路径长度 $D[v,u]$（$D[i,j]$表示图中从顶点 i 到 j 的真实的最短路径长度）。

证明：假设对于 V 中的某个顶点 t，dist[t]$>D[v,t]$，并设 u 是算法中添加到 S 中的第一个满足 dist[u]$>D[v,u]$的顶点。

因为存在从源点 v 到 u 的最短路径 P（否则 $D[v,u]=\infty=$dist[u]），所以考虑将 u 添加到 S 的时刻，令 z 是此时不在 S 中的 P 路径上的第一个顶点，令 y 是路径 P 中 z 的前一

个顶点(可能有 $y=v$)。如图 7.11 所示,可以看出,根据所选择的顶点 z,顶点 y 此时已经在 S 中。此外,$\text{dist}[y]=D[v,y]$,因为 u 是第一个不正确的顶点。当将 y 添加到 S 中时,算法已经测试过(并且可能修改)$\text{dist}[z]$,而且在那时有:

$$\text{dist}[z] \leqslant \text{dist}[y]+A[y][z]=D[v,y]+A[y][z]$$

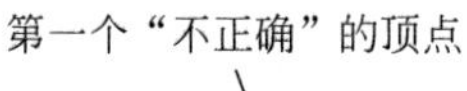
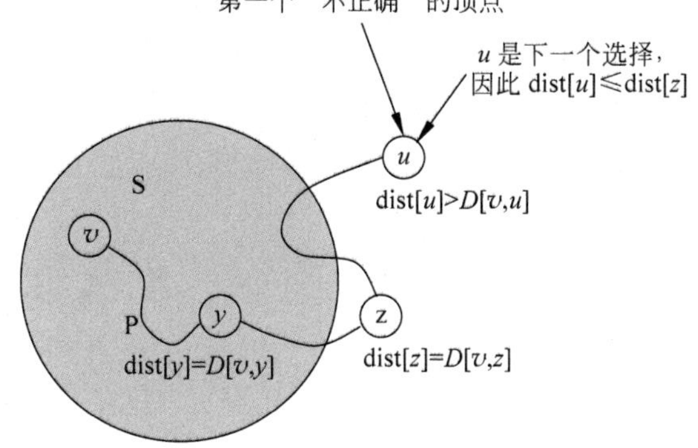

图 7.11 证明命题 7.2 的示意图

由于 z 是从 v 到 u 的最短路径上的前面顶点,这意味着 $\text{dist}[z]=D[v,z]$,但是现在选择的是将 u 添加到 S 中而不是 z,因此有 $\text{dist}[u] \leqslant \text{dist}[z]$(按照 Dijkstra 算法,越先添加到 S 中其 dist 越小)。

显然任何一条最短路径的子路径也是最短路径,由于 z 在从 v 到 u 的最短路径上,则有 $D[v,z]+D[z,u]=D[v,u]$。此外,$D[z,u] \geqslant 0$(因为图中没有负权),因此:

$$\text{dist}[u] \leqslant \text{dist}[z]=D[v,s] \leqslant D[v,z]+D[z,u]=D[v,u]$$

这样与 u 的定义矛盾。因此这样的顶点 u 不存在。命题 7.2 即证。

7.3.5 实战——最短路径问题(HDU3790)

扫一扫

视频讲解

1. 问题描述

给定一个有 n 个点、m 条无向边的图,每条边都有长度 d 和花费 p,再给定一个起点 s 和一个终点 t,要求输出起点到终点的最短距离及其花费,如果最短距离有多条路线,则输出花费是最少的。

输入格式:输入 n、m,顶点的编号是 $1 \sim n$,然后是 m 行,每行 4 个数 a、b、d、p,表示顶点 a 和 b 之间有一条边,且其长度为 d,花费为 p。最后一行是两个数 s、t,表示起点 s 和终点 t。当 n 和 m 为 0 时输入结束($1<n \leqslant 1000, 0<m<100000, s \neq t$)。

输出格式:输出一行有两个数,分别表示最短距离及其花费。

输入样例:

```
3 2
1 2 5 6
2 3 4 5
1 3
0 0
```

输出样例:

```
9 11
```

2. 问题求解

本题利用 Dijkstra 算法求顶点 s 到顶点 t 的花费最少的最短路径，注意结果路径中首先是路径长度最短，而最短路径可能有多条，如果有多条取花费最少的一条路径。这样对 Dijkstra 算法做两点修改：一是增加记录路径最少花费的数组 cost，cost[j]表示从顶点 s 到顶点 j 的最短路径的最少花费，当存在多条最短路径时，需要比较路径花费求 cost[j]；二是一旦顶点 t 的最短路径已求出，就不需要考虑其他顶点，直接输出结果并结束，以提高时间性能。对应的程序如下：

```
#include <iostream>
#include <cstring>
using namespace std;
#define MAXV 1010
#define INF 0x3f3f3f3f                      //定义∞
int n,m;
int A[MAXV][MAXV],C[MAXV][MAXV];
int s,t;
void Dijkstra(int s)                        //使用 Dijkstra 算法
{   int dist[MAXV];
    int cost[MAXV];
    int S[MAXV];
    int mindist,mincost,u;
    for(int i=1;i<=n;i++)                   //dist、cost、S 初始化,注意顶点编号从 1 开始
    {   dist[i]=A[s][i];
        cost[i]=C[s][i];
        S[i]=0;
    }
    dist[s]=cost[s]=0;
    S[s]=1;
    for(int i=0;i<n-1;i++)
    {   mindist=INF;
        for(int j=1;j<=n;j++)               //求 V-S 中的最小距离 mindist
        {   if (S[j]==0 && mindist>dist[j])
                mindist=dist[j];
        }
        if (mindist==INF) break;            //找不到连通的顶点
        mincost=INF; u=-1;
        for(int j=1;j<=n;j++)               //求尚未考虑的、距离最小的顶点 u
        {   if (S[j]==0 && mindist==dist[j] && mincost>cost[j])
            {   mincost=cost[j];            //在 dist 为最小的顶点中找最小 cost 的顶点 u
                u=j;
            }
        }
        S[u]=1;                             //将顶点 u 加入 S 集合
        for (int j=1;j<=n;j++)              //考虑顶点 u,求 s 到顶点 j 的最短路径长度和花费
        {   int d=mindist+A[u][j];          //d 记录经过顶点 u 的路径长度
          int c=cost[u]+C[u][j];            //c 记录经过顶点 u 的花费
          if(S[j]==0 && d<dist[j])
          {   dist[j]=d;
              cost[j]=c;
          }
```

```
            else if(S[j]==0 && d==dist[j] && c<cost[j])
                cost[j]=c;                          //有多条长度相同的最短路径
        }
        if(S[t]==1)                                 //已经求出 s 到 t 的最短路径
        {   printf("%d %d\n",dist[t],cost[t]);
            return;
        }
    }
}
int main()
{   int a,b,d,p;
    while(scanf("%d%d",&n,&m)!=EOF)
    {   if(m==0 && n==0) break;
        memset(A,0x3f,sizeof(A));
        for(int i=0;i<m;i++)
        {   scanf("%d%d%d%d\n",&a,&b,&d,&p);
            if(A[a][b]>d)                           //可能有重复边,取长度较小者(否则出错)
            {   A[a][b]=A[b][a]=d;                  //无向图的边是对称的
                C[a][b]=C[b][a]=p;
            }
        }
        scanf("%d%d",&s,&t);
        Dijkstra(s);
    }
    return 0;
}
```

上述程序提交时通过,执行时间为 249ms,内存消耗为 9696KB。

7.4 求解调度问题

调度问题有许多形式,这里专指这样形式的调度问题:n 个作业要在一台机器上加工,每个作业的加工时间可能不同,这样有些作业就需要等待,全部作业完工的时间为等待时间和加工时间之和,称为系统总时间。该调度问题通常有两种,一种是不带惩罚的,另外一种是带惩罚的,下面分别讨论。

7.4.1 不带惩罚的调度问题

不带惩罚的调度问题的最优解是最小系统总时间,实际上 n 个作业的加工顺序不同对应的系统总时间也不相同,该问题就是求一个具有最小系统总时间的加工顺序。例如有 4 个作业,编号为 0～3,加工时间分别是 5、3、4、2,如果按编号 0～3 依次加工,如表 7.5 所示,作业 i 的加工时间为 t_i,等待时间为 w_i,则其总时间 $s_i=t_i+w_i$,这样系统总时间 $T=5+8+12+14=39$。

如果采用基于排列树框架的回溯算法,对于每个排列求出其系统总时间,再通过比较求最小系统总时间,其时间性能十分低下。现在采用贪心方法,贪心策略是选择当前加工时间最少的作业优先加工,也就是按加工时间递增排序,再按排序后的顺序依次加工,如表 7.6 所示为排序后 4 个作业依次加工的情况,这样系统总时间 $T=2+5+9+14=30$。从中看出排序后性能提高了23%。

表7.5 4个作业按编号依次加工的情况

序号 i	作业编号 no	加工时间 t_i	等待时间 w_i	总时间 s_i
0	0	5	0	5
1	1	3	5	8
2	2	4	8	12
3	3	2	12	14

表7.6 排序后4个作业依次加工的情况

序号 i	作业编号 no	加工时间 t_i	等待时间 w_i	总时间 s_i
0	3	2	0	2
1	1	3	2	5
2	2	4	5	9
3	0	5	9	14

用数组 A 存放作业的加工时间，求最小系统总时间 T 的贪心算法如下：

```
int greedly(vector<int> &a)
{   sort(a.begin(),a.end());
    int T=0;                         //当前系统总时间
    int w=0;                         //当前作业的等待时间
    int n=a.size();                  //n个作业
    for(int i=0;i<n;i++)
    {   T+=a[i]+w;
        w+=a[i];
    }
    return T;
}
```

【算法分析】 算法的执行时间主要花费在排序上，对应的时间复杂度为 $O(n\log_2 n)$。

上述贪心算法在操作系统中称为最短时间优先算法。下面证明该算法的正确性。

命题7.3 最短时间优先算法得到的系统总时间是最小系统总时间。

证明：n 个作业按加工时间递增排序后序号为 $0\sim n-1$，依次加工得到的系统总时间为 T。假设 T 不是最小的，也就是按加工时间递增排序的系统总时间不是最小的，则至少有一个作业序号 $i(0\leqslant i\leqslant n-1)$ 满足 $t_i>t_{i+1}$，对应的系统总时间 T' 是最小系统总时间，可以重新调整原来的顺序，将作业 i 和作业 $i+1$ 交换（变为按加工时间递增排序，对应的系统总时间就是 T），如图7.12所示（没有考虑其他相同的部分），有 $T=T'+t_{i+1}-t_i$。因为 $t_i>t_{i+1}$，所以 $T<T'$，这与 T' 是最优相矛盾，命令即证。

$t_i>t_{i+1}$ … t_i t_{i+1} … $T'=t_i+(t_i+t_{i+1})$

交换后有序 … t_{i+1} t_i … $T=t_{i+1}+(t_{i+1}+t_i)$

⇩

$T=T'+t_{i+1}-t_i$

图7.12 证明命题7.3的示意图

7.4.2 带惩罚的调度问题

在带惩罚的调度问题中，通常假设 n 个作业加工的时间均为一个时间单位，时间用

0～maxd 的连续整数表示。每个作业有一个截止时间(dtime 用时间整数表示)，若一个作业在其截止时间之后完成，对应一个惩罚值(punish)，该问题的最优解是最小总惩罚值。

同样，n 个作业不同的加工顺序对应的总惩罚值是不同的，采用贪心算法，贪心策略是选择当前惩罚值最大的作业优先加工，也就是按惩罚值递减排序，并且尽可能选择一个作业在截止时间之前最晚的时间加工。按排序后的顺序依次加工，如表 7.7 所示的 7 个作业(已经按惩罚值递减排序)，假设每个作业需要一个时间单位加工，最大的截止时间为 6，设置一个布尔数组 days，days[i]表示时间 i 是否在加工(初始时所有元素设为 false)，用 ans 表示最小总惩罚值(初始为 0)。

① $i=0$，其截止时间为 4，选择时间 4 加工，days[4]=true，不会惩罚，ans=0。

② $i=1$，其截止时间为 2，选择时间 2 加工，days[2]=true，不会惩罚，ans=0。

③ $i=2$，其截止时间为 4，选择时间 3 加工，days[3]=true，不会惩罚，ans=0。

④ $i=3$，其截止时间为 3，选择时间 1 加工，days[1]=true，不会惩罚，ans=0。

⑤ $i=4$，其截止时间为 1，时间 1 被占用，不能加工，需要惩罚，ans=30。

⑥ $i=5$，其截止时间为 4，时间 1～4 均被占用，不能加工，需要惩罚，ans=30+20=50。

⑦ $i=6$，其截止时间为 6，选择时间 6 加工，days[6]=true，不会惩罚，ans=50。

表 7.7　7 个作业

作业编号 no	截止时间 d_i	惩罚值 p_i	作业编号 no	截止时间 d_i	惩罚值 p_i
0	4	70	4	1	30
1	2	60	5	4	20
2	4	50	6	6	10
3	3	40			

所以最小总惩罚值 ans=50，按作业 3，作业 1，作业 2，作业 0，作业 6 顺序完成加工，作业 4 和作业 5 不能加工。

对应的贪心算法如下：

```
struct Job                                  //作业类型
{   int dtime;                              //截止时间
    int punish;                             //惩罚值
    bool operator<(const Job& b) const
    {
        return punish > b.punish;           //按 punish 递减排序
    }
};
int greedly(vector<Job> &a)
{   int n=a.size();
    int maxd=0;
    for(int i=0;i<n;i++)                    //求最大的截止时间
        maxd=max(maxd,a[i].dtime)
    vector<bool> days(maxd,false);
    sort(a,a+n);                            //排序
    int ans=0;
    for(int i=0;i<n;i++)
    {   int j=a[i].dtime;
        for(;j>0;j--)                       //查找截止日期之前的空时间
        {   if(days[j]==false)              //找到空时间
```

```
            {   days[j]=true;
                break;
            }
        }
        if(j==0)                          //没有找到空时间
            ans+=a[i].punish;             //累计惩罚值
    }
    return ans;
}
```

【算法分析】 上述算法有两重 for 循环，对应的时间复杂度为 $O(n^2)$。

思考题：如果每个作业的加工时间不同，如何修改上述算法？

有关上述贪心法的正确性证明，这里不再详述。如果改为一个作业在其截止时间之前（含）完成，对应有一个收益值，那么最优解就是最大总收益值，需要对所有作业按收益值递减排序，再采用同样的方式依次处理各个作业即可。

扫一扫

视频讲解

7.4.3 实战——赶作业(HDU1789)

1. 问题描述

A 有 n 份作业要做，每份作业有一个最后期限，如果在最后期限后交作业老师就会扣分，现在假设完成每份作业都需要一天。A 想安排做作业的顺序，把扣分降到最低，请帮助他实现。

输入格式：输入包含 t 个测试用例，第一行是单个整数 t。每个测试用例以一个正整数 n 开头（$1 \leqslant n \leqslant 1000$），表示作业的数量，然后是两行：第一行包含 n 个整数，表示作业的截止日期；下一行包含 n 个整数，表示作业的扣分。

输出格式：对于每个测试用例，在一行中输出最少的扣分。

输入样例：

```
3
3
3 3 3
10 5 1
3
1 3 1
6 2 3
7
1 4 6 4 2 4 3
3 2 1 7 6 5 4
```

输出样例：

```
0
3
5
```

2. 问题求解

本问题属于典型的带惩罚的调度问题，实际上扣分就是惩罚值，最优解就是求最小的总惩罚值。对应的程序如下：

```
#include <iostream>
#include <vector>
#include <algorithm>
using namespace std;
#define MAXN 1010
struct Job                                   //作业的类型
{   int dtime;                               //截止日期
    int punish;                              //扣分
    bool operator<(const Job& b) const
    {
        return punish > b.punish;            //按 punish 递减排序
    }
};
int n;
Job a[MAXN];
int greedly(int maxd)                        //贪心算法
{   vector<bool> days(maxd, false);
    sort(a,a+n);                             //排序
    int ans=0;
    for(int i=0;i<n;i++)
    {   int j=a[i].dtime;
        for(;j>0;j--)                        //查找截止日期之前(含)的空时间
        {   if(days[j]==false)               //找到空时间
            {   days[j]=true;
                break;
            }
        }
        if(j==0)                             //没有找到空时间
            ans+=a[i].punish;                //累计扣分
    }
    return ans;
}
int main()
{   int t;
    scanf("%d",&t);
    while(t--)
    {   int maxd=0;
        scanf("%d",&n);
        for(int i=0;i<n;i++)
        {   scanf("%d",&a[i].dtime);
            maxd=max(maxd,a[i].dtime);
        }
        for(int i=0;i<n;i++)
        scanf("%d",&a[i].punish);
        printf("%d\n",greedly(maxd));
    }
    return 0;
}
```

上述程序提交时通过，执行时间为 46ms，内存消耗为 1748KB。上述贪心算法的时间复杂度为 $O(n\times \text{maxd})$，可以采用并查集改进时间性能。设置并查集数组 parent，parent[i]表示第 i 天的前一个空时间(含第 i 天)，初始时置 parent[i]$=i$，当第 i 天被占用时合并操作是置 parent[i]$=i-1$(可以理解为第 i 天被占用，前面的空时间与第 $i-1$ 天前面的空时

间相同),由于这里的合并有方向性,所以不使用 rnk 数组。对应的程序如下:

```
#include <iostream>
#include <vector>
#include <algorithm>
using namespace std;
#define MAXN 1010
vector<int> parent;                              //并查集存储结构
vector<int> rnk;                                 //存储结点的秩(近似于高度)
int Find(vector<int> & parent,int x)             //递归算法:在并查集中查找 x 结点的根结点
{   if (x!=parent[x])
        parent[x]=Find(parent,parent[x]);        //路径压缩
    return parent[x];
}
struct Job                                       //作业的类型
{   int dtime;                                   //截止日期
    int punish;                                  //扣分
    bool operator<(const Job& b) const
    {
        return punish>b.punish;                  //按 punish 递减排序
    }
};
int n;
Job a[MAXN];
int greedly(int maxd)                            //贪心算法
{   parent.resize(maxd);
    for(int i=0;i<=maxd;i++)                     //查集初始化
        parent[i]=i;
    sort(a,a+n);                                 //排序
    int ans=0;
    for(int i=0;i<n;i++)
    {   int day=Find(parent,a[i].dtime);         //查找截止日期之前的空时间
        if(day>0)                                //找到空时间
            parent[day]=day-1;                   //合并
        else
            ans+=a[i].punish;                    //累计扣分
    }
    return ans;
}
int main()
{   int t;
    scanf("%d",&t);
    while(t--)
    {   int maxd=0;
        scanf("%d",&n);
        for(int i=0;i<n;i++)
        {   scanf("%d",&a[i].dtime);
            maxd=max(maxd,a[i].dtime);
        }
        for(int i=0;i<n;i++)
            scanf("%d",&a[i].punish);
        printf("%d\n",greedly(maxd));
    }
    return 0;
}
```

上述程序提交时通过，执行时间为 31ms，内存消耗为 1748KB。

7.5 哈夫曼编码

7.5.1 哈夫曼树和哈夫曼编码

1. 问题描述

设需要编码的字符集为$\{d_0,d_1,\cdots,d_{n-1}\}$，它们出现的频率为$\{w_0,w_1,\cdots,w_{n-1}\}$，应用哈夫曼树构造最优的不等长的由 0、1 构成的编码方案。

2. 问题求解

先构建以这 n 个结点为叶子结点的哈夫曼树，然后由哈夫曼树产生各叶子结点对应字符的哈夫曼编码。

设二叉树具有 n 个带权值的叶子结点，从根结点到每个叶子结点都有一个路径长度。从根结点到各个叶子结点的路径长度与相应结点权值的乘积的和称为该二叉树的带权路径长度(WPL)，具有最小带权路径长度的二叉树称为哈夫曼树(也称最优树)。

根据哈夫曼树的定义，一棵二叉树要使其 WPL 值最小，必须使权值越大的叶子结点越靠近根结点，而权值越小的叶子结点越远离根结点。那么如何构造一棵哈夫曼树呢？其方法如下：

① 由给定的 n 个权值$\{w_1,w_2,\cdots,w_n\}$构造 n 棵只有一个叶子结点的二叉树，从而得到一个二叉树的集合 $F=\{T_1,T_2,\cdots,T_n\}$。

② 在 F 中选取根结点的权值最小和次小的两棵二叉树作为左、右子树构造一棵新的二叉树，这棵新的二叉树的根结点的权值为其左、右子树根结点的权值之和，即合并两棵二叉树为一棵二叉树。

③ 重复步骤②，当 F 中只剩下一棵二叉树时，这棵二叉树便是所要建立的哈夫曼树。

例如，给定的 $a\sim e$5 个字符，它们的权值集为 $w=\{4,2,1,7,3\}$，构造哈夫曼树的过程如图 7.13(a)～7.13(e)所示(图中带阴影的结点表示所属二叉树的根结点)。利用哈夫曼树构造的用于通信的二进制编码称为哈夫曼编码。在哈夫曼树中从根结点到每个叶子都有一条路径，对路径上的各分支约定指向左子树根的分支表示“0”码，指向右子树的分支表示“1”码，取每条路径上的“0”或“1”的序列作为和各个叶子对应的字符的编码，这就是哈夫曼编码。这样产生的哈夫曼编码如图 7.13(f)所示。

每个字符编码由 0、1 构成，并且没有一个字符编码是另一个字符编码的前缀，这种编码称为前缀码，哈夫曼编码就是一种最优前缀码。前缀码可以使译码过程变得十分简单，由于任一字符的编码都不是其他字符的前缀，从编码文件中不断取出代表某一字符的前缀码，转换为原字符，即可逐个译出文件中的所有字符。

在哈夫曼树的构造过程中，每次都合并两棵根结点权值最小的二叉树，这体现出贪心策略。那么是否可以像前面介绍的算法一样，先按权值递增排序，然后依次构造哈夫曼树呢？由于每次合并两棵二叉树时都要找最小和次小的根结点，而且新构造的二叉树也参加这一

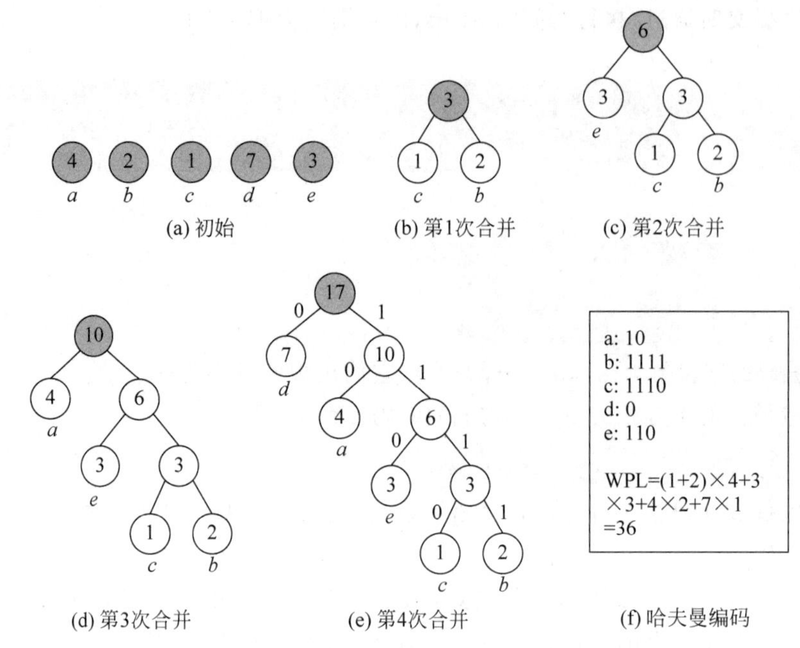

(a) 初始　(b) 第1次合并　(c) 第2次合并　(d) 第3次合并　(e) 第4次合并　(f) 哈夫曼编码

图 7.13　哈夫曼树的构造过程及其产生的哈夫曼编码

过程，如果每次都排序，这样花费的时间更多，所以采用优先队列（小根堆）来实现。

由 n 个权值构造的哈夫曼树的总结点个数为 $2n-1$，每个结点的二进制编码长度不会超过树高，可以推出这样的哈夫曼树的高度最多为 n。所以用一个数组 ht[0..$2n-2$]存放哈夫曼树，其中 ht[0..$n-1$]存放叶子结点，ht[n..$n-2$]存放其他需要构造的结点，ht[i].parent 为该结点的双亲在 ht 数组中的下标，ht[i].parent $=-1$ 表示该结点为根结点，ht[i].lchild、ht[i].rchild 分别为该结点的左、右孩子的位置。

对应的构造哈夫曼树的算法如下：

```
int n;
struct HTreeNode                          //哈夫曼树结点类型
{   char data;                            //字符
    int weight;                           //权值
    int parent;                           //双亲的位置
    int lchild;                           //左孩子的位置
    int rchild;                           //右孩子的位置
};
HTreeNode ht[MAX];                        //哈夫曼树
struct QNode                              //优先队列结点类型
{   int no;                               //对应哈夫曼树 ht 中的位置
    char data;                            //字符
    int weight;                           //权值
    bool operator <(const QNode &s) const
    {                                     //用于创建小根堆
        return s.weight < weight;
    }
};
void CreateHTree()                        //构造哈夫曼树的算法
{   QNode e,e1,e2;
    priority_queue<QNode> qu;
```

```
    for (int k=0;k<2*n-1;k++)                //设置所有结点的指针域
        ht[k].lchild=ht[k].rchild=ht[k].parent=-1;
    for (int i=0;i<n;i++)                    //将 n 个结点进队 qu
    {   e.no=i;
        e.data=ht[i].data;
        e.weight=ht[i].weight;
        qu.push(e);
    }
    for (int j=n;j<2*n-1;j++)                //构造哈夫曼树的 n-1 个非叶子结点
    {   e1=qu.top(); qu.pop();               //出队权值最小的结点 e1
        e2=qu.top(); qu.pop();               //出队权值次小的结点 e2
        ht[j].weight=e1.weight+e2.weight;//构造哈夫曼树的非叶子结点 j
        ht[j].lchild=e1.no;
        ht[j].rchild=e2.no;
        ht[e1.no].parent=j;                  //修改 e1.no 的双亲为结点 j
        ht[e2.no].parent=j;                  //修改 e2.no 的双亲为结点 j
        e.no=j;                              //构造队列结点 e
        e.weight=e1.weight+e2.weight;
        qu.push(e);
    }
}
```

当一棵哈夫曼树创建后，ht[0.. $n-1$]中的每个叶子结点对应一个哈夫曼编码，用map<char,string>容器 htcode 存放所有叶子结点的哈夫曼编码，例如 htcode['a']="10"表示字符'a'的哈夫曼编码为 10。对应的构造哈夫曼编码的算法如下：

```
map<char,string> htcode;                     //存放哈夫曼编码
void CreateHCode()                           //构造哈夫曼编码的算法
{   string code;
    code.reserve(MAX);
    for (int i=0;i<n;i++)                    //构造叶子结点 i 的哈夫曼编码
    {   code="";
        int curno=i;
        int f=ht[curno].parent;
        while (f!=-1)                        //循环到根结点
        {   if (ht[f].lchild==curno)         //curno 为双亲 f 的左孩子
                code='0'+code;
            else                             //curno 为双亲 f 的右孩子
                code='1'+code;
            curno=f; f=ht[curno].parent;
        }
        htcode[ht[i].data]=code;             //得到 ht[i].data 字符的哈夫曼编码
    }
}
```

【算法分析】 由于采用小根堆，从堆中出队两个结点(权值最小的两个二叉树根结点)和加入一个新结点的时间复杂度都是 $O(\log_2 n)$，所以构造哈夫曼树算法的时间复杂度为 $O(n\log_2 n)$。在生成哈夫曼编码的算法中循环 n 次，每次查找路径恰好是根结点到一个叶子结点的路径，平均高度为 $O(\log_2 n)$，所以由哈夫曼树生成哈夫曼编码的算法的时间复杂度也为 $O(n\log_2 n)$。

现在证明算法的正确性，也就是证明以下两个命题是成立的。

命题 7.4 两个最小权值字符对应的结点 x 和 y 必须是哈夫曼树中最深的两个结点且

它们互为兄弟。

证明：假设x结点在哈夫曼树(最优树)中不是最深的，那么存在一个结点z，有$w_z>w_x$，但它比x深，即$l_z>l_x$。此时结点x和z的带权和为$w_x\times l_x+w_z\times l_z$。

如果交换x和z结点的位置，其他不变，如图7.14所示，则交换后的带权和为$w_x\times l_z+w_z\times l_x$，则有$w_x\times l_z+w_z\times l_x<w_x\times l_x+w_z\times l_z$，这是因为$w_x\times l_z+w_z\times l_x-(w_x\times l_x+w_z\times l_z)=w_x(l_z-l_x)-w_z(l_z-l_x)=(w_x-w_z)(l_z-l_x)<0$(由前面所设有$w_z>w_x$和$l_z>l_x$)，这就与交换前的树是最优树的假设矛盾。所以该命题成立。

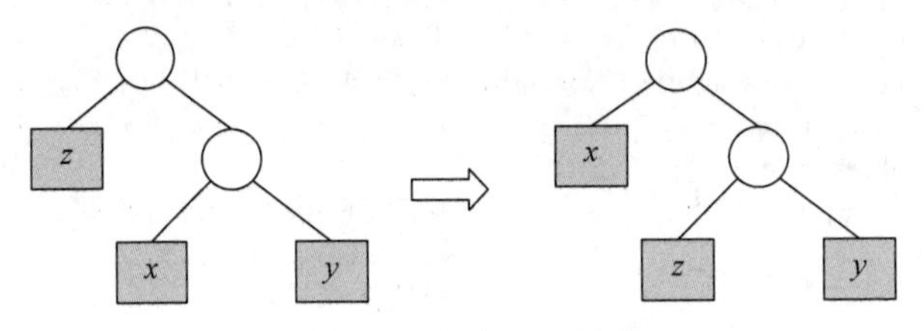

图7.14 交换x、z结点

命题7.5 设T是字符集C对应的一棵哈夫曼树，结点x和y是兄弟，它们的双亲为z，如图7.15所示，显然有$w_z=w_x+w_y$，现删除结点x和y，让z变为叶子结点，那么这棵新树T_1一定是字符集$C_1=C-\{x,y\}\cup\{z\}$的最优树。

证明：设T和T_1的带权路径长度分别为WPL(T)和WPL(T_1)，则有WPL(T)=WPL(T_1)$+w_x+w_y$。这是因为WPL(T_1)含有T中除x、y以外的所有叶子结点的带权路径长度之和，另加上z的带权路径长度。

假设T_1不是最优的，则存在另一棵树T_2，有WPL(T_2)<WPL(T_1)。由于结点$z\in C_1$，则z在T_2中一定是一个叶子结点。若将x和y加入T_2中作为结点z的左、右孩子，得到表示字符集C的前缀树T_3，如图7.16所示，则有WPL(T_3)=WPL(T_2)$+w_x+w_y$。

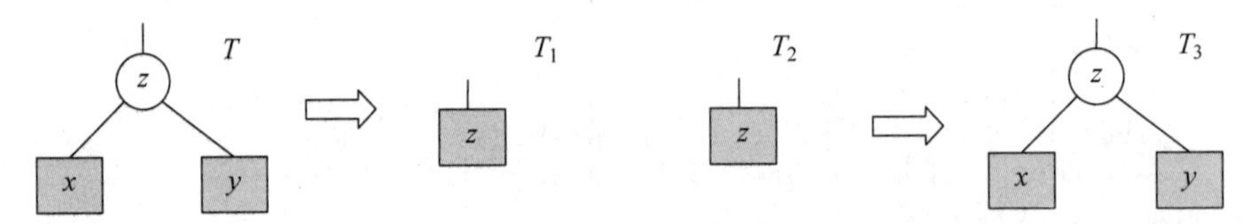

图7.15 由T删除x、y结点得到T_1　　图7.16 由T_2添加x、y结点得到T_3

由前面几个式子看到WPL(T_3)=WPL(T_2)$+w_x+w_y<$WPL(T_1)$+w_x+w_y=$WPL(T)。

这与T为C的哈夫曼树的假设矛盾。本命题即证。

命题7.4说明该算法满足贪心选择性质，即通过合并来构造一棵哈夫曼树的过程可以从合并两个权值最小的字符开始。命题7.5说明该算法满足最优子结构性质，即该问题的最优解包含其子问题的最优解。所以采用哈夫曼树算法产生的树一定是一棵最优树。

扫一扫

视频讲解

7.5.2 实战——最后一块石头的重量(LeetCode1046)

1. 问题描述

有$n(1\leqslant n\leqslant 30)$块石头，每块石头的重量都是正整数(重量为1～1000)。每一回合从中选出两块最重的石头，然后将它们一起粉碎。假设石头的重量分别为 x 和 y，且 $x \leqslant y$，那么粉碎的可能结果如下：

① 如果 $x == y$，那么两块石头都会被完全粉碎。

② 如果 $x \neq y$，那么重量为 x 的石头将会被完全粉碎，而重量为 y 的石头的新重量为 $y-x$。

最后最多只会剩下一块石头，求此石头的重量，假设没有石头剩下的结果为 0。要求设计如下函数：

```
class Solution {
public:
    int lastStoneWeight(vector<int> & stones) {   }
};
```

2. 问题求解

本题选石头的过程与构造哈夫曼树的过程类似，只是这里选的是两块最重的石头，用优先队列（大根堆）求解，每次出队两块最重的石头 x 和 y，然后将 $x-y$ 进队，直到仅有一块石头为止。对应的程序如下：

```
class Solution {
public:
    int lastStoneWeight(vector<int> & stones)
    {   priority_queue<int> pq;                    //默认为大根堆
        for(int i=0;i<stones.size();i++)
            pq.push(stones[i]);                    //所有石头进队
        int x,y;
        while(!pq.empty())
        {   x=pq.top(); pq.pop();
            if(pq.empty())                         //若 x 是最后的石头，返回 x
                return x;
            y=pq.top();                            //若 x 不是最后的石头，则再出队 y
            pq.pop();
            pq.push(x-y);                          //粉碎后新重量为 x-y(x≥y)
        }
        return x;
    }
};
```

上述程序提交时通过，执行时间为 4ms，内存消耗为 6.4MB。

7.6 练 习 题

7.6.1 单项选择题

1. 下面________是贪心法的基本要素。
   A. 重叠子问题　　B. 构造最优解　　C. 贪心选择性质　　D. 定义最优解

2. 能采用贪心法求最优解的问题一般具有的重要性质是________。

A. 最优子结构性质与贪心选择性质　　B. 重叠子问题性质与贪心选择性质

C. 最优子结构性质与重叠子问题性质　　D. 预排序与递归调用

3. 所谓贪心选择性质是指________。

A. 整体最优解可以通过部分局部最优选择得到

B. 整体最优解可以通过一系列局部最优选择得到

C. 整体最优解不能通过局部最优选择得到

D. 以上都不对

4. 所谓最优子结构性质是指________。

A. 最优解包含了部分子问题的最优解

B. 问题的最优解不包含其子问题的最优解

C. 最优解包含了其子问题的最优解

D. 以上都不对

5. 一般地贪心法算法的时间复杂度为多项式级的，以下叙述中正确的是________。

A. 任何回溯法算法都可以转换为贪心法算法求解

B. 任何分支限界法算法都可以转换为贪心法算法求解

C. 只有满足最优子结构性质与贪心选择性质的问题才能采用贪心法算法求解

D. 贪心法算法不能采用递归实现

6. 以下________不能使用贪心法解决。

A. 单源最短路径问题　　B. n 皇后问题

C. 最小花费生成树问题　　D. 背包问题

7. 关于 0/1 背包问题，以下描述正确的是________。

A. 可以使用贪心算法找到最优解

B. 能找到多项式时间的有效算法

C. 对于同一背包与相同物品，作为背包问题求出的总价值一定大于或等于作为 0/1 背包问题求出的总价值

D. 以上都不对

8. 背包问题的贪心算法的时间复杂度为________。

A. $O(n\times 2^n)$　　B. $O(n\log_2 n)$　　C. $O(2^n)$　　D. $O(n)$

9. 对 100 个不同字符进行编码构造的哈夫曼树中共有________个结点。

A. 100　　B. 200　　C. 199　　D. 198

10. 采用贪心算法构造 n 个字符编码的哈夫曼树的时间复杂度为________。

A. $O(n\times 2^n)$　　B. $O(n\log_2 n)$　　C. $O(2^n)$　　D. $O(n)$

7.6.2 问答题

1. 简述贪心算法求解问题应该满足的基本要素。
2. 简述在求最优解时贪心算法和回溯算法的不同。
3. 简述 Prim 算法中的贪心选择策略。
4. 简述 Kruskal 算法中的贪心选择策略。
5. 简述 Dijkstra 算法中的贪心选择策略。

6. 举一个示例说明 Dijkstra 算法的最优子结构性质。

7. 简述 Dijkstra 算法不适合含负权的原因。

8. 简述带惩罚的调度问题中的贪心选择性质。

9. 在求解哈夫曼编码中如何体现贪心思路？

10. 举一个反例说明 0/1 背包问题若使用背包问题的贪心算法求解不一定能得到最优解。

11. 为什么 TSP 问题不能采用贪心算法求解？

12. 如果将 Dijkstra 算法中的所有求最小值改为求最大值，能否求出源点 v 到其他顶点的最长路径？如果回答能，请予以证明；如果回答不能，请说明理由。

7.6.3 算法设计题

1. 有 n 个会议，每个会议 i 有一个开始时间 b_i 和一个结束时间 $e_i(b_i<e_i)$，它是一个半开时间区间 $[b_i,e_i)$，但只有一个会议室。设计一个算法求可以安排的会议的最多个数。

2. 有 n 个会议，每个会议需要一个会议室开会，每个会议 i 有一个开始时间 b_i 和一个结束时间 $e_i(b_i<e_i)$，它是一个半开时间区间 $[b_i,e_i)$。设计一个算法求安排所有会议至少需要多少个会议室。

3. 有一组会议 A 和一组会议室 B，$A[i]$ 表示第 i 个会议的参加人数，$B[j]$ 表示第 j 个会议室最多可以容纳的人数。当且仅当 $A[i]\leqslant B[j]$ 时，第 j 个会议室可以用于举办第 i 个会议。给定数组 A 和数组 B，试问最多可以同时举办多少个会议？例如，$A[\,]=\{1,2,3\}$，$B[\,]=\{3,2,4\}$，结果为 3；若 $A[\,]=\{3,4,3,1\}$，$B[\,]=\{1,2,2,6\}$，结果为 2。

4. 有两个向量 $\boldsymbol{x}=(x_1,x_2,\cdots,x_n)$，$\boldsymbol{y}=(y_1,y_2,\cdots,y_n)$，可以任意交换向量的各个分量。设计一个算法计算 x 和 y 的内积 $x_1\times y_1+x_2\times y_2+\cdots+x_n\times y_n$ 的最小值。

5. 求解汽车加油问题。已知一辆汽车加满油后可行驶 d km，而旅途中有若干个加油站。设计一个算法求应在哪些加油站停靠加油使加油次数最少。用 a 数组存放各加油站之间的距离，例如 $a=\{2,7,3,6\}$，表示共有 $n=4$ 个加油站（加油站的编号是 $0\sim n-1$），起点到 0 号加油站的距离为 2km，以此类推。

6. 有 1 分、2 分、5 分、10 分、50 分和 100 分的硬币各若干枚，现在要用这些硬币来支付 W 分，设计一个算法求最少需要多少枚硬币。

7. 有 n 个人，第 i 个人体重为 $w_i(0\leqslant i<n)$。每艘船的最大载重量均为 C，且最多只能乘两个人，设计一个算法求装载所有人需要的最少船数。

8. 给定一个带权有向图采用邻接矩阵 $\boldsymbol{A}$ 存放，利用 Dijkstra 算法求顶点 s 到 t 的最短路径长度。

7.7 上机实验题

1. 畜栏保留问题

编写一个实验程序 exp7-1 求解畜栏保留问题。农场有 n 头奶牛，每头奶牛会有一个特定的时间区间[b,e]在畜栏里挤牛奶，并且一个畜栏里在任何时刻只能有一头奶牛挤奶。现在农场主希望知道能够满足上述要求的最少畜栏个数，并给出每头奶牛被安排在哪个畜栏中（畜栏编号从1开始）。对于多种可行方案，输出一种即可。用相关数据进行测试。

2. 删数问题

编写一个实验程序 exp7-2 求解删数问题。给定共有 n 位的正整数 d，去掉其中任意 $k \leqslant n$ 个数字后，剩下的数字按原次序排列组成一个新的正整数。对于给定的 n 位正整数 d 和正整数 k，找出剩下数字组成的新数最小的删数方案。用相关数据进行测试。

3. 求所有最小生成树

编写一个实验程序 exp7-3，给定一个带权连通图和起始点 v，输出该图的所有最小生成树（如果存在多棵最小生成树）。用相关数据进行测试。

4. 改进 Dijkstra 算法

编写一个实验程序 exp7-4 改进 Dijkstra 算法，输出源点 v 到其他顶点的最短路径长度。用相关数据进行测试。

5. 字符串的编码和解码

编写一个实验程序 exp7-5，给定一个英文句子，统计其中各个字符出现的次数，以其为频度构造对应的哈夫曼编码，将该英文句子进行编码得到 enstr，然后将 enstr 解码为 destr。用相关数据进行测试。

7.8 在线编程题

1. LeetCode455——分发饼干
2. LeetCode135——分发糖果
3. LeetCode56——合并区间
4. HDU2037——看电视节目
5. HDU1009——老鼠的交易
6. HDU3177——装备问题
7. HDU2111——取宝贝
8. POJ2376——分配清洁班次
9. POJ2726——假日酒店
10. POJ1328——安装雷达

第8章 动态规划

动态规划(dynamic Programming,DP)是 R. E. Bellman 等在 20 世纪 50 年代提出的一种求解决策过程最优化的数学方法,其核心思想是把多阶段过程转换为一系列单阶段问题,利用各阶段之间的关系逐个求解。动态规划的基本原理与算法设计相结合成为一种重要的算法设计策略。本章介绍动态规划求解问题的一般方法,并讨论动态规划求解的经典示例。本章的学习要点和学习目标如下:

(1) 掌握动态规划的原理,以及采用动态规划求解问题需要满足的基本特性。

(2) 掌握各种动态规划经典算法的设计过程和算法分析方法。

(3) 理解利用滚动数组优化算法空间的方法。

(4) 综合运用动态规划解决一些复杂的实际问题。

8.1 动态规划概述

动态规划将要解决的问题转换为一系列的子问题并且逐步加以解决，将前面解决子问题的结果作为后续解决子问题的条件，并且避免无意义的穷举。

8.1.1 从一个简单示例入门

扫一扫
视频讲解

【例 8-1】 楼梯问题，问题描述见 3.2.3 节。

解 设 $f(n)$表示上 n 级台阶的楼梯的走法数，由 3.2.3 节可以推出对应的递归模型如下：

$$f(1)=1$$
$$f(2)=2$$
$$f(n)=f(n-2)+f(n-1) \qquad \text{当 } n>2 \text{ 时}$$

十分容易转换为如下递归算法 1：

```
int f1(int n)                                   //算法 1
{   if(n==1) return 1;
    else if(n==2) return 2;
    else return f1(n-2)+f1(n-1);
}
```

上述算法 1 非常低效，由于每次将问题 $f1(n)$转换为两个子问题 $f1(n-2)$和 $f1(n-1)$，在求 $f1(n)$中存在大量重复的子问题，例如求 $f1(5)$的过程如图 8.1 所示，$f1(3)$重复计算了两次，称之为重叠子问题，当 n 较大时，这样的重叠子问题会更多。

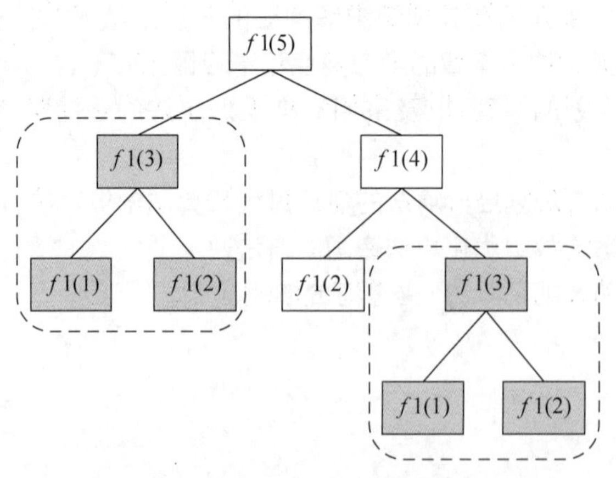

图 8.1 求 $f1(5)$的过程

如何避免重叠子问题的重复计算呢？可以设计一个一维 dp 数组，用 dp[i]存放 $f(i)$的值。首先将 dp 的所有元素置为 0，一旦求出 $f(i)$，就将其结果保存在 dp[i]（此时 dp[i]>0）中，所以在计算 $f(i)$时先查看 dp[i]，若 dp[i]≠0，说明 $f(i)$是一个重叠子问题，前面已经求出结果，此时只需要返回 dp[i]即可，这样就能避免重叠子问题的重复计算。

对应的算法 2 如下：

```
int dp[MAXN];
int f21(int n)                          //被 f2 函数调用
{   if(dp[n]!=0) return dp[n];
    if(n==1) dp[n]=1;
    else if(n==2) dp[n]=2;
    else
    {   for (int i=3;i<=n;i++)
            else dp[n]=f21(n-2)+f21(n-1);
    }
    return dp[n];
}
int f2(int n)                           //算法 2
{   memset(dp,0,sizeof(dp));
    return f21(n);
}
```

上述算法 2 采用递归算法，可以直接采用迭代实现，仍然设计一维 dp 数组，用 dp[i]存放 $f(i)$的值，对应的算法 3 如下：

```
int f3(int n)                     //算法 3
{   int dp[MAXN];
    dp[1]=1;
    dp[2]=2;
    for (int i=3;i<=n;i++)
        dp[i]=dp[i-2]+dp[i-1];
    return dp[n];
}
```

上述算法 3 就是动态规划算法，其中数组 dp(表)称为动态规划数组，从中看出动态规划就是记录子问题的结果再利用的方法，其基本求解过程如图 8.2 所示。所以维基百科有关动态规划的描述是这样的：动态规划是一种有效地求解有很多重叠子问题的最优解的方法，它将原问题分解为若干子问题，为了避免多次重复计算重叠子问题，将它们的结果保存起来，不会在解决同样的子问题时花费时间，从简单的子问题开始直到整个问题被解决。算法 2 是动态规划的变形，称为**备忘录方法**。与动态规划不同的是，备忘录方法采用递归实现，求解过程是自顶向下的，而动态规划采用迭代实现，求解过程是自底向上的。

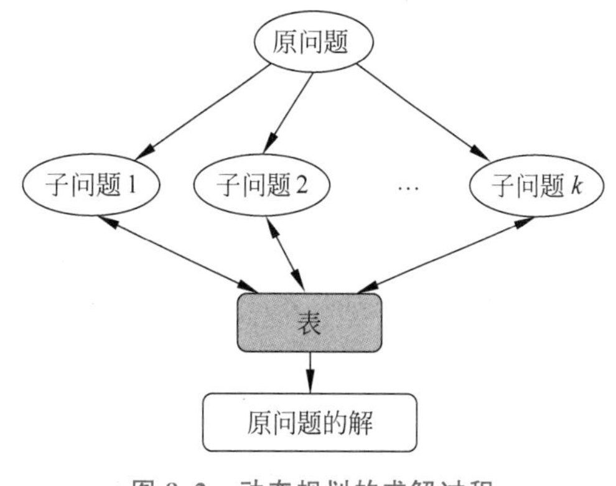

图 8.2　动态规划的求解过程

在上述算法 3 中，由于 $f(n)$仅与 $f(n-2)$和 $f(n-1)$相关，与 $f(n-2)$之前的结果无关，如图 8.3 所示，可以将 dp 数组的长度改为 3，即只用 dp[0]、dp[1]和 dp[2]元素，f(i)的值存放在 dp[$i-1$]中，采用求模来实现。对应的算法 4 如下：

```
int f4(int n)                     //算法 4
{   int dp[3];
```

```
    dp[0]=1; dp[1]=2;
    for (int i=2;i<n;i++)
        dp[i%3]=dp[(i-1)%3]+dp[(i-2)%3];
    return dp[(n-1)%3];
}
```

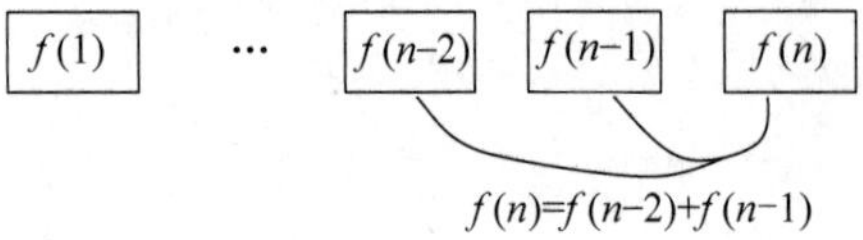

f(1) … f(n-2) f(n-1) f(n)

f(n)=f(n-2)+f(n-1)

图 8.3 $f(n)$仅与$f(n-2)$和$f(n-1)$相关

因为在动态规划中数组 dp 用于存放子问题的解，一般是存放连续的解，如果对 dp 的下标进行特殊处理，使每次操作仅保留若干有用信息，新的元素不断循环刷新，这样数组的空间被滚动地利用，称为**滚动数组**，算法 4 中的 dp 就是滚动数组。滚动数组有时涉及降维，例如将三维数组降为二维数组，将二维数组降为一维数组等，其主要目的是压缩存储空间，降低空间复杂度。

用户可以进一步用 3 个变量代替 dp 滚动数组，这样得到最常见的算法 5：

```
int f5(int n)                    //算法 5
{   if(n==1) return 1;
    else if(n==2) return 2;
    else
    {   int a=1,b=2,c;
        for (int i=3;i<=n;i++)
        {   c=a+b;
            a=b;b=c;
        }
        return c;
    }
}
```

8.1.2 动态规划的原理

本质上讲，动态规划是一种解决多阶段决策问题的优化方法，把多阶段过程转换为一系列单阶段的子问题，利用各阶段之间的关系逐个求解，最后得到原问题的解。

这里看一个具体示例，如图 8.4 所示为一个多段图 $G=(V,E)$，在顶点 0 处有一个水库，现需要从顶点 0 铺设一条管道到顶点 9，边上的数字表示对应两个顶点之间的距离，该图采用邻接矩阵 **A** 表示如下：

```
int A[MAXN][MAXN]={{0,2,4,3,∞,∞,∞,∞,∞,∞},{∞,0,∞,∞,7,4,∞,∞,∞,∞},
                   {∞,∞,0,∞,3,2,4,∞,∞,∞},{∞,∞,∞,0,6,2,5,∞,∞,∞},
                   {∞,∞,∞,∞,0,∞,∞,3,4,∞},{∞,∞,∞,∞,∞,0,∞,6,3,∞},
                   {∞,∞,∞,∞,∞,∞,0,3,3,∞},{∞,∞,∞,∞,∞,∞,∞,0,∞,3},
                   {∞,∞,∞,∞,∞,∞,∞,∞,0,4},{∞,∞,∞,∞,∞,∞,∞,∞,∞,0}};
```

现要找出一条从顶点 0 到顶点 9 的线路，使得铺设的管道长度最短。

该多段图可以分成若干个阶段，依据按位置所做的决策的次数及所做决策的先后次序将问题分为 5 个阶段，通常阶段变量用 k 表示，这里 k 为 0～4。阶段 k 可能有多个状态，通常用状态集合 S_k 表示，例如 $S_1=\{1,2,3\}$，状态变量 x_k 表示 S_k 中的某个状态，例如 x_1 可以取 S_1 中的任意值。

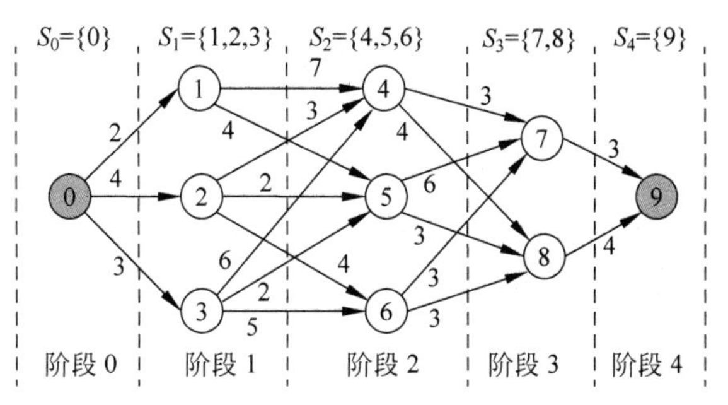

图 8.4　一个多段图示例

所谓决策，就是在某一阶段的某一状态时面对下一阶段的状态做出的选择或决定，例如 $x_1=1$ 时有<1,4>和<1,5>两条边，也就是说可以到达下一阶段的两个状态，即 $x_2=4$ 或 5，选择哪一条边都称为一个决策。

动态规划中当前阶段的状态往往是上一阶段状态和相应决策的结果，采用指标函数表示它们之间的关系称为**状态转移方程**，指标函数通常是最优解函数。

例如在图 8.4 中，设最优解函数 $f(s)$ 为状态 s 到终点 9 的最短路径长度，用 k 表示阶段，则对应的状态转移方程如下：

$$f_4(9)=0$$
$$f_k(S)=\min_{<s,t>\in E}\{A[s][t]+f_{k+1}(t)\} \qquad k \text{ 从 } 3\sim 0$$

这里是求最短管道长度，所以用 min 函数，如果是求最大值，则用 max 函数。上述状态转移方程的求解过程是从 $k=3$ 开始直到 $k=0$ 为止，最后求出的 $f_0(0)$ 就是最短管道长度，这称为**逆序解法**。设计二维动态规划数组 dp[K][MAXN]，dp[k][s]表示 $f_k(s)$ 的结果，起点 start=0，终点 end=9。逆序解法对应的算法如下：

```
vector < vector < int >> S={{0},{1,2,3},{4,5,6},{7,8},{9}};    //表示 5 个阶段的状态集合
int mindist1(int start, int end)                                //多段图问题的逆序解法
{   int dp[K][MAXN];
    memset(dp,0x3f,sizeof(dp));
    dp[4][end]=0;                                               //初始条件(阶段 4)
    for(int k=3;k>=0;k--)                                       //从阶段 3 到阶段 0 循环
    {   for(int i=0;i<S[k].size();i++)                         //遍历阶段 k 中的每个状态
        {   int xk=S[k][i];                                     //阶段 k 中的状态 xk
            for(int j=0;j<n;j++)
            {   if(A[xk][j]!=0 && A[xk][j]!=INF)                //存在<xk,j>边
                    dp[k][xk]=min(dp[k][xk],A[xk][j]+dp[k+1][j]);
            }
        }
    }
    return dp[0][start];
}
```

调用上述算法的结果如图 8.5 所示(图中顶点上方的数字表示 dp 值，粗线表示取最小 dp 值的后继边)，dp[0][0]=12，即起点 0 到终点 9 的最短路径长度为 12，从起点 0 出发正向推导出一条最短路径是 0→3→5→8→9。

当然也可以设最优解函数 $f(s)$ 为起点 0 到状态 s 的最短路径长度，则对应的状态转移

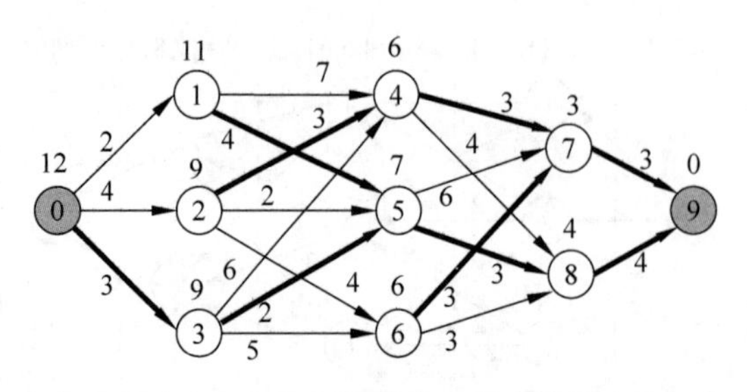

图 8.5　多段图问题逆序解法的结果

方程如下：

$$f_0(0)=0$$
$$f_k(t)=\min_{<s,t>\in E}\{f_{k-1}(s)+A[s][t]\}\qquad k\text{ 从 1 到 4}$$

这样求解过程是从 $k=1$ 开始直到 $k=4$ 为止，$f_4(9)$就是最短管道长度，这称为**顺序解法**。顺序解法对应的算法如下：

```
vector < vector < int >> S={{0},{1,2,3},{4,5,6},{7,8},{9}};     //表示 5 个阶段的状态集合
int mindist2(int start, int end)                                 //多段图问题的顺序解法
{   int dp[K][MAXN];
    memset(dp, 0x3f, sizeof(dp));
    dp[0][start]=0;                                              //初始条件
    for(int k=1;k<=4;k++)                                        //从阶段 1 到阶段 4 循环
    {   for(int i=0;i<S[k].size();i++)                           //遍历阶段 k 中的每个状态
        {   int xk=S[k][i];                                      //阶段 k 中的状态 xk
            for(int j=0;j<n;j++)
            {   if(A[j][xk]!=0 && A[j][xk]!=INF)                 //存在<j,xk>边
                    dp[k][xk]=min(dp[k][xk],dp[k-1][j]+A[j][xk]);
            }
        }
    }
    return dp[4][end];
}
```

调用上述算法的结果如图 8.6 所示（图 8.6 中顶点上方的数字表示 dp 值，粗线表示取最小 dp 值的前驱边），最后求出的 dp[4][9]=12，即起点 0 到终点 9 的最短路径长度为 12，从终点 9 出发反向推导出 9←8←5←3←0，逆向后得到一条最短路径是 0→3→5→8→9。

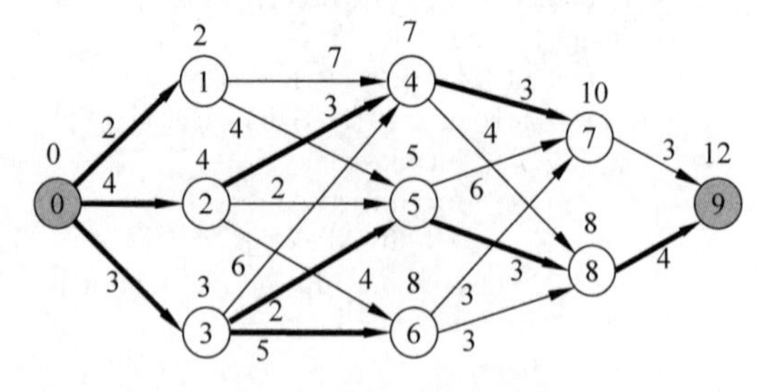

图 8.6　顺序解法的结果

8.1.3　动态规划求解问题的性质和步骤

采用动态规划求解的问题一般要具有以下 3 个性质。

① 最优子结构：如果问题的最优解所包含的子问题的解也是最优的，则称该问题具有最优子结构性质，即满足最优性原理。

② 无后效性：某个阶段的状态一旦确定，就不受以后决策的影响，也就是说某个状态

以后的决策不会影响以前的状态。

③ 重叠子问题：一个问题分解的若干子问题之间不是独立的，其中一些子问题在后面的决策中可能被多次重复使用。该性质并不是动态规划适用的必要条件，但是如果没有这条性质，动态规划算法和其他算法相比就不具备优势。

动态规划是求解最优化问题的一种途径或者一种方法，不像回溯法那样具有一个标准的数学表达式和明确清晰的框架。动态规划对不同的问题有各具特色的解题方法，不存在一种万能的动态规划算法可以解决各类最优化问题。一般来说动态规划算法设计要经历以下几个步骤。

① 确定状态：将问题求解中各个阶段所处的各种情况用不同的状态表示出来。

② 确定状态转移方程：描述求解中各个阶段的状态转移和指标函数的关系。

③ 确定初始条件和边界情况：状态转移方程通常是一个递推式，初始条件通常指定递推的起点，在递推中需要考虑一些特殊情况，称为边界情况。

④ 确定计算顺序：也就是指定求状态转移方程的顺序，是顺序求解还是逆序求解。

⑤ 消除冗余：如采用滚动数组进一步提高时空性能。

8.1.4 动态规划与其他方法的比较

动态规划的基本思想与分治法类似，也是将求解的问题分解为若干个子问题(阶段)，按照一定的顺序求解子问题，前一个子问题的解有助于后一个子问题的求解。分治法中各个子问题是独立的(不重叠)，而动态规划适用于子问题重叠的情况，也就是各子问题包含公共的子问题，如果这类问题采用分治法求解，则分解得到的子问题太多，有些子问题被重复计算很多次，会导致算法性能低下。

动态规划法又和贪心法有些相似，都需要满足最优子结构性质，都是将一个问题的解决方案视为一系列决策的结果。不同的是贪心法每次采用贪心选择便做出一个不可回溯的决策，而动态规划算法中隐含回溯的过程。

一般来说动态规划法比穷举法、回溯法和分支限界法等时间性能更高。

8.2 一维动态规划

所谓一维动态规划是指在设计动态规划算法中采用一维动态规划数组，也称为线性动态规划。

8.2.1 最大连续子序列和

1. 问题描述

最大连续子序列和问题的描述见 3.1.2 节。这里采用动态规划法求解。

2. 问题求解

含 n 个整数的序列 $a=(a_0,a_1,\cdots,a_i,\cdots,a_{n-1})$，先考虑求至少含一个元素的最大连续子序列。设计一维动态规划 dp 数组，dp[i]($1\leqslant i\leqslant n-1$)表示以元素 a_i 结尾的最大连续子序列和，显然 dp[$i-1$]表示以元素 a_{i-1} 结尾的最大连续子序列和。判断 a_i 的处理分为以下两种情况：

① 将 a_i 合并到前面以元素 a_{i-1} 结尾的最大连续子序列中，此时有 dp[i]＝dp[$i-1$]＋a_i。

② 不将 a_i 合并到前面以元素 a_{i-1} 结尾的最大连续子序列中，即从 a_i 开始构造一个连续子序列，此时有 dp[i]＝ a_i。

上述两种情况用 max 函数合并起来为 dp[i]＝max(dp[$i-1$]＋a_i，a_i)，这样得到如下状态转移方程：

```
dp[0]＝a[0]                          初始条件
dp[i]＝max(dp[i－1]＋a_i，a_i)        i＜0
```

求出 dp 数组中的最大元素 ans，由于本题中最大连续子序列和至少为 0(或者说最大连续子序列可以为空序列)，所以最后的最大连续子序列和应该为 max(ans，0)。例如，a＝(－2，11，－4，13，－5，－2)，求其最大连续子序列和的过程如图 8.7 所示，结果为 20。

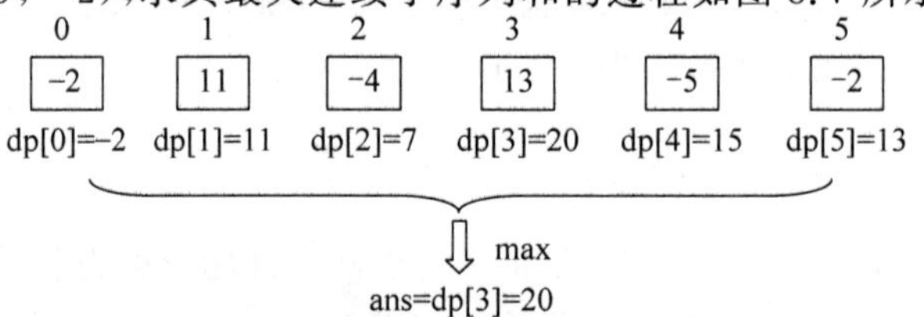

图 8.7　求 a 的最大连续子序列和的过程

对应的动态规划算法如下：

```
int dp[MAXN];
int maxSubSum(vector<int> &a)                         //求最大连续子序列和
{   int n=a.size();
    memset(dp,0,sizeof(dp));
    dp[0]=a[0];
    for(int i=1;i<n;i++)                               //计算顺序是 j 从 1 到 n－1
        dp[i]=max(dp[i-1]+a[i],a[i]);
    int ans=dp[0];
    for(int i=1;i<n;i++)
        ans=max(ans,dp[i]);
    return max(ans,0);
}
```

【算法分析】　maxSubSum 算法中含两个 for 循环(实际上第二个 for 循环可以合并到第一个 for 循环中)，对应的时间复杂度均为 $O(n)$。该算法中应用了 dp 数组，对应的空间复杂度为 $O(n)$。

当求出 dp 数组后可以推导出一个最大连续子序列(实际上这样的最大连续子序列可能有多个，这里仅求出其中的一个)。先在 dp 数组中求出最大元素的序号 maxi，i 从 maxi 序号开始在 a 中向前查找，rsum 从 dp[maxi]开始递减 $a[i]$，直到 rsum 为 0，对应的 a 中子序列就是一个最大连续子序列。

例如，a＝(－2，11，－4，13，－5，－2)，求一个最大连续子序列的过程如图 8.8 所示，结果为{11，－4，13}。

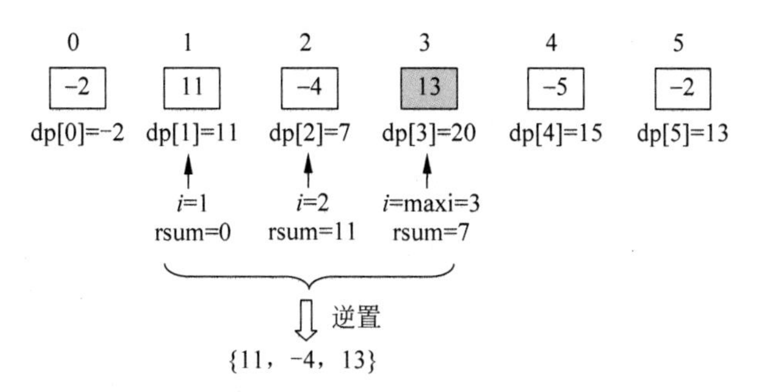

图 8.8　求 a 的一个最大连续子序列的过程

对应的算法如下：

```
vector<int> maxSub(vector<int> &a)                    //求一个最大连续子序列
{   int n=a.size();
    vector<int> x;
    int maxi=0;
    for(int i=1;i<n;i++)                  //求 dp 中最大元素的序号 maxi
        if(dp[i]>dp[maxi])
            maxi=i;
    int rsum=dp[maxi];
    int i=maxi;
    while(i>=0 && rsum!=0)
    {   rsum-=a[i];
        x.push_back(a[i]);
        i--;
    }
    reverse(x.begin(),x.end());
    return x;
}
```

调用上述两个算法输出最大连续子序列和以及一个最大连续子序列的算法如下：

```
void solve(vector<int> &a)                        //输出结果
{   int ans=maxSubSum(a);
    printf("求解结果\n");
    printf("    最大连续子序列和: %d\n",ans);
    if(ans==0)
        printf("    所选子序列为空\n");
    else
    {   vector<int> x=maxSub(a);
        printf("    所选子序列: ");
        for (int i=0;i<x.size();i++)
            printf(" %d",x[i]);
        printf("\n");
    }
}
```

3. 算法的空间优化

如果只需要求最大连续子序列和，可以采用滚动数组优化空间。用 j 标识阶段，由于 dp[j]仅与 dp[$j-1$]相关，为此将一维 dp 数组改为单个变量 dp，对应的优化算法如下：

```
int maxSub(vector<int> &a)                     //求 a 中的最大连续子序列和
{   int n=a.size();
```

```
    int dp;
    dp=a[0];
    int ans=dp;
    for(int i=1;i<n;i++)                    //计算顺序是 i 从 1 到 n-1 循环
    {   dp=max(dp+a[i],a[i]);
        ans=max(ans,dp);
    }
    return max(ans,0);
}
```

【算法分析】 上述 maxSub()算法的时间复杂度为 $O(n)$，空间复杂度为 $O(1)$。

扫一扫

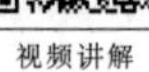

视频讲解

8.2.2 实战——最大子序列和(LeetCode53)

1. 问题描述

给定一个含 $n(1\leqslant n\leqslant 30000)$ 个整数的数组 nums(整数的取值范围为−100000～100000)，找到一个具有最大和的连续子数组(子数组最少包含一个元素)，返回其最大和。例如 nums={−2,−1}，结果为−1。要求设计如下函数：

```
class Solution {
public:
    int maxSubArray(vector<int>& nums) { }
};
```

2. 问题求解

本题采用动态规划求解，原理见 8.2.1 节，这里仅需要求最大连续子序列和，而且该最大连续子序列至少含一个元素，采用滚动数组的代码如下：

```
class Solution {
public:
    int maxSubArray(vector<int>& nums)
    {   int n=nums.size();
        if(n==1) return nums[0];
        int dp;
        dp=nums[0];
        int ans=dp;
        for(int j=1;j<n;j++)
        {   dp=max(dp+nums[j],nums[j]);
            ans=max(ans,dp);
        }
        return ans;                 //不能改为 max(ans,0)
    }
};
```

上述程序提交时通过，执行时间为 8ms，内存消耗为 12.8MB。

扫一扫

视频讲解

8.2.3 最长递增子序列

1. 问题描述

给定一个无序的整数序列 $a[0..n-1]$，求其中最长递增(严格)子序列的长度。例如，

$a=\{2,1,5,3,6,4,8,9,7\}$，$n=9$，其最长递增子序列为$\{1,3,4,8,9\}$，结果为5。

2. 问题求解

设计动态规划数组为一维数组dp，其中dp[i]表示以$a[i]$结尾的子序列$a[0..i]$(共$i+1$个元素)中的最长递增子序列的长度，计算顺序是i从0到$n-1$，对于每个$a[i]$，dp[i]置为1(表示只有$a[i]$一个元素时最长递增子序列的长度为1)。考虑$a[0..i-1]$中的每一个元素$a[j]$，分为两种情况：

① 若$a[j]<a[i]$，则以a_j结尾的最长递增子序列加上a_i可能构成一个更长的递增子序列，如图8.9所示，此时有dp[i]=max(dp[i],dp[j]+1)。

② 否则dp[i]没有改变。

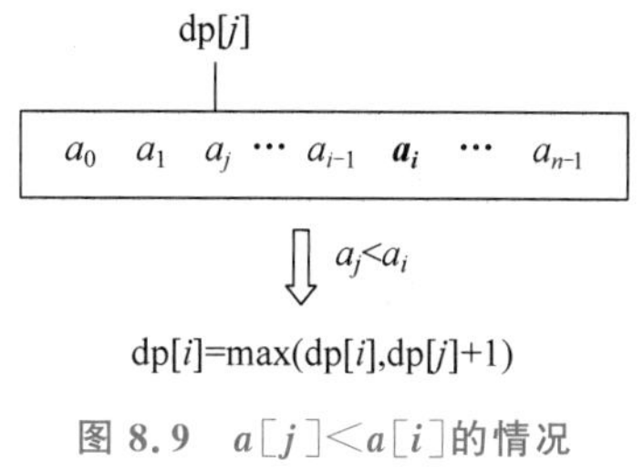

图8.9 $a[j]<a[i]$的情况

在求出dp数组后，通过顺序遍历dp求出最大值ans，则ans就是最长递增(严格)子序列的长度。对应的状态转移方程如下：

$$dp[i]=1 \qquad 0\leqslant i\leqslant n-1(\text{初始条件})$$
$$dp[i]=\max_{a[j]<a[i](j<i)}\{dp[j]+1\} \qquad 0\leqslant i\leqslant n-1$$

对应的动态规划算法如下：

```
int maxInclen(vector<int> &a)                    //求最长递增子序列的长度
{   int n=a.size();
    for(int i=0;i<n;i++)
    {   dp[i]=1;
        for(int j=0;j<i;j++)
        {   if (a[i]>a[j])
                dp[i]=max(dp[i],dp[j]+1);
        }
    }
    int ans=dp[0];
    for(int i=1;i<n;i++)
        ans=max(ans,dp[i]);
    return ans;
}
```

【算法分析】 在上述算法中含两重for循环，时间复杂度为$O(n^2)$，空间复杂度为$O(n)$。

当求出dp后可以推导出一个最长递增子序列。先在dp数组中求出最大元素的序号maxj，置j=maxj，prej从j的前一个序号开始在a中向前查找，rnum从dp[maxj]开始，若a[prej]<$a[j]$，rnum--，直到rnum为0，对应的a中子序列就是一个最大连续子序列。对应的算法如下：

```
vector<int> maxInc(vector<int> & a)                    //求一个最长递增子序列
{   int n=a.size();
    vector<int> x;
    int maxj=0;
    for(int j=1;j<n;j++)
        if(dp[j]>dp[maxj])
            maxj=j;
```

```
        x.push_back(a[maxj]);
        int rnum=dp[maxj]-1;                    //剩余的元素个数
        int j=maxj;                             //j 指向当前最长递增子序列的一个元素
        int prej=maxj-1;                        //prej 查找最长递增子序列的前一个元素
        while(prej>=0 && rnum!=0)
        {   if(a[prej]<a[j])
            {   rnum--;
                x.push_back(a[prej]);
                j=prej;
                prej--;
            }
            else prej--;
        }
        reverse(x.begin(),x.end());
        return x;
    }
```

由于 dp[i]可能与 dp[0..$i-1$]中的每个元素相关，所以无法将 dp 数组改为单个变量，即不能采用滚动数组优化空间。

扫一扫

视频讲解

8.2.4* 活动安排问题Ⅱ

1. 问题描述

假设有 n 个活动和一个资源，每个活动执行时都要占用该资源，并且该资源在任何时刻只能被一个活动所占用，一旦某个活动开始执行，中间将不能被打断，直到其执行完毕。每个活动 i 有一个开始时间 b_i 和一个结束时间 e_i（$b_i<e_i$），它是一个半开时间区间$[b_i,e_i)$，其占用资源的时间$=e_i-b_i$。假设最早活动执行时间为 0。求一种最优活动安排方案，使得安排的活动的总占用时间最长，并以表 8.1 中的活动为例说明求解过程。

表 8.1　11 个活动（已按结束时间递增排列）

活动 i	0	1	2	3	4	5	6	7	8	9	10
开始时间	1	3	0	5	3	5	6	8	8	2	12
结束时间	4	5	6	7	8	9	10	11	12	13	15

2. 问题求解

该问题与 7.2.1 节的活动安排问题Ⅰ类似，不同的是这里求一个总占用时间最长的兼容活动子集，而不是求活动个数最多的兼容活动子集，两者是不同的。例如，活动集合＝{[3,6),[1,8),[7,9)}，$n=3$，采用 7.2.1 节的活动安排算法，先按结束时间递增排序为{[3,6),[1,8),[7,9)}，结果求出的最大兼容活动子集＝{[3,6),[7,9)}，含两个活动，对应的活动时间＝(6－3)＋(9－7)＝5；而如果选择活动[1,8)，对应的活动时间＝8－1＝7，所以后者才是问题的最优解。

这里采用贪心算法＋动态规划的思路，先求出每个活动 $A[i]$ 占用资源的时间 A[i].length＝A[i].e－A[i].b，将活动数组 A[0..$n-1$]按结束时间递增排序（贪心思路）。设计一维动态规划数组 dp，dp[i]表示 A[0..i]（共 $i+1$ 个活动）中所有兼容活动的最长占用时间。考虑活动 i，找到前面与之兼容的最晚的活动 j，即 $j=\max\limits_{A[k].e\leqslant A[i].b}\{k \mid k<i\}$，称活动 j 为活动 i 的前驱活动，如果活动 i 找到了前驱活动 j，可以有两种选择：

① 活动 j 之后不选择活动 i，此时 dp[i]=dp[$i-1$]。

② 活动 j 之后选择活动 i，此时 dp[i]=dp[j]+A[i].length。

在两种情况中取最大值。对应的状态转移方程如下：

```
dp[0]=活动 0 的时间                              边界情况
dp[i]=max{dp[i-1],dp[j]+A[i].length}           活动 j 是活动 i 的前驱活动
```

在求出 dp 数组后，dp[$n-1$]就是最长的总占用时间。为了求一个最优安排方案，设计一个一维数组 pre，其中 pre[i]的含义如下：

① 若活动 i 没有前驱活动，置 pre[i]=-2。

② 若活动 i 有前驱活动 j，但不选择活动 i，置 pre[i]=-1。

③ 若活动 i 有前驱活动 j，选择活动 i，置 pre[i]=j。

例如对表 8.1 中 11 个活动求出的 dp 数组和 pre 数组如表 8.2 所示。dp[10]=13，说明最长的总占用时间为 13(带阴影的活动表示一个最优安排方案)。

表 8.2　11 个活动的求解结果

活动 i	0	1	2	3	4	5	6	7	8	9	10
开始时间	1	3	0	5	3	5	6	8	8	2	12
结束时间	4	5	6	7	8	9	10	11	12	13	15
length	3	2	6	2	5	4	4	3	4	11	3
dp[i]	3	2	6	6	5	6	10	10	10	11	13
pre[i]	-2	-2	-2	-1	-2	1	2	-1	-1	-2	8

对应的算法如下：

```
struct Action                                        //活动的类型
{   int b,e;                                         //开始时间和结束时间
    int length;                                      //活动占用的时间
    bool operator < (const Action t) const
    {
        return e<t.e;                                //按结束时间递增排序
    }
};
int n=11;                                            //活动个数
Action A[MAXN]={{1,4},{3,5},{0,6},{5,7},{3,8},{5,9},{6,10},
               {8,11},{8,12},{2,13},{12,15}};
int dp[MAXN];                                        //一维动态规划数组
int pre[MAXN];                                       //pre[i]存放前驱活动的序号
int plan()                                           //求解算法
{   memset(dp,0,sizeof(dp));                         //dp 数组初始化
    sort(A,A+n);                                     //排序
    dp[0]=A[0].length;
    pre[0]=-2;                                       //活动 0 没有前驱活动
    for (int i=1;i<n;i++)
    {   int j=i-1;
        while(j>=0 && A[j].e>A[i].b) j--;            //在 A[0..i-1]中找与活动 i 兼容的最晚活动 j
        if(j==-1)                                    //活动 i 前面没有兼容活动
        {   dp[i]=A[i].length;
            pre[i]=-2;                               //表示没有前驱活动
```

```
            }
            else                                        //活动 i 前面有兼容活动 j
            {   if (dp[i-1]>=dp[j]+A[i].length)//dp[i]=max(dp[i-1],dp[j]+A[i].length)
                {   dp[i]=dp[i-1];
                    pre[i]=-1;                          //不选择活动 i
                }
                else
                {   dp[i]=dp[j]+A[i].length;
                    pre[i]=j;                           //选择活动 i,置前驱活动为活动 j
                }
            }
        }
        return dp[n-1];                                 //返回最优解
    }
```

【算法分析】 上述算法的时间主要花费在排序上，对应的时间复杂度为 $O(n\log_2 n)$。

现在结合表 8.2 求一个最优安排方案 x，置 $i=n-1=10$。对应的步骤如下：

① pre[10]=8，选择活动 10，将 10 添加到 x 中，置 i=pre[10]=8。

② pre[8]=−1，不选择活动 8，$i-1$⇨$i=7$。pre[7]=−1，不选择活动 7，i 减 1⇨$i=6$。

③ pre[6]=2，选择活动 6，将 6 添加到 x 中，置 i=pre[6]=2。

④ pre[2]=−2，选择活动 2，将 2 添加到 x 中，置 i=pre[2]=−2。

⑤ $i=-2$ 说明没有前驱活动，结束。此时 $x=\{10,6,2\}$，逆置后为一个分配方案{2,6,10}。

对应的求一个最优安排方案的算法如下：

```
void getx()                                     //求一个最优安排方案
{   vector<int> x;                              //存放一个方案
    int i=n-1;                                  //从 n-1 开始
    while(true)
    {   if (i==-2)                              //活动 i 没有前驱活动
            break;
        if (pre[i]==-1)                         //不选择活动 i
            i--;
        else                                    //选择活动 i
        {   x.push_back(i);
            i=pre[i];
        }
    }
    printf("  选择的活动：");                   //输出结果
    for (int i=x.size()-1;i>=0;i--)
        printf("%d[%d,%d] ",x[i],A[x[i]].b,A[x[i]].e);
    printf("\n");
    printf("  最长占用时间：%d\n",dp[n-1]);
}
```

8.3 二维动态规划

所谓二维动态规划是指在设计动态规划算法中采用二维动态规划数组，也称为坐标型动态规划。

8.3.1 三角形最小路径和

1. 问题描述

给定一个高度为 n 的整数三角形，求从顶部到底部的最小路径和及其一条最小路径，从每个整数出发只能向下移动到相邻的整数。例如，如图 8.10 所示为一个 $n=4$ 的三角形，输出的最小路径和是 13，一条最小路径是 2,3,5,3。

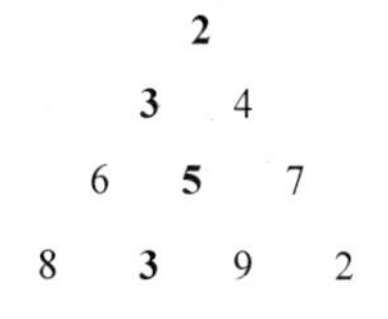

图 8.10 一个整数三角形

2. 问题求解——自顶向下

将三角形采用二维数组 $a[n][n]$存放，图 8.10 所示的三角形对应的二维数组表示如图 8.11 所示，从顶部到底部查找最小路径，在路径上位置(i,j)有两个前驱位置，即$(i-1,j-1)$和$(i-1,j)$，分别是左斜方向和垂直方向到达的路径，如图 8.12 所示。

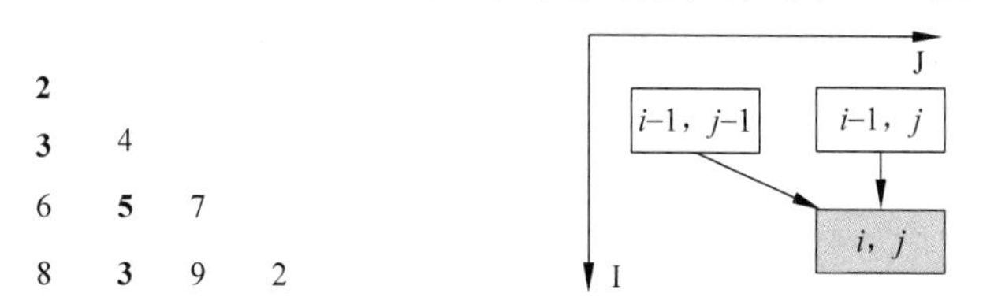

图 8.11 二维数组表示　　图 8.12 位置(i,j)的前驱位置(1)

设计二维动态规划数组 dp，其中 $dp[i][j]$表示从顶部 $a[0][0]$到达(i,j)位置的最小路径和。起始位置只有(0,0)，所以初始化为 $dp[0][0]=a[0][0]$。这里有以下两个边界：

① 对于 $j=0$，即第 0 列的任意位置$(i,0)$，只有垂直方向到达的一条路径，此时有 $dp[i][0]=dp[i-1][0]+a[i][0]$。

② 对于 $i=j$，即对角线上的任意位置(i,i)，只有左斜方向到达的一条路径，此时有 $dp[i][i]=dp[i-1][i-1]+a[i][i]$。

其他情况有两条到达(i,j)位置的路径，最小路径和 $dp[i][j]=\min(dp[i-1][j-1],dp[i-1][j])+a[i][j]$。所以状态转移方程如下：

```
dp[0][0]=a[0][0]                                        初始条件
dp[i][0]=dp[i-1][0]+a[i][0]                             第 0 列的边界情况,1≤i≤n-1
dp[i][i]=dp[i-1][i-1]+a[i][i]                           对角线的边界情况,1≤i≤n-1
dp[i][j]=min(dp[i-1][j-1],dp[i-1][j])+a[i][j]           其他情况有两条到达的路径
```

最后在 dp 数组的第 $n-1$ 行中求出的最小元素 $ans=dp[n-1][minj]$，它就是最小路径和。对应的动态规划算法如下：

```
int minPathSum(vector<vector<int>> & a)                 //自顶向下求最小路径和
{   int n=a.size();
    dp[0][0]=a[0][0];
    for(int i=1;i<n;i++)                                //考虑第 0 列的边界
        dp[i][0]=dp[i-1][0]+a[i][0];
    for (int i=1;i<n;i++)                               //考虑对角线的边界
        dp[i][i]=a[i][i]+dp[i-1][i-1];
    for(int i=2;i<n;i++)                                //考虑其他有两条到达的路径
    {   for(int j=1;j<i;j++)
```

```
            dp[i][j]=min(dp[i-1][j-1],dp[i-1][j])+a[i][j];
    }
    int ans=dp[n-1][0];
    for (int j=1;j<n;j++)                                    //求出最小 ans
        ans=min(ans,dp[n-1][j]);
    return ans;
}
```

那么如何找到一条最小和的路径呢？设计一个二维数组 pre，pre[i][j]表示到达(i,j)位置时最小路径上的前驱位置，由于前驱位置只有两个，即($i-1$,$j-1$)和($i-1$,j)，用 pre[i][j]记录前驱位置的列号即可。在求出 ans 后，通过 pre[$n-1$][minj]推导求出反向路径 path，逆向输出得到一条最小和的路径。对应的算法如下：

```
void minPathSum1(vector<vector<int>> & a)                  //求最小路径和以及一条最小和路径
{   int pre[MAXN][MAXN];                                      //路径数组
    int n=a.size();
    dp[0][0]=a[0][0];
    for(int i=1;i<n;i++)                                      //考虑第 0 列的边界
    {   dp[i][0]=dp[i-1][0]+a[i][0];
        pre[i][0]=0;
    }
    for (int i=1;i<n;i++)                                     //考虑对角线的边界
    {   dp[i][i]=a[i][i]+dp[i-1][i-1];
        pre[i][i]=i-1;
    }
    for(int i=2;i<n;i++)                                      //考虑其他有两条到达的路径的结点
    {   for(int j=1;j<i;j++)
        {   if(dp[i-1][j-1]<dp[i-1][j])
            {   pre[i][j]=j-1;
                dp[i][j]=a[i][j]+dp[i-1][j-1];
            }
            else
            {   pre[i][j]=j;
                dp[i][j]=a[i][j]+dp[i-1][j];
            }
        }
    }
    int ans=dp[n-1][0];
    int minj=0;
    for (int j=1;j<n;j++)                            //求出最小 ans 和对应的列号 minj
    {   if (ans>dp[n-1][j])
        {   ans=dp[n-1][j];
            minj=j;
        }
    }
    printf("最小路径和 ans=%d\n",ans);
    int i=n-1;
    vector<int> path;                                //存放一条路径
    while (i>=0)                                     //从(n-1,minj)位置推导反向路径
    {   path.push_back(a[i][minj]);
        minj=pre[i][minj];                           //最小路径在前一行中的列号
        i--;                                         //在前一行查找
    }
```

```
    printf("最小路径：");
    for(int i=path.size()-1;i>=0;i--)                //反向输出 path
        printf(" %d",path[i]);
    printf("\n");
}
```

3. 问题求解——自底向上

从底部到顶部查找最小路径，在路径上位置(i,j)有两个前驱位置，即$(i+1,j)$和$(i+1,j+1)$，分别是垂直方向和右斜方向到达的路径，如图 8.13 所示。

设计二维动态规划数组 dp，其中 dp$[i][j]$表示从底部到达(i,j)位置的最小路径和。起始位置只有$(n-1,*)$，所以初始化为 dp$[n-1][j]=a[n-1][j]$。同样有以下两个边界：

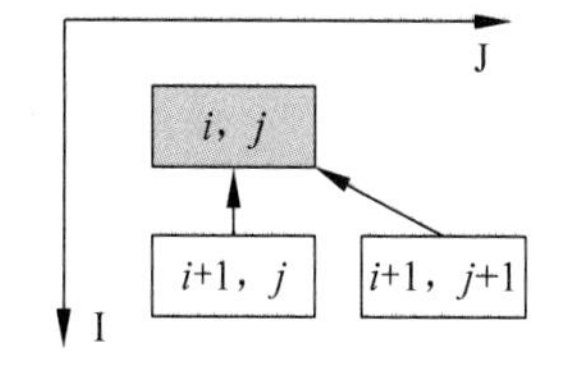

图 8.13　位置(i,j)的前驱位置(2)

① 对于$j=0$，即第 0 列的任意位置$(i,0)$，只有垂直方向到达的一条路径，此时有 dp$[i][0]$=dp$[i+1][0]+a[i][0]$。

② 对于$i=j$，即对角线上的任意位置(i,i)，只有左斜方向到达的一条路径，此时有 dp$[i][i]$=dp$[i+1][i+1]+a[i][i]$。

其他情况有两条到达(i,j)位置的路径，最小路径和 dp$[i][j]$=min(dp$[i+1][j+1]$, dp$[i+1][j]$)$+a[i][j]$。所以状态转移方程如下：

dp$[n-1][j]=a[n-1][j]$	初始条件
dp$[i][0]$=dp$[i+1][0]+a[i][0]$	第 0 列的边界情况，$0\leqslant i\leqslant n-2$
dp$[i][i]$=dp$[i+1][i+1]+a[i][i]$	对角线的边界情况，$0\leqslant i\leqslant n-2$
dp$[i][j]$=min(dp$[i+1][j]$,dp$[i+1][j+1]$)$+a[i][j]$	其他情况有两条到达的路径

由于第 0 行只有一个元素，所以 dp[0][0]就是最终的最小路径和。对应的动态规划算法如下：

```
int minPathSum2(vector<vector<int>> & a)                //自底向上求最小路径和
{   int n=a.size();
    int dp[MAXN][MAXN];
    for(int j=0;j<n;j++)
        dp[n-1][j]=a[n-1][j];                           //第 n-1 行初始化
    for(int i=n-2;i>=0;i--)                             //考虑第 0 列的边界
        dp[i][0]=dp[i+1][0]+a[i][0];
    for (int i=n-2;i>=0;i--)                            //考虑对角线的边界
        dp[i][i]=a[i][i]+dp[i+1][i+1];
    for(int i=n-2;i>=0;i--)                             //考虑其他有两条到达的路径
    {   for(int j=0;j<a[i].size();j++)
            dp[i][j]=min(dp[i+1][j+1],dp[i+1][j])+a[i][j];
    }
    return dp[0][0];
}
```

4. 自底向上算法的空间优化

在自底向上算法中，阶段i(指求第i行的 dp)仅与阶段$i+1$相关，采用降维滚动数组方式，将 dp 由二维数组改为一维数组，对应的改进算法如下：

```
int minPathSum3(vector<vector<int>> & a)              //自底向上的优化算法
{   int n=a.size();
    int dp[MAXN];                                     //一维动态规划数组
    memset(dp,0,sizeof(dp));
    for(int i=n-1;i>=0;i--)
    {   for(int j=0;j<a[i].size();j++)               //含边界情况的处理
            dp[j]=min(dp[j],dp[j+1])+a[i][j];
    }
    return dp[0];
}
```

【算法分析】 上述所有算法中均含两重 for 循环，时间复杂度都是 $O(n^2)$，改进算法的空间复杂度为 $O(n)$，其他算法为 $O(n^2)$。

8.3.2 实战——下降路径最小和(LeetCode931)

1. 问题描述

给定一个 $n\times n(1\leqslant n\leqslant 100)$ 的整数数组 matrix（元素值为 −100～100），找出并返回通过 matrix 的下降路径的最小和。下降路径可以从第一行中的任何元素开始，并从每一行中选择一个元素。在下一行选择的元素和当前行所选的元素最多相隔一列（即位于正下方或沿对角线向左或向右的第一个元素）。具体来说，位置 (i,j) 的下一个元素应当是 $(i+1,j-1)$、$(i+1,j)$ 或者 $(i+1,j+1)$。例如，matrix={{2,1,3},{6,5,4},{7,8,9}}，答案是 13，两条具有下降路径最小和的路径如图 8.14 所示。

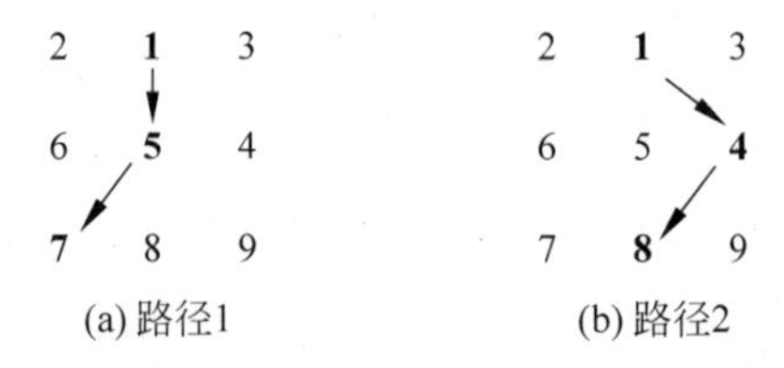

图 8.14 两条具有下降路径最小和的路径

要求设计如下函数：

```
class Solution {
public:
    int minFallingPathSum(vector<vector<int>> & matrix) {  }
};
```

2. 问题求解——自上而下

设计二维动态规划数组 dp[n][n]，dp[i][j]表示从第 0 行开始并且以 (i,j) 位置为终点的下降路径中的最小路径和。采用自上而下的方式求 dp 数组。

到达 (i,j) 位置的路径有 3 条，如图 8.15 所示。对于第 0 行有 dp[0][j]=matrix[0][j]。一般情况有 dp[i][j]=min3(dp[$i-1$][$j-1$]，dp[$i-1$][j]，

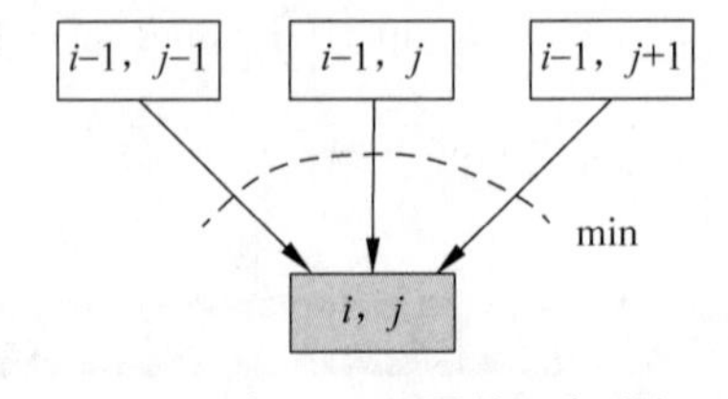

图 8.15 到达 (i,j) 位置的 3 条路径(1)

dp[$i-1$][$j+1$])+matrix[i][j]。考虑边界情况如下：

① 当 $j=0$ 时有 dp[i][j]=min(dp[$i-1$][j],dp[$i-1$][$j+1$])+matrix[i][j]。

② 当 $j=n-1$ 时有 dp[i][j]=min(dp[$i-1$][$j-1$],dp[$i-1$][j])+matrix[i][j]。

上述各式合起来构成状态转移方程，由其求出 dp 数组，那么 dp 数组中第 $n-1$ 行的最小值就是从第 0 行开始到第 $n-1$ 行的下降路径中的最小路径和。

对应的代码如下：

```
class Solution {
public:
    int minFallingPathSum(vector<vector<int>> & matrix)
    {   int n=matrix.size();
        int ans;
        if(n==1)                    //n=1 为特殊情况,返回第 0 行的最小元素
        {   ans=matrix[0][0];
            for(int j=1;j<n;j++)
                if (matrix[0][j]<ans)
                    ans=matrix[0][j];
            return ans;
        }
        int dp[n][n];
        memset(dp,0,sizeof(dp));
        for(int j=0;j<n;j++)   //第 0 行: 边界情况
            dp[0][j]=matrix[0][j];
        for(int i=1;i<n;i++)
        {   for(int j=0;j<n;j++)
            {   if(j==0)
                    dp[i][j]=min(dp[i-1][j],dp[i-1][j+1])+matrix[i][j];
                else if(j==n-1)
                    dp[i][j]=min(dp[i-1][j-1],dp[i-1][j])+matrix[i][j];
                else
                    dp[i][j]=min(dp[i-1][j-1],min(dp[i-1][j],dp[i-1][j+1]))+matrix[i][j];
            }
        }
        ans=dp[n-1][0];                         //求 dp 数组第 n-1 行中的最小元素 ans
        for(int j=1;j<n;j++)
            if(dp[n-1][j]<ans)
                ans=dp[n-1][j];
        return ans;
    }
};
```

上述代码提交时通过，执行时间为 12ms，内存消耗为 9.2MB。

3. 自上而下算法的空间优化

由于 dp[i]仅与 dp[$i-1$]相关，采用滚动数组方法，将 dp 数组的大小改为 dp[2][n]，用 dp[0][j]存放 dp[$i-1$][j]，用 dp[1][j]存放 dp[i][j]。对应的代码如下：

```
class Solution {
public:
    int minFallingPathSum(vector<vector<int>> & matrix)
    {   int n=matrix.size();
        int ans;
```

```
        if(n==1)                        // n=1 为特殊情况,返回第 0 行的最小元素
        {   ans=matrix[0][0];
            for(int j=1;j<n;j++)
                if (matrix[0][j]< ans)
                    ans=matrix[0][j];
            return ans;
        }
        int dp[2][n];
        memset(dp,0,sizeof(dp));
        for(int j=0;j<n;j++)            //第 0 行: 边界情况
            dp[0][j]=matrix[0][j];
        int c=0;
        for(int i=1;i<n;i++)
        {   c=1-c;
            for(int j=0;j<n;j++)
            {   if(j==0)
                    dp[c][j]=min(dp[1-c][j],dp[1-c][j+1])+matrix[i][j];
                else if(j==n-1)
                    dp[c][j]=min(dp[1-c][j-1],dp[1-c][j])+matrix[i][j];
                else
                    dp[c][j]=min(dp[1-c][j-1],min(dp[1-c][j],dp[1-c][j+1]))+matrix[i][j];
            }
        }
        ans=dp[c][0];                   //求 dp 数组第 n-1 行中的最小元素 ans
        for(int j=1;j<n;j++)
            if(dp[c][j]< ans)
                ans=dp[c][j];
        return ans;
    }
};
```

上述代码提交时通过,执行时间为 12ms,内存消耗为 9MB。

4. 问题求解——自下而上

当然也可以采用自下而上的方式求 dp 数组,将求第 $n-1$ 行到第 0 行的上升路径的最小和 。依题意,到达(i,j)位置的路径有 3 条,如图 8.16 所示。

初始条件是第 $n-1$ 行有 $dp[n-1][j]=matrix[n-1][j]$。一般情况有 $dp[i][j]=\min(dp[i+1][j-1],\min(dp[i+1][j],dp[i+1][j+1]))+matrix[i][j]$。

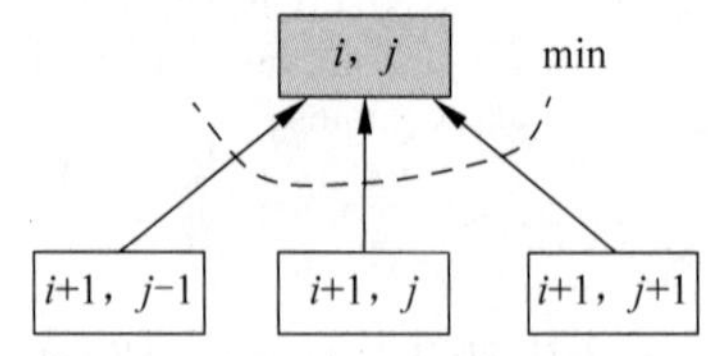

图 8.16 到达位置的 3 条路径(2)

考虑边界情况有两种:

① 当 $j=0$ 时有 $dp[i][j]=\min(dp[i+1][j],dp[i+1][j+1])+matrix[i][j]$。

② 当 $j=n-1$ 时有 $dp[i][j]=\min(dp[i+1][j-1],dp[i+1][j])+matrix[i][j]$。

上述各式合起来构成状态转移方程,由其求出 dp 数组,那么 dp 数组中第 0 行的最小值就是从第 0 行开始到第 $n-1$ 行的下降路径中的最小路径和。对应的代码如下:

```
class Solution {
public:
    int minFallingPathSum(vector<vector<int>> & matrix)
```

```
    {   int n=matrix.size();
        int ans;
        if(n==1)                              //n=1 为特殊情况,返回第 0 行的最小元素
        {   ans=matrix[0][0];
            for(int j=1;j<n;j++)
                if (matrix[0][j]<ans)
                    ans=matrix[0][j];
            return ans;
        }
        int dp[n][n];
        memset(dp,0,sizeof(dp));
        for(int j=0;j<n;j++)                  //第 n-1 行:边界情况
            dp[n-1][j]=matrix[n-1][j];
        for(int i=n-2;i>=0;i--)
        {   for(int j=0;j<n;++j)
            {   if (j==0)
                    dp[i][j]=min(dp[i+1][j],dp[i+1][j+1])+matrix[i][j];
                else if (j==n-1)
                    dp[i][j]=min(dp[i+1][j],dp[i+1][j-1])+matrix[i][j];
                else
                    dp[i][j]=min(dp[i+1][j-1],min(dp[i+1][j],dp[i+1][j+1]))+matrix[i][j];
            }
        }
        ans=dp[0][0];
        for(int j=0;j<n;j++)
            ans=min(ans,dp[0][j]);
        return ans;
    }
};
```

上述代码提交时通过,执行时间为 12ms,内存消耗为 9.2MB。

5. 自下而上算法的空间优化

同样可以采用滚动数组优化空间。对应的代码如下:

```
class Solution {
public:
    int minFallingPathSum(vector<vector<int>> & matrix)
    {   int n=matrix.size();
        int ans;
        if(n==1)                              //n=1 为特殊情况,返回第 0 行的最小元素
        {   ans=matrix[0][0];
            for(int j=1;j<n;j++)
                if (matrix[0][j]<ans)
                    ans=matrix[0][j];
            return ans;
        }
        int dp[2][n];
        memset(dp,0,sizeof(dp));
        int c=0;
        for(int j=0;j<n;j++)                  //第 n-1 行: 边界情况
            dp[c][j]=matrix[n-1][j];
        for(int i=n-2;i>=0;i--)
        {   c=1-c;
```

```
                for(int j=0;j<n;++j)
                {   if (j==0)
                        dp[c][j]=min(dp[1-c][j],dp[1-c][j+1])+matrix[i][j];
                    else if (j==n-1)
                        dp[c][j]=min(dp[1-c][j],dp[1-c][j-1])+matrix[i][j];
                    else
                        dp[c][j]=min(dp[1-c][j-1],min(dp[1-c][j],dp[1-c][j+1]))+matrix[i][j];
                }
            }
            ans=dp[c][0];
            for(int j=0;j<n;j++)
                ans=min(ans,dp[c][j]);
            return ans;
        }
};
```

上述代码提交时通过，执行时间为 12ms，内存消耗为 9MB。

8.4 三维动态规划

所谓三维动态规划是指在设计动态规划算法中采用三维动态规划数组。

8.4.1 用 Floyd 算法求多源最短路径

Floyd（弗洛伊德）算法用于求图中所有两个顶点之间的最短路径。

1. Floyd 算法的原理

Floyd 算法基于动态规划方法。带权图采用邻接矩阵 **A** 存放，设计二维数组 B 存放当前顶点之间的最短路径长度，其中 $B[i][j]$表示当前顶点 i 到 j 的最短路径长度，图中共有 n 个顶点（编号为 $0\sim n-1$），依顶点编号顺序处理每个顶点，将每个顶点的处理看作一个阶段，阶段 $k(0\leqslant k\leqslant n-1)$的结果存放在 B_k 中，所以 $B_k[i][j]$表示处理完 $0\sim k$ 的顶点后得到的顶点 i 到 j 的最短路径长度。

现在考虑阶段 k 的处理过程，此时 B_{k-1} 已经求出（$B_{k-1}[i][j]$表示处理完 $0\sim k-1$ 的顶点后得到的顶点 i 到顶点 j 的最短路径长度，在这些路径中除了起点和终点外均不包含顶点 k），考虑顶点 k，顶点 i 到顶点 j 有如图 8.17 所示的两条路径。

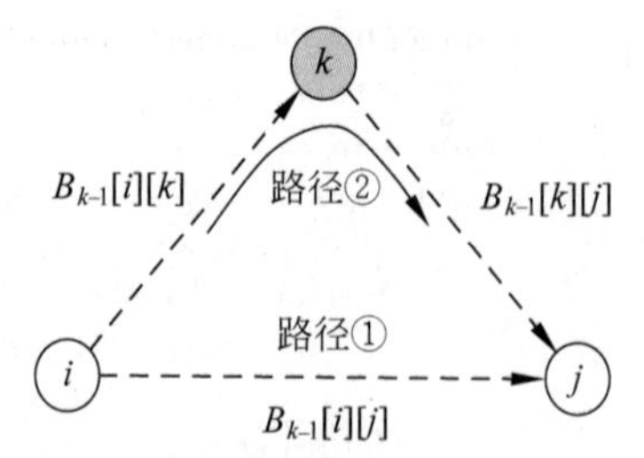

图 8.17　考虑顶点 k 时 i 到顶点 j 的两条路径

① 考虑顶点 k 之前的最短路径（该路径不经过顶点 k），其长度为 $B_{k-1}[i][j]$。

② 从顶点 i 到 j 的经过顶点 k 的路径，其路径长度为 $B_{k-1}[i][k]+B_{k-1}[k][j]$。

现在求最短路径长度，所以有如下状态转移方程：

$$B_{-1}[i][j]=A[i][j]$$
$$B_k[i][j]=\min_{0\leqslant k\leqslant n-1}\{B_{k-1}[i][j],B_{k-1}[i][k]+B_{k-1}[k][j]\}$$

2. Floyd算法的设计

设计三维动态规划数组 dp[MAXN][MAXN][MAXN]，其中 dp[k][i][j]存放 $B_k[i][j]$的值，由于数组的下标从 0 开始，为此将 k 增 1，即 k 从 1 到 n 依次考虑的是顶点 0～$n-1$。对应的动态规划算法如下：

```
int dp[MAXN][MAXN][MAXN];                          //三维动态规划数组
void Floyd(vector<vector<int>> & A)                //Floyd算法
{   int n=A.size();
    for(int i=0;i<n;i++)                           //求 B(-1)
        for(int j=0;j<n;j++)
            dp[0][i][j]=A[i][j];
    for (int k=1;k<=n;k++)                         //依次求 B(0)到 B(n-1)
    {   for (int i=0;i<n;i++)
            for (int j=0;j<n;j++)
                dp[k][i][j]=min(dp[k-1][i][j],dp[k-1][i][k-1]+dp[k-1][k-1][j]);
    }
}
```

阶段 k 仅与阶段 $k-1$ 相关，因此可以将 dp 数组滚动为 dp[2][MAXN][MAXN]；再进一步分析发现在阶段 k 中求 dp[k][i][j]时 i 和 j 的顺序不影响最后的结果，例如将 i、j 的循环改为从 $n-1$ 到 0 结果也是正确的，所以进一步将 dp[2][MAXN][MAXN]滚动为二维数组 dp[MAXN][MAXN]，这就是常见的 Floyd 算法。

```
int dp[MAXN][MAXN];                                //二维动态规划数组
void Floyd(vector<vector<int>> & A)                //Floyd算法
{   int n=A.size();
    for(int i=0;i<n;i++)                           //求 B(-1)
        for(int j=0;j<n;j++)
            dp[i][j]=A[i][j];
    for (int k=0;k<n;k++)                          //依次求 B(0)到 B(n-1)
    {   for (int i=0;i<n;i++)
            for (int j=0;j<n;j++)
                dp[i][j]=min(dp[i][j],dp[i][k]+dp[k][j]);
    }
}
```

在求出 dp 数组后，dp[i][j]表示图中从顶点 i 到 j 的最短路径长度。如果要求一条最短路径，可以采用 8.3.1 节的方法，设计二维数组 path，path[i][j]表示顶点 i 到顶点 j 的最短路径上顶点 j 的前驱顶点，再求出 path 数组和推导出相应的最短路径。

【算法分析】 上述 Floyd 算法中主要包含三重 for 循环，时间复杂度为 $O(n^3)$。

8.4.2* 双机调度问题

扫一扫

视频讲解

1. 问题描述

用两台处理机 MA 和 MB 加工 $n(1\leqslant n\leqslant 50)$个作业，作业的编号为 0～$n-1$，两台机器均可以加工任何作业。第 i 个作业单独交给 MA 时的加工时间是 $a[i](1\leqslant a[i]\leqslant 20)$，单独交给 MB 时的加工时间是 $b[i](1\leqslant b[i]\leqslant 20)$。现在要求每个作业只能由一台机器加工，但两台机器在任何时刻都可以加工两个不同的作业。设计一个动态规划算法，求两台机

器加工完所有 n 个作业的最短时间(从任何一台机器开工到最后一台机器停工的总时间)。例如，$n=6$，a 为(2,5,7,10,5,2)，b 为(3,8,4,11,3,4)，结果为 15。

2. 问题求解——三维动态规划数组

用 maxA 表示 MA 单独加工所有作业的总时间，maxB 表示 MB 单独加工所有作业的总时间。设置一个三维动态规划数组 dp，dp[k][A][B]表示前 k 个作业(作业编号为 0～$k-1$)在 MA 用时不超过 A 且 MB 用时不超过 B 时是否有解。考虑加工作业 $k-1$，分为两种情况：

① 若 $A-a[k-1]\geqslant 0$，作业 $k-1$ 在机器 MA 上加工，则 dp[k][A][B]=dp[$k-1$][$A-a[k-1]$][B]。

② 若 $B-b[k-1]\geqslant 0$，作业 $k-1$ 在机器 MB 上加工，则 dp[k][A][B]=dp[$k-1$][A][$B-b[k-1]$]。

若两种情况中的任何一种情况求出的 dp[k][A][B]为 true，则 dp[k][A][B]为 true。对应的状态转移方程如下：

```
dp[0][A][B]=true                                 0≤A≤maxA,0≤B≤maxB
dp[k][A][B]=dp[k-1][A-a[k-1]][B]                 当 A-a[k-1]≥0 时,在机器 MA 上运行
dp[k][A][B]=(dp[k][A][B] || dp[k-1][A][B-b[k-1]])  当 B-b[k-1]≥0 时,在机器 MB 上运行
```

当求出 dp 数组后，dp[n][A][B]为 true 时表示存在一个这样的解，则 max(A,B)为这个解对应的总时间，最后的答案是在所有解中比较求出总时间最少的时间 ans。对应的算法如下：

```
int n=6;                                        //作业数
int a[]={2,5,7,10,5,2};
int b[]={3,8,4,11,3,4};
bool dp[MAXN][MAXA][MAXB];                      //三维动态规划数组
int schedule()                                  //求解算法
{   int maxA=0,maxB=0;
    for (int i=0;i<n;i++)                       //求 maxA 和 maxB
    {   maxA+=a[i];
        maxB+=b[i];
    }
    memset(dp,0,sizeof(dp));                    //初始化为 false
    for (int A=0;A<=maxA;A++)
    {   for (int B=0;B<=maxB;B++)
            dp[0][A][B]=true;                   //k=0 时一定有解
    }
    for(int k=1;k<=n;k++)
    {   for(int A=0;A<=maxA;A++)
        {   for(int B=0;B<=maxB;B++)
            {   if (A-a[k-1]>=0)                //在 MA 上加工
                    dp[k][A][B]=dp[k-1][A-a[k-1]][B];
                if (B-b[k-1]>=0)                //在 MB 上加工
                    dp[k][A][B]=(dp[k][A][B]|| dp[k-1][A][B-b[k-1]]);
            }
        }
    }
    int ans=INF;                                //存放最少时间
```

```
    for(int A=0;A<=maxA;A++)            //求 ans
        for(int B=0;B<=maxB;B++)
            if (dp[n][A][B])
                ans=min(ans,max(A,B));
    return ans;
}
```

【算法分析】 上述算法的时间复杂度为 $O(n\times \text{maxA}\times \text{maxB})$，空间复杂度为 $O(n\times \text{maxA}\times \text{maxB})$。

在上述算法中 dp[k][*][*]仅与 dp[$k-1$][*][*]相关，可以将 dp 改为滚动数组，将第一维 MAXN 改为 2。对应的算法如下：

```
int n=6;                                    //作业数
int a[]={2,5,7,10,5,2};
int b[]={3,8,4,11,3,4};
bool dp[2][MAXA][MAXB];                     //三维动态规划数组
int schedule()                              //求解算法
{   int maxA=0, maxB=0;
    for (int i=0;i<n;i++)                   //求 maxA 和 maxB
    {   maxA+=a[i];
        maxB+=b[i];
    }
    memset(dp,0,sizeof(dp));                //初始化为 false
    for (int A=0;A<=maxA;A++)
    {   for (int B=0;B<=maxB;B++)
        {   dp[1][A][B]=false;              //k=1 时初始化为 false
            dp[0][A][B]=true;               //k=0 时一定有解
        }
    }
    int c=0;
    for(int k=1;k<=n;k++)
    {   c=1-c;
        memset(dp[c],false,sizeof(dp[c]));  //初始化 dp[c]为 false
        for(int A=0;A<=maxA;A++)
        {   for(int B=0;B<=maxB;B++)
            {   if (A-a[k-1]>=0)            //在 MA 上加工
                    dp[c][A][B]=dp[1-c][A-a[k-1]][B];
                if (B-b[k-1]>=0)            //在 MB 上加工
                    dp[c][A][B]=(dp[c][A][B] || dp[1-c][A][B-b[k-1]]);
            }
        }
    }
    int ans=INF;                            //存放最少时间
    for(int A=0;A<=maxA;A++)                //求 ans
        for(int B=0;B<=maxB;B++)
            if (dp[c][A][B])
                ans=min(ans,max(A,B));
    return ans;
}
```

3. 问题求解——一维动态规划数组

可以进一步优化空间，设置一维动态规划 dp 数组，dp[A]表示当 MA 加工时间为 A($0\leqslant A\leqslant \text{maxA}$)时 MB 的最少加工时间。首先将 dp 数组的所有元素初始化为 0。阶段 k

考虑加工作业 $k-1$，分为两种情况：

① 当 $A<a[k-1]$ 时，只能在 MB 上加工，MA 的加工时间仍然为 A，MB 的加工时间为 $\mathrm{dp}[A]+b[k-1]$，则 $\mathrm{dp}[A]=\mathrm{dp}[A]+b[k-1]$。

② 当 $A\geqslant a[k-1]$ 时，作业 $k-1$ 既可以由 MA 加工也可以由 MB 加工。由 MA 加工时，MA 的加工时间变为 $A-a[k-1]$；由 MB 加工时，MB 的加工时间为 $\mathrm{dp}[A]+b[k-1]$。取两者中的最小值，则 $\mathrm{dp}[A]=\min(\mathrm{dp}[A-a[k-1]],\mathrm{dp}[A]+b[k-1])$。

当求出 dp 数组后，$\max(A,\mathrm{dp}[A])$ 为完成 n 个作业的一个解，问题的最后答案是在所有解中比较求出总时间最少的时间 ans。对应的算法如下：

```
int n=6;                                        //作业数
int a[]={2,5,7,10,5,2};
int b[]={3,8,4,11,3,4};
int schedule()                                  //求解算法
{   int maxA=0;
    for (int i=0;i<n;i++)                       //求 maxA
        maxA+=a[i];
    int dp[MAXA];                               //一维动态规划数组
    memset(dp,0,sizeof(dp));                    //初始化为 0
    for (int k=1; k<=n; k++)
    {   for(int A=maxA;A>=0;A--)
        {   if(A<a[k-1])                        //此时只能在 MB 上运行
                dp[A]=dp[A]+b[k-1];
            else                                //否则取在 MA 或者 MB 上处理的最少时间
                dp[A]=min(dp[A-a[k-1]],dp[A]+b[k-1]);
        }
    }
    int ans=INF;                                //存放最少时间
    for(int A=0;A<=maxA;A++)
        ans=min(ans,max(A,dp[A]));
    return ans;
}
```

【算法分析】 上述算法的时间复杂度为 $O(n\times \mathrm{maxA})$，空间复杂度为 $O(\mathrm{maxA})$。

从中看出，同一个问题设计不同的动态规划数组时算法的性能是不同的。好的算法设计要尽可能做到时空性能最优。

8.5 字符串动态规划

字符串动态规划是指采用动态规划算法求解字符串的相关问题。

扫一扫

视频讲解

8.5.1 最长公共子序列

1. 问题描述

一个字符串的子序列是指从该字符串中随意地（不一定连续）去掉若干个字符（可能一个也不去掉）后得到的字符序列。例如"ace"是"abcde"的子序列，但"aec"不是"abcde"的子序列。给定两个字符串 a 和 b，称字符串 c 是 a 和 b 的公共子序列，是指 c 同是 a 和 b 的子序列。该问题是求两个字符串 a 和 b 的最长公共子序列(LCS)。

2. 问题求解

考虑最长公共子序列问题如何分解成子问题,设 $a=(a_0,a_1,\cdots,a_{m-1})$,$b=(b_0,b_1,\cdots,b_{n-1})$,$c=(c_0,c_1,\cdots,c_{k-1})$为 a 和 b 的最长公共子序列,不难证明有以下性质:

① 若 $a_{m-1}=b_{n-1}$,则 $c_{k-1}=a_{m-1}=b_{n-1}$,且$(c_0,c_1,\cdots,c_{k-2})$是$(a_0,a_1,\cdots,a_{m-2})$和$(b_0,b_1,\cdots,b_{n-2})$的一个最长公共子序列。

② 若 $a_{m-1}\neq b_{n-1}$ 且 $c_{k-1}\neq a_{m-1}$,则$(c_0,c_1,\cdots,c_{k-1})$是$(a_0,a_1,\cdots,a_{m-2})$和$(b_0,b_1,\cdots,b_{n-1})$的一个最长公共子序列。

③ 若 $a_{m-1}\neq b_{n-1}$ 且 $c_{k-1}\neq b_{n-1}$,则$(c_0,c_1,\cdots,c_{k-1})$是$(a_0,a_1,\cdots,a_{m-1})$和$(b_0,b_1,\cdots,b_{n-2})$的一个最长公共子序列。

这样,在求 a 和 b 的公共子序列时分为以下两种情况:

① 若 $a_{m-1}=b_{n-1}$,对应的子问题是求$(a_0,a_1,\cdots,a_{m-2})$和$(b_0,b_1,\cdots,b_{n-2})$的一个最长公共子序列。

② 如果 $a_{m-1}\neq b_{n-1}$,对应的子问题有两个,求$(a_0,a_1,\cdots,a_{m-2})$和$(b_0,b_1,\cdots,b_{n-1})$的一个最长公共子序列以及求$(a_0,a_1,\cdots,a_{m-1})$和$(b_0,b_1,\cdots,b_{n-2})$的一个最长公共子序列,再取两者中的较长者作为 a 和 b 的最长公共子序列。

采用动态规划法,设计二维动态规划数组 dp,其中 dp[i][j]为$(a_0,a_1,\cdots,a_{i-1})$和$(b_0,b_1,\cdots,b_{j-1})$的最长公共子序列长度,求 dp[i][j]的两种情况如图 8.18 所示。对应的状态转移方程如下:

```
dp[0][0]=0                                    初始条件
dp[i][0]=0                                    边界情况
dp[0][j]=0                                    边界情况
dp[i][j]=dp[i-1][j-1]+1                       a[i-1]=b[j-1]
dp[i][j]=max{dp[i][j-1],dp[i-1][j]}           a[i-1]≠b[j-1]
```

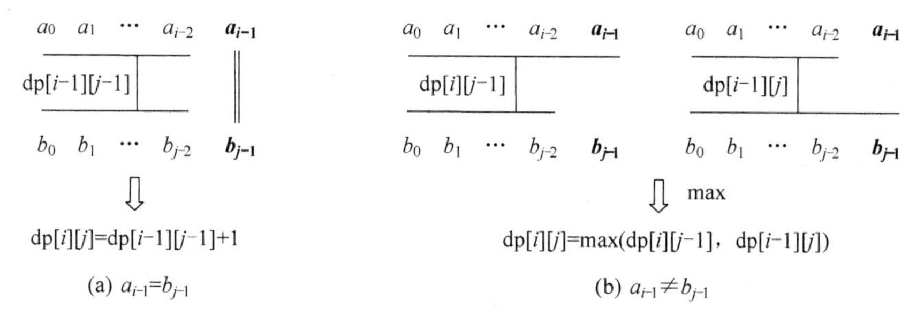

图 8.18 求 dp[i][j]的两种情况

在求出 dp 数组后,dp[m][n]就是 a 和 b 的最长公共子序列长度。对应的算法如下:

```
int dp[MAXN][MAXN];                      //二维动态规划数组
int m,n;                                 //m 和 n 分别为 a、b 的长度
int LCSlength()                          //求 dp 数组
{   dp[0][0]=0;
    for (int i=0;i<=m;i++)               //将 dp[i][0]置为 0,边界条件
        dp[i][0]=0;
```

```
        for (int j=0;j<=n;j++)                   //将 dp[0][j]置为 0,边界条件
            dp[0][j]=0;
        for (int i=1;i<=m;i++)
        {   for (int j=1;j<=n;j++)               //两重 for 循环处理 a、b 的所有字符
            {   if (a[i-1]==b[j-1])              //情况①
                    dp[i][j]=dp[i-1][j-1]+1;
                else                             //情况②
                    dp[i][j]=max(dp[i][j-1],dp[i-1][j]);
            }
        }
        return dp[m][n];
    }
```

【算法分析】 上述算法中包含两重 for 循环，对应的时间复杂度为 $O(mn)$，空间复杂度为 $O(mn)$。

当求出 dp 数组后，如何利用 dp 数组求一个最长公共子序列呢？分析状态转移方程最后两行的计算过程可以看出：

若 dp[i][j]=dp[$i-1$][$j-1$]+1，则有 $a[i-1]=b[j-1]$，也就是说 $a[i-1]/b[j-1]$是 LCS 中的字符。

若 dp[i][j]=dp[i][$j-1$]，则有 $a[i-1]\neq b[j-1]$，也就是说 $a[i-1]/b[j-1]$不是 LCS 中的字符。

若 dp[i][j]=dp[$i-1$][j]，则有 $a[i-1]\neq b[j-1]$，同样 $a[i-1]/b[j-1]$不是 LCS 中的字符。

用 string 容器 subs 存放一个 LCS，考虑如图 8.19 所示的(i,j)位置，$i=m$，$j=n$ 开始向 subs 中添加 $k=$ dp[m][n]个字符，归纳为如下 3 种情况：

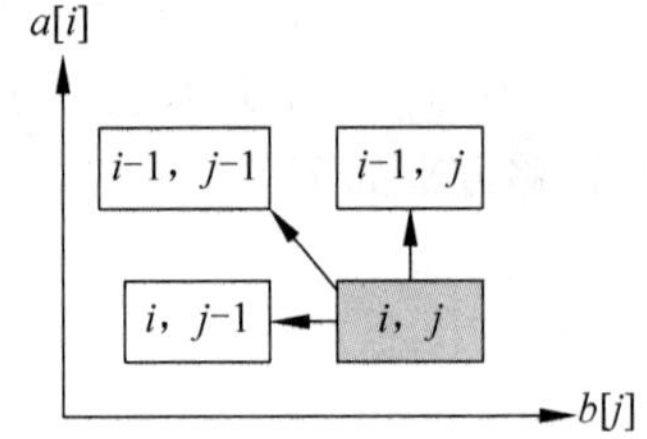

图 8.19 考虑(i,j)位置

① 若 dp[i][j]=dp[$i-1$][j]（即当前 dp 元素值等于上方相邻元素值），移到上一行，即 $i-1$，此时 $a[i]/b[j]$不是 LCS 字符。

② 若 dp[i][j]=dp[i][$j-1$]（即当前 dp 元素值等于左边相邻元素值），移到左一列，即 j 减 1，此时 $a[i]/b[j]$不是 LCS 字符。

③ 其他情况只能是 dp[i][j]=dp[$i-1$][$j-1$]+1，移到左上方，即 $i-1$ 同时 $j-1$，此时 $a[i]/b[j]$是 LCS 字符，将 $a[i]/b[j]$添加到 subs 中。

例如，a="abcbdb"，$m=6$，b="acbbabdbb"，$n=9$。求出的 dp 数组以及从 k=dp[6][9]=5 开始求 subs 的过程如图 8.20 所示。每次 dp[i][j]与左边元素 dp[$i-1$][j]比较，若相同则跳到左边，否则 dp[i][j]与上方元素 dp[i][$j-1$]比较，若相同则跳到上方，再否则说明左上角位置对应的 a 或者 b 中的 $a[i-1]/b[j-1]$字符是 LCS 中的字符，将其添加到 subs 中，k--，直到 $k=0$ 为止。图中阴影部分表示 LCS 中元素对应的位置，最后将 subs 中的所有元素逆序得到最长公共子序列为"acbdb"。

对应的求一个 LCS 的算法如下：

```
string getsubs()                           //由 dp 数组构造 subs
{   string subs="";                        //存放一个 LCS
    int k=dp[m][n];                        //k 为 a 和 b 的最长公共子序列的长度
```

```
    int i=m,j=n;
    while (k>0)                        //在 subs 中添加最长公共子序列(反向)
    {   if (dp[i][j]==dp[i-1][j])
            i--;
        else if (dp[i][j]==dp[i][j-1])
            j--;
        else
        {   subs+=a[i-1];          //在 subs 中添加 a[i-1]
            i--; j--; k--;
        }
    }
    reverse(subs.begin(),subs.end());   //逆置 subs
    return subs;
}
```

b \ a		*a*	*c*	*b*	*b*	*a*	*b*	*d*	*b*	*b*	
		0	1	2	3	4	5	6	7	8	9
a	0	0	0	0	0	0	0	0	0	0	0
b	1	0	1	1	1	1	1	1	1	1	1
c	2	0	1	1	2	2	2	2	2	2	2
b	3	0	1	2	2	2	2	2	2	2	2
d	4	0	1	2	3	3	3	3	3	3	3
b	5	0	1	2	3	3	3	3	4	4	4
	6	0	1	2	3	4	4	4	4	5	5

图 8.20　求出的 dp 数组以及求 LCS 的过程

3. 算法的空间优化*

现在考虑仅求 a 和 b 的最长公共子序列长度的空间优化，采用滚动数组方法，将 dp 数组改为一维数组，如图 8.21 所示，在阶段 $i-1$(指考虑 $a[i-1]$字符的阶段)将 dp$[i-1][j-1]$存放在 dp$[j-1]$中，将 dp$[i-1][j]$存放在 dp$[j]$中，这两个状态是可以区分的。在阶段 i 将 dp$[i][j]$存放在 dp$[j]$中，这样需要修改 dp$[j]$。

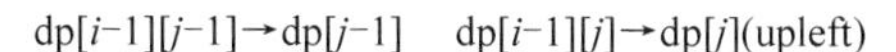

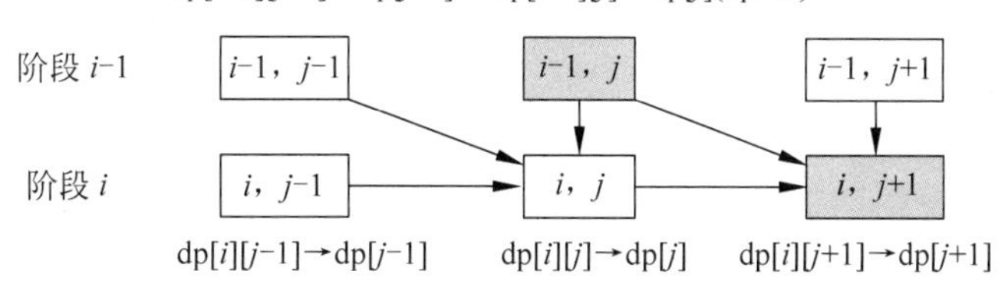

图 8.21　滚动数组的表示方法

一个关键的问题是在阶段 i 中求 dp$[j+1]$时也与阶段 $i-1$ 的 dp$[j]$相关，此时已经在阶段 i 中修改了 dp$[j]$(用 tmp 变量保存 dp$[j]$修改之前的值)，为此用 upleft 变量记录 dp$[j]$修改之前的值 tmp，以便在阶段 i 中求出 dp$[j]$后能够正确地求 dp$[j+1]$。从中看出 upleft 是记录阶段 i 中每个位置的左上角元素，每个阶段 i 都是从 $j=1$ 开始的，所以初始置左上角元素 upleft=dp[0]。

对应的算法如下：

```
int LCSlength1()                     //求a和b的最长公共子序列长度的改进算法
{   int m=a.length();                //m为a的长度
    int n=b.length();                //n为b的长度
    vector<int> dp(n+1,0);           //一维动态规划数组
    for (int i=1;i<=m;i++)
    {   int upleft=dp[0];            //阶段i初始化upleft
        for (int j=1;j<=n;j++)
        {   int tmp=dp[j];           //临时保存dp[j]
            if (a[i-1]==b[j-1])
                dp[j]=upleft+1;
            else
                dp[j] = max(dp[j-1],dp[j]);
            upleft=tmp;              //修改upleft
        }
    }
    return dp[n];
}
```

【例 8-2】 牛牛有两个字符串(可能包含空格),他想找出其中最长的公共子串的长度,希望你能帮助他。例如两个字符串分别为"abcde"和"abgde",结果为 2。

解 这里是求两个字符串的公共子串而不是求最长公共子序列的长度(公共子串相当于连续公共子序列)。设置二维动态规划数组 dp,对于两个字符串 s 和 t,用 dp[i][j]表示 s[0..i]和 t[0..j]的公共连续子串的长度(并非最大长度)。对应的状态转移方程如下:

```
dp[i][0]=1                      若s[i]=t[0](边界情况:dp的第0列,0≤i<n)
dp[0][j]=1                      若s[0]=t[j](边界情况:dp的第0行,0≤j<m)
dp[i][j]=dp[i-1][j-1]+1         若s[i]=t[j](1≤i<n,1≤j<m)
```

最后在 dp[i][j]中求出的最大值 ans 即为所求。对应的程序如下:

```
#include <iostream>
#include <cstring>
#include <algorithm>
using namespace std;
#define MAXM 51
#define MAXN 51
//问题表示
string s="abcde";
string t="abgde";
//求解结果表示
int dp[MAXM][MAXN];                         //二维动态规划数组
int Maxlength(string s,string t)            //求s和t的最长公共连续子串的长度
{   int ans=0;
    int n=s.length();
    int m=t.length();
    memset(dp,0,sizeof(dp));                //初始化数组dp
    for(int i=0;i<n; i++)                   //边界情况: dp的第0列
        if(s[i]==t[0])
            dp[i][0]=1;
    for(int j=0;j<m; j++)                   //边界情况: dp的第0行
        if(s[0]==t[j])
            dp[0][j]=1;
    for(int i=1;i<n;i++)                    //利用状态转移方程求dp的其他元素
```

```
    {   for(int j=1;j<m; j++)
        {   if (s[i]==t[j])
                dp[i][j]=dp[i-1][j-1]+1;
            ans=max(ans,dp[i][j]);
        }
    }
    return ans;
}
int main()
{   printf("求解结果\n");
    printf("    最长的公共连续子串: %d\n",Maxlength(s,t));//输出: 2
    return 0;
}
```

扫一扫

视频讲解

8.5.2 编辑距离

1. 问题描述

设 a 和 b 是两个字符串。现在要用最少的字符操作次数将字符串 a 编辑为字符串 b。这里的字符编辑操作共有 3 种，即删除一个字符、插入一个字符或者将一个字符替换为另一个字符。例如，a="sfdqxbw"，b="gfdgw"，结果为 4。

2. 问题求解

设字符串 a、b 的长度分别为 m、n。设计二维动态规划数组 dp，其中 dp[i][j]表示将 $a[0..i-1](1\leqslant i\leqslant m)$编辑为 $b[0..j-1](1\leqslant j\leqslant n)$的最优编辑距离(即最少编辑操作次数)。

显然，当 b 为空串时，要删除 a 中的全部字符得到 b，即 dp[i][0]=i(删除 a 中的 i 个字符，共 i 次操作)；当 a 为空串时，要在 a 中插入 b 的全部字符得到 b，即 dp[0][j]=j(向 a 中插入 b 的 j 个字符，共 j 次操作)。

当两个字符串 a、b 均不空时，若 $a[i-1]=b[j-1]$，这两个字符不需要任何操作，即 dp[i][j]=dp[$i-1$][$j-1$]；若 $a[i-1]\neq b[j-1]$，以下 3 种操作都可以达到目的。

① 将 $a[i-1]$替换为 $b[j-1]$，有 dp[i][j]=dp[$i-1$][$j-1$]+1(一次替换操作的次数计为 1)。

② 在 $a[i-1]$字符的后面插入 $b[j-1]$字符，有 dp[i][j]=dp[i][$j-1$]+1(一次插入操作的次数计为 1)。

③ 删除 $a[i-1]$字符，有 dp[i][j]=dp[$i-1$][j]+1(一次删除操作的次数计为 1)。

此时 dp[i][j]取上述 3 种操作的最小值。所以得到的状态转移方程如下：

```
dp[i][0]=i                                                  边界情况
dp[0][j]=j                                                  边界情况
dp[i][j]=dp[i-1][j-1]                                       当 a[i-1]=b[j-1]时
dp[i][j]=min(dp[i-1][j-1]+1,dp[i][j-1]+1,dp[i-1][j]+1)      当 a[i-1]≠b[j-1]时
```

最后得到的 dp[m][n]即为所求。对应的算法如下：

```
int editdist()                              //求解算法
{   int m=a.size();
    int n=b.size();
```

```
    int dp[MAX][MAX];                                    //二维动态规划数组
    for (int i=1;i<=m;i++)
        dp[i][0]=i;                                      //把 a 的 i 个字符全部删除转换为 b
    for (int j=1; j<=n;j++)
        dp[0][j]=j;                                      //在 a 中插入 b 的全部字符转换为 b
    for (int i=1;i<=m;i++)
    {   for (int j=1;j<=n;j++)
        {   if (a[i-1]==b[j-1])
                dp[i][j]=dp[i-1][j-1];
            else
                dp[i][j]=min(min(dp[i-1][j],dp[i][j-1]),dp[i-1][j-1])+1;
        }
    }
    return dp[m][n];
}
```

【算法分析】 上述算法中包含两重 for 循环，对应的时间复杂度为 $O(m\times n)$，空间复杂度为 $O(m\times n)$。

8.6 背包动态规划

背包动态规划主要指采用动态规划求解 0/1 背包问题、完全背包问题和多重背包问题及其类似的问题。

扫一扫

视频讲解

8.6.1 0/1 背包问题

1. 问题描述

0/1 背包问题的描述见 5.2.3 节。这里采用动态规划法求解。

2. 问题求解

设置二维动态规划数组 dp，dp[i][r]表示在物品 $0\sim i-1$(共 i 个物品)中选择物品并且背包容量为 $r(0\leqslant r\leqslant W)$时的最大价值，或者说只考虑前 i 个物品并且背包容量为 r 时的最大价值。考虑物品 $i-1$，分为以下两种情况：

① 若 $r<w[i-1]$，说明物品 $i-1$ 放不下，此时等同于只考虑前 $i-1$ 个物品并且背包容量为 r 时的最大价值，所以有 dp[i][r]=dp[$i-1$][r]。

② 若 $r\geqslant w[i-1]$，说明物品 $i-1$ 能够放入背包，有两种选择，一种是不选择物品 $i-1$，即不将物品 $i-1$ 放入背包，等同于情况①；另一种是选择物品 $i-1$，即将物品 $i-1$ 放入背包，这样消耗了 $w[i-1]$的背包容量，获取了 $v[i-1]$的价值，那么留给前 $i-1$ 个物品的背包容量就只有 $r-w[i-1]$了，此时的最大价值为 dp[$i-1$][$r-w[i-1]$]$+v[i-1]$。

情况②的状态转移图如图 8.22 所示，在两种选择中取最大值，所以有 dp[i][r]=max(dp[$i-1$][r],dp[$i-1$][$r-w[i-1]$]$+v[i-1]$)。

经过上述分析得到的状态转移方程如下：

dp[i][0]=0(没有装入任何物品，总价值为 0)　　　　边界情况
dp[0][r]=0(没有考虑任何物品，总价值为 0)　　　　边界情况

```
dp[i][r]=dp[i-1][r]                                   当 r<w[i-1]时,物品 i-1 放不下
dp[i][r]= max{dp[i-1][r],dp[i-1][r-w[i-1]]+v[i-1]}   否则在不放入和放入物品 i-1
                                                       之间取最大价值
```

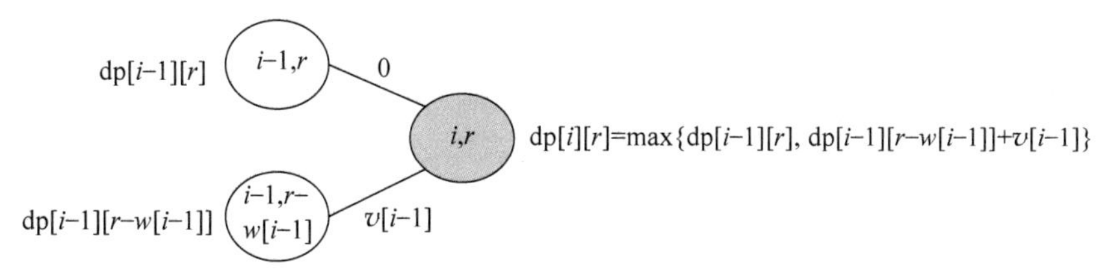

图 8.22　0/1 背包问题情况②的状态转移图

0/1 背包问题是求 n 个物品、背包容器为 W 的最大价值,所以在求出 dp 数组后,dp[n][W]元素就是答案。对应的算法如下:

```
int n=5, W=10;                                  //5 种物品,限制重量不超过 10
int w[MAXN]={2,2,6,5,4};
int v[MAXN]={6,3,5,4,6};
int dp[MAXN][MAXW];                             //二维动态规划数组
int x[MAXN];
int Knap()                                      //用动态规划法求 0/1 背包问题
{   for (int i=0;i<=n;i++)                      //边界情况: dp[i][0]=0
        dp[i][0]=0;
    for (int r=0;r<=W;r++)                      //边界情况: dp[0][r]=0
        dp[0][r]=0;
    for (int i=1;i<=n;i++)
    {   for (int r=0;r<=W;r++)
        {   if (r<w[i-1])
                dp[i][r]=dp[i-1][r];
            else
                dp[i][r]=max(dp[i-1][r],dp[i-1][r-w[i-1]]+v[i-1]);
        }
    }
    return dp[n][W];
}
```

【算法分析】　上述算法中包含两重 for 循环,所以时间复杂度为 $O(nW)$,空间复杂度为$O(nW)$。从表面上看起来时间函数是 n 的多项式,但这个算法并不是多项式级的算法,因为正整数 W 可能远大于 n,这样的算法称为伪多项式时间的算法,更详细的说明见9.1.1 节。

当求出 dp 数组后,如何推导出一个解向量 $\boldsymbol{x}=(x_0,x_1,\cdots,x_{n-1})$呢?其中 $x_i=0$ 表示不选择物品 i,$x_i=1$ 表示选择物品 i。从前面的状态转移方程的后两行看出:

① 若 dp[i][r]=dp[$i-1$][r],表示物品 $i-1$ 放不下或者不放入物品 $i-1$ 的情况,总之不选择物品 $i-1$,置 $x_{i-1}=0$。也就是说当前 dp 元素等于上方元素,不选择对应的物品(物品 $i-1$),并跳到上方位置。

② 否则一定有 dp[i][r]≠dp[$i-1$][r]成立,表示选择物品 $i-1$,置 $x_{i-1}=1$。也就是说当前 dp 元素不等于上方元素,选择对应的物品,并跳到左上角 dp[$i-1$][$r-w[i-1]$]的位置。

这样从 $i=n$，$r=W$ 开始（i 为剩余物品数量，r 为剩余背包容量），若 dp[i][r]≠dp[$i-1$][r]成立，则选择物品 $i-1$，置 $x_{i-1}=1$，置 i-- 递减 i，置 $r=r-w[i-1]$递减 r；否则不选择物品 $i-1$，置 $x_{i-1}=0$，同样递减 i。继续这个过程，直到 $i=0$ 为止。对应的算法如下：

```
void getx()                          //回推求一个最优方案
{   int i=n, r=W;
    while (i>=1)
    {   if (dp[i][r]!=dp[i-1][r])
        {   x[i-1]=1;               //选取物品 i-1
            r=r-w[i-1];
        }
        else x[i-1]=0;              //不选取物品 i-1
        i--;
    }
}
```

例如，$n=5$，$w=\{2,2,6,5,4\}$，$v=\{6,3,5,4,6\}$，$W=10$。先将 dp[i][0]和 dp[0][r]均置为 0，求 dp 数组以及求解向量 x 的过程如图 8.23 所示，最后得到 x 为(1,1,0,0,1)，表示最优解是选择物品 0、1 和 4，总价值为 dp[5][10]=15，图中深阴影部分表示满足 dp[i][r]≠dp[$i-1$][r]条件选择对应物品 $i-1$ 的情况。

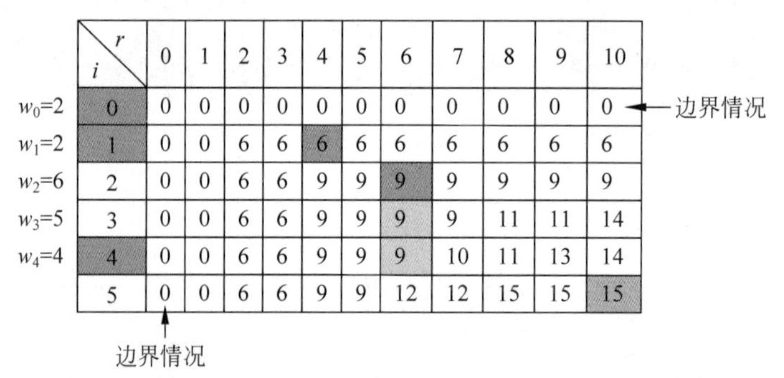

	i \ r	0	1	2	3	4	5	6	7	8	9	10
w_0=2	0	0	0	0	0	0	0	0	0	0	0	0
w_1=2	1	0	0	6	6	6	6	6	6	6	6	6
w_2=6	2	0	0	6	6	9	9	9	9	9	9	9
w_3=5	3	0	0	6	6	9	9	9	9	11	11	14
w_4=4	4	0	0	6	6	9	9	9	10	11	13	14
	5	0	0	6	6	9	9	12	12	15	15	15

图 8.23　求 dp 数组以及求解向量 x 的过程

3. 算法的空间优化

如果仅求 0/1 背包问题的最大价值，可以进一步优化 Knap 算法的空间，将 dp[MAXN][MAXW]改为一维数组 dp[MAXW]，如图 8.24 所示，在阶段 $i-1$ 中将 dp[$i-1$][r]存放在 dp[r]中，将 dp[$i-1$][$r-w[i-1]$]存放在 dp[$r-w[i-1]$]中，这两个状态是可区分的，在阶段 i 中也用 dp[r]存放 dp[i][r]。这样需要将 r 从 1 到 W 的循环顺序改为 r 从 W 到 1 的循环顺序（在 8.6.2 节中解释）。

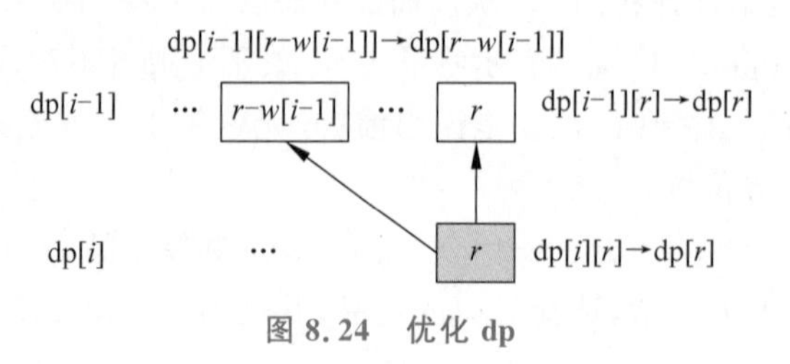

图 8.24　优化 dp

对应的改进算法如下：

```
int Knap1()                              //改进算法 1
{   int dp[MAXN];                        //一维动态规划数组
    memset(dp,0,sizeof(dp));             //置边界情况
    for (int i=1;i<=n;i++)
    {   for (int r=W;r>=0;r--)           //r 按 0 到 W 的逆序(重点)
        {   if (r<w[i-1])
                dp[r]=dp[r];
            else
                dp[r]=max(dp[r],dp[r-w[i-1]]+v[i-1]);
        }
    }
    return dp[W];
}
```

上述算法可以等价地改为如下算法：

```
int Knap2()                                      //改进算法 2
{   int dp[MAXN];                                //一维动态规划数组
    memset(dp,0,sizeof(dp));                     //置边界情况
    for (int i=1;i<=n;i++)
    {   for (int r=W;r>=w[i-1];r--)              //r 按 0 到 W 的逆序(重点)
            dp[r]=max(dp[r],dp[r-w[i-1]]+v[i-1]);
    }
    return dp[W];
}
```

【例 8-3】 某实验室经常有活动需要叫外卖，但是每次叫外卖的报销经费的总额最大为 C 元。有 N 种菜可以点，经过长时间的点菜，网络实验室对于每种菜 i 都有一个量化的评价分数(表示这个菜的可口程度)V_i，每种菜的价格为 P_i，问如何选择各种菜在报销额度范围内使得点到的菜的总评价分数最大？由于需要营养多样化，每种菜最多只能点一次。

输入描述：输入的第一行有两个整数 $C(1\leqslant C\leqslant 1000)$ 和 $N(1\leqslant N\leqslant 100)$，$C$ 代表总共能够报销的额度，N 代表能点的菜的数目。接下来是 N 对整数，每对整数分别表示菜的价格和菜的评价分数(1～100)。

输出描述：输出只包括一行，该行只包含一个整数，表示在报销额度范围内所点的菜得到的最大评价分数。

输入样例：

```
90 4
20 25 30 20 40 50 10 18
40 2
25 30 10 8
```

输出样例：

```
95
38
```

解 本例类似 0/1 背包问题(每种菜只有选择和不选择两种情况)，求总价格为 C 的最

大评价分数。采用求 0/1 背包问题的改进数组算法，设置一个一维动态规划数组 dp，dp[j]表示总价格为 j 的最大评价分数。首先初始化 dp 的所有元素为 0，对于第 i 种菜，不选择时 dp[j]没有变化；若选择，dp[j]=dp[$j-P[i]$]+$V[i]$，所以有 dp[j]=max(dp[j], dp[$j-P[i]$]+$V[i]$)。最终 dp[C]即为所求。对应的程序如下：

```
#include <iostream>
#include <cstring>
#include <algorithm>
using namespace std;
#define MAXN 101
#define MAXV 1001
//问题表示
int N,C;
int P[MAXN];                                    //价格
int V[MAXN];                                    //评价分数
//求解结果表示
int dp[MAXV];                                   //一维动态规划数组
void solve()                                    //求解算法
{   for (int i=1;i<=N;i++)
        for(int j=C;j>=P[i];j--)
            dp[j]=max(dp[j],dp[j-P[i]]+V[i]);
}
int main()
{   while (scanf("%d%d",&C,&N)!=EOF)
    {   memset(dp,0,sizeof(dp));
        for(int i=1;i<=N;i++)
            scanf("%d%d",&P[i],&V[i]);
        solve();
        printf("%d\n",dp[C]);
    }
    return 0;
}
```

扫一扫

视频讲解

8.6.2 完全背包问题

1. 问题描述

有 n 种重量和价值分别为 w_i、v_i($0 \leqslant i < n$)的物品，从这些物品中挑选总重量不超过 W 的物品，每种物品可以挑选任意多件，求挑选物品的最大价值。该问题称为完全背包问题。

2. 问题求解

设置动态规划二维数组 dp，dp[i][r]表示从物品 0～$i-1$(共 i 个物品)中选出重量不超过 r 的物品的最大总价值。显然有 dp[i][0]=0(背包不能装入任何物品时，总价值为 0)，dp[0][j]=0(没有任何物品可装入时，总价值为 0)，将它们作为边界情况，为此采用 memset()函数一次性将 dp 数组初始化为 0。另外设置二维数组 fk，其中 fk[i][r]存放 dp[i][r]得到最大值时物品 $i-1$ 挑选的件数。考虑物品 $i-1$，可以选择 0～k($k \times w[i-1] \leqslant r$)次，状态转移图如图 8.25 所示，对应的状态转移方程如下：

$$dp[i][r] = \max_{k \times w[i-1] \leqslant r}\{dp[i-1][r-k \times w[i-1]] + k \times v[i-1]\}$$

$$fk[i][r] = k \quad \text{物品 } i-1 \text{ 取 } k \text{ 件}$$

求出 dp 数组后，dp[n][W]便是完全背包问题的最大价值。

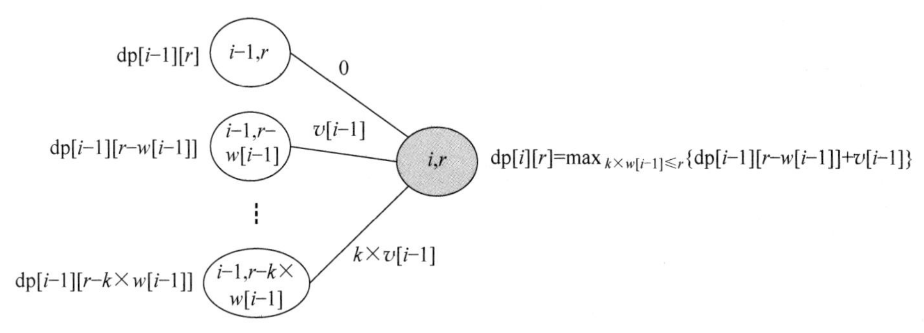

图 8.25 完全背包问题的状态转移图

例如，$n=3$，$W=7$，$w=(3,4,2)$，$v=(4,5,3)$，其求解结果如表 8.3 所示，表中元素为"dp[i][r] [fk[i][r]]"，其中 $f(n,W)$为最终结果，即最大价值总和为 10，推导一种最优方案的过程是先找到 fk[3][7]=10，fk[3][7]=2，物品 2 挑选两件，fk[2][$W-2\times2$]=fk[2][3]=0，物品 1 挑选 0 件，fk[1][3]=1，物品 0 挑选一件。

表 8.3 多重背包问题的求解结果

i	j							
	0	1	2	3	4	5	6	7
0	0[0]	0[0]	0[0]	0[0]	0[0]	0[0]	0[0]	0[0]
1	0[0]	0[0]	0[0]	4[1]	4[1]	4[1]	8[2]	8[2]
2	0[0]	0[0]	0[0]	4[0]	5[1]	5[1]	8[0]	9[1]
3	0[0]	0[0]	3[1]	4[0]	6[2]	7[1]	9[3]	10[2]

对应的算法如下：

```
int n=3,W=7;
int w[MAXN]={3,4,2};
int v[MAXN]={4,5,3};
int dp[MAXN][MAXW],fk[MAXN][MAXW];                      //二维动态规划数组
int completeKnap()                                      //求解完全背包问题
{   memset(dp,0,sizeof(dp));
    memset(fk,0,sizeof(fk));
    for (int i=1;i<=n;i++)
    {   for (int r=0;r<=W;r++)
        {   for (int k=0;k*w[i-1]<=r;k++)
            {   if (dp[i][r]<dp[i-1][r-k*w[i-1]]+k*v[i-1])
                {   dp[i][r]=dp[i-1][r-k*w[i-1]]+k*v[i-1];
                    fk[i][r]=k;                         //物品 i-1 取 k 件
                }
            }
        }
    }
    return dp[n][W];
}
void getx()                                             //推导一个最优方案
{   int i=n,r=W;
    while (i>=1)
    {   printf("物品%d 共%d 件 ",i-1,fk[i][r]);
```

```
            r-=fk[i][r] * w[i-1];                  //剩余重量
            i--;
        }
        printf("\n");
    }
```

【算法分析】 在 completeKnap 算法中包含三重循环，k 的循环最坏可能从 0 到 W，所以算法的时间复杂度为 $O(nW^2)$。

3. 算法的时间优化

可以改进前面的算法，现在仅考虑求最大价值，将完全背包问题转换为这样的 0/1 背包问题：物品 i 出现 $\lfloor W/w[i] \rfloor$ 次，例如对于完全背包问题 $n=3, W=7, w=(3,4,2), v=(4,5,3)$，物品 0 最多取 $W/3=2$ 次，物品 1 最多取 $W/4=1$ 次，物品 2 最多取 $W/2=3$ 次，对应的 0/1 背包问题是 $W=7, n=6, w=(3,3,4,2,2,2), v=(4,4,5,3,3,3)$，后者的最大价值与前者是相同的。

实际上没有必要预先做这样的转换，在求 dp[i][r]（此时考虑物品 $i-1$ 的选择）时，选择几件物品 $i-1$ 对应的 r 是不同的，也就是说选择不同件数的物品 $i-1$ 的各种状态是可以区分的。为此，让 i 不变，r 从 0 到 W 循环，若 $r<w[i-1]$，说明物品 $i-1$ 放不下，一定不能选择；否则在不选择和选择一次之间求最大值，由于 r 是循环递增的，这样可能会导致多次选择物品 $i-1$。例如，$n=3, W=7, w=(3,4,2), v=(4,5,3)$，求解过程如下：

① $i=1$ 时：

$r=0, r<w[i-1]$ ⇨**dp[1][0]**=**dp[0][0]**=0

$r=1, r<w[i-1]$ ⇨dp[1][1]=dp[0][1]=0

$r=2, r<w[i-1]$ ⇨dp[1][2]=dp[0][2]=0

$r=3, r\geqslant w[i-1]$ ⇨**dp[1][3]**=max(dp[0][3],**dp[1][3-3]**+4)=4（物品 0 选择一次）

$r=4, r\geqslant w[i-1]$ ⇨dp[1][4]=max(dp[0][4],dp[1][4-3]+4)=4

$r=5, r\geqslant w[i-1]$ ⇨dp[1][5]=max(dp[0][5],dp[1][5-3]+4)=4

$r=6, r\geqslant w[i-1]$ ⇨dp[1][6]=max(dp[0][6],dp[1][6-3]+4)=8

$r=7, r\geqslant w[i-1]$ ⇨dp[1][7]=max(dp[0][7],dp[1][7-3]+4)=8

② $i=2$ 时：

$r=0, r<w[i-1]$ ⇨dp[2][0]=dp[1][0]=0

$r=1, r<w[i-1]$ ⇨dp[2][1]=dp[1][1]=0

$r=2, r<w[i-1]$ ⇨dp[2][2]=dp[1][2]=0

$r=3, r<w[i-1]$ ⇨**dp[2][3]**=**dp[1][3]**=4（物品 1 选择 0 次）

$r=4, r\geqslant w[i-1]$ ⇨dp[2][4]=max(dp[1][4],dp[2][4-4]+5)=5

$r=5, r\geqslant w[i-1]$ ⇨dp[2][5]=max(dp[1][5],dp[2][5-4]+5)=5

$r=6, r\geqslant w[i-1]$ ⇨dp[2][6]=max(dp[1][6],dp[2][6-4]+5)=8

$r=7, r\geqslant w[i-1]$ ⇨dp[2][7]=max(dp[1][7],dp[2][7-4]+5)=9

③ $i=3$ 时：

$r=0, r<w[i-1]$ ⇨dp[3][0]=dp[2][0]=0

$r=1, r<w[i-1]$ ⇨dp[3][1]=dp[2][1]=0

$r=2, r \geqslant w[i-1]$ ⇨dp[3][2]=max(dp[2][2],dp[3][2-2]+3)=3

$r=3, r \geqslant w[i-1]$ ⇨**dp[3][3]**=max(**dp[2][3]**,dp[3][3-2]+3)=4

$r=4, r \geqslant w[i-1]$ ⇨dp[3][4]=max(dp[2][4],dp[3][4-2]+3)=6

$r=5, r \geqslant w[i-1]$ ⇨**dp[3][5]**=max(dp[2][5],**dp[3][5-2]**+3)=7(物品2选择一次)

$r=6, r \geqslant w[i-1]$ ⇨dp[3][6]=max(dp[2][6],dp[3][6-2]+3)=9

$r=7, r \geqslant w[i-1]$ ⇨**dp[3][7]**=max(dp[2][7],**dp[3][7-2]**+3)=10(物品2选择一次)

最后得到的最优总价值=dp[3][7]=10,可以从dp[3][7]开始推导出选择方案(上述粗体部分给出了推导中涉及的计算步骤)。对应的改进算法如下:

```
int completeKnap1()                    //改进算法1
{    memset(dp,0,sizeof(dp));
     for (int i=1;i<=n;i++)
     {    for (int r=0;r<=W;r++)
          {    if (r<w[i-1])   //物品i-1放不下
                    dp[i][r]=dp[i-1][r];
               else                    //在不选择和选择物品i-1(多次)中求最大值
                    dp[i][r]=max(dp[i-1][r],dp[i][r-w[i-1]]+v[i-1]);
          }
     }
     return dp[n][W];                  //返回总价值
}
```

【算法分析】 上述算法中包含两重循环,所以算法的时间复杂度为$O(nW)$。

4. 算法的空间优化*

现在讨论上述完全背包算法的空间优化。先解释在0/1背包问题改进算法中为什么r需要从W到1循环。例如对于0/1背包问题$n=2, W=2, w=\{2,1\}, v=\{3,6\}$,按$r$从$W$到1循环,计算过程如下:

① 考虑物品0($i=1$):

$r=2$,放入物品0⇨dp[2]=3。

$r=1$,放不下物品0⇨dp[1]=0。

② 考虑物品1($i=2$):

$r=2$,放入物品1⇨dp[2]=dp[$r-w[i-1]$]+$v[i-1]$=dp[2-1]+6=dp[1]+6=6(前面状态是dp[1])。

$r=1$,放入物品1⇨dp[1]=dp[$r-w[i-1]$]+$v[i-1]$=dp[1-1]+6=dp[0]+6=6(前面状态是dp[0])。

最后有dp[W]=6,这是正确的最大总价值。如果不逆序循环会出现什么问题呢?例如,上述0/1背包问题按r从1到W循环,计算过程如下:

① 考虑物品0($i=1$):

$r=1$,放不下物品0⇨dp[1]=0。

$r=2$,放入物品0⇨dp[2]=3。

② 考虑物品1($i=2$):

$r=1, r \geqslant w[i-1]$,放入物品1⇨dp[1]=6。

$r=2, r \geqslant w[i-1]$,放入物品1⇨dp[2]=dp[$r-w[i-1]$]+$v[i-1]$=dp[2-1]+6=

dp[1]+6=12(前面状态 dp[1]已经放过一次物品 1,此时重复放入了物品 1)。

最后有 dp[W]=12,按照 0/1 背包问题求解该结果是错误的,原因是 i 不变 r 从小到大递增时,若 r1<r2,如果 r1≥$w[i-1]$,则 r2≥$w[i-1]$一定成立,这样就会重复放入物品 $i-1$。当 r 从 W 到 1 循环时,由于 r 越来越小,放入物品 $i-1$ 时若较大的 dp[r]=dp[$r-w[i-1]$]+$v[i-1]$,而 $r-w[i-1]<r$,dp[$r-w[i-1]$]为前面阶段的计算结果,所以不会重复放入物品 $i-1$。

有趣的是若将该问题看成完全背包问题,这个结果是正确的,因为完全背包问题恰好需要重复放入物品。所以只需要在 0/1 背包问题改进算法中将 r 从 1 到 W 循环就得到了完全背包问题改进算法,对应的算法如下:

```
int completeKnap2()                          //完全背包问题改进算法 2
{    int dp[MAXN];                           //一维动态规划数组
     memset(dp,0,sizeof(dp));                //置边界情况
     for (int i=1;i<=n;i++)
     {    for (int r=w[i-1];r<=W;r++)        //r 按 w[i-1]到 W 的顺序
              dp[r]=max(dp[r],dp[r-w[i-1]]+v[i-1]);
     }
     return dp[W];
}
```

扫一扫

视频讲解

8.6.3 实战——零钱兑换(LeetCode322)

1. 问题描述

给定一个含 $n(1\leqslant n\leqslant 12)$ 个整数的数组 coins,表示不同面额的硬币($1\leqslant$coins[i]$\leqslant 2^{31}-1$),以及一个表示总金额的整数 amount($0\leqslant$amount$\leqslant 10^4$)。求可以凑成总金额所需的最少的硬币个数,如果没有任何一种硬币组合能组成总金额则返回 −1 。可以认为每种硬币的数量是无限的。例如,coins={1,2,5},amount=11,对应的硬币组合是 1,5,5,答案为 3。要求设计如下函数:

```
class Solution {
public:
     int coinChange(vector<int>& coins, int amount) { }
};
```

2. 问题求解

由于每种硬币的数量是无限的,该问题转换为完全背包问题,只是这里求最少的硬币个数,相当于每个硬币的价值为 1,并且将 max 改为 min。采用改进的完全背包动态规划算法,设置一维动态规划数组 dp,dp[r]表示总金额为 r 的最少的硬币个数。另外考虑特殊情况,将 dp 数组的所有元素初始化为∞,当最后出现 dp[amount]为∞时,说明没有任何一种硬币组合能组成 amount 金额,返回−1。对应的程序如下:

```
class Solution {
     const int INF=0x3f3f3f3f;
public:
     int coinChange(vector<int>& coins, int amount)
```

```
    {   int n=coins.size();
        if (amount==0) return 0;
        int dp[amount+1];                              //一维动态规划数组
        memset(dp,0x3f,sizeof(dp));                    //置边界情况
        dp[0]=0;
        for (int i=1;i<=n;i++)
        {   for (int r=1;r<=amount;r++)
            {   if (r>=coins[i-1])
                    dp[r]=min(dp[r],dp[r-coins[i-1]]+1);
            }
        }
        return dp[amount]==INF?-1:dp[amount];
    }
};
```

上述程序提交时通过,执行时间为56ms,内存消耗为9.8MB。

8.6.4* 多重背包问题

1. 问题描述

有 n 种重量和价值分别为 w_i、v_i($0\leqslant i<n$)的物品,物品 i 有 s_i 件。从这些物品中挑选总重量不超过 W 的物品,每种物品可以挑选多件,求挑选物品的最大价值。该问题称为多重背包问题。例如,$n=3,W=7,w=\{3,4,2\},v=\{4,5,3\},s=\{2,2,1\}$,对应的最大价值为9,一个最优方案是物品0和1各选择一件。

2. 问题求解

多重背包问题的求解与完全背包问题的基本解法类似,这里仅讨论求最大价值。设置动态规划二维数组dp,dp[i][r]表示从物品 $0\sim i-1$(共 i 个物品)中选出重量不超过 r 的物品的最大总价值,选择物品 i 的最多件数为 $s[i]$。考虑物品 $i-1$(选择0到 k 次)的状态转移方程如下:

$$dp[i][r]=\max_{k\times w[i-1]\leqslant r}\{dp[i-1][r-k\times w[i-1]]+k\times v[i-1]\}$$

对应的算法如下:

```
int multiKnap()                                  //求解多重背包问题
{   int dp[MAXN][MAXW];                          //二维动态规划数组
    memset(dp,0,sizeof(dp));
    for (int i=1;i<=n;i++)
    {   for (int r=0;r<=W;r++)
        {   for (int k=0;k<=s[i-1];k++)
            {   if(k*w[i-1]<=r)                  //不超重时
                    dp[i][r]=max(dp[i][r],dp[i-1][r-k*w[i-1]]+k*v[i-1]);
            }
        }
    }
    return dp[n][W];
}
```

对上述算法的时空性能优化不再讨论。

8.7 树形动态规划

树形动态规划指基于树结构(含二叉树)的动态规划算法设计，由于树具有严格的分层，使得动态规划的阶段十分清晰，例如父子结点的关系可能就是两个阶段之间的联系。树形动态规划涉及树的搜索，通常采用深度优先搜索。本节通过两个实战题讨论树形动态规划。

扫一扫

视频讲解

8.7.1 实战——庆祝晚会(HDU1520)

1. 问题描述

某学校要开一个庆祝晚会，学校员工之间有上下级关系，这样构成一棵关系树结构。为了让所有员工开心，晚会组织者决定不会同时邀请一个员工和他的直属上级。对于每个员工参加晚会有一个开心指数，问组织者应该邀请哪些员工参加晚会使得开心指数达到最大值?

输入格式：员工的编号从 1 到 n。输入的第一行包含数字 $n(1\leqslant n\leqslant 6000)$，随后的 n 个整数表示相应员工的开心指数，开心指数是一个 $-128\sim127$ 的整数。然后用 T 行描述关系树结构，树的每一行的格式是 L K，表示员工 K 是员工 L 的直接上级。输入以 0 0 行表示结尾。

输出格式：输出参加晚会的所有员工开心指数和的最大值。

输入样例：

```
7
1 1 1 1 1 1 1
1 3
2 3
6 4
7 4
4 5
3 5
0 0
```

输出样例：

```
5
```

2. 问题求解

所有员工的编号是 $1\sim n$，样例的员工关系树结构如图 8.26 所示，采用邻接表(参见 2.6.1 节的邻接表 I 部分)存放员工关系树结构，head[MAXN]为头结点数组，edges[MAXN]为边结点数组，由于是一棵树，边数=结点人数-1。value[MAXN]数组存放表示员工开心的开心指数，为了方便找到根结点，设置 parent[MAXN]存放每个员工的直接上级(双亲结点编号)。

采用树形动态规划方法求解，每个员工有两种状态，即参加和不参加庆祝晚会。为此，设计二维动态规划数组 dp 来描述状态(初始时所有元素设置为 0)，dp[i][1]表示员工 i 参加庆祝晚会时对应子树的最大开心指数和，dp[i][0]表示员工 i 不参加庆祝晚会时对应子树的最大开心指数和。

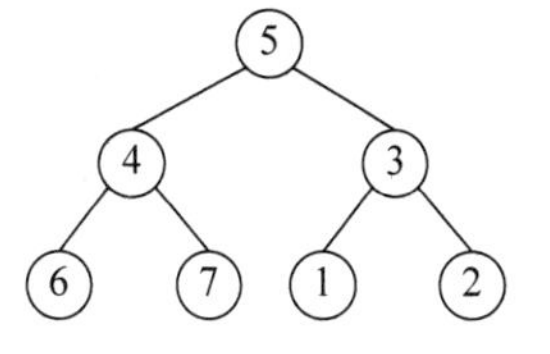

图 8.26 员工关系树结构

当员工 i 参加庆祝晚会时，其所有下级员工都不能参加。假设员工 i 有下级员工 son1，…，son$k$，即 dp[i][1]=value[i]+dp[son1][0]+…dp[son$k$][0]。

当员工 i 不参加庆祝晚会时，他的每个下级员工可以参加也可以不参加，则取每个员工可以参加也可以不参加的最大值，然后累计起来，即 dp[i][0]=max(dp[son1][1],dp[son1][0])+…+max(dp[son$k$][1],dp[son$k$][0])。

在求出 dp 数组后，假设根结点是 root，则 max(dp[root][0],dp[root][1])就是最后的答案。对应的程序如下：

```
#include <iostream>
#include <cstring>
using namespace std;
#define max(a,b) (a>b?a:b)
#define MAXN 6005                                  //图中最多的顶点数
int head[MAXN];                                    //头结点数组
struct Edge                                        //边结点类型
{   int adjvex;                                    //邻接点
    int next;                                      //下一个边结点在 edges 数组中的下标
} edges[MAXN];                                     //边结点数组
int n;                                             //顶点数
int cnt;                                           //edges 数组中的元素个数
int dp[MAXN][2];                                   //动态规划数组
int parent[MAXN];                                  //parent[i]表示员工 i 的双亲
int value[MAXN];                                   //value[i]表示员工 i 的开心指数
void addedge(int u,int v)                          //添加一条有向边<u,v>
{   edges[cnt].adjvex=v;                           //该边插入 edges 数组的末尾
    edges[cnt].next=head[u];                       //将 edges[cnt]边结点插入 head[u]的表头
    head[u]=cnt;
    cnt++;                                         //edges 数组的元素个数增 1
}
void init()                                        //初始化算法
{   cnt=0;                                         //cnt 从 0 开始
    memset(head,0xff,sizeof(head));                //所有元素初始化为-1
    memset(parent,0xff,sizeof(parent));            //所有的双亲初始化为-1
    memset(dp,0,sizeof(dp));
}
void dfs(int root)                                 //深度优先搜索
{   if(head[root]==-1)                             //员工 root 没有下级
    {   dp[root][1]=value[root];
        dp[root][0]=0;
        return;
    }
    dp[root][0]=0;
    dp[root][1]=value[root];
    int now=head[root];
    while(now!=-1)
    {   int son=edges[now].adjvex;                 //找到 root 的下级员工 son
        dfs(son);
        dp[root][1]+=dp[son][0];                   //员工 root 参加的情况
```

```
            dp[root][0]+=max(dp[son][1],dp[son][0]);    //员工 root 不参加的情况
            now=edges[now].next;                         //继续找 root 的下级员工
        }
}
int main()
{   while(scanf("%d",&n)!=EOF)
    {   init();
        for(int i=1;i<=n;i++)                            //获取每个员工的开心指数
            scanf("%d",&value[i]);
        int a,b;
        while(scanf("%d%d",&a,&b),a+b)
        {   addedge(b,a);                                //添加边<b,a>
            parent[a]=b;                                 //表示 a 的双亲为 b(即 b 是 a 的直接上级)
        }
        int root=n;
        while(parent[root]!=-1)                          //从员工 n 向上找到根结点 root
            root=parent[root];
        dfs(root);                                       //用 dfs 求 dp 数组
        printf("%d\n",max(dp[root][0],dp[root][1]));    //输出结果
    }
    return 0;
}
```

上述程序提交时通过,执行时间为 109ms,内存消耗 1900KB。

8.7.2 实战——找矿(LeetCode337)

1. 问题描述

有一个矿洞由多个矿区组成,每个矿区有若干煤炭,矿洞只有一个入口,称之为根。除了根之外,每个矿区有且只有一个父矿区与之相连。所有矿区的排列类似于一棵二叉树。A 进入矿洞想找到尽可能多的煤炭,由于某种原因 A 不能在同一天晚上拿走两个直接相连矿区的煤炭。求 A 一晚能够拿走的最多煤炭。例如,一个矿洞的结构如图 8.27 所示,二叉树结点中的数字表示煤炭数量,A 一晚能够拿走的最多煤炭=3+3+1=7。

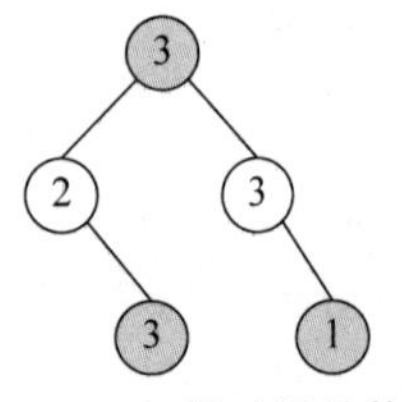

图 8.27 一棵矿洞结构的二叉树

要求设计如下函数(二叉树采用二叉链存储,TreeNode 结点类型参见 2.4.1 节中的定义):

```
class Solution {
public:
    int rob(TreeNode * root) { }
};
```

2. 问题求解——备忘录方法

采用递归分治的思路,设 $f(\text{root})$ 表示在 root 为根的二叉树中的最大收益(能够拿走的最多煤炭),则有以下两种情况:

① 拿 root 结点(即拿走 root 结点中的煤炭),依题意不能拿 root 的孩子结点(root 结点与其孩子结点直接相连),但可以拿 root 孩子结点的孩子,如图 8.28 所示,该情况对应的最

大收益用 money1 表示，则 money1＝root－> val＋f(root－> left－> left)＋f(root－> left－> right)＋f(root－> right－> left)＋f(root－> right－> right)。

② 不拿 root 结点，则可以拿 root－> left 和 root－> right 结点，如图 8.29 所示，该情况对应的最大收益 money2＝f(root－> left)＋f(root－> right)。

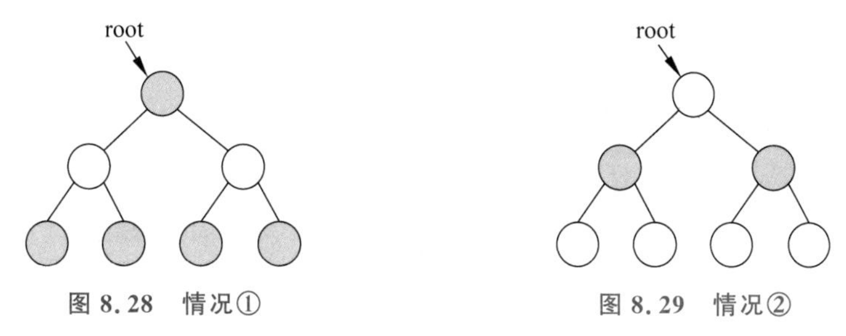

图 8.28　情况①　　　　图 8.29　情况②

最后返回 max(money1，money2)即可。对应的程序如下：

```
class Solution {
public:
    int rob(TreeNode * root)
    {   if (root==NULL) return 0;
        return order(root);
    }
    int order(TreeNode * root)                    //动态规划算法
    {   if (root==NULL) return 0;
        int money1=root->val;
        if (root->left!=NULL)
            money1+=order(root->left->left)+order(root->left->right);
        if (root->right!=NULL)
            money1+=order(root->right->left)+order(root->right->right);
        int money2=order(root->left)+order(root->right);
        return max(money1, money2);
    }
};
```

上述程序提交时超时，其中存在大量重复的子问题计算。采用备忘录方法，用哈希映射 unordered_map < TreeNode *，int >容器 hmap 存储已经求出的子问题的解，以消除重复计算，也就是说若结点 root 在 hmap 中找到了答案就直接返回。对应的程序如下：

```
class Solution {
    unordered_map<TreeNode *, int> hmap;              //定义哈希表作为动态规划数组
public:
    int rob(TreeNode * root)
    {   if (root==NULL) return 0;
        return order(root);
    }
    int order(TreeNode * root)                        //动态规划算法
    {   if (root==NULL) return 0;
        if(hmap.find(root)!=hmap.end())               //该子问题已经求出，直接返回解
            return hmap[root];
        int money1=root->val;
        if (root->left!=NULL)
            money1+=(order(root->left->left)+order(root->left->right));
```

```
            if (root -> right!=NULL)
                money1+=(order(root -> right -> left)+order(root -> right -> right));
            int money2=order(root -> left)+order(root -> right);
            hmap[root]=max(money1,money2);
            return hmap[root];
        }
};
```

上述程序提交时通过，执行时间为 16ms，内存消耗为 24.2MB。

3. 问题求解——动态规划方法

对于当前结点 root，有拿和不拿两种可能，设计一维动态规划数组 dp[2]，dp[0]表示不拿结点 root 的最大收益，dp[1]表示拿结点 root 的最大收益，拿左、右孩子结点的动态规划数组分别用 leftdp[]和 rightdp[]表示。

① 不拿结点 root，则 root 的左、右孩子结点可以选择拿或不拿，以 root 为根结点的树的最大收益＝左子树的最大收益＋右子树的最大收益，其中左子树的最大收益＝max(拿左孩子结点，不拿左孩子结点)，右子树的最大收益＝max(拿右孩子结点，不拿右孩子结点)。这样有 dp[0]＝max(leftdp[0]，leftdp[1])＋max(rightdp[0]，rightdp[1])。

② 拿结点 root，则以 root 为根结点的树的最大收益＝root－> val＋不拿左子结点时左子树的最大收益＋不拿右子结点时右子树的最大收益，即 dp[1]＝root－> val＋leftdp[0]＋rightdp[0]。

最后返回 max(dp[0]，dp[1])即可。对应的程序如下：

```
class Solution {
public:
    int rob(TreeNode * root)
    {   if (root==NULL) return 0;
        vector<int> dp=order(root);
        return max(dp[0],dp[1]);
    }
    vector<int> order(TreeNode * root)                //动态规划算法
    {   if (root==NULL) return {0,0};
        vector<int> dp(2,0);
        vector<int> leftdp=order(root -> left);
        vector<int> rightdp=order(root -> right);
        dp[0]=max(leftdp[0],leftdp[1])+max(rightdp[0],rightdp[1]);
        dp[1]=root -> val+leftdp[0]+rightdp[0];
        return dp;
    }
};
```

上述程序提交时通过，执行用时为 28ms，内存消耗为 31MB。

8.8 区间动态规划

区间动态规划通常以连续区间的求解作为子问题，例如区间[i，j]上的最优解用 dp[i][j]表示。先在小区间上进行动态规划得到子问题的最优解，再利用小区间的最优解合并产生大区间的最优解。所以区间动态规划一般需要从小到大枚举所有可能的区间，在枚举时不能像平常的从头到尾遍历，而是以区间的长度 len 为循环变量，在不同的长度区间里枚举所有可能的状态，并从中选取最优解。合并操作一般是把左、右两个相邻的子区间合并。本节通过两个实战题讨论区间动态规划。

8.8.1 实战——戳气球(LeetCode312)

1. 问题描述

扫一扫

视频讲解

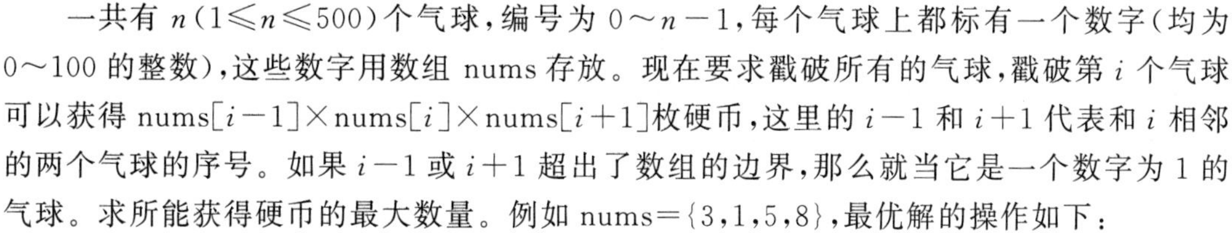

一共有 $n(1\leqslant n\leqslant 500)$ 个气球，编号为 $0\sim n-1$，每个气球上都标有一个数字(均为 0～100 的整数)，这些数字用数组 nums 存放。现在要求戳破所有的气球，戳破第 i 个气球可以获得 nums[$i-1$]×nums[i]×nums[$i+1$]枚硬币，这里的 $i-1$ 和 $i+1$ 代表和 i 相邻的两个气球的序号。如果 $i-1$ 或 $i+1$ 超出了数组的边界，那么就当它是一个数字为 1 的气球。求所能获得硬币的最大数量。例如 nums={3,1,5,8}，最优解的操作如下：

① 戳破数字为 1 的气球，获得硬币=3×1×5=15。nums={3,5,8}。

② 戳破数字为 5 的气球，获得硬币=3×5×8=120。nums={3,8}。

③ 戳破数字为 3 的气球，获得硬币=1×3×8=24。nums={8}。

④ 戳破数字为 8 的气球，获得硬币=1×8×1=8。nums={}。

最优解=15+120+24+8=167。要求设计如下函数：

```
class Solution {
public:
    int maxCoins(vector<int>& nums) {   }
};
```

2. 问题求解

为了简单，在 nums 数组前后插入数字 1 不影响最终结果，其中元素个数仍然用 n 表示。采用区间动态规划方法求解，设计二维动态规划数组 dp[n][n]，dp[i][j]表示戳破[i,j]序号区间的气球(不含气球 i 和 j)的最大收益，初始时设置 dp 数组的所有元素为 0。用 len 枚举区间[i,j](len 从 3 开始递增)，再枚举该区间中最后戳破的气球 $m(i+1\leqslant m\leqslant j-1)$，最后戳破气球 m(m 称为分割点)时前后只剩下气球 i 和气球 j，对应的收益是 nums[i]×nums[m]×nums[j]，同时戳破[i,m]序号区间气球的最大收益为 dp[i][m]，戳破[m,j]序号区间气球的最大收益为 dp[m][j]，因此 dp[i][j]$=\max_{i+1\leqslant m\leqslant j-1}${nums[$i$]×nums[$m$]×nums[$j$]+dp[$i$][$m$]+dp[$m$][$j$]}。

在求出 dp 数组后，dp[0][$n-1$]就是最终的答案。例如，nums={2,1}，前后添加 1 后 a={1,2,1,1}，$n=4$，对于区间[i,j]，分割点 m 的取值为 $i+1\sim j-1$(即最后戳破气球 nums[m]，将区间[i,j]分割为两个非空区间[i,m]和[m,j])，求解过程如下：

① len=3 时，考虑区间[i,j]=[0,2]：

$m=1$，dp[0][2]=max(dp[0][2]，a[0]×a[1]×a[2]+dp[0][1]+dp[1][2])=max(0,1×2×1+0+0)=2。

考虑区间[i,j]=[1,3]：

$m=2$，dp[1][3]=max(dp[1][3]，a[1]×a[2]×a[3]+dp[1][2]+dp[2][3])=max(0,2×1×1+0+0)=2。

② len=4 时，考虑区间$[i,j]=[0,3]$：

$m=1$，dp[0][3]=max(dp[0][3]，$a[0]\times a[1]\times a[3]$+dp[0][1]+dp[1][3])=max(0，$1\times2\times1+0+2$)=4。

$m=2$，dp[0][3]=max(dp[0][3]，$a[0]\times a[2]\times a[3]$+dp[0][2]+dp[2][3])=max(4，$1\times1\times1+2+0$)=4。

其中求 dp[i][j]的顺序如图 8.30 所示，即按斜对角线方向、所有斜对角线从左向右的顺序求值（称为时间线枚举），最后一条斜对角线只有 dp[0][3]元素，其结果为 4。

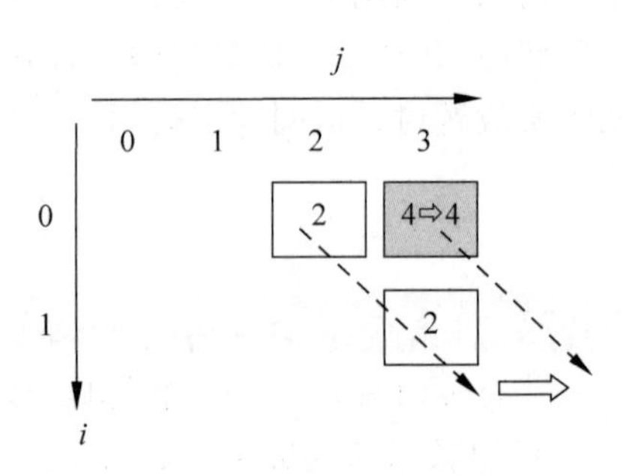

图 8.30　求 dp[i][j]的顺序(1)

采用对角线枚举对应的程序如下：

```
class Solution {
public:
    int maxCoins(vector<int> & nums)
    {   nums.insert(nums.begin(),1);                  //nums 前后插入 1,不影响结果
        nums.push_back(1);
        int n=nums.size();
        vector<vector<int>> dp(n,vector<int>(n,0));
        for (int len=3;len<=n;len++)
        {   for (int i=0;i+len-1<n;i++)
            {   int j=i+len-1;                        //区间[i,j]的长度为 len
                for (int m=i+1;m<j;m++)               //枚举分割点 m(不包含 i 和 j)
                    dp[i][j]=max(dp[i][j],nums[i] * nums[m] * nums[j]+dp[i][m]+dp[m][j]);
            }
        }
        return dp[0][n-1];
    }
};
```

上述程序提交时通过，执行用时为 600ms，内存消耗为 9.9MB。

另外也可以直接枚举区间，如果采用 i 从 0 到 $n-1$、j 从 $i+1$ 到 $n-1$ 的两重循环（称为自上而下枚举），对于前面的实例，求解过程如下。

① 考虑区间$[i,j]=[0,2]$：

$m=1$，dp[0][2]=max(dp[0][2]，$a[0]\times a[1]\times a[2]$+dp[0][1]+dp[1][2])=max(0，$1\times2\times1+0+0$)=2。

② 考虑区间$[i,j]=[0,3]$：

$m=1$，dp[0][3]=max(dp[0][3]，$a[0]\times a[1]\times a[3]$+dp[0][1]+dp[1][3])=max(0，$1\times2\times1+0+0$)=2。

$m=2$，dp[0][3]=max(dp[0][3]，$a[0]\times a[2]\times a[3]$+dp[0][2]+dp[2][3])=max(2，$1\times1\times1+2+0$)=3。

③ 考虑区间$[i,j]=[1,3]$：

$m=2$，dp[1][3]=max(dp[1][3]，$a[1]\times a[2]\times a[3]$+dp[1][2]+dp[2][3]=max(0，2×

$1\times1+0+0)=2$。

其中，求 dp[i][j]的顺序如图 8.31 所示，即按行从上到下，每一行从左到右的顺序求值，最后结果为 dp[0][3]=3，结果是错误的(因为 dp[0][3]不是最后一个求值的元素)。

若采用 i 从 $n-1$ 到 0、j 从 $i+1$ 到 $n-1$ 的两重循环(称为自下而上枚举)，对于前面实例，另一种求解过程如下。

① 考虑区间[i,j]=[1,3]：

$m=2$，dp[1][3]=max(dp[1][3]，a[1]×a[2]×a[3]+dp[1][2]+dp[2][3])=max(0，2×1×1+0+0)=2。

② 考虑区间[i,j]=[0,2]：

$m=1$，dp[0][2]=max(dp[0][2]，a[0]×a[1]×a[2]+dp[0][1]+dp[1][2])=max(0，1×2×1+0+0)=2。

③ 考虑区间[i,j]=[0,3]：

$m=1$，dp[0][3]=max(dp[0][3]，a[0]×a[1]×a[3]+dp[0][1]+dp[1][3])=max(0，1×2×1+0+2)=4。

$m=2$，dp[0][3]=max(dp[0][3]，a[0]×a[2]×a[3]+dp[0][2]+dp[2][3])=max(4，1×1×1+2+0)=4。

其中求 dp[i][j]的顺序如图 8.32 所示，即按行自下而上，每一行从左到右的顺序求值，最后结果为 dp[0][3]=4，因为保证 dp[0][3]最后求出，所以结果是正确的。

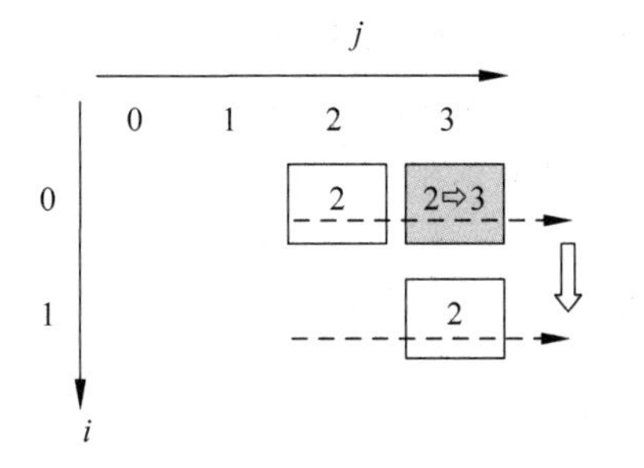

图 8.31 求 dp[i][j]的顺序(2)

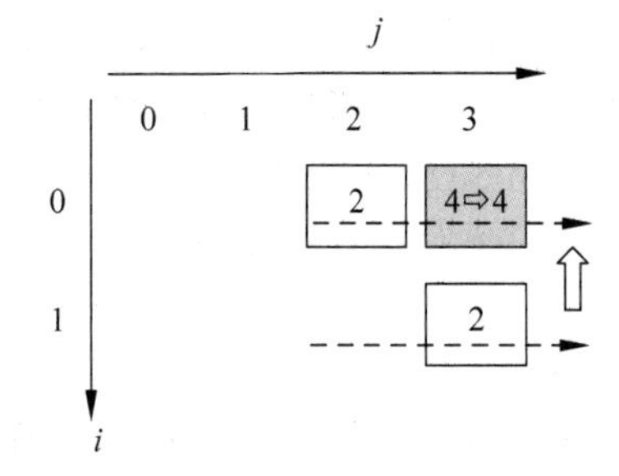

图 8.32 求 dp[i][j]的顺序(3)

采用自下而上枚举对应的程序如下：

```
class Solution {
public:
    int maxCoins(vector<int>& nums)
    {   nums.insert(nums.begin(),1);                    //nums 前后插入 1,不影响结果
        nums.push_back(1);
        int n=nums.size();
        vector<vector<int>> dp(n,vector<int>(n,0));
        for(int i=n-1;i>=0;i--)
        {   for(int j=i+1;j<n;j++)
            {   if(j-i>=2)                              //区间长度至少为 3
                {   for(int m=i+1;m<j;m++)              //枚举分割点 m(不包含 i 和 j)
                        dp[i][j]=max(dp[i][j],nums[i] * nums[m] * nums[j]
                                    +dp[i][m]+dp[m][j]);
                }
            }
```

```
        }
        return dp[0][n-1];
    }
};
```

上述程序提交时通过，执行时间为596ms，内存消耗为9.9MB。

8.8.2 实战——最长回文子串(LeetCode5)

1. 问题描述

给定一个字符串 s(s 仅由数字和英文大小写字母组成，长度为1～1000)，求 s 中最长的回文子串。例如，s="babad"，最长的回文子串有"bab"和"aba"，求出任意一个均可。要求设计如下函数：

```
class Solution {
public:
    string longestPalindrome(string s) {}
};
```

2. 问题求解

如果知道 s 中所有的回文子串，就可以通过两重循环找到最长的回文子串。为此采用区间动态规划方法，设计二维动态规划数组 dp[n][n]，其中 dp[i][j]表示 s[i..j]子串是否为回文子串，求出 dp 数组就相当于求出了 s 中所有的回文子串，再用 ans 存放其中最长的回文子串(初始为空串)。求 dp 数组也需要两重循环完成，这样就可以在求 dp 数组的同时求 ans。

初始时置 dp 数组的所有元素为 false。按长度 len 枚举 s[i..j]子串(i 从0开始递增，j=i+len−1)，len 从1开始递增：

① 当 len=1 时，s[i..j]中只有一个字符，而一个字符的子串一定是回文子串，所以置 dp[i][j]=true。

② 当 len=2 时，s[i..j]中有两个字符，分为两种子情况，若 s[i]==s[j]说明 s[i..j]为回文子串，置 dp[i][j]=true；否则说明 s[i..j]不是回文子串，置 dp[i][j]=false。

③ 对于其他长度的 len，显然 dp[i][j]=(s[i]==s[j] && dp[i+1][j−1])，也就是说若 s[i+1..j−1]为回文子串，并且 s[i]==s[j]，则 s[i..j]也是回文子串，其他情况说明 s[i..j]不是回文子串，置 dp[i][j]=false。

对于每个 s[i..j]子串，若为回文子串，将最大长度的回文子串存放在 ans 中，最后返回 ans，对应的程序如下：

```
class Solution {
public:
    string longestPalindrome(string s)
    {   int n=s.size();
        if (n==1) return s;
        bool dp[n][n];                              //二维动态规划数组
        memset(dp,false,sizeof(dp));
        string ans="";
        for (int len=1;len<=n;len++)                //按长度 len 枚举区间[i,j]
        {   for (int i=0;i+len-1<n;i++)
```

```
            {   int j=i+len-1;
                if (len==1)                          //区间中只有一个字符时为回文子串
                    dp[i][j]=true;
                else if (len==2)                     //区间长度为 2 的情况
                    dp[i][j]=(s[i]==s[j]);
                else                                 //区间长度>2 的情况
                    dp[i][j]=(s[i]==s[j] && dp[i+1][j-1]);
                if (dp[i][j] && len>ans.size())      //求最长的回文子串
                    ans=s.substr(i,len);
            }
        }
        return ans;
    }
};
```

上述程序提交时通过,执行时间为 340ms,内存消耗为 25.4MB。

8.9 练 习 题

8.9.1 单项选择题

1. 下列算法中通常采用自底向上的方式求最优解的是________。

A. 备忘录　　B. 动态规划　　C. 贪心法　　D. 回溯法

2. 备忘录方法是________的变形。

A. 分治法　　B. 回溯法　　C. 贪心法　　D. 动态规划

3. 以下是动态规划法基本要素的是________。

A. 定义最优解　　B. 构造最优解

C. 算出最优解　　D. 子问题重叠性质

4. 一个问题可用动态规划法或贪心法求解的关键特征是问题的________。

A. 贪心选择性质　　B. 重叠子问题

C. 最优子结构性质　　D. 定义最优解

5. 如果一个问题既可以采用动态规划求解,也可以采用分治法求解,若________,则应该选择动态规划法求解。

A. 不存在重叠子问题　　B. 所有子问题是独立的

C. 存在大量重叠子问题　　D. 以上都不对

6. 以下________是贪心法与动态规划法的主要区别。

A. 贪心选择性质　　B. 无后效性

C. 最优子结构性质　　D. 定义最优解

7. 用动态规划法求 n 个整数的最大连续子序列和的时间复杂度是________。

A. $O(1)$　　B. $O(n)$　　C. $O(n\log_2 n)$　　D. $O(n^2)$

8. 用动态规划法求 n 个整数的最长递增子序列长度的时间复杂度是________。

A. $O(1)$　　B. $O(n)$　　C. $O(n\log_2 n)$　　D. $O(n^2)$

9. 给定一个高度为 n 的整数三角形,求从顶部到底部的最小路径和,时间复杂度为________。

A. $O(1)$　　B. $O(n)$　　C. $O(n\log_2 n)$　　D. $O(n^2)$

10. Floyd 算法采用的是________。

A. 贪心法　　B. 回溯法　　C. 动态规划法　　D. 穷举法

8.9.2 问答题

1. 简述动态规划法的基本思路。

2. 简述动态规划法与贪心法的异同。

3. 动态规划法和分治法有什么区别和联系？

4. 请说明动态规划法为什么需要最优子结构性质。

5. 给定一个整数序列 a，将 a 中的所有元素递增排序，该问题满足最优子结构性质吗？为什么一般不采用动态规划法求解？

6. 为什么迷宫问题一般不采用动态规划法求解？

7. 给定 $a=\{-1,3,-2,4\}$，设计一维动态规划数组 dp，其中 dp[i]表示以元素 $a[i]$结尾的最大连续子序列和，求 a 的最大连续子序列和，并且给出一个最大连续子序列和 dp 数组值。

8. 给定 $a=\{1,3,2,5\}$，设计一维动态规划数组 dp，其中 dp[i]表示以 $a[i]$结尾的子序列的最长递增子序列长度，求 a 的最长递增子序列长度，并且给出一个最长递增子序列和 dp 数组值。

9. 有一个活动安排问题Ⅱ，$A=\{[4,6),[6,8),[1,10),[6,12)\}$，不考虑算法优化，求 A 的可安排活动的最长占用时间，并且给出一个最优安排方案的求解过程。

10. 有这样一个 0/1 背包问题，$n=2, W=3, w=\{2,1\}, v=\{3,6\}$，给出利用 0/1 背包问题改进算法求解最大价值的过程。

11. 有这样一个完全背包问题，$n=2, W=3, w=\{2,1\}, v=\{3,6\}$，给出利用完全背包问题改进算法求解最大价值的过程。

8.9.3 算法设计题

1. 某个问题对应的递归模型如下：

$$f(1)=1$$
$$f(2)=2$$
$$f(n)=f(n-1)+f(n-2)+\dots+f(1)+1 \quad \text{当 } n>2 \text{ 时}$$

可以采用如下递归算法求解：

```
long f(int n)
{   if (n==1) return 1;
    if (n==2) return 2;
    long sum=1;
    for (int i=1;i<=n-1;i++)
        sum+=f(i);
    return sum;
}
```

但其中存在大量的重复计算，请采用备忘录方法求解。

2. 给定一个长度为 n 的数组 a，其中元素可正可负可零，设计一个算法求 a 中的序号 s 和 t，使得 $a[s..t]$的元素之和最大(该元素之和至少是 0)。

3. 一个机器人只能向下和向右移动，每次只能移动一步，设计一个算法求它从(0,0)移动到(m,n)有多少条路径？

4. 有若干面值为 1 元、3 元和 5 元的硬币，设计一个算法求凑够 n 元的最少硬币个数。

5. 给定一个整数数组 a，设计一个算法求 a 中最长递减子序列的长度。

6. 给定一个整数数组 a，设计一个算法求 a 中最长连续递增子序列的长度。例如，$a=\{1,5,2,2,4\}$，最长连续递增子序列为$\{2,2,4\}$，结果为 3。

7. 有 $n(2\leqslant n\leqslant 100)$位同学站成一排，他们的身高用 $h[0..n-1]$数组表示，音乐老师要请其中的 $n-k$ 位同学出列，使得剩下的 k 位同学(不能改变位置)排成合唱队形。合唱队形是指这样的一种队形，设 k 位同学从左到右的编号依次为 $1\sim k$，他们的身高分别为 $h_1,h_2,\cdots,h_k$，则他们的身高满足 $h_1<\cdots<h_i>h_{i+1}>\cdots>h_k(1\leqslant i\leqslant k)$。设计一个算法求最少需要几位同学出列，可以使得剩下的同学排成合唱队形。例如，$n=8$，$h=\{186,186,150,200,160,130,197,220\}$，最少出列 4 位同学，一种满足要求的合唱队形是$\{150,200,160,130\}$。

8. 两种名字分别为 a 和 b 的水果杂交出一种新水果，现在给新水果取名，要求这个名字是 a 和 b 的最长公共子序列。设计一个算法求新水果的一种名字。例如，$a=$"ananas"，$b=$"banana"，新水果的一种名字是"anana"。

9. 给定一个字符串 s，求字符串中最长回文的长度。例如，$s=$"aferegga"，最长回文的长度为 3(回文子串为"ere")。

10. 给定一个字符串 s，求字符串中最长回文子序列的长度。例如，$s=$"aferegga"，最长回文子序列的长度为 5(回文子序列为"aerea")。

11. 给定一个含 $n(2\leqslant n\leqslant 10)$个整数的数组 a，其元素值可正、可负、可零，求 a 的最大连续子序列乘积的值。例如，$a=\{-2,-3,2,-5\}$，其结果为 $30(-3\times 2\times(-5))$；$a=\{-2,0\}$，其结果为 0。

12. 给定一棵整数二叉树采用二叉链 b 存储，根结点的层次为 1，根结点的孩子结点的层次为 2，以此类推。每个结点对应一个层次，要么取所有奇数层次的结点，要么取所有偶数层次的结点。设计一个算法求这样取结点的最大结点值之和。例如，如图 8.33(a)所示的二叉树的结果为 10(取所有奇数层次的结点)，如图 8.33(b)所示的二叉树的结果为 18(取所有偶数层次的结点)。

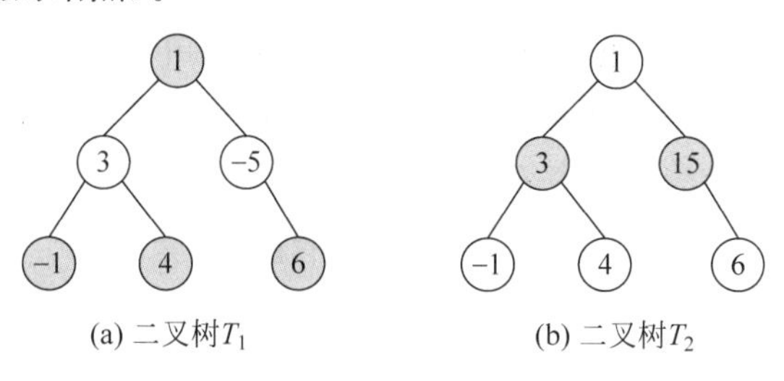

图 8.33 两棵二叉树

13. 长江游艇俱乐部在长江上设置了 $n(1\leqslant n\leqslant 100)$个游艇出租站，编号为 $0\sim n-1$。游客可在这些游艇出租站租用游艇，并在下游的任何一个游艇出租站归还游艇。游艇出租

站 i 到游艇出租站 j 的租金为 $C[i][j](0 \leqslant i < j \leqslant n-1)$。设计一个算法计算出从游艇出租站 0 到游艇出租站 $n-1$ 所需的最少租金。例如 $n=3, C[0][1]=5, C[0][2]=15, C[1][2]=7$，则结果为 12，即从出租站 0 到出租站 1，花费为 5，再从出租站 1 到出租站 2，花费为 7，总计 12。

8.10 上机实验题

1. 矩阵最小路径和

编写一个实验程序 exp8-1 求解矩阵最小路径和问题。给定一个 m 行 n 列的矩阵，从左上角开始每次只能向右或者向下移动，最后到达右下角的位置，路径上所有的数字累加起来作为这条路径的路径和，求所有路径和中的最小路径和。例如，以下矩阵中的路径 1⇨3⇨1⇨0⇨6⇨1⇨0 是所有路径中路径和最小的，返回结果是 12。

```
1 3 5 9
8 1 3 4
5 0 6 1
8 8 4 0
```

2. 双核处理问题

编写一个实验程序 exp8-2 求解双核处理问题。一种双核 CPU 的两个核能够同时处理任务，现在有 n 个任务需要交给 CPU 处理，给出每个任务采用单核处理的时间数组 a。求出采用双核 CPU 处理这批任务的最少时间。例如，$n=5, a=\{3,3,7,3,1\}$ 时，采用双核 CPU 处理这批任务的最少时间为 9。

3. 划分集合为和相等的两个子集合

编写一个实验程序 exp8-3，将 $1 \sim n$ 的连续整数组成的集合划分为两个子集合，且保证每个集合的数字和相等。例如，对于 $n=4$，对应的集合 $\{1,2,3,4\}$ 能被划分为 $\{1,4\}$、$\{2,3\}$ 两个集合，使得 $1+4=2+3$，且划分方案只有此一种。求给定 n 时符合题意的划分方案数。

4. 员工分配问题

编写一个实验程序 exp8-4 求解员工分配问题。某公司有 $m=3$ 个商店 A、B、C，拟将新招聘的 $n=5$ 名员工分配给这些商店，各商店得到新员工后每年的赢利情况如表 8.4 所示，采用 v 数组表示，求如何分配给各商店才能使公司的赢利最大？

表 8.4　分配员工数和赢利情况

商店	员工数					
	0 人	1 人	2 人	3 人	4 人	5 人
A	0	3	7	9	12	13
B	0	5	10	11	11	11
C	0	4	6	11	12	12

8.11 在线编程题

1. LeetCode64——最小路径和
2. LeetCode1289——下降路径最小和Ⅱ
3. LeetCode638——大礼包
4. LeetCode139——单词拆分
5. LeetCode377——组合总和Ⅳ
6. LeetCode354——俄罗斯套娃信封问题
7. LeetCode583——两个字符串的删除操作
8. LeetCode122——买卖股票的最佳时机Ⅱ
9. HDU2602——收集物品
10. HDU1114——存钱罐
11. HDU2044——一只小蜜蜂
12. POJ1050——最大子矩形和
13. POJ1157——花店
14. POJ1159——回文
15. POJ1243——猜价格游戏
16. POJ3311——送比萨

第9章 NP完全问题

NP 完全问题包含了从实际中提取出来的大量问题，它们具有这样的特性，如果这类问题中的任何一个在多项式时间内可解，那么这类问题中的所有其他问题也在多项式时间内可解。NP 完全问题的研究通常采用像图灵机的计算模型，但理解起来较为抽象，本章不结合任何计算模型形式化讨论 NP 完全问题。本章的学习要点和学习目标如下：

（1）掌握 P 类、NP 类和 NP 完全问题的基本概念。

（2）掌握 P 类和 NP 类问题的证明过程。

（3）了解 NP 完全问题的证明过程。

9.1 P类和NP类

9.1.1 易解问题和难解问题

算法呈现不同的时间复杂度，有的属于多项式级时间复杂度算法，有的属于指数级时间复杂度算法，指数函数是典型的非多项式函数。通常将存在多项式时间算法的问题看作易解问题，不存在多项式时间算法的问题看作难解问题。例如，快速排序算法的时间复杂度为 $O(n^2)$，求 TSP(货郎担问题)算法的时间复杂度为 $O(n!)$，可以简单地认为前者属于易解问题，后者属于难解问题。如表 9.1 所示，从中可以看出多项式函数与指数函数的增长率，所以通常把多项式时间复杂性作为易解问题与难解问题的分界线。

表 9.1 多项式函数与指数函数的增长率

问题规模 n	多项式函数					指数函数	
	$\log_2 n$	n	$n\log_2 n$	n^2	n^3	2^n	$n!$
1	0	1	0.0	1	1	2	1
10	3.3	10	33.2	100	1000	1024	3628800
20	4.3	20	86.4	400	8000	1048376	2.4E18
50	5.6	50	282.2	2500	125000	1.0E15	3.0E64
100	6.6	100	664.4	10000	1000000	1.3E30	9.3E157

下面从时间复杂度角度更严格地定义易解问题和难解问题。

定义 9.1 设 A 是求解问题Ⅱ(可以是任意问题)的算法，在用 A 求解问题Ⅱ的实例 I 时，首先要把 I 编码成二进制的字符串作为 A 的输入，称 I 的二进制编码的长度为 I 的规模，记为|I|，如果存在函数 f: **N→N**(**N** 为自然数集合)使得对于任意规模为 n 的实例 I，A 对 I 的运算在 $f(n)$步内停止，则称算法 A 的时间复杂度为 $f(n)$，以多项式为时间复杂度的算法称为多项式时间算法。有多项式时间的问题称为易解问题，不存在多项式时间算法的问题称为难解问题。

从上述定义看出，采用动态规划算法求解 0/1 背包问题的时间复杂度为 $O(nW)$，表面上看起来这是 n 的多项式，实际上这里|I|是 n 和 W 的二进制位数和，当 W 很大时，仍然是一个非多项式时间的算法。

但是难办的是人们发现包含 TSP 和 0/1 背包问题等在内的一大批问题既没有找到它们的多项式时间算法，又没能证明它们是难解问题。

9.1.2 判定问题

如果一个问题很容易重述为它的解只有两个结论，即 yes 和 no，称为判定问题Ⅱ。与此对照，最优化问题Ⅱ′是关心某个量的最大化或者最小化的问题。例如，前面讨论的 TSP 问题属于最优化问题Ⅱ′，对应的 TSP 判定问题Ⅱ是这样的，假设有一个货郎担要拜访 n 个城市，城市图采用邻接矩阵表示，给定一个正整数 D，问有一条每个城市恰好经过一次最后回到出发城市并且路径长度不超过 D 的路径吗？

那么 TSP 最优化问题会不会比 TSP 判定问题容易呢？如果 TSP 最优化问题有多项式时间算法 A，则可以按如下方式构造 TSP 判定问题的算法 B，对于任意一个实例 I，应用算法 A 求出最短路径长度 d，如果 $d \leqslant D$，则算法 B 输出 yes，否则输出 no，显然算法 B 也是多项式时间算法。于是，这同样表明如果 TSP 判定问题是难解问题，则 TSP 最优化问题也是难解问题，这样说明 TSP 最优化问题不会比 TSP 判定问题容易。

一般地，如果一个问题的可行解是多项式时间算法可求的，那么如果其判定问题Ⅱ是难解问题，则对应的最优化问题Ⅱ′也是难解问题。可以证明反过来也是对的，如果最优化问题Ⅱ′是难解问题，则对应的判定问题Ⅱ也是难解问题，或者说判定问题Ⅱ和对应的最优化问题Ⅱ′具有相同的难度。正因为如此，在 NP 完全问题的研究中把注意力限制在判定问题上会比较容易一些。

9.1.3 P 类

定义 9.2 设 A 是求解问题Ⅱ的一个算法，如果对于任意一个实例 I 在整个执行过程中每一步都只有一种选择，则称 A 为确定性算法。因此对于同样的输入确定性算法的输出是相同的。

本书前面讨论的所有算法均为确定性算法，实际上是指算法的确定性，是算法的重要特性之一。

定义 9.3 判定问题的 P 类由这样的判定问题组成，它们的 yes/no 解可以用确定性算法在运行多项式时间内得到。简单地说，所有多项式时间可解的判定问题类称为 P 类。一个判定问题是易解问题，当且仅当它属于 P 类。

【例 9-1】 证明求最长公共子序列问题是易解问题。

证明：求最长公共子序列原问题是给定两个序列 $a=(a_0,a_1,\cdots,a_{m-1})$，$b=(b_0,b_1,\cdots,b_{n-1})$，求它们的最长公共子序列的长度 d。对应的判定问题是给定一个正整数 D，问存在 a 和 b 的长度不小于 D 的公共子序列吗？

可以设计这样的算法 B，先利用 8.5.1 节求最长公共子序列长度的算法 LCSlength() 求出 d，其时间复杂度为 $O(mn)$，属于多项式时间算法，如果 $d \leqslant D$，则输出 yes，否则输出 no。显然算法 B 也是多项式时间算法，所以求最长公共子序列问题属于 P 类，即是易解问题。

9.1.4 NP 类

对于输入 x，一个不确定性算法由下列两个阶段组成。

① 猜测阶段：在这个阶段产生一个任意字符串 y，它可能对应于输入实例的一个解，也可以不对应解。事实上，它甚至可能不是所求解的合适形式，它可能在不确定性算法的不同次运行中不同。它仅要求在多项式步数内产生这个串，即时间复杂度为 $O(n^i)$，这里 $n=|x|$，i 是非负整数。对于许多问题，这一阶段可以在线性时间内完成。

② 验证阶段：在这个阶段一个不确定性算法验证两件事。首先检查产生的解串 y 是否有合适的形式，如果不是，则算法停下并回答 no。另一方面，如果 y 是合适的形式，那么算法继续检查它是否为问题实例 x 的解，如果它确实是实例 x 的解，那么它停下并且回答 yes，否则它停下并回答 no。这个阶段也要求在多项式步数内完成。

定义 9.4 设 A 是求解问题Ⅱ的一个不确定性算法，A 接受问题Ⅱ的实例Ⅰ，当且仅当对于输入 I 存在一个导致 yes 回答的猜测。换句话说，A 接受 I，当且仅当可能在算法的某次执行上它的验证阶段将回答 yes。如果算法回答 no，那么这并不意味着 A 不接受它的输入，因为算法可能猜测了一个不正确的解。

例如，不确定性算法 A 的伪码表示如下：

```
void A(string I)
{   string s=genCertif();                       //猜测阶段
    bool checkOK=verifyA(I,s);                  //验证阶段
    if (checkOK)
        output "yes";
    return;                                     //checkOK 为 false 时不做反应
}
```

定义 9.5 判定问题的 NP 类由这样的判定问题组成，对于它们存在着多项式时间内运行的不确定性算法。简单地说，由所有多项式时间可验证的判定问题类称为 NP 类。

需要注意的是不确定性算法并不是真正的算法，它仅是为了刻画可验证性而提出的验证概念。为了把不确定性多项式时间算法转换为确定性算法，必须搜索整个可能的解空间，通常需要指数时间。

定义 9.6 NP 类的非形式化定义是 NP 类由这样的判定问题组成，它们存在一个确定性算法，该算法在对问题的一个实例展示一个断言解时，它能够在多项式时间内验证解的正确性，也就是说如果断言解导致答案是 yes，就存在一种方法可以在多项式时间内验证这个解。

【例 9-2】 给定一个无向图 $G=(V,E)$，用 k 种颜色对 G 着色是这样的问题，对于 V 中的每一个顶点用 k 种颜色中的一种对它着色，使图中没有两个相邻顶点有相同的颜色。着色问题是判定用预定数目的颜色对一个无向图着色是否可能。证明该问题属于 NP 问题。

证明： 对应的判定问题 COLORING 是给定一个无向图 $G=(V,E)$ 和一个正整数 $k(k\geqslant 1)$，G 可以用 k 着色吗？

用两种方法证明上述判定问题 COLORING 属于 NP 类问题。

方法 1：设 I 是 COLORING 问题的一个实例，s 被宣称为 I 的解。容易建立一个确定性算法来验证 s 是否确实是 I 的解(假设 s 为着色数目，一定同时求出一个对应的着色方案 x，检测 x 是否为 G 的一个 s 颜色的着色方案只需要遍历每一条边即可)。从定义 9.6 可以得出 COLORING 属于 NP 类。

方法 2：建立不确定性算法。当图 G 用编码表示后，很容易地构建算法 A，首先通过对顶点集合产生一个任意的颜色“猜测”为一个解 s，接着算法 A 验证这个 s 是否为有效解，如果它是一个有效解，那么 A 停下并且回答 yes，否则它停下并回答 no。注意，根据不确定性算法的定义，仅当对问题的实例回答是 yes 时，A 回答 yes。其次是关于需要的运行时间，算法 A 在猜测和验证两个阶段总共的花费不多于多项式时间，所以得出 COLORING 属于 NP 类。

定理 9.1 P⊆NP。

证明： 这是显而易见的。如果某个问题Ⅱ属于 P 类，则它有一个确定性的求解算法 A。很容易由算法 A 构造出这样的算法 B，算法 B 对该问题的一个实例展示一个断言解时，它

一定能够在多项式时间内验证解的正确性，所以问题Ⅱ也属于 P 类。

现在的问题是 P＝NP？也就是说 NP 类中有难解问题吗？

9.2 多项式时间变换和 NP 完全问题

9.2.1 多项式时间变换

由于 NP 类中的许多问题到目前为止始终没有找到多项式时间算法，也没能证明是难解问题，因此人们只好另辟蹊径，如果 NP 类中有难解问题，那么 NP 类中最难的问题一定是难解问题，什么是最难的问题？如何描述最难的问题？这需要比较问题之间的难度，为此引入下面的概念。

定义 9.7 设判定问题 $Ⅱ_1=<D_1, Y_1>$，其中 D_1 是该问题的实例集合，由 $Ⅱ_1$ 的所有可能的实例组成，$Y_1 \subseteq D_1$ 由所有回答为 yes 的实例组成。另外一个判定问题 $Ⅱ_2=<D_2, Y_2>$同样类似的描述。如果函数 $f: D_1 \rightarrow D_2$ 满足以下条件：

① f 是多项式时间可计算的，即存在计算 f 的多项式时间算法。

② 对于所有的 $Ⅰ \in D_1$，$Ⅰ \in Y_1 \Leftrightarrow f(Ⅰ) \in Y_2$。

则称 f 为 $Ⅱ_1$ 到 $Ⅱ_2$ 的多项式时间变换。如果存在 $Ⅱ_1$ 到 $Ⅱ_2$ 的多项式时间变换，则称 $Ⅱ_1$ 可以多项式时间变换到 $Ⅱ_2$，记为 $Ⅱ_1 \leqslant_p Ⅱ_2$。

【例 9-3】 哈密尔顿问题是求无向图 $G=(V,E)$中恰好经过每个顶点（城市）一次最后回到出发顶点的回路。对应的判定问题是图 G 中存在恰好经过每个顶点一次最后回到出发顶点的回路吗？哈密尔顿判定问题表示为 $HC=<D_{HC}, Y_{HC}>$，TSP 判定问题表示为 $TSP=<D_{TSP}, Y_{TSP}>$，证明 $HC \leqslant_p TSP$。

证明：设计这样的多项式时间变换 f，对于哈密尔顿判定问题的每一个实例Ⅰ，Ⅰ是一个无向图 $G=(V,E)$，TSP 判定问题对应的实例 $f(Ⅰ)$定义为，V 中任意两个不同顶点 u 和 v 之间的距离

$$d(u,v)=\begin{cases}1 & 若(u,v) \in E \\ 2 & 其他\end{cases}$$

以及界限 $D=|V|$，显然 f 是多项式时间可计算的，且 $f(Ⅰ)$中每一个顶点恰好经过一次的回路有$|V|$条边，每条边的长度为 1 或者 2，因此回路的长度至少等于 D。于是回路的长度不超过 D，实际上恰好等于 D，这当且仅当它的每一条边的长度为 1，又当且仅当它是 G 中的一条哈密尔顿回路（一条长度为 D 的哈密尔顿就是 TSP 回路），从而 $Ⅰ \in Y_{HC} \Leftrightarrow f(Ⅰ) \in Y_{TSP}$，即 $HC \leqslant_p TSP$。

定理 9.2 $\leqslant_p$ 具有传递性，即若有 $Ⅱ_1 \leqslant_p Ⅱ_2$，$Ⅱ_2 \leqslant_p Ⅱ_3$，则 $Ⅱ_1 \leqslant_p Ⅱ_3$。

证明：$Ⅱ_1=<D_1, Y_1>$，$Ⅱ_2=<D_2, Y_2>$，$Ⅱ_3=<D_3, Y_3>$，设 f 是 $Ⅱ_1$ 到 $Ⅱ_2$ 的多项式时间变换，g 是 $Ⅱ_2$ 到 $Ⅱ_3$ 的多项式时间变换，h 是 f 和 g 的复合，可以证明 h 是 $Ⅱ_1$ 到 $Ⅱ_2$ 的多项式时间变换，这里不再详述。

定理 9.3 设 $Ⅱ_1 \leqslant_p Ⅱ_2$，则 $Ⅱ_2 \in$ P 类蕴涵 $Ⅱ_1 \in$ P 类。

由此推出，设 $Ⅱ_1 \leqslant_p Ⅱ_2$，若 $Ⅱ_1$ 是难解问题，则 $Ⅱ_2$ 也是难解问题。这样 $\leqslant_p$ 提供了判

定问题之间的难度比较，如果$\Pi_1 \leqslant_p \Pi_2$，则相对多项式时间，Π_2不会比Π_1容易，或者反过来说，Π_1不会比Π_2难。

9.2.2 NP完全性及其性质

定义 9.8 如果对所有的$\Pi' \in$ NP，$\Pi' \leqslant_p \Pi$，则称Π是NP难的。如果Π是NP难的，并且$\Pi \in$ NP类，则称Π是NP完全问题(NPC)。

NP完全问题是NP类的一个子集，NP难的问题不会比NP类中的任何问题容易，因此NP完全问题是NP中最难的问题。

定理 9.4 如果存在NP难的问题$\Pi \in$ P类，则P=NP。

假设P≠NP，那么如果Π是NP难的则$\Pi \notin$ P类。虽然"P=NP?"至今没有解决，但人们普遍相信P≠NP，因而NP完全问题成为表明一个问题很可能是难解问题的有力证据。

从上述讨论看出，假设P≠NP，那么P类、NP类和NP完全问题的关系如图9.1所示。

定理 9.5 如果存在NP难的问题Π'，使得$\Pi' \leqslant_p \Pi$，则Π是NP难的。

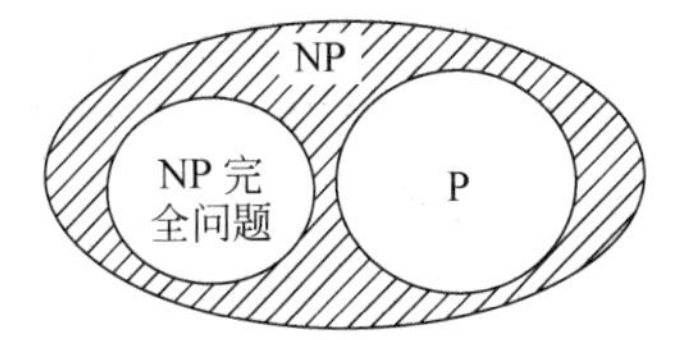

图 9.1 P类、NP类和NP完全问题的关系(假设NP≠P)

由定理9.5可以推出，如果$\Pi \in$ NP类并且存在NP完全问题Π'，使得$\Pi' \leqslant_p \Pi$，则Π也是NP完全问题。这样提供了一条捷径证明Π是NP难的，不再需要把NP类中所有的问题多项式时间变换到Π，而只需要把一个已知的NP难的问题的多项式时间变换到Π，这样为了证明Π是NP完全问题，只需要做两件事：

① 证明$\Pi \in$ NP类。

② 找到一个已知的NP完全问题Π'，并证明$\Pi' \leqslant_p \Pi$。

9.2.3 第一个NP完全问题

20世纪70年代S. A. Cook和L. A. Levin分别独立地证明了第一个NP完全问题。这是命题逻辑中的一个基本问题。

在命题逻辑中，给定一个布尔公式F，如果它是子句的合取，称为合取范式(CNF)。一个子句是文字的析取，这里的文字是一个布尔变元或者它的非。例如，以下布尔公式$F1$就是一个合取范式：

$$F1=(x_1 \vee x_2) \wedge (\neg x_1 \vee x_3 \vee x_4 \vee \neg x_5) \wedge (x_1 \vee \neg x_3 \vee x_4)$$

一个布尔公式的真值赋值是关于布尔变元的一组取值，一个可满足的赋值是一个真值赋值，它使得布尔公式的值为1。如果一个布尔公式具有可满足的赋值，则称该公式是可满足的。

可满足性判定问题SAT指的是给定一个布尔公式F(合取范式)，F是可满足的吗？例如，上述公式$F1$，赋值为$x_1=1, x_3=1$，其他取0或者1，$F1$的结果为1，所以$F1$是可满足的。

显然SAT属于NP类问题，因为容易建立一个确定性算法来验证一个赋值s是否确实是SAT的一个可满足的赋值。Cook-Levin证明了SAT是NP完全问题，称为Cook-Levin定理，其证明超出了本书的范围，我们可以利用SAT是NP完全问题来证明其他NP完全问题。

9.2.4 其他 NP 完全问题

3CNF 指的是布尔公式 F 中的每个子句都精确地有 3 个不同的文字。例如，以下布尔公式 F2 就是一个 3CNF：

$$F2=(x_1 \vee \neg x_1 \vee \neg x_2) \wedge (x_3 \vee x_2 \vee x_4) \wedge (\neg x_1 \vee \neg x_3 \vee \neg x_4)$$

3CNF 可满足性判定问题 3SAT 指的是给定一个 3CNF 公式 F，F 是可满足的吗？例如，上述公式 $F2$，赋值为 $x_1=0, x_2=1, x_3=1, x_4=0$，$F2$ 的结果为 1，所以 $F2$ 是可满足的。

定理 9.6 3SAT 是 NP 完全问题。

证明：利用定理 9.5 证明。

① 证明 3SAT∈NP 类。如同证明 SAT 属于 NP 类，很容易建立一个确定性算法来验证一个赋值 s 是否确实是 3SAT 的一个可满足的赋值。

② 已知 SAT 是一个 NP 完全问题，现在证明 SAT$\leqslant_p$3SAT。为此按如下步骤构造多项式时间变换 f。

第一步，对于任意给定的布尔公式 F，构造一棵二叉树，文字为叶子结点，连接符作为内部结点，对每个连接符引入一个新变元 y 作为连接符的输出，再根据构造的二叉树把原始布尔公式 F 写成根变元和子句的合取 F'。例如，前面的 $F1$ 构造的二叉树如图 9.2 所示，对应的 $F1'$如下：

$$\begin{aligned}F1' = y_1 \wedge (y_1 \leftrightarrow (y_2 \vee y_3)) &\wedge \\ (y_2 \leftrightarrow (x_1 \vee x_2)) &\wedge \\ (y_3 \leftrightarrow (y_4 \wedge y_5)) &\wedge \\ (y_4 \leftrightarrow (\neg x_1 \vee y_6)) &\wedge \\ (y_5 \leftrightarrow (x_1 \vee y_7)) &\wedge \\ (y_6 \leftrightarrow (x_3 \vee y_8)) &\wedge \\ (y_7 \leftrightarrow (\neg x_3 \vee x_4)) &\wedge \\ (y_8 \leftrightarrow (x_4 \vee \neg x_5))&\end{aligned}$$

上述公式 $F1'$是子句 C_i 的合取，每个子句 C_i 最多 3 个文字。利用 $P \leftrightarrow Q \Leftrightarrow (\neg P \vee Q) \wedge (P \vee \neg Q)$将每个子句 C_i 等价地转换为合取范式，最后得到 $F1$ 的合取范式 $F1'$。采用类似的操作可以将任意布尔公式 F 等价地转换为 F'。

第二步，将 F'进一步转换为公式 F''，使得 F''中的每个子句精确地有 3 个不同的文字。为此引入两个辅助变元 p 和 q。对公式 F'的子句 C_i'做如下转换：

① 如果 C_i'有 3 个不同的文字，保持不变。

② 如果 C_i'有两个不同的文字，例如 $l_1 \vee l_2$，将其转换为$(l_1 \vee l_2 \vee p) \wedge (l_1 \vee l_2 \vee \neg p)$。

③ 如果 C_i'仅有一个文字 l，将其转换为$(l \vee p \vee q) \wedge (l \vee p \vee \neg q) \wedge (l \vee \neg p \vee q) \wedge (l \vee \neg p \vee \neg q)$。

上述转换均是等价转换，这样得到 3SAT 的公式 F″，显然转换过程是多项式时间，所以 SAT$\leqslant_p$3SAT 成立。SAT 为 NP 完全问题，所以 3SAT 也是一个 NP 完全问题。

【例 9-4】 团集判定问题 CLIQUE 是给定一个无向图 $G=(V,E)$ 和一个正整数 k，问 G 中有大小为 k 的团集吗？无向图 G 中大小为 k 的团集是指包含 k 个顶点的完全子图。证明 CLIQUE 是 NP 完全问题。

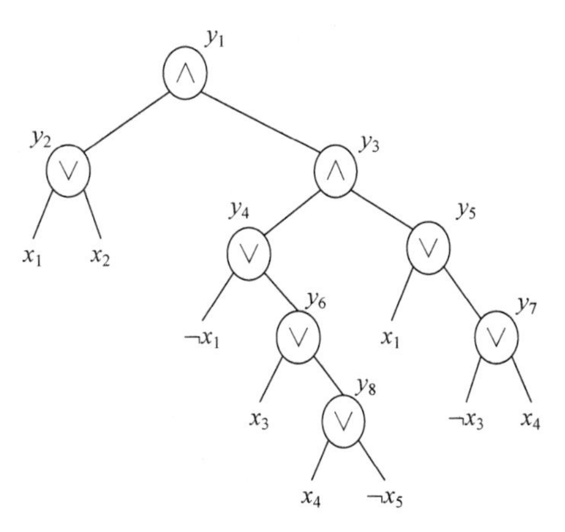

图 9.2　F1 构造的二叉树

证明：利用定理 9.5 证明。

① 证明 CLIQUE∈NP 类。如果 s 被宣称为一个解，则对应一个大小为 k 的团集 V'，只需要看 V' 中任意两个顶点之间是否有边相连，从而得到了一个确定性验证算法，所以 CLIQUE 属于 NP 类。

② 已知 3SAT 是一个 NP 完全问题，现在证明 $3SAT \leqslant_p CLIQUE$。

对于 3SAT 的任意一个实例 $F=C_1 \wedge C_2 \wedge \cdots \wedge C_k$，子句 $C_i(1 \leqslant i \leqslant k)$ 精确地有 3 个不同的文字 l_1、l_2 和 l_3，下面构造一个图 G 使得 F 是可满足的，当且仅当 G 有大小为 k 的团集。

图 G 的构造如下：对于每个子句 $C_i=(l_1 \vee l_2 \vee l_3)$，将文字 l_1、l_2 和 l_3 看成图 G 的 3 个顶点，对于两个顶点 l_i 和 l_j，如果 l_i 和 l_j 属于不同的子句并且 l_i 不是 l_j 的非，则在图 G 中将顶点 l_i 和 l_j 用一条边连接起来。这样图可以在多项式时间内构造出来。例如一个 3CNF 公式 $F3=(x_1 \vee \neg x_2 \vee \neg x_3) \wedge (\neg x_1 \vee x_2 \vee x_3) \wedge (x_1 \vee x_2 \vee x_3)$，在 C_1 中文字 x_1 可与 C_2 中的 x_2 和 x_3 用边相连（C_1 中的文字 x_1 不能与 C_2 中的 $\neg x_1$ 相连），还可与 C_3 中的位置 x_1、x_2 和 x_3 相连，最后得到的图 G 如图 9.3 所示。公式 $F3$ 的一个可满足的赋值为 $x_2=0, x_3=1, x_1$ 取 0 或者 1 均可。对应的一个团集 $V'=\{\neg x_2, x_3, x_3\}$，大小为 3，图中用阴影圆圈表示。

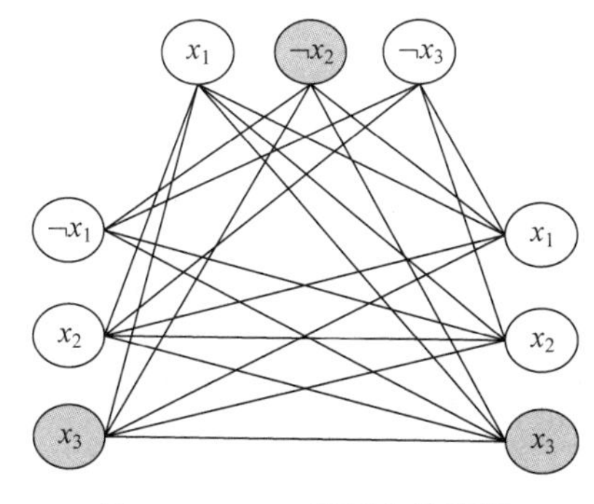

图 9.3　3SAT 到团集的变换

现在证明 3SAT 的任意一个实例 F 是可满足的，当且仅当 G 有大小为 k 的团集。假设 F 是可满足的，即 F 存在一个可满足的赋值，则每个子句 C_i 中至少有一个文字 l_i 为 1，这样的文字对应图 G 中的顶点 l_i。从每个子句中选择一个赋值为 1 的文字，这样就构造了一个大小为 k 的顶点集 V'。

再证明 V' 是一个完全子图。对于 V' 中的任意两个顶点 l_i 和 l_j（属于不同子句），其对应文字赋值为 1，因此 l_i 不是 l_j 的非，所以按照图的构造有 $(l_i, l_j) \in E$，因此集合 V' 是一个团集。反过来，假设集合 V' 是一个大小为 k 的团集，按照图的构造，同一个子句中的文字对应的顶点在图中没有连接边，因此 V' 中的任意两个顶点对应的文字不属于同一个子句，即每一个子句都有一个文字的顶点属于 V'，这样只要对团集中的顶点对应的文字取值 1 就可以使每个子句为可满足的。因此所证成立。

到目前为止已经找到了大约 4000 个 NP 完全问题，除了前面介绍的 SAT、3SAT 和团集外，还有图着色、顶点覆盖、子集和、0/1 背包问题和 TSP 等，它们都是经典的 NP 完全问题。

9.3 练习题

9.3.1 单项选择题

1. 下面的说法错误的是________。
   A. 可以用确定性算法在运行多项式时间内得到解的问题属于 P 类
   B. NP 问题是指可以在多项式时间内验证一个解的问题
   C. 所有的 P 类问题都是 NP 问题
   D. NP 完全问题不一定属于 NP 问题
2. 求单源最短路径的 Dijkstra 算法属于________。
   A. P 类　　B. NP 类
3. 快速排序算法属于________。
   A. P 类　　B. NP 类
4. 求子集和算法属于________。
   A. P 类　　B. NP 完全问题
5. 求全排列算法属于________。
   A. P 类　　B. NP 完全问题

9.3.2 问答题

1. 简述 P 类和 NP 类的不同点。
2. 简述为什么说 NP 完全问题是最难问题。
3. 证明求两个 m 行 n 列的二维整数矩阵相加问题属于 P 类问题。
4. 给定一个整数序列 a，求 a 中所有元素是否都是唯一的，写出对应的判定问题。
5. 证明 0/1 背包问题属于 NP 类。
6. 顶点覆盖问题是这样描述的，给定一个无向图 $G=(V,E)$，求 V 的一个最小子集 V' 的大小，使得如果 $(u,v)\in E$，则有 $u\in V'$ 或者 $v\in V'$，或者说 E 中的每一条边至少有一个顶点属于 V'。写出对应的判定问题 VCOVER。
7. 利用团集判定问题 CLIQUE 是 NP 完全问题证明第 6 题的 VCOVER 问题属于 NP 完全问题。
8. 利用 VCOVER 是 NP 完全问题证明团集判定问题 CLIQUE 是 NP 完全问题。

参 考 文 献

[1] Cormen T H,等.算法导论[M].潘金贵,等译.北京：机械工业出版社,2009.
[2] Alsuwaiyel M H.算法设计技巧与分析[M].吴伟昶,等译.北京：电子工业出版社,2004.
[3] 陈国良.计算思维导论[M].北京：高等教育出版社,2012.
[4] 屈婉玲,刘田,张立昂,等.算法设计与分析[M].2版.北京：清华大学出版社,2016.
[5] 屈婉玲,刘田,张立昂,等.算法设计与分析习题解答与学习指导[M].2版.北京：清华大学出版社,2016.
[6] 刘家瑛,郭炜,李文新.算法基础与在线实践[M].北京：高等教育出版社,2017.
[7] 李文辉,郭炜,李文新.程序设计导引及在线实践[M].2版.北京：清华大学出版社,2017.
[8] 王晓东.计算机算法设计与分析[M].北京：电子工业出版社,2012.
[9] 王晓东.计算机算法设计与分析习题解答[M].2版.北京：电子工业出版社,2012.
[10] 余立功.ACM/ICPC算法训练教程[M].北京：清华大学出版社,2013.
[11] 李春葆.算法设计与分析[M].2版.北京：清华大学出版社,2018.
[12] 李春葆,李筱驰.程序员面试笔试算法设计深度解析[M].北京：清华大学出版社,2018.

图书资源支持

感谢您一直以来对清华版图书的支持和爱护。为了配合本书的使用，本书提供配套的资源，有需求的读者请扫描下方的“书圈”微信公众号二维码，在图书专区下载，也可以拨打电话或发送电子邮件咨询。

如果您在使用本书的过程中遇到了什么问题，或者有相关图书出版计划，也请您发邮件告诉我们，以便我们更好地为您服务。

我们的联系方式：

地　　址：北京市海淀区双清路学研大厦 A 座 714

邮　　编：100084

电　　话：010-83470236　010-83470237

客服邮箱：2301891038@qq.com

QQ：2301891038（请写明您的单位和姓名）

资源下载：关注公众号“书圈”下载配套资源。

资源下载、样书申请

书圈

图书案例

清华计算机学堂

观看课程直播